에듀윌과 함께 시작하면,
당신도 합격할 수 있습니다!

학교 졸업 후 취업을 위해 바쁜 시간을 쪼개며
조경기능사 자격시험을 준비하는 취준생

비전공자이지만 더 많은 기회를 만들기 위해
조경기능사에 도전하는 수험생

현장 업무를 수행하면서 더 나은 미래를 위해
조경기능사 교재를 펼치는 주경야독 직장인

누구나 합격할 수 있습니다.
시작하겠다는 '다짐' 하나면 충분합니다.

마지막 페이지를 덮으면,

에듀윌과 함께
조경기능사 합격이 시작됩니다.

2026 조경기능사 필기+무료특강

2주 완성 학습 플래너

☑ 7개년 기출문제 **3회독 이상**을 목표로 학습합니다.

☑ 각 회독 뒤에는 **핵심이론, 최빈출 100제, 해설특강** 등으로 복습합니다.

WEEK	DAY	학습내용	공부한 날	완료
1주	DAY 01	2025~2024년 기출문제	__월 __일	☐
	DAY 02	2023~2022년 기출문제	__월 __일	☐
	DAY 03	2021~2020년 기출문제	__월 __일	☐
	DAY 04	2016년 기출문제 1회독	__월 __일	☐
	DAY 05	핵심이론 01~03	__월 __일	☐
	DAY 06	핵심이론 04~05	__월 __일	☐
	DAY 07	2025~2022년 기출문제	__월 __일	☐
2주	DAY 08	2021~2020, 2016년 기출문제 2회독	__월 __일	☐
	DAY 09	최빈출 100제 + 해설특강	__월 __일	☐
	DAY 10	2025~2022년 기출문제	__월 __일	☐
	DAY 11	2021~2020, 2016년 기출문제 3회독	__월 __일	☐
	DAY 12	핵심이론 01~03	__월 __일	☐
	DAY 13	핵심이론 04~05	__월 __일	☐
	DAY 14	최빈출 100제 + 해설특강	__월 __일	☐

에듀윌이
너를
지지할게

ENERGY

세상을 움직이려면
먼저 나 자신을 움직여야 한다.

– 소크라테스(Socrates)

에듀윌 조경기능사
필기 2주끝장

Guide 학습가이드

합격 필수코스

7개년 기출문제 3회독

- 최신 6개년 CBT 복원문제 총 12회분 풀이로 출제 흐름과 반복 문항을 정확히 파악
- 마지막 PBT(지필) 2016년 기출문제 3회분으로 실전 감각 습득
- 이론을 찾아보지 않아도 이해되는 상세하고 명확한 해설로 3회독 완성

실력 다지기

기출 중심 핵심이론으로 효율학습

- 불필요한 이론은 덜고, 필수 개념만 촘촘히 담아 분량은 합리적으로, 이해는 확실하게
- 기출 분석 기반 구성으로 시험에 나오는 내용 위주로 빠르게 정리
- 이해 중심 서술로 처음 보는 개념도 자연스럽게 익히도록 설계

마무리 전략

최빈출 100제 + 무료 해설특강

- 10개년 기출 분석 기반 최빈출 100문제 부록 제공으로 막판 핵심만 압축 복습
- 정답 보기는 색자 표기, 상세한 해설과 함께 한눈에 정답 확인
- 무료 해설 특강 제공으로 어려운 문제도 쉽게 정리

[강의 수강경로] 에듀윌 도서몰(book.eduwill.net) → 로그인/회원가입 → 동영상강의실 → 조경기능사 검색

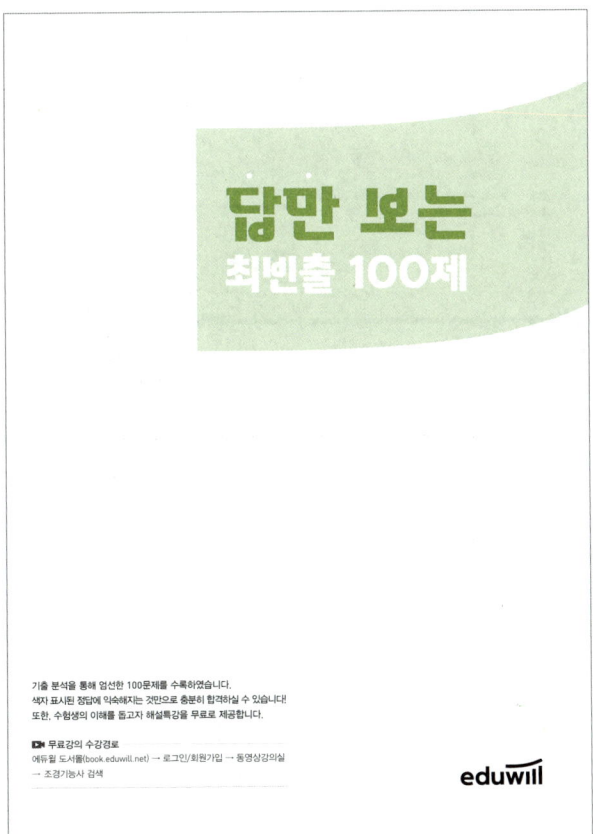

Structure
필기 구성

상세한 해설을 수록한 기출문제!

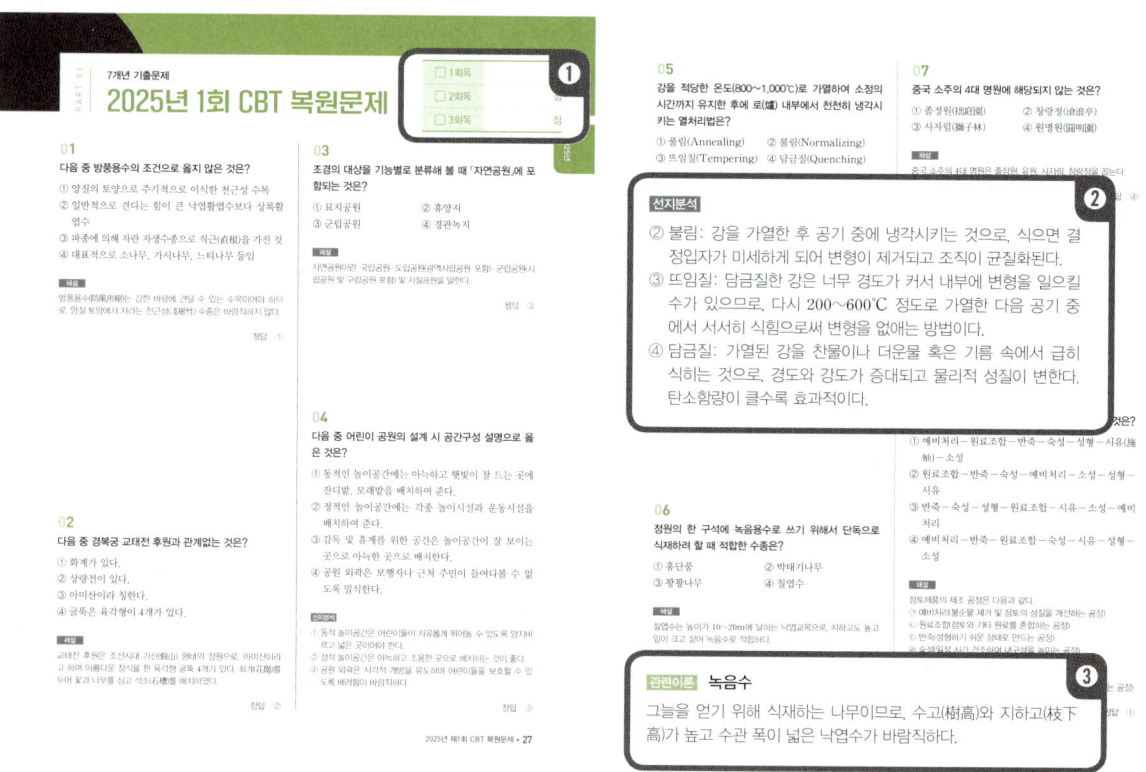

❶ 회차별 3회독 체크표로 학습 일정을 한눈에 관리할 수 있습니다.
❷ 전 문항 상세하고 명확한 해설과 정답을 제공합니다.
❸ 중요한 개념은 관련이론으로 추가 학습할 수 있습니다.

빈출개념 중심의 핵심이론!

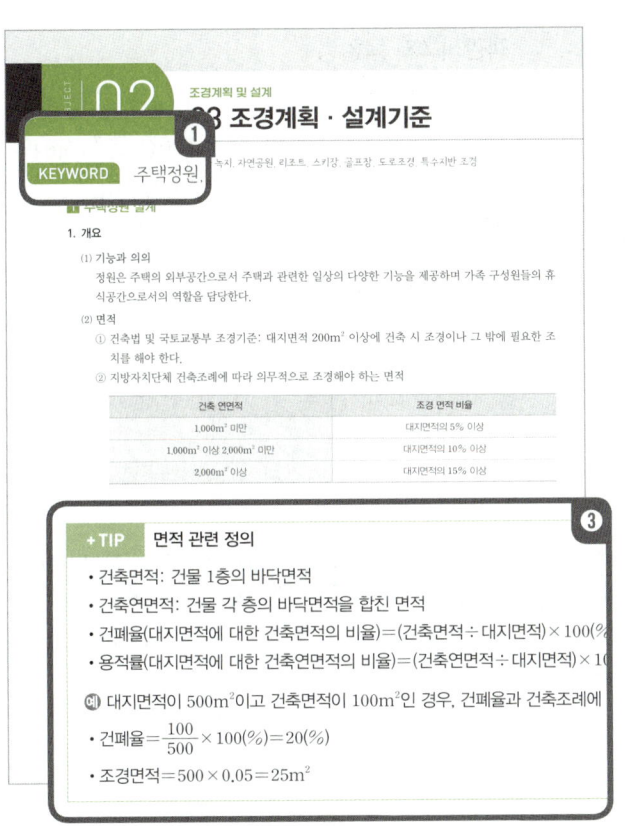

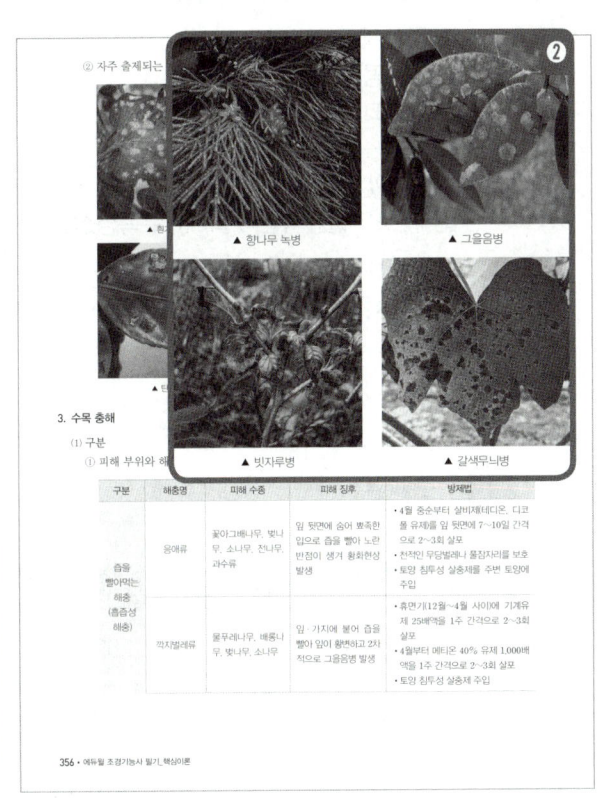

❶ 각 SUBJECT 상단 빈출 키워드로 집중 학습이 가능합니다.
❷ 풍부한 삽화와 사진으로 개념을 직관적으로 이해할 수 있습니다.
❸ +TIP 코너로 기초 용어부터 실전 문제까지 추가 학습할 수 있습니다.

Information
시험 정보

1 시험 개요

구분	시험과목	검정방법	합격기준
필기	1. 조경설계 2. 조경시공 3. 조경관리	객관식 4지 택일형 60문항(60분)	100점 만점에 60점 이상
실기	1일차: 1차 실기시험 (1과제: 도면설계작업, 2과제: 수목영상감별) 2일차: 2차 실기시험 (3과제: 조경시공 실무작업 2개 과정)	작업형 도면작업+수목감별+ 조경시공작업 (3시간 30분 내외)	

2 시험 일정

구분	필기시험	필기합격(예정자)발표	실기시험	최종합격자 발표일
1회	2026.01	2026.02	2026.03	2026.04
2회	2026.04	2026.04	2026.05	2026.07
3회	2026.06	2026.07	2026.08	2026.09
4회	2026.09	2026.10	2026.11	2026.12

※ 정확한 시험 일정은 한국산업인력공단(Q-net) 참고 바랍니다.

3 조경기능사 필기 출제기준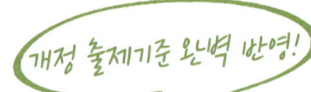

에듀윌은 새롭게 개정된 조경기능사 출제기준을 전면 반영했습니다.
개정 기준에 맞춘 구성으로 최신 경향을 정확히 학습하여 시험에 효과적으로 대비할 수 있습니다.

주요항목	세부항목		
조경양식의 이해	• 조경일반	• 서양조경 양식	• 동양조경 양식
조경계획	• 자연, 인문, 사회 환경조사분석 • 분석의 종합, 평가	• 조경 관련 법 • 기본구상	• 기능분석 • 기본계획
조경기초설계	• 조경디자인요소 표현	• 전산응용도면(CAD) 작성	• 적산
조경설계	• 대상지 조사 • 조경기반 설계 • 조경설계도서 작성	• 관련분야 설계 검토 • 조경식재 설계	• 기본계획안 작성 • 조경시설 설계
조경식물	• 조경식물 파악		
기초식재공사	• 굴취 • 관목 식재	• 수목 운반 • 지피 · 초화류 식재	• 교목 식재
잔디식재공사	• 잔디 시험시공 • 잔디 파종	• 잔디 기반 조성	• 잔디 식재
실내조경공사	• 실내조경기반 조성 • 실내식물 식재	• 실내녹화기반 조성	• 실내조경시설 · 점경물 설치
조경인공재료	• 조경인공재료 파악		
조경시설 공사	• 시설물 설치 전 작업 • 옥외시설 설치 • 경관조명시설 설치 • 펜스 설치 • 옹벽 등 구조물 설치	• 측량 및 토공 • 놀이시설 설치 • 환경조형물 설치 • 수경시설 설치 • 생태조경 설치	• 안내시설 설치 • 운동 및 체력단련시설 설치 • 데크시설 설치 • 조경석(인조암) 설치
조경포장공사	• 포장기반 조성 • 탄성포장 공사 • 콘크리트포장 공사	• 포장경계 공사 • 조립블록 포장 공사	• 친환경흙포장 공사 • 투수포장 공사
조경공사 준공 전 관리	• 병해충 방제 • 시비관리 • 수목보호조치	• 관배수관리 • 제초관리 • 시설물 보수 관리	• 토양관리 • 전정관리
일반 정지전정 관리	• 연간 정지전정 관리계획 수립 • 가지 솎기 • 상록교목 수관 다듬기	• 굵은 가지치기 • 생울타리 다듬기 • 화목류 정지전정	• 가지 길이 줄이기 • 가로수 가지치기 • 소나무류 순 자르기
관수 및 기타 조경관리	• 관수 관리 • 월동 관리 • 실내 식물 관리	• 지주목 관리 • 장비 유지 관리	• 멀칭 관리 • 청결 유지 관리
초화류관리	• 계절별 초화류 조성 계획 • 초화류 구매 • 초화류 관수 관리	• 시장 조사 • 식재기반 조성 • 초화류 월동 관리	• 초화류 시공 도면작성 • 초화류 식재 • 초화류 병충해 관리
조경시설 관리	• 급 · 배수시설 • 관리 및 편익시설 • 안내시설	• 포장시설 • 운동 및 체력단련시설 • 수경시설	• 놀이시설 • 경관조명시설 • 생태조경 시설

Contents 차례

PART 01 7개년 기출문제

2025년 CBT 복원문제
2025년 2회 CBT 복원문제	14
2025년 1회 CBT 복원문제	27

2024년 CBT 복원문제
2024년 2회 CBT 복원문제	40
2024년 1회 CBT 복원문제	53

2023년 CBT 복원문제
2023년 2회 CBT 복원문제	66
2023년 1회 CBT 복원문제	79

2022년 CBT 복원문제
2022년 2회 CBT 복원문제	92
2022년 1회 CBT 복원문제	104

2021년 CBT 복원문제
2021년 2회 CBT 복원문제	116
2021년 1회 CBT 복원문제	128

2020년 CBT 복원문제
2020년 2회 CBT 복원문제	142
2020년 1회 CBT 복원문제	155

2016년 기출문제
2016년 4회 기출문제	168
2016년 2회 기출문제	181
2016년 1회 기출문제	195

PART 02 핵심이론

SUBJECT 01 조경일반
- 01 조경개념 — 212
- 02 조경미 — 216
- 03 조경양식 — 219

SUBJECT 02 조경계획 및 설계
- 01 조경계획·설계 과정 — 241
- 02 조경설계기초 — 243
- 03 조경계획·설계기준 — 252

SUBJECT 03 조경재료
- 01 식물재료 — 267
- 02 인공재료 — 278

SUBJECT 04 조경시공
- 01 시공계획 — 300
- 02 조경시설물공사 — 308
- 03 조경식재공사 — 336

SUBJECT 05 조경관리
- 01 조경관리계획 — 343
- 02 운영 및 이용관리 — 345
- 03 조경수목관리 — 348
- 04 조경시설물관리 — 364

PART '01

상세한 해설을 추가한
7개년 기출문제

2025년 제2회 CBT 복원문제	14
2025년 제1회 CBT 복원문제	27
2024년 제2회 CBT 복원문제	40
2024년 제1회 CBT 복원문제	53
2023년 제2회 CBT 복원문제	66
2023년 제1회 CBT 복원문제	79
2022년 제2회 CBT 복원문제	92
2022년 제1회 CBT 복원문제	104
2021년 제2회 CBT 복원문제	116
2021년 제1회 CBT 복원문제	128
2020년 제2회 CBT 복원문제	142
2020년 제1회 CBT 복원문제	155
2016년 제4회 기출문제	168
2016년 제2회 기출문제	181
2016년 제1회 기출문제	195

2025년 2회 CBT 복원문제

PART 01 7개년 기출문제

01
다음 중 묘원의 정원에 해당하는 것은?

① 타지마할
② 알함브라
③ 공중정원
④ 보르비콩트

해설
타지마할은 17세기 인도 무굴제국의 황제 사자한(Shah Jahan)이 황후 뭄타즈 마할(Mumtaz Mahal)의 죽음을 추모하여 만든 묘지 정원이다.

정답 | ①

02
다음 중 골프장에서 잔디와 그린이 있는 곳을 제외하고 모래나 연못 등과 같이 장애물을 설치한 곳을 가리키는 것은?

① 페어웨이
② 하자드
③ 벙커
④ 러프

해설
하자드(Hazard)는 골프 플레이어들이 흥미를 느끼고 더욱 경기에 집중할 수 있도록 의도적으로 설치된 벙커, 연못, 하천, 숲, 절벽 등 다양한 장애물을 뜻한다.

선지분석
① 페어웨이(Fairway): 깎은 잔디로 뒤덮인 플레이의 주 활동지역을 말한다.
③ 벙커(Bunker): 모래로 이루어진 함정을 말한다.
④ 러프(Rough): 페어웨이 바깥쪽을 감싼 거친 풀밭을 말한다.

정답 | ②

03
이탈리아 르네상스 시대의 조경 작품이 아닌 것은?

① 빌라 토스카나(Villa Toscana)
② 빌라 란셀로티(Villa Lancelotti)
③ 빌라 메디치(Villa de Medici)
④ 빌라 란테(Villa Lante)

선지분석
② 빌라 란셀로티: 16C말 이탈리아 르네상스
③ 빌라 메디치(피에졸레): 15C중반 이탈리아 르네상스
④ 빌라 란테: 16C말 이탈리아 르네상스

정답 | ①

04
정원에 잔디를 식재하고자 할 때 요구되는 생육 최소 토심(生育最小土深)의 기준으로 가장 적합한 것은?

① 10cm
② 20cm
③ 30cm
④ 40cm

해설
잔디 및 초화류의 생육 최소 토심은 30cm이고, 생존을 위한 최소 토심은 15cm이다.

정답 | ③

05
다음 중 붉은색 계통의 단풍이 드는 나무가 아닌 것은?

① 백합나무
② 벚나무
③ 화살나무
④ 검양옻나무

해설
백합나무(튤립나무)는 가을에 노란색 단풍이 든다.

정답 | ①

06

장미 검은무늬병은 주로 식물체 어느 부위에 발생하는가?

① 꽃
② 잎
③ 뿌리
④ 식물 전체

해설

장미 검은무늬병은 봄부터 잎에 작은 흑갈색 반점이 나타나 노란색으로 변하면서 일찍 잎을 떨어지게 하는 병이다.

정답 | ②

07

국토교통부장관이 규정에 의하여 공원녹지기본계획을 수립 시 종합적으로 고려해야 하는 사항으로 가장 거리가 먼 것은?

① 장래 이용자의 특성 등 여건의 변화에 탄력적으로 대응할 수 있도록 할 것
② 공원녹지의 보전·확충·관리·이용을 위한 장기발전 방향을 제시하여 도시민들의 쾌적한 삶의 기반이 형성되도록 할 것
③ 광역도시계획, 도시·군기본계획 등 상위계획의 내용과 부합되어야 하고 도시·군기본계획의 부문별 계획과 조화되도록 할 것
④ 체계적·독립적으로 자연환경의 유지·관리와 여가활동의 장은 분리 형성하여 인간으로부터 자연의 피해를 최소화할 수 있도록 최소한의 제한적 연결망을 구축할 수 있도록 할 것

해설

도시공원 및 녹지 등에 관한 법률 시행령 제6조 제1항 제4호
체계적·지속적으로 자연환경을 유지·관리하여 여가활동의 장이 형성되고 인간과 자연이 공생할 수 있는 연결망을 구축할 수 있도록 한다.

정답 | ④

08

다음 중 순공사원가를 가장 바르게 표시한 것은?

① 재료비+노무비+경비
② 재료비+노무비+일반관리비
③ 재료비+일반관리비+이윤
④ 재료비+노무비+경비+일반관리비+이윤

해설

순공사원가=재료비+노무비+경비
총공사원가=재료비+노무비+경비+일반관리비+이윤

정답 | ①

09

흙깎기(切土) 공사에 대한 설명으로 옳은 것은?

① 보통 토질에서는 흙깎기 비탈면 경사를 1:0.5 정도로 한다.
② 흙깎기를 할 때는 안식각보다 약간 크게 하여 비탈면의 안정을 유지한다.
③ 작업물량이 기준보다 작은 경우 인력보다는 장비를 동원하여 시공하는 것이 경제적이다.
④ 식재공사가 포함된 경우의 흙깎기에서는 지표면 표토를 보존하여 식물생육에 유용하도록 한다.

해설

땅깎기 및 흙쌓기 작업 전에 표토 활용계획 유무를 확인하고, 표토의 채취 및 운반 등의 작업을 선행하도록 작업계획을 수립하여야 한다.

선지분석

① 보통 토질(양토의 경우)의 비탈면 경사(수직:수평 비율)는 1:1.5~1:2.0이 적당하다. 1:0.5는 경사가 급해 붕괴 우려가 있다.
② 흙깎기 비탈면이 안정을 유지하려면 지면과 비탈면이 이루는 각이 안식각보다 작아야 한다.
③ 기계 및 장비의 도입은 장비 효율과 기계 경비를 감안할 때 작업물량이 기준보다 큰 대규모 공사에 적합하다.

정답 | ④

10
식재할 경우 수간감기(Wrapping)를 하는 이유 중 틀린 것은?

① 수간으로부터 수분 증산 억제
② 잡초 발생 방지
③ 병해충 방지
④ 상해(霜害) 방지

해설
수간감기는 보온 유지 및 수분증산 억제, 해충 방제를 목적으로 짚이나 새끼 등으로 수간을 감아주는 것을 말한다. 지상부에서 발생하는 잡초와는 관련이 없다.

정답 | ②

11
비탈면을 보호하기 위한 방법이 아닌 것은?

① 식생자루공법　② 콘크리트격자블록공법
③ 비탈깎기공법　④ 식생매트공법

해설
비탈깎기는 기존 비탈면을 더욱 가파르게 만들어 비탈면 붕괴를 초래할 수 있다.

정답 | ③

12
벽 뒤로부터의 토양에 의한 붕괴를 막기 위한 공사는?

① 옹벽쌓기　② 기슭막이
③ 견치석쌓기　④ 호안공

해설
땅을 깎거나 흙을 쌓아서 생긴 토양의 압력을 지탱하기 위해 쌓는 벽을 옹벽이라 한다.

정답 | ①

13
조경을 대상지별로 구별할 때 위락·관광시설에 해당되지 않는 곳은?

① 휴양지　② 유원지
③ 골프장　④ 사찰

해설
사찰은 종교시설에 해당한다.

정답 | ④

14
대형건물의 외벽도색을 위한 색채계획을 할 때 사용하는 컬러샘플(Color sample)은 실제의 색보다 명도나 채도를 낮추어서 사용하는 것이 좋다. 이는 색채의 어떤 현상 때문인가?

① 착시효과　② 동화현상
③ 대비효과　④ 면적효과

해설
면적이 커지면 명도와 채도가 높아져 더 밝고 선명하게 보이는 현상을 면적효과라고 한다.

정답 | ④

15
다음 제시된 색 중 같은 면적에 적용했을 경우 가장 좁아 보이는 색은?

① 옅은 하늘색　② 선명한 분홍색
③ 밝은 노란 회색　④ 진한 파랑

해설
면적대비 효과에 따라 동일 면적일 경우, 명도나 채도가 낮은 색은 좁게 느껴지고, 명도나 채도가 높은 색은 크게 느껴진다. 따라서 보기 중 명도와 채도가 가장 낮은 진한 파랑이 가장 좁게 보인다.

정답 | ④

16

다음 그림과 같은 형태를 보이는 수목은?

① 일본목련　　② 복자기
③ 팔손이　　　④ 물푸레나무

해설

열매가 양 날개가 달린 프로펠러와 같은 형태의 것을 시과(翅果)라 하는데, 시과를 가진 수종은 단풍나무과(科)이며, 보기 중 단풍나무과 수종은 복자기뿐이다.

정답 | ②

17

벽면적 4.8m² 크기에 1.5B 두께로 붉은 벽돌을 쌓고자 할 때 벽돌의 소요매수는? (단, 줄눈의 두께는 10mm이고, 할증률을 고려한다.)

① 925매　　　② 963매
③ 1,109매　　④ 1,245매

해설

벽돌 소요량 산정공식은 다음과 같다.

> 벽돌 소요량 = 면적(m²) × 단위수량(장/m²) × 할증률(%)

(표준형 벽돌의 단위수량: 0.5B=75장, 1.0B=149장, 1.5B=224장, 2.0B=299장)
문제의 벽돌 소요량=4.8m²×224장/m²=1,075.2장 → 1,076장
여기에 붉은 벽돌의 할증률 3%를 고려하면,
1,076×1.03=1,108.28장 → 1,109장이다.
(벽돌 계산 시 소수점이 나올 경우 올림으로 함)

정답 | ③

18

어떤 목재의 함수율이 50%일 때 목재중량이 3,000g이라면 전건중량은 얼마인가?

① 1,000g　　② 2,000g
③ 4,000g　　④ 5,000g

해설

목재의 함수율 = $\dfrac{\text{함수량(목재에 포함된 수분량)}}{\text{전건중량}}$

문제에서 함수량은 3,000g(목재중량)−x(전건중량)이다.

따라서 $0.5(=50\%) = \dfrac{(3,000-x)}{x}$

$0.5x = 3,000 - x$
$1.5x = 3,000$
∴ 전건중량 $x = 2,000$

정답 | ②

19

20L 들이 분무기 한 통에 1,000배액의 농약 용액을 만들고자 할 때 필요한 농약의 약량은?

① 10mL　　② 20mL
③ 30mL　　④ 50mL

해설

농약량(mL) = 물(mL) ÷ 배율(%)
물 1L는 1,000mL이므로, 물 20L = 20,000mL이다.
따라서 필요한 농약의 약량은
20,000mL ÷ 1,000(배율 %) = 20mL

정답 | ②

20

인공 폭포, 수목 보호판을 만드는 데 가장 많이 이용되는 제품은?

① 유리블록제품
② 식생호안블록
③ 콘크리트격자블록
④ 유리섬유강화플라스틱

해설

유리섬유강화플라스틱(GFRP: Glass Fiber Reinforced Plastic)은 유리섬유와 열경화성수지를 결합한 FRP 제품으로서 가볍고 내구성도 좋으며 가공하기 쉬운 장점이 있다. 인공폭포 벽면이나 수목 보호판, 미끄럼대 등 다양한 조경시설물에 사용된다.

정답 | ④

21

좁고 얄팍한 목재를 엮어 1.5m 정도의 높이가 되도록 만들어 놓은 격자형의 시설물로서 덩굴식물을 지탱하기 위한 것은?

① 파고라
② 아치
③ 트레리스
④ 정자

해설

서양 정원에서는 덩굴식물이 오를 수 있도록 격자 형태로 만든 구조물을 트레리스(Treillis)라고 부른다. 조선시대 전통 정원에서도 이와 유사한 구조물을 두었는데, 이를 취병(翠屛)이라 한다.

정답 | ③

22

다음 중 시설물의 사용연수로 가장 부적합한 것은?

① 철재 시소: 10년
② 목재 벤치: 7년
③ 철재 파고라: 40년
④ 원로의 모래자갈 포장: 10년

해설

철재 파고라의 사용연수는 20년이다.

정답 | ③

23

콘크리트의 응결, 경화 조절의 목적으로 사용되는 혼화제에 대한 설명 중 틀린 것은?

① 콘크리트용 응결, 경화 조정제는 시멘트의 응결, 경화 속도를 촉진시키거나 지연시킬 목적으로 사용되는 혼화제이다.
② 촉진제는 그라우트에 의한 지수공법 및 뿜어붙이기 콘크리트에 사용된다.
③ 지연제는 조기 경화현상을 보이는 서중 콘크리트나 수송거리가 먼 레디믹스트 콘크리트에 사용된다.
④ 급결제를 사용한 콘크리트의 조기 강도증진은 매우 크나 장기강도는 일반적으로 떨어진다.

해설

촉진제는 묽은 콘크리트의 응결을 촉진하기 위한 혼화제로서 동절기 공사 혹은 긴급공사 등에 사용한다.
그라우트(Groute)에 의한 지수공법 및 뿜어붙이기 콘크리트는 누수를 막기 위한 공법으로 경화제와 충진제가 사용된다.

정답 | ②

24
다음 중 창경궁(昌慶宮)과 관련이 있는 건물은?

① 만춘전 ② 낙선재
③ 함화당 ④ 사정전

해설
낙선재는 조선시대 헌종이 지어 머물던 전각으로, 현재는 창덕궁에 속하나 본시 창경궁에 속한 전각이었다. 만춘전, 함화당, 사정전은 경복궁의 전각이다.

정답 | ②

25
생물분류학적으로 거미강에 속하며 덥고, 건조한 환경을 좋아하고 뾰족한 입으로 즙을 빨아먹는 해충은?

① 진딧물 ② 나무좀
③ 응애 ④ 가루이

해설
응애는 거미강 진드기목에 속하는 절지동물로서 몸길이가 1~2mm 정도이고, 식물 줄기나 잎에 침을 꽂아 세포액을 빨아먹으며 식물의 생육을 방해하는 해충이다.

정답 | ③

26
다음 중 파이토플라스마(Phytoplasma)에 의한 나무병이 아닌 것은?

① 뽕나무 오갈병 ② 대추나무 빗자루병
③ 벚나무 빗자루병 ④ 오동나무 빗자루병

해설
파이토플라스마는 세균과 바이러스의 중간쯤에 해당하는 미생물로서 뽕나무 오갈병, 대추나무 빗자루병, 오동나무 빗자루병의 병원체로 알려져 있다.

정답 | ③

27
다음 보기의 ( ) 안에 들어갈 디자인 요소는?

> 형태, 색채와 더불어 ( )은(는) 디자인의 필수 요소로서 물체의 조성 성질을 말하며, 이는 우리의 감각을 통해 형태에 대한 지식을 제공한다.

① 질감 ② 광선
③ 공간 ④ 입체

해설
질감은 형태 및 색채와 더불어 디자인을 위한 기본 요소로서 시각 및 촉각을 통하여 감정적인 반응을 일으킨다.

정답 | ①

28
다음 [보기]의 설명은 어느 시대의 정원에 관한 것인가?

> - 석가산과 원정, 화원 등이 특징이다.
> - 대표적 유적으로 동지(東池), 만월대, 수창궁원, 청평사 문수원 정원 등이 있다.
> - 휴식·조망을 위한 정자를 설치하기 시작하였다.
> - 송나라의 영향으로 화려한 관상위주의 이국적 정원을 만들었다.

① 조선 ② 백제
③ 고려 ④ 통일신라

해설
고려시대는 중국과의 교류를 통해 갖가지 애완동물과 화초가 도입되었고, 그 영향으로 석가산(정원에 돌을 쌓아서 작게 만든 산)과 화원이 많이 만들어졌다. 우리나라에 현존하는 유일한 유적은 강원도 춘천 청평사 문수원 정원이다.

정답 | ③

29
다음 중 잔디밭의 넓이가 165m²(약 50평) 이상으로 잔디의 품질이 아주 좋지 않아도 되는 골프장의 러프지역, 공원의 수목지역 등에 많이 사용하는 잔디 깎는 기계는?

① 핸드모어 ② 그린모어
③ 로터리모어 ④ 갱모어

해설
로터리모어(Rotary mower)는 밀생한 잔디밭의 잔디나 잡초를 깎는 동력식 기계로서 회전 칼날로 잔디를 잘라낸다. 하지만 칼날이 거칠기 때문에 잔디가 손상되기 쉬우므로 고운 결이 유지되어야 하는 골프장의 그린이나 페어웨이의 관리에는 부적합하다.

정답 | ③

30
등고선에 관한 설명 중 틀린 것은?

① 등고선 상에 있는 모든 점들은 같은 높이로서 등고선은 같은 높이의 점들을 연결한다.
② 등고선은 급경사지에서는 간격이 좁고, 완경사지에서는 넓다.
③ 높이가 다른 등고선이라도 절벽, 동굴에서는 교차한다.
④ 모든 등고선은 도면 안 또는 밖에서 만나지 않고, 도중에서 소실된다.

해설
등고선은 도면 안이나 밖에서 반드시 폐합(閉合)하며, 결코 분리되거나 중간에 소실(消失)되지 않는다.

정답 | ④

31
다음 중 어린이들의 물놀이를 위해서 만든 얕은 물놀이터는?

① 도섭지 ② 포석지
③ 폭포지 ④ 천수지

해설
도섭지(Padding pool)는 수심 30cm 이하로 어린이들이 안전하게 물놀이 할 수 있는 시설이며, 순우리말로 발물놀이터라고도 한다.

정답 | ①

32
일본 조경양식인 고산수식에서 사용하지 않는 재료는?

① 물 ② 왕모래
③ 나무 ④ 바위

해설
축산고산수 정원은 14세기에 유행했으며, 큰 나무와 바위로 산을 표현한다. 반면, 평정고산수 정원은 15세기에 유행했으며, 평평한 바닥에 왕모래를 깔고 바위를 배치하여 해안 풍경을 상징한다.

정답 | ①

33
조경 실시설계 기술자의 주요 직무 내용으로 가장 적합한 것은?

① 물량 산출 및 시방서 작성
② 조경 시설물 및 자재의 생산
③ 식재 공사 시공
④ 전정 및 시비

해설
실시설계는 공사시행을 위한 세부설계도서(상세설계, 물량산출, 공사비 및 시방서 작성 등)를 작성하는 단계이다. 따라서 실시설계 기술자는 이와 같은 업무를 수행한다.

정답 | ①

34

다음 평판측량방법과 관계가 없는 것은?

① 방사법 ② 전진법
③ 좌표법 ④ 교회법

해설

좌표법은 평판측량방법과 관계없다.

관련이론 평판측량방법

- 방사법(放射法): 측량하고자 하는 모든 지점을 시준할 수 있는 중심점에 평판을 설치하고, 각 경계 지점의 위치를 확정한 뒤, 이들을 연결하여 도면을 완성한다.
- 전진법(前進法): 평판을 이동시켜 나아가면서 각 지점 위치를 확정하여 도면을 완성한다.
- 교회법(交會法): 이미 알고 있는 몇 개의 지점에서 시준하여 미지의 점을 결정한다.

정답 | ③

35

자연석(조경석) 쌓기의 설명으로 옳지 않은 것은?

① 크고 작은 자연석을 이용하여 잘 배치하고, 견고하게 쌓는다.
② 사용되는 돌의 선택은 인공적으로 다듬은 것으로 가급적 벌어짐이 없이 연결될 수 있도록 배치한다.
③ 자연석으로 서로 어울리게 배치하고 자연석 틈 사이에 관목류를 이용하여 채운다.
④ 맨 밑에는 큰 돌을 기초석을 배치하고, 보기 좋은 면이 앞면으로 오게 한다.

해설

자연석 쌓기는 가공하지 않은 자연석을 층층이 겹쳐 쌓아 자연스럽게 연출하여야 한다.

정답 | ②

36

시공 후 전체적인 모습을 알아보기 쉽도록 그린 그림과 같은 형태의 도면은?

① 평면도 ② 입면도
③ 조감도 ④ 상세도

해설

관찰자가 새처럼 높은 위치에서 아래를 내려다보는 구도로 그려진 도면을 조감도(鳥瞰圖)라 한다.

정답 | ③

37

토양수분 중 식물이 이용 가능한 수분을 유효수분이라고 한다. 유효수의 토양수분장력(pF)으로 가장 적합한 것은?

① pF 0.1~1.5 ② pF 1.7~2.5
③ pF 2.7~4.2 ④ pF 4.5~6.2

해설

식물이 흡수할 수 있는 수분을 유효수라 하는데, 토양 수분장력 범위는 pF 2.7~4.2이다.

관련이론 토양수분장력

토양입자와 물분자 사이에 작용하는 장력을 말하며, 장력의 차이에 따라 다음과 같이 구분한다.

- 모세관수(토양에 남아 있는 수분): pF 2.7~4.5
- 흡습수(토양에는 남아 있지만 식물이 흡수하지 못하는 수분): pF 4.5 이상
- 결합수(토양입자와 화학적으로 결합하여, 식물이 흡수할 수 없는 수분): pF 7.0 이상

정답 | ③

38
다음 중 서양의 정형식 정원양식과 가장 거리가 먼 것은?

① 기하학적인 땅 가름
② 다듬어진 나무
③ 인공적인 무늬화단
④ 비대칭이면서 균형과 조화 유지

해설
비대칭적 균형과 조화를 중시하는 방식은 동양정원의 전통이라 할 수 있는 자연풍경식 정원양식이다.

정답 | ④

39
시멘트의 강열감량(Ignition loss)에 대한 설명으로 틀린 것은?

① 시멘트 중에 함유된 H_2O와 CO_2의 양이다.
② 클링커와 혼합하는 석고의 결정수량과 거의 같은 양이다.
③ 시멘트에 약 1,000℃의 강한 열을 가했을 때의 시멘트 감량이다.
④ 시멘트가 풍화하면 강열감량이 적어지므로 풍화의 정도를 파악하는 데 사용된다.

해설
시멘트가 풍화하면 강열감량은 증가한다.

관련이론 시멘트 강열감량
시멘트 풍화 정도를 판정할 수 있는 척도로서 시멘트를 900~1,000℃로 가열했을 때 시멘트 중에 함유된 H_2O와 CO_2 감소에 따라 발생하는 질량 감소량이다.

정답 | ④

40
중세 유럽의 조경 형태로 볼 수 없는 것은?

① 과수원   ② 약초원
③ 공중정원 ④ 회랑식 정원

해설
공중정원(Hanging garden)은 B.C 6세기 신바빌론 시대의 네브카드네자르 2세가 왕비 아미티스를 위해 조성한 정원으로 알려져 있으며, 고대 7대 불가사의 중 하나이다. B.C 5세기경 이곳을 방문한 고대 그리스의 역사가 헤로도토스가 마치 공중에 매달려 있는 것 같다고 기록하였다.

정답 | ③

41
금속을 활용한 제품으로서 철 금속 제품에 해당하지 않는 것은?

① 철근, 강판   ② 형강, 강관
③ 볼트, 너트   ④ 도관, 가도관

해설
도관(導管)과 가도관(假導管)은 식물체 내에서 수분과 양분의 통로가 되는 조직을 말한다.

정답 | ④

42
다음 중 줄기의 색채가 백색 계열에 속하는 수종은?

① 모과나무   ② 자작나무
③ 노각나무   ④ 해송

해설
자작나무는 흰색 수피를 가진 대표적인 수종이다.

정답 | ②

43
현대적인 공사관리에 관한 설명 중 가장 적합한 것은?

① 품질과 공기는 정비례한다.
② 공기를 서두르면 원가가 싸게 된다.
③ 경제속도에 맞는 품질이 확보되어야 한다.
④ 원가가 싸게 되도록 하는 것이 공사관리의 목적이다.

해설
공사관리의 3대 목표는 원가·품질·공정관리이다. 상호연관성이 깊어서 한 부분을 좋게 하면 다른 부분이 나빠질 수 있으므로 상호 적정한 관계(적정 품질을 확보하면서 경제적인 속도를 준수)를 유지하며 관리해야 한다.

정답 | ③

44
아황산가스에 민감하지 않은 수종은?

① 소나무　　② 겹벚나무
③ 단풍나무　④ 화백

해설
화백은 아황산가스에 강한(민감하지 않은) 수종이다.

관련이론 아황산가스에 강한 수종과 약한 수종
- 아황산가스(SO_2)에 강한 대표적 수종: 가시나무, 백합나무, 칠엽수, 화백, 편백, 플라타너스, 사철나무, 은행나무, 양버즘나무 등
- 아황산가스(SO_2)에 약한 대표적 수종: 소나무, 겹벚나무, 단풍나무, 삼나무, 전나무, 산벚나무, 독일가문비, 고로쇠나무 등

정답 | ④

45
다음 중 콘크리트 타설 시 염화칼슘의 사용목적은?

① 콘크리트의 조기 강도
② 콘크리트의 장기 강도
③ 고온증기 양생
④ 황산염에 대한 저항성 증대

해설
염화칼슘은 콘크리트의 수화반응을 촉진시켜 조기강도를 향상시키는 역할을 한다.

정답 | ①

46
개화를 촉진하는 정원수 관리에 관한 설명으로 옳지 않은 것은?

① 햇빛을 충분히 받도록 해준다.
② 물을 되도록 적게 주어 꽃눈이 많이 생기도록 한다.
③ 깻묵, 닭똥, 요소, 두엄 등을 15일 간격으로 시비한다.
④ 너무 많은 꽃봉오리는 솎아낸다.

해설
꽃눈 형성에는 햇빛, 영양분, 물 등 많은 에너지가 필요하다. 수분이 부족하면 식물의 생장이 억제되고 꽃눈 형성 및 개화에도 큰 지장을 준다. 특히 꽃이 피기 전에는 적절한 수분 공급이 필수적이다.

정답 | ②

47
상류주택에 모란(牡丹)이 대규모로 심겨졌던 국가는?

① 발해　　② 신라
③ 고구려　④ 백제

해설
남송의 송막기문(松漠紀聞)에는 "발해의 부유한 집은 정원이나 연못에 모란꽃을 심었는데 많은 집은 200~300포기에 달하며 어떤 것은 수십 줄기가 무더기로 자랐는데 모두 연지방(중국 동북부)에서는 볼 수 없는 것이었다."라고 기록되어 있다.

정답 | ①

48
실선의 굵기에 따른 종류(굵은선, 중간선, 가는선)와 용도가 바르게 연결되어 있는 것은?

① 굵은선 - 도면의 윤곽선
② 중간선 - 치수선
③ 가는선 - 단면선
④ 가는선 - 파선

선지분석
② 가는선 - 치수선
③ 굵은선 - 단면선
④ 중간선 - 파선

정답 | ①

49
선화후엽(先花後葉) 식물 중 꽃은 황색이고, 열매가 검은색으로 익는 식물은?

① 생강나무(Lindera obtusiloba)
② 미선나무(Abeliophyllum distichum)
③ 왕벚나무(Prunus yedoensis)
④ 진달래(Rhododendron mucronulatum)

해설
생강나무는 가지를 자르면 생강 냄새가 나므로 생강나무라 부른다. 3월에 노란색 작은 꽃들이 여러 개 뭉쳐 잎보다 먼저 피며, 9월에 열매가 검은색으로 익는다.

정답 | ①

50
병의 발생에 필요한 3가지 요인을 정량화하여 삼각형의 각 변으로 표시하고 이들 상호관계에 의한 삼각형의 면적을 발병량으로 나타내는 것을 병삼각형이라 한다. 여기에 포함되지 않는 것은?

① 병원체   ② 환경
③ 기주   ④ 저항성

해설
병삼각형은 식물병의 발생에 관여하는 3대 요소인 기주, 병원체, 환경의 상호관계를 삼각형으로 나타낸 것으로 삼각형의 크기는 병 발생량을 뜻한다.

정답 | ④

51
조경용 포장재료는 보행자가 안전하고, 쾌적하게 보행할 수 있는 재료가 선정되어야 한다. 다음 선정기준 중 옳지 않은 것은?

① 내구성이 있고, 시공·관리비가 저렴한 재료
② 재료의 질감, 색채가 아름다운 것
③ 재료의 표면 청소가 간단하고, 건조가 빠른 재료
④ 재료의 표면이 태양 광선의 반사가 많고, 보행 시 자연스런 매끄러운 소재

해설
재료의 표면이 태양광선의 반사가 많으면 보행자의 시야를 방해하고 눈부심을 일으키게 되며, 매끄러운 소재는 미끄러질 위험이 크므로 보행용 포장재료로 적합하지 않다.

정답 | ④

52
우리나라의 조선시대 전통정원을 꾸미고자 할 때 다음 중 연못시공으로 적합한 호안공은?

① 자연석 호안공   ② 사괴석 호안공
③ 편책 호안공   ④ 마름돌 호안공

해설
조선시대 전통정원에서 연못은 방지원도(네모난 못과 둥근 섬)를 기본으로 하며, 호안은 장대석 혹은 사괴석으로 수직 바른층 쌓기로 직선 처리한다.

정답 | ②

53

다음 중 유자격자는 모두 입찰에 참여할 수 있으며, 균등한 기회를 제공하고, 공사비 등을 절감할 수 있으나 부적격자에게 낙찰된 우려가 있는 입찰방식은?

① 특명입찰　　② 일반경쟁입찰
③ 지명경쟁입찰　④ 수의계약

해설

일정한 자격을 가진 불특정 다수의 희망자를 경쟁에 참가하도록 하고, 가장 유리한 조건을 제시한 자를 선정하여 계약을 체결하는 방식을 일반경쟁입찰이라 한다.

선지분석

① 특명입찰: 특정인을 도급자로 지정하여 계약을 체결하는 방식
③ 지명경쟁입찰: 자금력과 신용 등에서 적당하다고 인정되는 특정 다수의 경쟁참가자를 지명하여 입찰하는 방식
④ 수의계약: 경쟁입찰이 불가능하거나 기타 특수한 사정으로 필요하다고 인정될 경우, 특정인에게 견적서를 제출하게 하여 도급자로 선정하는 방식

정답 | ②

54

다음 중 인공지반을 만들려고 할 때 사용되는 경량토로 부적합한 것은?

① 버미큘라이트　② 모래
③ 펄라이트　　　④ 부엽토

해설

인공지반을 만들 때 경량토는 보통 버미큘라이트, 펄라이트, 모래 등을 사용한다. 부엽토는 유기물 함량이 높아서 인공지반을 만들 때 사용하기 적합하지 않다.

정답 | ④

55

다음 설명하고 있는 수종으로 가장 적합한 것은?

- 꽃은 지난해에 형성되었다가 3월에 잎보다 먼저 총상 꽃차례로 달린다.
- 물푸레나무과로 원산지는 한국이며, 세계적으로 1속 1종뿐이다.
- 열매의 모양이 둥근 부채를 닮았다.

① 미선나무　② 조록나무
③ 비파나무　④ 명자나무

해설

미선나무는 물푸레나무과에 속하는 한반도 고유 수종이며, 1속 1종이고, 열매는 둥근 부채 모양이다.

정답 | ①

56

농약의 사용목적에 따른 분류 중 응애류에만 효과가 있는 것은?

① 살충제　② 살균제
③ 살비제　④ 살초제

해설

살비제(Acaricide)란 응애류를 방제하기 위해 사용하는 약제이다.

선지분석

① 살충제: 곤충을 방제하기 위한 농약
② 살균제: 식물에 해를 끼치는 미생물을 방제하기 위한 농약
④ 살초제: 잡초를 방제하기 위한 농약

정답 | ③

57
단풍나무과(科)에 해당하지 않는 수종은?

① 고로쇠나무 ② 복자기
③ 소사나무   ④ 신나무

해설
소사나무는 자작나무과에 속한다.

관련이론 단풍나무과의 주요 수종
단풍나무, 네군도단풍, 당단풍, 은단풍, 중국단풍, 복자기나무, 신나무, 고로쇠나무 등

정답 | ③

58
다음 설명에 적합한 열가소성수지는?

> • 강도, 전기절연성, 내약품성이 양호하고 가소재에 의하여 유연고무와 같은 품질이 되며 고온, 저온에 약하다.
> • 바닥용타일, 시트, 조인트재료, 파이프, 접착제, 도료 등이 주용도이다.

① 페놀수지   ② 염화비닐수지
③ 멜라민수지 ④ 에폭시수지

해설
합성수지는 열에 약해 쉽게 변형되는 열가소성수지와 열에 비교적 강한 열경화성수지로 나눌 수 있다.
• 열가소성수지: 염화비닐수지와 셀룰로이드, 나일론 등
• 열경화성수지: 페놀수지, 멜라민수지, 에폭시수지 등

정답 | ②

59
다음 중 색의 삼속성이 아닌 것은?

① 색상 ② 명도
③ 채도 ④ 대비

해설
색의 3가지 다른 속성은 명도(밝기), 채도(선명함), 색상(색깔)이며 이 3가지 속성으로 인하여 우리 눈은 서로 다른 색을 지각할 수 있다.

정답 | ④

60
다음 시멘트의 종류 중 혼합시멘트가 아닌 것은?

① 알루미나 시멘트
② 플라이 애시 시멘트
③ 고로 슬래그 시멘트
④ 포틀랜드 포졸란 시멘트

해설
알루미나 시멘트는 알루민산칼슘을 주성분으로 제조한 특수 시멘트이다.

관련이론 혼합시멘트
포틀랜드 시멘트에 다른 재료를 혼합하여 만든 시멘트로서 대표적인 것으로는 플라이 애시 시멘트, 고로 슬래그 시멘트, 포틀랜드 포졸란 시멘트가 있다.

정답 | ①

2025년 1회 CBT 복원문제

7개년 기출문제

01
다음 중 방풍용수의 조건으로 옳지 않은 것은?

① 양질의 토양으로 주기적으로 이식한 천근성 수목
② 일반적으로 견디는 힘이 큰 낙엽활엽수보다 상록활엽수
③ 파종에 의해 자란 자생수종으로 직근(直根)을 가진 것
④ 대표적으로 소나무, 가시나무, 느티나무 등임

해설
방풍용수(防風用樹)는 강한 바람에 견딜 수 있는 수목이어야 하므로, 양질 토양에서 자라는 천근성(淺根性) 수종은 바람직하지 않다.

정답 | ①

02
다음 중 경복궁 교태전 후원과 관계없는 것은?

① 화계가 있다.
② 상량전이 있다.
③ 아미산이라 칭한다.
④ 굴뚝은 육각형이 4개가 있다.

해설
교태전 후원은 조선시대 가산(假山) 형태의 정원으로, 아미산이라고 하며 아름다운 장식을 한 육각형 굴뚝 4개가 있다. 화계(花階)를 두어 꽃과 나무를 심고 석조(石槽)를 배치하였다.

정답 | ②

03
조경의 대상을 기능별로 분류해 볼 때 「자연공원」에 포함되는 것은?

① 묘지공원
② 휴양지
③ 군립공원
④ 경관녹지

해설
자연공원이란 국립공원·도립공원(광역시립공원 포함)·군립공원(시립공원 및 구립공원 포함) 및 지질공원을 말한다.

정답 | ③

04
다음 중 어린이 공원의 설계 시 공간구성 설명으로 옳은 것은?

① 동적인 놀이공간에는 아늑하고 햇빛이 잘 드는 곳에 잔디밭, 모래밭을 배치하여 준다.
② 정적인 놀이공간에는 각종 놀이시설과 운동시설을 배치하여 준다.
③ 감독 및 휴게를 위한 공간은 놀이공간이 잘 보이는 곳으로 아늑한 곳으로 배치한다.
④ 공원 외곽은 보행자나 근처 주민이 들여다볼 수 없도록 밀식한다.

선지분석
① 동적 놀이공간은 어린이들이 자유롭게 뛰어놀 수 있도록 양지바르고 넓은 곳이어야 한다.
② 정적 놀이공간은 아늑하고 조용한 곳에 배치하는 것이 좋다.
④ 공원 외곽은 시각적 개방을 유도하여 어린이들을 보호할 수 있도록 배려함이 바람직하다.

정답 | ③

05

강을 적당한 온도(800~1,000℃)로 가열하여 소정의 시간까지 유지한 후에 로(爐) 내부에서 천천히 냉각시키는 열처리법은?

① 풀림(Annealing)
② 불림(Normalizing)
③ 뜨임질(Tempering)
④ 담금질(Quenching)

해설

풀림은 가열된 강을 용광로 속에서 천천히 식히는 것으로, 결정이 미세화되며 연화된다.

선지분석

② 불림: 강을 가열한 후 공기 중에 냉각시키는 것으로, 식으면 결정입자가 미세하게 되어 변형이 제거되고 조직이 균질화된다.
③ 뜨임질: 담금질한 강은 너무 경도가 커서 내부에 변형을 일으킬 수가 있으므로, 다시 200~600℃ 정도로 가열한 다음 공기 중에서 서서히 식힘으로써 변형을 없애는 방법이다.
④ 담금질: 가열된 강을 찬물이나 더운물 혹은 기름 속에서 급히 식히는 것으로, 경도와 강도가 증대되고 물리적 성질이 변한다. 탄소함량이 클수록 효과적이다.

정답 | ①

06

정원의 한 구석에 녹음용수로 쓰기 위해서 단독으로 식재하려 할 때 적합한 수종은?

① 홍단풍
② 박태기나무
③ 꽝꽝나무
④ 칠엽수

해설

칠엽수는 높이가 10~20m에 달하는 낙엽교목으로, 지하고도 높고 잎이 크고 짙어 녹음수로 적합하다.

관련이론 녹음수

그늘을 얻기 위해 식재하는 나무이므로, 수고(樹高)와 지하고(枝下高)가 높고 수관 폭이 넓은 낙엽수가 바람직하다.

정답 | ④

07

중국 소주의 4대 명원에 해당되지 않는 것은?

① 졸정원(拙庭園)
② 창랑정(滄浪亭)
③ 사자림(獅子林)
④ 원명원(圓明園)

해설

중국 소주의 4대 명원은 졸정원, 유원, 사자림, 창랑정을 꼽는다.

정답 | ④

08

점토제품 제조를 위한 소성(燒成) 공정순서로 맞는 것은?

① 예비처리 – 원료조합 – 반죽 – 숙성 – 성형 – 시유(施釉) – 소성
② 원료조합 – 반죽 – 숙성 – 예비처리 – 소성 – 성형 – 시유
③ 반죽 – 숙성 – 성형 – 원료조합 – 시유 – 소성 – 예비처리
④ 예비처리 – 반죽 – 원료조합 – 숙성 – 시유 – 성형 – 소성

해설

점토제품의 제조 공정은 다음과 같다.
㉠ 예비처리(불순물 제거 및 점토의 성질을 개선하는 공정)
㉡ 원료조합(점토와 기타 원료를 혼합하는 공정)
㉢ 반죽(성형하기 쉬운 상태로 만드는 공정)
㉣ 숙성(일정 시간 건조하여 내구성을 높이는 공정)
㉤ 성형(원하는 모양으로 만드는 공정)
㉥ 시유(유약을 바르는 공정)
㉦ 소성(열을 가하여 성분을 변화시키고 형태와 강도를 만드는 공정)

정답 | ①

09

다음 그림과 같은 땅깎기 공사 단면의 절토 면적은?

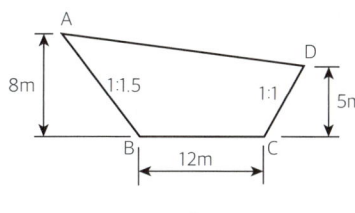

① 64
② 80
③ 102
④ 128

해설

비탈면 기울기를 표현할 때 비례($1 : x$)로 나타낼 경우, 1은 수직 높이를, x는 수평 거리를 나타낸다.
다음 그림의 AB 기울기 $1 : 1.5$에서 높이(AE)가 8m이므로, 거리(EB)는 $8 \times 1.5 = 12$m이다.
CD 기울기는 $1 : 1$이므로, 거리(CF)=5m이다.

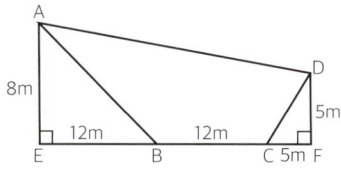

절토 면적 □ABCD=□AEFD−(△AEB+△CFD)이다.
- 면적 □AEFD=$(8+5) \times (12+12+5) \div 2 = 188.5\text{m}^2$
- 면적 △AEB=$8 \times 12 \div 2 = 48\text{m}^2$
- 면적 △CFD=$5 \times 5 \div 2 = 12.5\text{m}^2$
∴ 절토 면적은 $188.5 - (48 + 12.5) = 128\text{m}^2$

관련이론 사다리꼴 면적 계산

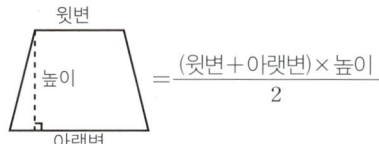

= $\dfrac{(\text{윗변} + \text{아랫변}) \times \text{높이}}{2}$

정답 | ④

10

화단의 초화류를 옅은 색에서 점점 짙은 색으로 배열할 때 가장 강하게 느껴지는 조화미는?

① 통일미
② 균형미
③ 점층미
④ 대비미

해설

점층미는 색채의 밝기를 옅은 색에서 점점 짙은 색으로 배열하거나 명도를 서서히 바꾸어 시선을 끄는 효과를 말한다.

정답 | ③

11

목재의 방부법 중 그 방법이 나머지 셋과 다른 하나는?

① 도포법
② 침지법
③ 분무법
④ 방청법

해설

방청법은 금속의 부식을 방지하기 위한 방법이다.

정답 | ④

12

다음 중 창덕궁 후원 내 옥류천 일원에 위치하고 있는 궁궐 내 유일의 초정은?

① 애련정
② 부용정
③ 관람정
④ 청의정

해설

현존하는 궁궐 내 유일한 초가지붕 건물은 청의정이다. 이 정자는 창덕궁 후원 옥류천 권역에 있으며, 정자 앞 작은 논에서 수확한 볏짚을 초가지붕 재료로 사용했다. 이 논은 왕이 농사의 소중함을 깨닫고 백성들의 어려움을 직접 느끼도록 조성한 것이다.

정답 | ④

13

다음 중 접붙이기 번식을 하는 목적으로 가장 거리가 먼 것은?

① 종자가 없고 꺾꽂이로도 뿌리 내리지 못하는 수목의 증식에 이용된다.
② 씨뿌림으로는 품종이 지니고 있는 고유의 특징을 계승시킬 수 없는 수목의 증식에 이용된다.
③ 가지가 쇠약해지거나 말라 죽은 경우 이것을 보태주거나 또는 힘을 회복시키기 위해서 이용된다.
④ 바탕 나무의 특성보다 우수한 품종을 개발하기 위해 이용된다.

해설
접붙이기는 두 개의 식물체를 접합하여 하나의 새로운 식물체를 만드는 방법으로, 접붙이기의 목적은 번식이 어려운 식물의 증식과 품종 보존 및 쇠약한 가지의 수세 회복에 있다.

정답 | ④

14

흙에 시멘트와 다목적 토양개량제를 섞어 기층과 표층을 겸하는 간이포장 재료는?

① 우레탄 ② 콘크리트
③ 카프   ④ 칼라 세라믹

해설
카프(KAP)는 토양경화제를 써서 시멘트와 현장의 토양을 혼합하여 만든 포장재로, 탄성이 있어 충격을 흡수하고, 배수성이 좋아 물이 고이지 않으며, 가격이 저렴하고 시공이 비교적 쉽다.

선지분석
① 우레탄: 합성고무의 일종으로, 탄성이 좋고 내구성이 뛰어나지만, 가격이 비싸다.
② 콘크리트: 시멘트, 모래, 자갈 등을 혼합하여 만든 건축자재로, 강도는 높으나 무거워서 설치가 어렵다.
④ 칼라 세라믹: 도자기의 일종으로, 색상이 다양하고 내구성이 뛰어나지만, 가격이 비싸다.

정답 | ③

15

콘크리트 공사 중 거푸집 상호간의 간격을 일정하게 유지시키기 위한 것은?

① 캠버(Camber)   ② 긴장기(Form tie)
③ 스페이서(Spacer) ④ 세퍼레이터(Seperator)

해설
세퍼레이터는 거푸집 사이에 끼워 넣어 거푸집 간격을 일정하게 유지하기 위한 격리재이다.

선지분석
① 캠버(Camber): 거푸집 곡면을 일정하게 유지시킨다.
② 긴장기(Form tie): 거푸집을 견고하게 고정시킨다.
③ 스페이서(Spacer): 거푸집 간격을 일정하게 유지시킴과 동시에 철근 피복두께를 확보하게 한다.

정답 | ④

16

잔디밭을 조성하려 할 때 뗏장붙이는 방법으로 틀린 것은?

① 뗏장붙이기 전에 미리 땅을 갈고 정지(整地)하여 밑거름을 넣는 것이 좋다.
② 뗏장붙이는 방법에는 전면붙이기, 어긋나게붙이기, 줄붙이기 등이 있다.
③ 줄붙이기나 어긋나게붙이기는 뗏장을 절약하는 방법이지만, 아름다운 잔디밭이 완성되기까지는 긴 시간이 소요된다.
④ 경사면에는 평떼 전면붙이기를 시행한다.

해설
경사면에 전면 붙이기를 할 경우 뗏장이 밀려 내릴 수 있으므로, 일정한 간격으로 띄어서 심는 줄붙이기나 어긋나게 붙이기로 시공하는 것이 바람직하다.

정답 | ④

17
임해매립지 식재지반에서의 조경 시공 시 고려하여야 할 사항으로 가장 거리가 먼 것은?

① 지하수위 조정
② 염분 제거
③ 발생 가스 및 악취 제거
④ 배수관 부설

해설
발생 가스 및 악취 제거는 주로 쓰레기 매립장에서 발생하는 문제이다.

정답 | ③

18
목재가 통상 대기의 온도, 습도와 평형된 수분을 함유한 상태의 함수율은?

① 약 7%   ② 약 15%
③ 약 20%   ④ 약 30%

해설
균형 수분은 대기 온도 및 습도와 평형을 이룬 상태의 목재 함수율을 말하며 통상 15% 정도이다.

관련이론 목재의 함수율
목재에 함유된 수분의 양을 백분율로 나타낸 것이다.

정답 | ②

19
다음 중 난대림의 대표 수종인 것은?

① 녹나무   ② 주목
③ 전나무   ④ 분비나무

해설
난대림은 연평균 기온이 14℃ 이상인 지역에 형성된 숲으로, 상록활엽수가 주를 이루며 녹나무가 대표 수종이다.

정답 | ①

20
투명도가 높으므로 유기유리라는 명칭이 있으며, 착색이 자유롭고 내충격 강도가 크고, 평판, 골판 등의 각종 형태의 성형품으로 만들어 채광판, 도어판, 칸막이벽 등에 쓰이는 합성수지는?

① 요소수지   ② 아크릴수지
③ 에폭시수지   ④ 폴리스티렌수지

해설
아크릴수지는 투명도가 높아 유기유리라는 명칭으로 불리며, 착색이 자유롭고 내충격 강도가 커서 채광판이나 도어판, 칸막이벽 등에 사용된다.

선지분석
① 요소수지: 내수성이 우수하고, 단열성이 좋으며, 착색이 자유로워 주로 도료, 접착제, 합판 등에 사용된다.
③ 에폭시수지: 내화학성이 우수하고, 경도가 높으며, 접착성이 뛰어나 주로 도료, 접착제, 전자부품 등에 사용된다.
④ 폴리스티렌수지: 가볍고, 단열성이 좋으며, 취급이 용이하여 포장재나 완충재, 전자부품 등에 사용된다.

정답 | ②

21
평판측량에서 평판을 정치하는 데 생기는 오차 중 측량 결과에 가장 큰 영향을 주므로 특히 주의해야 할 것은?

① 수평맞추기 오차
② 중심맞추기 오차
③ 방향맞추기 오차
④ 엘리데이드의 수준기에 따른 오차

해설
평판의 방향과 실제 방향의 불일치로 인해 발생하는 방향맞추기 오차는 거리가 멀어질수록 차이가 더 크게 벌어지므로 측량 결과에 가장 큰 왜곡을 가져온다.

정답 | ③

22

배롱나무, 장미 등과 같은 내한성이 약한 나무의 지상부를 보호하기 위하여 사용되는 가장 적합한 월동 조치법은?

① 흙묻기
② 새끼감기
③ 연기씌우기
④ 짚싸기

해설

짚싸기는 가장 보편적이고 효과적인 방법이며, 보온성은 물론 습도 유지에도 효과가 있다.

선지분석

① 흙묻기는 수목 지상부를 완전히 덮지 못하므로 효과가 낮다.
② 새끼감기는 지상부 보호에 효과가 있지만, 짚싸기에 비해 보온성과 습기 유지 효과가 떨어진다.
③ 연기씌우기는 나무 지상부를 직접 보호하는 것이 아니라 주변 기온을 높여 동해 예방에 도움이 된다.

정답 | ④

23

경관석 놓기의 설명으로 옳은 것은?

① 경관석은 항상 단독으로만 배치한다.
② 일반적으로 3, 5, 7 등 홀수로 배치한다.
③ 같은 크기의 경관석으로 조합하면 통일감이 있어 자연스럽다.
④ 경관석의 배치는 돌 사이의 거리나 크기 등을 조정 배치하여 힘이 분산되도록 한다.

해설

경관석은 짝수로 배치하면 균형감이 떨어지고 단조로우며, 홀수로 배치할 때 안정적이고 조화롭게 여겨진다.

정답 | ②

24

시멘트의 각종 시험과 연결이 옳은 것은?

① 비중시험 – 길모아 장치
② 분말도시험 – 루사델리 비중병
③ 응결시험 – 블레인법
④ 안정성시험 – 오토클레이브

해설

시멘트의 안정성시험은 시멘트 내구성에 영향을 미치는 팽창과 수축을 측정하는 시험으로, 오토클레이브(Autoclave)라고 불리는 고온·고압처리기의 고압증기를 이용하여 평가한다.

선지분석

① 비중시험: 르샤틀리에(Le Chatelier) 비중병
② 분말도시험: 블레인(Blaine)법
③ 응결시험: 길모아(Gillmore) 장치

정답 | ④

25

다음 중 정형식 정원에 해당하지 않는 양식은?

① 평면기하학식
② 노단식
③ 중정식
④ 회유임천식

해설

회유임천식 정원은 자연을 재현하여 자연 속을 거닐며 감상하는 정원으로 정형식 정원에 해당하지 않는다.

관련이론 정형식 정원

시선의 중심에 시각적 목표물을 두고, 이를 이어주는 축을 설정하여 대칭적 균형을 이루게 함으로써 강력한 인위적 질서감을 부여하며, 인간의 힘에 의해 자연을 조절하거나 통제하고자 하는 의도를 표현한다.

정답 | ④

26
다음 중 식엽성(食葉性) 해충이 아닌 것은?

① 솔나방 ② 텐트나방
③ 복숭아명나방 ④ 미국흰불나방

해설
식엽성 해충은 잎을 먹는 해충을 말하며 솔나방이나 텐트나방, 미국흰불나방이 이에 해당한다. 복숭아명나방은 꽃이나 과일을 먹는 해충이다.

정답 | ③

27
경석(景石)의 배석(配石)에 대한 설명으로 옳은 것은?

① 원칙적으로 정원 내에 눈에 띄지 않는 곳에 두는 것이 좋다.
② 차경(借景)의 정원에 쓰면 유효하다.
③ 자연석보다 다소 가공하여 형태를 만들어 쓰도록 한다.
④ 입석(立石)인 때에는 역삼각형으로 놓는 것이 좋다.

해설
경석은 자연에서 얻은 돌의 아름다움을 감상하기 위해 배치하므로, 눈에 쉽게 띄는 장소에 안정감 있게 배치하는 것이 바람직하다. 또한 외부 경관을 끌어들이는 차경과 더불어 배치하면 더욱 자연스러운 느낌이 들게 한다.

정답 | ②

28
다음 시멘트의 종류 중 혼합시멘트가 아닌 것은?

① 알루미나 시멘트
② 플라이 애시 시멘트
③ 고로 슬래그 시멘트
④ 포틀랜드 포졸란 시멘트

해설
알루미나 시멘트는 알루민산칼슘을 주성분으로 제조한 특수 시멘트이다.

관련이론 혼합시멘트
포틀랜드 시멘트에 다른 재료를 혼합하여 만든 시멘트로서 대표적인 것으로는 플라이 애시 시멘트, 고로 슬래그 시멘트, 포틀랜드 포졸란 시멘트가 있다.

정답 | ①

29
조경 양식 중 노단식 정원 양식을 발전시키게 한 자연적인 요인은?

① 기후 ② 지형
③ 식물 ④ 토질

해설
조경 양식에 영향을 미치는 요인은 매우 다양하나 이 가운데 지형과 지세가 미치는 영향은 결정적이다. 산악국가인 이탈리아는 지형을 극복하기 위해 절·성토를 통해 계단식 노단(露壇, Terrace)을 발달시켰다.

정답 | ②

30
조형(造形)을 목적으로 한 전정을 가장 잘 설명한 것은?

① 고사지 또는 병지를 제거한다.
② 밀생한 가지를 솎아준다.
③ 도장지를 제거하고 곁가지를 조정한다.
④ 나무 원형의 특징을 살려 다듬는다.

해설
조형을 목적으로 한 전정은 나무 형태와 특징을 살려 조형미를 표현하는 것이 중요하므로, 나무 원형을 파악하고 그 원형을 살려서 다듬어야 한다. ①, ②, ③은 생리적 목적의 전정이라 할 수 있다.

정답 | ④

31
목구조의 보강철물로서 사용되지 않는 것은?

① 나사못 ② 듀벨
③ 고장력볼트 ④ 꺽쇠

해설
고장력볼트는 높은 하중을 견딜 수 있는 보강철물로, 철골구조에서 주로 사용한다.

정답 | ③

32
버킹엄의 「스토우 가든」을 설계하고, 담장 대신 정원 부지의 경계선에 도랑을 파서 외부로부터의 침입을 막은 Ha-ha 수법을 실현하게 한 사람은?

① 켄트 ② 브릿지맨
③ 와이즈맨 ④ 챔버

해설
스토우 가든(Stowe garden)을 설계하고, 정원 부지의 경계선에 담장 대신 도랑을 파서 외부로부터의 침입을 막은 Ha-ha 수법을 만든 사람은 찰스 브릿지맨(Charles Bridgeman)이다.

정답 | ②

33
해사 중 염분이 허용한도를 넘을 때 철근콘크리트의 조치 방안으로서 옳지 않은 것은?

① 아연도금 철근을 사용한다.
② 방청제를 사용하여 철근의 부식을 방지한다.
③ 살수 또는 침수법을 통하여 염분을 제거한다.
④ 단위시멘트량이 적은 빈배합으로 하여 염분과의 반응성을 줄인다.

해설
단위시멘트량이 적은 빈배합은 콘크리트 강도를 저하시키므로 바람직하지 않다.

정답 | ④

34
일반적으로 봄 화단용 꽃으로만 짝지어진 것은?

① 맨드라미, 국화 ② 데이지, 금잔화
③ 샐비어, 색비름 ④ 칸나, 메리골드

해설
데이지와 금잔화는 봄에 개화하는 꽃이다.
맨드라미, 샐비어, 칸나, 메리골드는 여름에 개화하는 꽃이며, 국화와 색비름은 가을에 개화하는 꽃이다.

정답 | ②

35
다음 제초제 중 잡초와 작물 모두를 살멸시키는 비선택성 제초제는?

① 디캄바액제 ② 글리포세이트액제
③ 펜티온유제 ④ 에터폰액제

해설
글리포세이트액제는 잡초와 작물 모두를 살멸시킬 수 있는 비선택성 제초제이다.

관련이론 선택성 제초제
특정 잡초에만 효과가 있고 작물에는 영향을 주지 않는 제초제이다. 디캄바액제, 펜티온유제, 에터폰액제는 모두 선택성 제초제이다.

정답 | ②

36
다음 중 조경수목의 생장 속도가 빠른 수종은?

① 둥근향나무 ② 감나무
③ 모과나무 ④ 삼나무

해설
삼나무는 침엽수로, 내한성이 강하고 토양에 대한 적응력이 뛰어나며 생장속도가 빨라(1년에 50~100cm 성장) 조경수로 많이 쓰인다.

정답 | ④

37
소나무류의 순따기에 알맞은 적기는?

① 1~2월 ② 3~4월
③ 5~6월 ④ 7~8월

해설
소나무류의 순따기는 손으로 새순을 쉽게 꺾을 수 있을 무렵에 실시하는 것이 좋으며, 그 시기는 보통 5월~6월 사이이다. 4월 이전에 순을 따면 새순이 굳어져 잘 꺾이지 않고, 7월 이후에 순을 따면 새순이 많이 자라서 제거하기가 어렵다.

정답 | ③

38
합성수지에 관한 설명 중 잘못된 것은?

① 기밀성, 접착성이 크다.
② 비중에 비하여 강도가 크다.
③ 착색이 자유롭고 가공성이 크므로 장식적 마감재에 적합하다.
④ 내마모성이 보통 시멘트콘크리트와 비교하면 극히 적어 바닥 재료로는 적합하지 않다.

해설
합성수지는 시멘트콘크리트보다 내마모성, 내화학성, 방수성이 우수해 주차장, 체육관, 산업용 바닥재로 널리 사용된다. 다만 표면이 매끄러우므로 미끄럼 방지 처리가 필요하다.

정답 | ④

39
다음 석재 중 일반적으로 내구연한이 가장 짧은 것은?

① 석회암 ② 화강석
③ 대리석 ④ 석영암

해설
석회암은 탄산칼슘으로 이루어진 암석으로, 흡수율은 높으나 풍화와 부식에 약하여 내구연한이 가장 짧다.

정답 | ①

40
수목의 전정작업 요령에 관한 설명으로 옳지 않은 것은?

① 상부는 가볍게, 하부는 강하게 한다.
② 우선 나무의 정상부로부터 주지의 전정을 실시한다.
③ 전정작업을 하기 전 나무의 수형을 살펴 이루어질 가지의 배치를 염두에 둔다.
④ 주지의 전정은 주간에 대해서 사방으로 고르게 굵은 가지를 배치하는 동시에 상하(上下)로도 적당한 간격으로 자리 잡도록 한다.

해설
수목 전정은 상하부를 균형 있게 만드는 것이 원칙이다. 상부를 가볍게 하부를 강하게 전정하면 수형이 불안정해지고, 병해충의 피해를 입을 수 있다.

정답 | ①

41
다음 가지 다듬기 중 생리조정을 위한 가지 다듬기는?

① 병·해충 피해를 입은 가지를 잘라 내었다.
② 향나무를 일정한 모양으로 깎아 다듬었다.
③ 늙은 가지를 젊은 가지로 갱신하였다.
④ 이식한 정원수의 가지를 알맞게 잘라냈다.

해설
이식한 정원수의 가지를 알맞게 잘라내는 것은, 옮겨진 환경에 수목이 적응할 수 있도록 수세를 회복하고 생장을 촉진하기 위한 생리조정이 목적이다.

정답 | ④

42

수중에 있는 골재를 채취했을 때 무게가 1,000g, 표면건조 내부포화상태의 무게가 900g, 대기건조 상태의 무게가 860g, 완전건조 상태의 무게가 850g일 때 함수율 값은?

① 4.65% ② 5.88%
③ 11.11% ④ 17.65%

해설

함수율은 시료의 건조 중량 중 수분 함량이 차지하는 비율을 백분율로 나타낸 것이다.

$$함수율 = \frac{수분\ 함량}{건조\ 중량} \times 100\%$$

수중 골재 무게가 1,000g, 완전건조 상태 무게가 850g이므로, 수분 함량은 1,000−850=150g이고 건조 중량은 850g이다.

$$\therefore 함수율 = \frac{150}{850} \times 100 ≒ 17.65\%$$

정답 | ④

43

콘크리트용 혼화재로 실리카흄(Silica fume)을 사용한 경우 효과에 대한 설명으로 잘못된 것은?

① 내화학약품성이 향상된다.
② 단위수량과 건조수축이 감소된다.
③ 알칼리 골재반응의 억제효과가 있다.
④ 콘크리트의 재료분리 저항성, 수밀성이 향상된다.

해설

실리카흄 사용 시 단위수량이 증가하여 건조수축이 증대된다. 따라서 고성능 감수제를 함께 사용하여야 한다.

정답 | ②

44

다음 중 밭에 많이 발생하여 우생하는 잡초는?

① 바랭이 ② 올미
③ 가래 ④ 너도방동사니

해설

바랭이는 벼과에 속하는 한해살이 잡초로서 우리나라에서 가장 흔하게 볼 수 있는 잡초 중 하나이다. 밭에서 자주 발생하며 생명력과 번식력이 뛰어나 우생하는 잡초로 분류된다.

정답 | ①

45

각 재료의 할증률로 맞는 것은?

① 이형철근: 5%
② 강판: 12%
③ 경계블록(벽돌): 5%
④ 조경용 수목: 10%

해설

조경용 수목과 잔디의 할증률은 10%이다.

선지분석
① 이형철근: 3%
② 강판: 10%
③ 경계블록: 3%

관련이론 할증

재료의 할증은 설계도면을 기준으로 산출한 재료의 순수 물량에, 운반·절단·가공·시공 과정에서 발생하는 손실을 고려해 일정 비율을 더하는 것을 말한다.

정답 | ④

46

심근성 수목을 굴취할 때 뿌리분의 형태는?

① 접시분 ② 사각평분
③ 보통분 ④ 조개분

해설

심근성 수목은 뿌리가 깊고 넓게 뻗어 있는 수종을 말하며, 굴취할 때는 뿌리를 보호하기 위해 뿌리분의 중앙이 깊고 그 주변이 얕아지는 형태인 조개분으로 굴취한다. 이는 팽이를 닮았다 하여 팽이분이라고도 부른다.

정답 | ④

47
수목에 영양공급 시 그 효과가 가장 빨리 나타나는 것은?

① 토양천공시비 ② 수간주사
③ 엽면시비 ④ 유기물시비

해설
엽면시비는 수목의 잎에 영양제를 직접 살포하는 방법으로, 토양시비에 비해 영양분의 흡수가 빠르고 효과가 빨리 나타난다.

선지분석
① 토양천공시비는 토양을 파서 영양제를 넣는 방법으로, 토양에 영양분이 고루 퍼지기까지 시간이 걸린다.
② 수간주사는 수목 줄기에 영양제를 주입하는 방법으로, 주사를 놓기 위해서는 상당한 기술이 필요하다.
④ 유기물시비는 토양에 유기물을 넣어 토양의 비옥도를 높이는 방법이므로, 수목의 영양분 흡수에 직접적인 영향을 주지 않는다.

정답 | ③

48
호랑가시나무(감탕나무과)와 목서(물푸레나무과)의 특징 비교 중 옳지 않은 것은?

① 목서의 꽃은 백색으로 9~10월에 개화한다.
② 호랑가시나무의 잎은 마주나며 엷고 윤택이 없다.
③ 호랑가시나무의 열매는 지름 0.8~1.0cm로 9~10월에 적색으로 익는다.
④ 목서의 열매는 타원형으로 이듬해 10월경에 망자색으로 익는다.

해설
호랑가시나무는 잎은 어긋나고 딱딱하며 윤택이 난다.

정답 | ②

49
다음 중 큰 나무의 뿌리돌림에 대한 설명으로 가장 거리가 먼 것은?

① 굵은 뿌리를 3~4개 정도 남겨둔다.
② 굵은 뿌리 절단 시는 톱으로 깨끗이 절단한다.
③ 뿌리돌림을 한 후에 새끼로 뿌리분을 감아두면 뿌리의 부패를 촉진하여 좋지 않다.
④ 뿌리돌림을 하기 전 수목이 흔들리지 않도록 지주목을 설치하여 작업하는 방법도 좋다.

해설
뿌리돌림 시에는 새끼줄로 뿌리분을 감싸 작업 중 뿌리분이 깨지거나 갈라지는 것을 방지한다. 그러나 새끼줄을 감은 채 장기간 방치하면 부작용이 발생할 수 있다.

정답 | ③

50
정원석을 쌓을 면적이 60m^2, 정원석의 평균 뒷길이 50cm, 공극률이 40%라고 할 때 실제적인 자연석의 체적은 얼마인가?

① 12m^3 ② 16m^3
③ 18m^3 ④ 20m^3

해설
정원석을 쌓을 체적은 면적×높이이므로
60m^2×0.5m=30m^{3}이다.
여기에서 공극률이 40%이므로,
실제 자연석의 체적은 30m^3×0.6=18m^{3}이다.

관련이론 공극과 공극률
- 공극: 작은 구멍이나 빈 틈
- 공극률: 토양 부피에 대한 공극 부피의 비율

정답 | ③

51
다음 중 열경화성 수지의 종류와 특징 설명이 옳지 않은 것은?

① 페놀수지: 강도·전기절연성·내산성·내수성 모두 양호하나 내알칼리성이 약하다.
② 멜라민수지: 요소수지와 같으나 경도가 크고 내수성은 약하다.
③ 우레탄수지: 투광성이 크고 내후성이 양호하며 착색이 자유롭다.
④ 실리콘수지: 열절연성이 크고 내약품성·내후성이 좋으며 전기적 성능이 우수하다.

해설
멜라민수지는 요소수지와 유사하지만 경도, 내열성, 내수성이 더 우수하다.

정답 | ②

52
미기후에 관련된 조사항목으로 적당하지 않은 것은?

① 대기오염정도   ② 태양 복사열
③ 안개 및 서리   ④ 지역온도 및 전국온도

해설
지역온도 및 전국온도는 대규모 지역의 평균적인 기온을 나타낸다.

관련이론 미기후
특정 지역의 기후를 말하며 지역의 지형, 지질, 식생, 인위적 요인 등에 의해 영향을 받는다.

정답 | ④

53
휴게공간의 입지 조건으로 적합하지 않은 것은?

① 경관이 양호한 곳
② 시야에 잘 띄지 않는 곳
③ 보행동선이 합쳐지는 곳
④ 기존 녹음수가 조성된 곳

해설
휴게공간은 사람들이 편히 쉬고 휴식을 취할 수 있는 공간으로, 사람들이 많이 다니고 쉽게 눈에 띄는 곳에 배치하되, 녹음을 제공할 수 있고 주변 경관이 아름다워야 한다.

정답 | ②

54
다음 중 물체가 있는 것으로 가상되는 부분을 표시하는 선의 종류는?

① 실선   ② 파선
③ 1점 쇄선   ④ 2점 쇄선

해설
2점 쇄선은 물체의 가상선을 표시한다.

선지분석
① 실선은 물체의 윤곽선이나 형태를 표시한다.
② 파선은 보이지 않는 선이나 가상의 선을 표시한다.
③ 1점 쇄선은 물체의 절단된 부분이나 경계선을 표시한다.

정답 | ④

55
잔디의 잎에 갈색 병반이 동그랗게 생기고, 특히 6~9월경에 벤트 그래스에 주로 나타나는 병해는?

① 녹병   ② 황화병
③ 브라운 패치   ④ 설부병

해설
브라운 패치(Brown patch)는 잔디 잎에 갈색 병반이 동그랗게 생기는 병해이며, 갈색 잎마름병이라고도 한다.

정답 | ③

56
훌륭한 조경가가 되기 위한 자질에 대한 설명 중 틀린 것은?

① 건축이나 토목 등에 관련된 공학적인 지식도 요구된다.
② 합리적 사고보다는 감성적 판단이 더욱 필요하다.
③ 토양, 지질, 지형, 수문(水文) 등 자연과학적 지식이 요구된다.
④ 인류학, 지리학, 사회학, 환경심리학 등에 관한 인문과학적 지식도 요구된다.

해설

조경가는 합리적 사고를 바탕으로 자연의 특성과 인간의 요구를 이해하고, 감성적 판단을 통해 아름답고 쾌적한 조경공간을 창출하여야 한다.

정답 | ②

57
도시공원 및 녹지 등에 관한 법률 시행규칙상 도시의 소공원 공원시설 부지면적 기준은?

① 100분의 20 이하   ② 100분의 30 이하
③ 100분의 40 이하   ④ 100분의 60 이하

해설

도시공원 및 녹지 등에 관한 법률 시행규칙 제11조 제1항 별표 4에 따르면, 소공원의 공원시설 부지면적 기준은 총면적의 100분의 20 이하이다.

정답 | ①

58
조선시대 정원에서 사용되었던 홍예문의 성격을 띤 구조물이라 할 수 있는 것은?

① 정자   ② 테라스
③ 트렐리스   ④ 아치

해설

홍예는 무지개를 뜻한다. 따라서 홍예문은 반원형 아치(Arch) 구조로 만든 문이다.

정답 | ④

59
조경식재 설계도를 작성할 때 수목명, 규격, 본수 등을 기입하기 위한 인출선 사용의 유의사항으로 올바르지 않은 것은?

① 가는 선으로 명료하게 긋는다.
② 인출선의 수평부분은 기입 사항의 길이와 맞춘다.
③ 인출선 간의 교차나 치수선의 교차를 피한다.
④ 인출선의 방향과 기울기는 자유롭게 표기하는 것이 좋다.

해설

인출선의 방향과 기울기는 도면 전체 구성과 조화를 이룰 수 있도록 하여야 안정감을 가진다. 즉 도면의 전체적인 방향이 수평인 경우에는 인출선도 수평으로 표기하는 것이 좋다.

정답 | ④

60
다음 조경용 소재 및 시설물 중에서 평면적 재료에 가장 적합한 것은?

① 잔디   ② 조경수목
③ 퍼걸러   ④ 분수

해설

평면적 재료란 높이는 높지 않으면서 넓은 면적을 차지하는 재료를 뜻한다. 보기 가운데 평면적 재료에 가장 적합한 것은 잔디이다.

정답 | ①

PART 01 7개년 기출문제
2024년 2회 CBT 복원문제

01
다음 중 색의 3속성에 관한 설명으로 옳은 것은?

① 감각에 따라 식별되는 색의 종명을 채도라고 한다.
② 두 색상 중에서 빛의 반사율이 높은 쪽이 밝은 색이다.
③ 색의 포화상태, 즉 강약을 말하는 것은 명도이다.
④ 그레이 스케일(Gray scale)은 채도의 기준척도로 사용된다.

해설
명도란 색의 밝기를 말하며, 빛의 반사율이 높은 쪽이 밝은 색이다.

선지분석
① 감각에 따라 식별하는 색의 종명은 색상이다.
③ 색의 포화상태, 즉 강약을 말하는 것은 채도이다.
④ 그레이 스케일(Gray scale)은 흰색에서 검은색까지 무채색을 명도에 따라 구분한 것이다.

정답 | ②

02
다음 중 별서의 개념과 가장 거리가 먼 것은?

① 은둔생활을 하기 위한 것
② 효도하기 위한 것
③ 별장의 성격을 갖기 위한 것
④ 수목을 가꾸기 위한 것

해설
수목 가꾸기는 별서의 주된 목적이라 보기 어렵다.

관련이론 별서(別墅)
저택에서 떨어진 인접 경승지에 은둔생활이나 자연감상 또는 조상묘 관리를 위한 목적으로 지은 별장을 말한다.

정답 | ④

03
다음 정원시설 중 우리나라 전통 조경시설이 아닌 것은?

① 취병(생울타리)   ② 화계
③ 벽천   ④ 석지

해설
벽천은 서양정원과 중국정원에서 널리 쓰인다.

선지분석
③ 벽천: 벽면에서 물이 흘러내리거나 솟아나오게 만든 장식적인 수경시설이다.
① 취병: 대나무를 엮어 만든 낮은 생울타리 형태의 담장이다.
② 화계: 경사지를 이용해 만든 계단형 화단이다.
④ 석지: 물을 담아 연꽃이나 수초를 심는 함지 모양의 돌그릇이다.

정답 | ③

04
원로의 디딤돌 놓기에 관한 설명으로 틀린 것은?

① 디딤돌은 주로 화강암을 넓적하고 둥글게 기계로 깎아 다듬어 놓은 돌만을 이용한다.
② 디딤돌은 보행을 위하여 공원이나 정원에서 잔디밭, 자갈 위에 설치하는 것이다.
③ 징검돌은 상하면이 평평하고 지름 또한 한 면의 길이가 30~60cm, 높이가 30cm 이상인 크기의 강석을 주로 사용한다.
④ 디딤돌의 배치간격 및 형식 등은 설계도면에 따르되 윗면은 수평으로 놓고 지면과의 높이는 5cm 내외로 한다.

해설
디딤돌은 이동의 편의를 위해 바닥에 깐 윗면이 평평한 돌을 말하는데, 설치 목적과 기능에 따라 화강석을 비롯한 자연석, 판석 등 다양한 재료가 사용된다.

정답 | ①

05

생울타리처럼 수목이 대상으로 군식 되었을 때 거름주는 방법으로 가장 적당한 것은?

① 전면 거름주기
② 방사상 거름주기
③ 천공 거름주기
④ 선상 거름주기

해설

생울타리는 수목이 대상(띠처럼 좁고 길게 생긴 모양)으로 군식 되어 있으므로, 수목의 줄기와 가지를 따라 일정한 간격으로 구덩이를 파고 거름을 넣는 선상 거름주기가 적합하다.

선지분석

① 전면 거름주기: 수목 뿌리가 분포하는 토양 전체에 거름을 뿌리는 방법이다.
② 방사상 거름주기: 수목 뿌리가 분포하는 토양의 중심에서부터 방사상으로 거름을 주는 방법이다.
③ 천공 거름주기: 수목 뿌리가 분포하는 토양에 구멍을 뚫고 거름을 넣는 방법이다.

정답 | ④

06

정원수의 거름주기 설명으로 옳지 않은 것은?

① 속효성 거름은 7월 이후에 준다.
② 지효성의 유기질 비료는 밑거름으로 준다.
③ 질소질 비료와 같은 속효성 비료는 덧거름으로 준다.
④ 지효성 비료는 늦가을에서 이른 봄 사이에 준다.

해설

속효성 비료는 뿌리가 흡수하기 쉽고 효과가 빠르게 나타나는 비료이므로 뿌리가 활발하게 자라는 봄과 가을에 주는 것이 좋다. 7월 이후에는 뿌리의 생장이 느려지기 때문에 속효성 비료의 효과가 떨어진다.

정답 | ①

07

사적인 정원 중심에서 공적인 대중공원의 성격을 띤 시대는?

① 14세기 후반 에스파니아
② 17세기 전반 프랑스
③ 19세기 전반 영국
④ 20세기 전반 미국

해설

19세기 전반 영국에서는 산업혁명으로 인해 급격해진 도시화와 함께 환경오염, 도시 노동자의 복지 요구 등 심각한 사회문제가 대두되었다. 이에 왕실과 귀족이 소유하던 개인 정원을 일반 시민을 위한 공공 대중공원으로 개조하기 시작했다. 이러한 변화는 미국에도 영향을 미쳐 1857년 뉴욕에 근대적 공원의 전형인 센트럴 파크(Central Park)가 개원했다.

정답 | ③

08

다음 중 점토에 대한 설명으로 옳지 않은 것은?

① 암석이 오랜 기간에 걸쳐 풍화 또는 분해되어 생긴 세립자 물질이다.
② 가소성은 점토입자가 미세할수록 좋고 또한 미세부분은 콜로이드로서의 특성을 가지고 있다.
③ 화학성분에 따라 내화성, 소성 시 비틀림 정도, 색채의 변화 등의 차이로 인해 용도에 맞게 선택된다.
④ 습윤상태에서는 가소성을 가지고 고온으로 구우면 경화되지만 다시 습윤상태로 만들면 가소성을 갖는다.

해설

점토는 습윤상태에서 자유로이 모양을 만들 수 있지만, 열을 받거나 건조해져 딱딱하게 굳으면 다시 물기를 머금더라도 본래의 상태로 돌아가지 못한다.

정답 | ④

09
일반적인 목재의 특성 중 장점에 해당되는 것은?

① 충격, 진동에 대한 저항성이 작다.
② 열전도율이 낮다.
③ 충격의 흡수성이 크고, 건조에 의한 변형이 크다.
④ 가연성이며 인화점이 낮다.

해설
목재는 열전도율이 낮아 단열재로 사용할 수 있으며 이는 목재의 장점에 해당한다.

정답 | ②

10
다음 중 스페인의 파티오(Patio)에서 가장 중요한 구성 요소는?

① 물
② 원색의 꽃
③ 색채 타일
④ 짙은 녹음

해설
파티오는 스페인어로 '지붕이 없는 뜰'을 뜻하는데, 여름이 긴 남부 유럽의 기후 특성상 물을 다채롭게 활용한다.

정답 | ①

11
조경의 직무는 조경설계기술자, 조경시공기술자, 조경관리기술자로 크게 분류할 수 있다. 그중 조경설계기술자의 직무내용에 해당하는 것은?

① 식재공사
② 시공감리
③ 병해충방제
④ 조경묘목생산

해설
시공감리란 설계대로 공사가 진행되고 있는지 확인하는 업무로 조경설계기술자의 직무내용 중 하나이다.

정답 | ②

12
다음 수종들 중 단풍이 붉은색이 아닌 것은?

① 신나무
② 복자기
③ 화살나무
④ 고로쇠나무

해설
신나무, 복자기, 화살나무는 모두 안토시아닌을 생성하는 수종이므로 단풍이 붉은색이나, 고로쇠나무는 안토시아닌을 생성하지 않아 갈색으로 단풍이 든다.

정답 | ④

13
기건상태에서 목재 표준 함수율은 어느 정도인가?

① 5%
② 15%
③ 25%
④ 35%

해설
기건상태는 목재의 수분 함량이 공기 중 수분 함량과 같아진 상태를 의미하며, 기건상태의 목재 표준 함수율은 일반적으로 15%이다.

정답 | ②

14
고대 그리스에서 아고라(Agora)는 무엇인가?

① 광장
② 성지
③ 유원지
④ 농경지

해설
아고라는 고대 그리스 도시국가의 중심부나 항구 근처에 자연발생적으로 생겨난 도시광장으로, 초기에는 시장의 역할을 하였으나 나중에는 각종 집회와 행사의 중심이 되어 직접 민주주의의 거점이 되었다.

정답 | ①

15
석재의 분류방법 중 가장 보편적으로 사용되는 방법은?

① 화학성분에 의한 방법
② 성인에 의한 방법
③ 산출상태에 의한 방법
④ 조직구조에 의한 방법

해설

석재 분류는 성인(생성 원인)에 따라 화성암, 퇴적암, 변성암으로 나누는 것이 가장 일반적이다.

정답 | ②

16
목재의 방부처리 방법 중 일반적으로 가장 효과가 우수한 것은?

① 침지법
② 도포법
③ 생리적 주입법
④ 가압주입법

해설

가압주입법은 목재 내부에 방부액을 고압으로 주입하는 방법으로, 방부액이 목재 내부까지 고르게 침투되어 방부 효과가 뛰어나다.

정답 | ④

17
철근을 D13으로 표현했을 때, D는 무엇을 의미하는가?

① 둥근 철근의 지름
② 이형 철근의 지름
③ 둥근 철근의 길이
④ 이형 철근의 길이

해설

D(Diameter)는 이형(면이 둥글지 않고 마디와 보강 뼈대가 있는 구조)철근의 지름을 의미하며, 13은 지름 치수 13mm를 의미한다.

정답 | ②

18
퍼걸러(Pergola) 설치 장소로 적합하지 않은 것은?

① 건물에 붙여 만들어진 테라스 위
② 주택 정원의 가운데
③ 통경선의 끝 부분
④ 주택 정원의 구석진 곳

해설

퍼걸러는 햇빛을 가리고 그늘을 제공하는 휴게시설로 일정한 면적을 차지한다. 따라서 정원 한가운데 배치하는 것은 공간을 분산시키고 동선의 흐름을 방해하므로 피하는 것이 좋다.

정답 | ②

19
경사가 있는 보도교의 경우 종단 기울기가 얼마를 넘지 않도록 하여야 하는가?

① 3°
② 5°
③ 8°
④ 15°

해설

경사가 있는 보도교의 경우 종단 기울기는 8°(1 : 12)를 넘지 않아야 하며, 미끄럼 방지를 위해 바닥표면을 거칠게 처리해야 한다.

정답 | ③

20
다음 중 비옥지를 가장 좋아하는 수종은?

① 소나무
② 아까시나무
③ 사방오리나무
④ 주목

해설

소나무를 비롯한 콩과식물들(아까시나무, 사방오리나무, 자귀나무 등)은 모두 건조하고 척박한 토양에도 잘 자랄 수 있으나, 주목은 비옥한 토양조건을 필요로 한다.

정답 | ④

21

혼화재의 설명 중 옳은 것은?

① 혼화재는 혼화제와 같은 것이다.
② 종류로는 포졸란, AE제 등이 있다.
③ 종류로는 슬래그, 감수제 등이 있다
④ 혼화재료는 그 사용량이 비교적 많아서 그 자체의 부피가 콘크리트의 배합계산에 관계된다.

선지분석

① 혼화재는 혼화제와 다르다.
② AE제는 혼화제이다.
③ 감수제는 혼화제이다.

관련이론 혼화재료

- 콘크리트에 특별한 품질을 부여하거나 성질을 개선하기 위하여 첨가하는 재료로 혼화재와 혼화제가 있다.
- 혼화제: 사용량이 시멘트 양의 1% 미만으로 콘크리트 배합 시 용적에 포함하지 않는다. (AE제, 감수제, 경화촉진제, 방수제, 착색제 등)
- 혼화재: 사용량이 시멘트 양의 5% 이상으로 콘크리트 배합 시 용적에 포함한다. (고로슬래그, 플라이애시, 포졸란 등)

정답 | ④

22

다음 중 1858년에 조경가(Landscape architect)라는 말을 처음으로 사용하기 시작한 사람이나 단체는?

① 세계조경가협회(IFLA)
② 옴스테드(F.L. Olmsted)
③ 르 노트르(Le Notre)
④ 미국조경가협회(ASLA)

해설

1858년 미국 뉴욕 센트럴파크 설계 현상공모에서 Calvert Vaux와 함께 Greensward Plan을 제출하여 1등으로 당선된 F.L. Olmsted는 자신의 직업을 조경가(Landscape architect)라 칭하였다.

정답 | ②

23

주변지역의 경관과 비교할 때 지배적이며, 특징을 가지고 있어 지표적인 역할을 하는 것을 무엇이라고 하는가?

① Vista
② Districts
③ Nodes
④ Landmarks

해설

지표물(Landmark)에 대한 설명이다.

관련이론 Kevin Lynch의 도시를 구성하는 5가지 주요 이미지 요소
통로(Path), 결절점(Node), 지표물(Landmark), 경계(Edge), 구역(District)

정답 | ④

24

한 켜는 마구리쌓기, 다음 켜는 길이쌓기로 하고 길이켜의 모서리와 벽 끝에 칠오토막을 사용하는 벽돌 쌓기 방법은?

① 네덜란드식 쌓기
② 영국식 쌓기
③ 프랑스식 쌓기
④ 미국식 쌓기

해설

네덜란드식 쌓기는 아래 그림과 같이 한 켜는 마구리쌓기, 다음 켜는 길이쌓기로 번갈아 쌓으며, 길이쌓기의 모서리와 벽 끝에 칠오토막(온장의 3/4)을 사용한다.

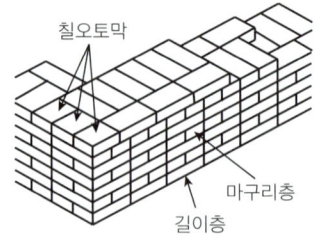

정답 | ①

25

배수공사 중 지하층 배수와 관련된 설명으로 옳지 않은 것은?

① 지하층 배수는 속 도랑을 설치해 줌으로써 가능하다.
② 암거배수의 배치형태는 어골형, 평행형, 빗살형, 부채살형, 자유형 등이 있다.
③ 속 도랑의 깊이는 심근성보다 천근성 수종을 식재할 때 더 깊게 한다.
④ 큰 공원에서는 자연 지형에 따라 배치하는 자연형 배수방법이 많이 이용된다.

해설

심근성 수종을 식재할 때에는 속 도랑의 깊이를 깊게 설치하여 뿌리가 속 도랑에 닿지 않도록 해야 한다.

관련이론 심근성(深根性)과 천근성(淺根性) 수종
- 심근성: 뿌리가 깊이 뻗는 수종이다.
- 천근성: 뿌리가 얕게 뻗는 수종이다.

정답 | ③

26

우리나라에서 처음 조경의 필요성을 느끼게 된 가장 큰 이유는?

① 인구증가로 인해 놀이, 휴게시설의 부족 해결을 위해
② 고속도로, 댐 등 각종 경제개발에 따른 국토의 자연 훼손의 해결을 위해
③ 급속한 자동차의 증가로 인한 대기오염을 줄이기 위해
④ 공장폐수로 인한 수질오염을 해결하기 위해

해설

1970년대 고속도로의 개통과 공장 및 댐 건설 등의 각종 개발 사업은 자연환경 파괴와 훼손을 야기했으며, 이로 인해 조경의 필요성이 제기되었다.

정답 | ②

27

다음 보기의 (　) 안에 들어갈 디자인 요소는?

> 형태, 색채와 더불어 (　)은(는) 디자인의 필수 요소로서 물체의 조성 성질을 말하며, 이는 우리의 감각을 통해 형태에 대한 지식을 제공한다.

① 질감　　　　② 광선
③ 공간　　　　④ 입체

해설

질감은 형태 및 색채와 더불어 디자인을 위한 기본 요소로, 시각 및 촉각을 통하여 감정적인 반응을 일으킨다.

정답 | ①

28

다음 중 도시공원 및 녹지 등에 관한 법률 시행규칙에서 공원 규모가 가장 작은 것은?

① 묘지공원　　　　② 체육공원
③ 광역권 근린공원　　④ 어린이공원

해설

어린이공원: 1,500m² 이상

선지분석

① 묘지공원: 10만m² 이상
② 체육공원: 1만m² 이상
③ 광역권 근린공원: 100만m² 이상

정답 | ④

29

비탈면의 기울기는 관목 식재 시 어느 정도 경사보다 완만하게 식재하여야 하는가?

① 1 : 0.3보다 완만하게　　② 1 : 1보다 완만하게
③ 1 : 2보다 완만하게　　　④ 1 : 3보다 완만하게

해설

비탈면 경사가 완만할수록 관목이 잘 자랄 수 있으며, 일반적으로 비탈면 경사는 최대 1 : 2 이하로 한다.

정답 | ③

30

다음 수목 중 봄철에 꽃을 가장 빨리 보려면 어떤 수종을 식재해야 하는가?

① 말발도리　　② 자귀나무
③ 매실나무　　④ 금목서

해설
매실나무 개화시기: 2~3월

선지분석
① 말발도리 개화시기: 5~6월
② 자귀나무 개화시기: 6~7월
④ 금목서 개화시기: 9~10월

관련이론 수목의 명칭
수목 명칭은 꽃 이름이 아니라 열매 이름을 기준으로 호칭한다.
예) 매화나무(×) → 매실나무(○)

정답 | ③

31

다음 보도블록 포장공사의 단면 그림 중 블록 아랫부분은 무엇으로 채우는 것이 좋은가?

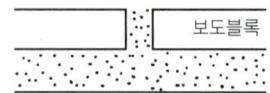

① 자갈　　② 모래
③ 잡석　　④ 콘크리트

해설
보도블록 포장 시 지반을 고르게 한 뒤 일반적으로 모래를 깊이 4~5cm 정도로 깔고 다진 다음 블록을 깐다.

정답 | ②

32

관수의 효과가 아닌 것은?

① 토양 중의 양분을 용해하고 흡수하여 신진대사를 원활하게 한다.
② 증산작용으로 인한 잎의 온도 상승을 막고 식물체 온도를 유지한다.
③ 지표와 공중의 습도가 높아져 증산량이 증대된다.
④ 토양의 건조를 막고 생육 환경을 형성하여 나무의 생장을 촉진시킨다.

해설
관수는 증산량을 감소시키는 효과가 있다.

관련이론 증산량
잎에서 수분이 증발하는 양을 의미한다.

정답 | ③

33

다음 중 전정을 할 때 큰 줄기나 가지 자르기를 삼가야 하는 수종은?

① 벚나무　　② 수양버들
③ 오동나무　　④ 현사시나무

해설
벚나무는 수피가 얇고, 수액이 많아 큰 줄기나 가지를 잘라낼 경우 수액이 과다하게 빠져나와 고사할 수 있으므로 삼가야 한다.

정답 | ①

34
콘크리트용 골재의 흡수량과 비중을 측정하는 주된 목적은?

① 혼합수에 미치는 영향을 미리 알기 위하여
② 혼화재료의 사용여부를 결정하기 위하여
③ 콘크리트의 배합설계에 고려하기 위하여
④ 공사의 적합여부를 판단하기 위하여

해설
콘크리트용 골재의 흡수량과 비중은 콘크리트의 배합설계에 중요한 영향을 미친다. 흡수량이 높은 골재를 사용하면 콘크리트의 수화반응에 필요한 수분이 부족해 강도가 저하될 우려가 있고, 비중이 낮은 골재를 사용하면 콘크리트의 단위 중량이 감소하여 경제성이 저하될 수 있다.

정답 | ③

35
다음 골재의 입도(粒度)에 대한 설명 중 옳지 않은 것은?

① 입도시험을 위한 골재는 4분법(四分法)이나 시료분취기에 의하여 필요한 양을 채취한다.
② 입도란 크고 작은 골재알(粒)이 혼합되어 있는 정도를 말하며 체가름 시험에 의하여 구할 수 있다.
③ 입도가 좋은 골재를 사용한 콘크리트는 공극이 커지기 때문에 강도가 저하한다.
④ 입도곡선이란 골재의 체가름 시험결과를 곡선으로 표시한 것이며 입도곡선이 표준입도곡선 내에 들어가야 한다.

해설
입도가 좋은 골재를 사용하면 골재 간 결합력이 높아지고 공극이 작아지기 때문에 콘크리트의 강도와 내구성이 향상된다.

정답 | ③

36
블리딩 현상에 따라 콘크리트 표면에 떠올라 표면의 물이 증발함에 따라 콘크리트 표면에 남는 가볍고 미세한 물질로서 시공 시 작업이음을 형성하는 것에 대한 용어로서 맞는 것은?

① Workability   ② Consistency
③ Laitance   ④ Plasticity

해설
블리딩 현상이 일어나 콘크리트 표면으로 올라온 물이 증발한 뒤 콘크리트 표면에 남게 되는 가볍고 미세한 물질을 레이턴스(Laitance)라 한다. 레이턴스는 콘크리트 강도 저하의 원인이 된다.

관련이론 블리딩(Bleeding)
아직 굳지 않은 콘크리트에서 물이 표면으로 떠오르는 현상을 말한다.

정답 | ③

37
다음 중 압축강도(kgf/cm^2)가 가장 큰 목재는?

① 삼나무   ② 낙엽송
③ 오동나무   ④ 밤나무

해설
낙엽송 압축강도 약 $100kgf/cm^2$

선지분석
① 삼나무 압축강도 약 $60kgf/cm^2$
③ 오동나무 압축강도 약 $40kgf/cm^2$
④ 밤나무 압축강도 약 $50kgf/cm^2$

관련이론 목재의 압축강도
목재의 단위 면적당 압축에 견디는 힘을 말한다. 수종이나 힘의 방향, 함수율 등에 따라 달라지나, 일반적으로 침엽수가 활엽수보다 압축강도가 크다.

정답 | ②

38
다음 중 콘크리트 타설 시 염화칼슘의 사용 목적은?

① 콘크리트의 조기 강도
② 콘크리트의 장기 강도
③ 고온증기 양생
④ 황산염에 대한 저항성 증대

해설
염화칼슘은 콘크리트의 수화반응을 촉진시켜 조기강도를 향상시키는 역할을 한다.

정답 | ①

39
영국 정형식 정원의 특징 중 매듭화단이란 무엇인가?

① 낮게 깎은 회양목 등으로 화단을 기하학적 문양으로 구획한 화단
② 수목을 전정하여 정형적 모양으로 만든 미로
③ 가늘고 긴 형태로 한쪽 방향에서만 관상할 수 있는 화단
④ 카펫을 깔아 놓은 듯 화려하고 복잡한 문양이 펼쳐진 화단

해설
매듭화단(Knot)은 영국 정형식 정원에서 흔히 볼 수 있는 화단 형태이다. 낮게 깎은 회양목 등으로 매듭 공예 같은 기하학적 무늬를 만들어 공간을 구획한다.

정답 | ①

40
작물-잡초 간의 경합에 있어서 임계 경합기간(Critical period of competition)이란?

① 경합이 끝나는 시기
② 경합이 시작되는 시기
③ 작물이 경합에 가장 민감한 시기
④ 잡초가 경합에 가장 민감한 시기

해설
임계 경합기간은 작물과 잡초가 자원(양분, 수분, 햇빛)을 두고 서로 경쟁을 벌이는 기간으로, 작물이 경합에 가장 민감한 시기라고 할 수 있다. 이 기간에 작물이 잡초에 밀려나면 작물의 수량과 품질이 떨어진다.

정답 | ③

41
다음 중 정원수의 덧거름으로 가장 적합한 것은?

① 요소   ② 생석회
③ 두엄   ④ 쌀겨

해설
두엄은 질소와 인산, 칼륨이 골고루 함유되어 있어 속효성 비료의 역할을 하고 토양의 물리성, 화학성, 생물성을 개선하는 효과도 있다.

관련이론 덧거름
정원수의 생육 촉진 혹은 개화나 결실을 돕고자 할 때 밑거름만으로는 양분 공급이 부족할 경우, 추가로 공급하는 거름을 말한다.

정답 | ③

42

다음 중 교목의 식재 공사 공정으로 옳은 것은?

① 구덩이 파기 → 물 죽쑤기 → 묻기 → 지주세우기 → 수목방향 정하기 → 물집 만들기
② 구덩이 파기 → 수목방향 정하기 → 묻기 → 물 죽쑤기 → 지주세우기 → 물집 만들기
③ 수목방향 정하기 → 구덩이 파기 → 물 죽쑤기 → 묻기 → 지주세우기 → 물집 만들기
④ 수목방향 정하기 → 구덩이 파기 → 묻기 → 지주세우기 → 물 죽쑤기 → 물집 만들기

해설

교목의 식재 공사 공정은 다음과 같다.
수목의 크기에 맞는 구덩이 파기 → 보이는 면을 감안하여 수목방향 정하기 → 수목 묻기 → 수목 주변에 물을 주고 뿌리 활착을 돕기 위해 죽쑤듯 저어주기 → 수목이 넘어지지 않도록 지주 세우기 → 물이 새지 않도록 수목 주변에 물집 만들기

정답 | ②

43

상해(霜害)의 피해와 관련된 설명으로 틀린 것은?

① 분지를 이루고 있는 우묵한 지형에 상해가 심하다.
② 성목보다 유령목에 피해를 받기 쉽다.
③ 일차(日差)가 심한 남쪽 경사면보다 북쪽 경사면이 피해가 심하다.
④ 건조한 토양보다 과습한 토양에서 피해가 많다.

해설

남쪽 경사면은 햇볕을 많이 받아 낮과 밤의 일교차가 크기 때문에, 일교차가 작은 북쪽 경사면보다 상해가 더 심하다.

관련이론 상해(霜害)

기온이 영하로 떨어져 식물의 잎이나 줄기, 뿌리에 피해가 발생하는 경우를 말한다. 상해 피해는 기온이 낮거나 기온이 급격하게 떨어지는 지역일수록 심하게 나타난다.

정답 | ③

44

오늘날 세계 3대 수목병에 속하지 않는 것은?

① 잣나무 털녹병
② 느릅나무 시들음병
③ 밤나무 줄기마름병
④ 소나무류 리지나뿌리썩음병

해설

세계 3대 수목병은 잣나무 털녹병, 느릅나무 시들음병, 밤나무 줄기마름병이다.

정답 | ④

45

다음 중 가로수를 심는 목적이라고 볼 수 없는 것은?

① 녹음을 제공한다.
② 도시환경을 개선한다.
③ 방음과 방화의 효과가 있다.
④ 시선을 유도한다.

해설

가로수 식재의 방음과 방화 효과는 크지 않으므로 주목적이라 보기 어렵다.

정답 | ③

46

꽃이 피고 난 뒤 낙화할 무렵 바로 가지 다듬기를 하기 좋은 수종은?

① 철쭉 ② 목련
③ 명자나무 ④ 사과나무

해설

철쭉은 꽃이 피고 난 뒤 낙화할 무렵에 가지다듬기를 하면 잎이 나오는 데 지장을 주지 않고, 꽃눈을 형성하는 데 도움이 되어 다음 해에 더 많은 꽃을 피울 수 있다.

정답 | ①

47

조경 제도용품 중 곡선자라고 하여 각종 반지름의 원호를 그릴 때 사용하기 가장 적합한 재료는?

① 원호자 ② 운형자
③ 삼각자 ④ T자

해설
원호자는 반지름을 조절하여 다양한 원호를 그릴 수 있도록 고안된 제도용품이다.

관련이론 운형자
구름 모양의 다양한 부드러운 곡선을 그릴 수 있는 도구이다.

정답 | ①

48

경관구성의 미적 원리를 통일성과 다양성으로 구분할 때, 다음 중 다양성에 해당하는 것은?

① 조화 ② 균형
③ 강조 ④ 대비

해설
경관구성의 미적 원리는 크게 통일성과 다양성으로 구분할 수 있다.
- 통일성을 부여하기 위한 기법: 조화, 균형, 반복, 강조 등
- 다양성을 부여하기 위한 기법: 율동, 대비, 변화 등

정답 | ④

49

다음 중 상록용으로 사용할 수 없는 식물은?

① 마삭줄 ② 불로화
③ 골고사리 ④ 남천

해설
마삭줄, 골고사리, 남천은 모두 겨울에도 잎이 지지 않는 상록식물인 반면, 불로화는 국화과에 속하는 한해살이풀이다.

정답 | ②

50

나무를 옮겨 심었을 때 잘려진 뿌리로부터 새 뿌리가 나오게 하여 활착이 잘되게 하는 데에 가장 중요한 것은?

① 호르몬과 온도
② C/N율과 토양의 온도
③ 온도와 지주목의 종류
④ 잎으로부터의 증산과 뿌리의 흡수

해설
수목 이식 후 활착을 위해서는 적절한 온도(15~25℃)와 충분한 수분 및 양분이 필요하지만 가장 중요한 것은 잎의 증산작용과 뿌리 흡수의 균형을 맞추는 일이다.

관련이론 탄진율(C/N율)
- 식물체 내 탄소(C)와 질소(N)의 비율로, 영양생장(잎, 줄기 위주 성장)과 생식 생장(꽃, 열매 형성)의 방향을 판단하는 지표이다.
- C/N율 30 이상: 생식생장이 강화되어, 꽃눈 분화가 활발, 개화와 결실 촉진
- C/N율 15 이하: 영양생장이 강화되어, 잎과 줄기 성장은 활발하나 꽃눈 분화는 저조

정답 | ④

51

시설물의 기초부위에서 발생하는 토공량의 관계식으로 옳은 것은?

① 잔토처리 토량 = 되메우기 체적 − 터파기 체적
② 되메우기 토량 = 터파기 체적 − 기초 구조부 체적
③ 되메우기 토량 = 기초 구조부 체적 − 터파기 체적
④ 잔토처리 토량 = 기초 구조부 체적 − 터파기 체적

해설
기초부위 토공사 순서는 터파기 → 구조물 설치 → 되메우기 → 잔토처리로 이어진다.
즉, 터파기한 이후 구조물을 묻은 뒤 빈 공간을 흙으로 되메워야 하므로, 자연상태 토량을 기준으로
되메우기량 = 터파기량 − 구조물 부피이며,
잔토처리량 = 구조물 부피이다.

정답 | ②

52

내충성이 강한 품종을 선택하는 것은 다음 중 어느 방제법에 속하는가?

① 물리적 방제법　② 화학적 방제법
③ 생물적 방제법　④ 재배학적 방제법

해설

내충성이 강한 품종을 선택하는 것은 해충의 피해를 줄이기 위한 재배학적 방제의 한 방법이다.

정답 | ④

53

솔수염하늘소의 성충이 최대로 출현하는 최성기로 가장 적합한 것은?

① 3~4월　② 4~5월
③ 6~7월　④ 9~10월

해설

솔수염하늘소는 5월 말에서 8월 중순에 우화(羽化)하여 성충이 되며, 6~7월에 성충이 가장 많이 출현한다.

정답 | ③

54

다음 중 일반적인 토양의 상태에 따른 뿌리 발달의 특징 설명으로 옳지 않은 것은?

① 비옥한 토양에서는 뿌리목 가까이에서 많은 뿌리가 갈라져 나가고 길게 뻗지 않는다.
② 척박지에서는 뿌리의 갈라짐이 적고 길게 뻗어 나간다.
③ 건조한 토양에서는 뿌리가 짧고 좁게 퍼진다.
④ 습한 토양에서는 호흡을 위하여 땅 표면 가까운 곳에 뿌리가 퍼진다.

해설

건조한 토양에서는 흡수 면적을 넓히기 위해 뿌리가 깊고 넓게 뻗어 나아가게 된다.

정답 | ③

55

목재 방부제에 요구되는 성질로 부적합한 것은?

① 목재에 침투가 잘 되고 방부성이 큰 것
② 목재에 접촉되는 금속이나 인체에 피해가 없을 것
③ 목재의 인화성, 흡수성에 증가가 없을 것
④ 목재의 강도가 커지고 중량이 증가될 것

해설

목재 방부제는 목재의 부패를 막는 것이 목적이므로, 목재의 강도를 높이고 중량을 증가시키는 것은 방부제의 목적에 해당하지 않는다.

정답 | ④

56

공사의 실시방식 중 공동도급의 특징이 아닌 것은?

① 공사이행의 확실성이 보장된다.
② 여러 회사의 참여로 위험이 분산된다.
③ 이해 충돌이 없고, 임기응변 처리가 가능하다.
④ 공사의 하자책임이 불분명하다.

해설

공동도급은 참여업체간 이해 충돌이 있을 수 있고, 임기응변에 대응하기가 어려운 단점이 있다.

관련이론 공동도급

- 하나의 공사를 2인 이상의 업자들이 공동으로 도급받는 방식을 말한다.
- 장점: 시공품질 향상과 공기단축이 가능하며 기술개발과 공사비 절감에 기여할 수 있다.
- 단점: 참여업체간 이해 충돌이 있을 수 있고, 임기응변에 대응하기가 어렵다.

정답 | ③

57

비중이 1.15인 이소푸로치오란 유제(50%) 100mL로 0.05% 살포액을 제조하는 데 필요한 물의 양은?

① 104.9L
② 110.5L
③ 114.9L
④ 124.9L

해설

비중이 1.15인 50% 유제 100mL에 포함된 살포제 함량은
$1.15 \times 0.5 \times 100mL = 57.5g$이다.
이 살포제로 0.05% 살포액을 만들면
$57.5g \div xmL = 0.05\%$이므로,
$x = 57.5 \div 0.0005$
∴ $x = 115,000mL$. 즉 필요한 물의 양은 115L이다.

정답 | ③

58

다음 중 보도 포장재료로서 부적당한 것은?

① 내구성이 있을 것
② 자연 배수가 용이할 것
③ 보행 시 마찰력이 전혀 없을 것
④ 외관 및 질감이 좋을 것

해설

보도 포장재료는 보행자의 안전을 위해 충분한 마찰력이 있어야 한다. 마찰력이 없을 경우 보행자가 미끄러져 넘어질 위험이 있으므로 보도 포장재료로서 부적합하다.

정답 | ③

59

다음 중 건축과 관련된 재료의 강도에 영향을 주는 요인으로 가장 거리가 먼 것은?

① 온도와 습도
② 재료의 색
③ 하중시간
④ 하중속도

해설

재료의 강도는 재료의 종류와 입도, 재료의 구조 및 표면 상태, 온도와 습도, 하중시간과 하중속도 등 여러 가지 요인에 의해 영향을 받으나, 재료의 색은 강도에 영향을 미치지 않는다.

정답 | ②

60

중앙에 큰 암거를 설치하고 좌우에 작은 암거를 연결시키는 형태로, 경기장과 같이 전 지역의 배수가 균일하게 요구되는 곳에 주로 이용되는 형태는?

① 어골형
② 즐치형
③ 자연형
④ 차단법

해설

어골형 배수는 말 그대로 물고기 뼈처럼 중앙에 큰 암거를 설치하고 좌우에 작은 암거를 연결하는 배수 방법인데, 이 방식은 암거를 길게 묻을 수 있으므로 경기장과 같이 넓은 면적에 배수가 균일하게 이뤄져야 할 경우에 적용한다.

정답 | ①

2024년 1회 CBT 복원문제

PART 01 · 7개년 기출문제

01
조경설계기준상의 조경시설로서 음수대의 배치, 구조 및 규격에 대한 설명이 틀린 것은?

① 설치위치는 가능하면 포장지역보다는 녹지에 배치하여 자연스럽게 지반면보다 낮게 설치한다.
② 관광지·공원 등에는 설계 대상 공간의 성격과 이용특성 등을 고려하여 필요한 곳에 음수대를 배치한다.
③ 지수전과 제수밸브 등 필요시설을 적정 위치에 제 기능을 충족시키도록 설계한다.
④ 겨울철의 동파를 막기 위한 보온용 설비와 퇴수용 설비를 반영한다.

해설
음수대는 녹지에 접한 포장 부위에 배치하는 것이 원칙이다. 지반보다 낮은 녹지에 배치할 경우, 배수가 제대로 되지 않아 녹지가 훼손되고 지저분해질 우려가 크다.

정답 | ①

02
다음 중 정신 집중을 요구하는 사무공간에 어울리는 색은?

① 빨강   ② 노랑
③ 난색   ④ 한색

해설
차가운 색(한색)은 마음을 차분하게 하여 정신을 집중시키는 효과가 있다.

정답 | ④

03
다음 중 단순미(單純美)와 가장 관련이 없는 것은?

① 잔디밭   ② 독립수
③ 형상수(Topiary)   ④ 자연석 무너짐 쌓기

해설
자연석 무너짐 쌓기의 경우 재료 자체는 단순하지만, 크고 작은 요소로 구성되어 단순미와는 거리가 멀다.

관련이론 단순미
복잡하거나 장식적인 요소를 배제하고, 간결하고 소박한 아름다움을 추구하는 미학적 개념이다.

정답 | ④

04
다음 중 L형 측구의 팽창줄눈 설치 시 지수판의 간격은?

① 20m 이내   ② 25m 이내
③ 30m 이내   ④ 35m 이내

해설
L형 측구를 설치할 때 지수판을 설치하고 지수판과 팽창줄눈의 간격은 20m 이내로 한다.

정답 | ①

05

다음 중 '사자의 중정(Court of Lion)'은 어느 곳에 속해 있는가?

① 헤네랄리페 ② 알카자르
③ 알함브라 ④ 타지마할

해설

사자의 중정은 알함브라 궁전의 중정 중 하나이다. 12마리 사자상이 떠받드는 큰 분수대를 중심으로 4개의 수로(Canal)가 사방으로 연결되어 있는 가장 화려한 정원이다.

정답 | ③

06

그림과 같이 수준측량을 하여 각 측정의 높이를 측정하였다. 절토량 및 성토량이 균형을 이루는 계획고는?

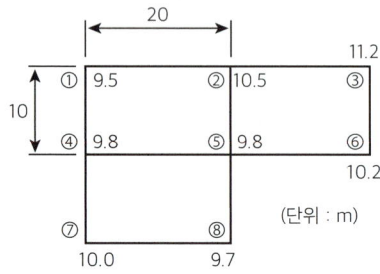

① 9.59m ② 9.95m
③ 10.05m ④ 10.50m

해설

각 사각형의 꼭짓점 높이를 합산한다.
(9.5+10.5+9.8+9.8)+(10.5+11.2+10.2+9.8)+(9.8+9.8+9.7+10.0)=120.6m
위의 꼭짓점 높이의 합을 꼭짓점 수(사각형 3개의 꼭짓점 수는 12개)로 나눈다.
∴ 120.6÷12=10.05m

정답 | ③

07

다음 지피식물의 기능과 효과에 관한 설명 중 옳지 않은 것은?

① 토양유실의 방지
② 녹음 및 그늘 제공
③ 운동 및 휴식공간 제공
④ 경관의 분위기를 자연스럽게 유도

해설

지피식물의 식재를 통해 흙날림과 토양유실을 막을 수 있고, 운동과 휴식공간의 제공 등 레크레이션 용도와 경관 향상의 심미적 효과를 얻을 수 있으나 지피식물의 특성상 녹음 및 그늘 제공의 효과는 기대하기 어렵다.

정답 | ②

08

어떤 목재의 함수율이 50%일 때 목재 중량이 3,000g이라면 전건(全乾) 중량은 얼마인가?

① 1,000g ② 2,000g
③ 4,000g ④ 5,000g

해설

목재의 함수율은 다음의 공식으로 구할 수 있다.
$$함수율 = \frac{(W_1 - W_2)}{W_2} \times 100(\%)$$
W_1: 건조 전 목재 중량
W_2: 완전 건조 후 목재 중량(전건 중량)
문제의 조건에 따라
$$50 = \frac{(3,000 - W_2)}{W_2} \times 100$$
$0.5W_2 = 3,000 - W_2$
$1.5W_2 = 3,000$
∴ $W_2 = 2,000g$

정답 | ②

09
겨울 화단에 식재하여 활용하기 가장 적합한 식물은?

① 팬지 ② 메리골드
③ 달리아 ④ 꽃양배추

해설
겨울 화단을 꾸미기에 적합한 조경식물은 꽃양배추가 대표적이다.

관련이론 꽃양배추
꽃처럼 보이지만 잎이다. 기온이 낮아져 초록색 잎사귀들이 엽록소를 잃게 되면서 꽃처럼 흰색, 분홍색, 자주색 등으로 색깔이 변한 것이다.

정답 | ④

10
다음 중 이탈리아의 정원 양식에 해당하는 것은?

① 자연풍경식 ② 평면기하학식
③ 노단건축식 ④ 풍경식

해설
산악국가인 이탈리아는 지형을 극복하기 위해 절·성토를 통해 노단(露壇, Terrace)을 조성하고 그 위에 건물과 정원을 만들었다.

정답 | ③

11
다음 도료 중 건조가 가장 빠른 것은?

① 오일페인트 ② 바니쉬
③ 래커 ④ 레이크

해설
래커(Lacker)는 유성 페인트의 일종으로, 휘발성이 높아서 빠르게 증발하고 건조된다.

정답 | ③

12
다음 설명의 (   )에 들어갈 각각의 용어는?

- 면적이 커지면 명도와 채도가 (㉠)
- 큰 면적의 색을 고를 때의 견본색은 원하는 색보다 (㉡)색을 골라야 한다.

	㉠	㉡
①	높아진다.	밝고 선명한
②	높아진다.	어둡고 탁한
③	낮아진다.	밝고 선명한
④	낮아진다.	어둡고 탁한

해설
면적이 크면 명도와 채도가 높아 보인다. 따라서 큰 면적의 색을 고를 때는 견본색보다 어둡고 탁한 색을 골라야 원하는 색상의 선택이 가능하다.

관련이론 면적대비
동일한 색상에 대하여 면적이 넓으면 명도와 채도가 높아 보이고, 면적이 작으면 명도와 채도가 낮아 보이는 현상이다.

정답 | ②

13
채도대비에 의해 주황색 글씨를 보다 선명하게 보이도록 하려면 바탕색으로 어떤 색이 가장 적합한가?

① 빨간색 ② 노란색
③ 파란색 ④ 회색

해설
보기 중 채도가 낮은 회색을 바탕색으로 사용할 경우 주황색 글씨를 더욱 돋보이게 할 수 있다.

관련이론 채도대비
채도가 다른 두 색을 대비시켰을 때 색이 더 선명해 보이거나 탁해 보이는 현상을 말한다. 같은 색이라도 무채색과 대비할 경우 채도가 더 높고 선명해 보인다.

정답 | ④

14

조경계획 및 설계에 있어서 몇 가지의 대안을 만들어 각 대안의 장단점을 비교한 후에 최종안으로 결정하는 단계는?

① 기본구상 ② 기본계획
③ 기본설계 ④ 실시설계

해설
기본구상은 현황분석을 토대로 부지의 문제점과 잠재력을 판별한 뒤 개발방안에 대한 몇 가지 대안을 작성하고, 각각의 장단점을 분석하여 최종안을 결정하는 단계이다.

관련이론 기본계획
최종안을 구체화하여 계획의 개략적인 골격과 토지이용 및 동선체계와 시설배치 및 각 부문별 시행계획을 작성하는 단계이다.

정답 | ①

15

축척 1/1,200의 도면을 1/600로 변경하고자 할 때 도면의 증가 면적은?

① 2배 ② 3배
③ 4배 ④ 6배

해설
축척은 실제의 거리를 일정한 비율로 줄여서 나타낸 것으로 거리가 2배가 되면 면적은 제곱에 비례한다. 따라서 축척 1/1,200에서 1/600으로 거리가 2배가 되면 면적은 $4(=2^2)$배가 된다.

정답 | ③

16

다음 중 생울타리 수종으로 가장 적합한 것은?

① 쥐똥나무 ② 이팝나무
③ 은행나무 ④ 굴거리 나무

해설
생울타리용 수종은 맹아력이 강하고 아래 가지가 강인하며 지엽이 밀생해야 한다. 보기 중 쥐똥나무가 가장 적합하다.

정답 | ①

17

다음 중 정원 수목으로 적합하지 않은 것은?

① 잎이 아름다운 것
② 값이 비싸고 희귀한 것
③ 이식과 재배가 쉬운 것
④ 꽃과 열매가 아름다운 것

해설
정원용 수목 가운데 값이 비싸고 희귀한 나무는 재산적 가치가 뛰어날 수 있으나, 재배가 쉽지 않고 유지관리가 어려우므로 바람직하지 않다.

정답 | ②

18

다음 중 난지형 잔디에 해당되는 것은?

① 레드톱 ② 버뮤다그래스
③ 켄터키블루그래스 ④ 톨 훼스큐

해설
버뮤다그래스는 난지형 잔디에 속한다.

관련이론 난지형 잔디와 한지형 잔디
- 난지형 잔디: 들잔디, 금잔디, 비로드잔디, 갯잔디, 왕잔디 등 한국 잔디류 및 버뮤다그래스
- 한지형 잔디: 켄터키블루그래스와 훼스큐류(類) 및 벤트그래스 등

정답 | ②

19
수준측량의 용어 설명 중 높이를 알고 있는 기지점에 세운 표척눈금의 읽은 값을 무엇이라 하는가?

① 후시 ② 전시
③ 전환점 ④ 중간점

해설
후시란 측정하고자 하는 지점의 표고를 알기 위해 이미 표고를 알고 있는 지점에 세운 수준척의 값을 읽는 것이다.

선지분석
② 전시: 표고를 알고자 하는 지점에 세운 수준척의 값을 읽는 것이다.
③ 전환점: 수준측량에서 전시·후시를 하게 되는 표척 설치점이다.
④ 중간점: 전시만을 하기 위해 수준척을 세운 지점이다.

정답 | ①

20
석재가공 방법 중 화강암 표면의 기계로 켠 자국을 없애주고 자연스러운 느낌을 주므로 가장 널리 쓰이는 마감방법은?

① 버너마감 ② 잔다듬
③ 정다듬 ④ 도드락다듬

해설
버너마감은 화강석 표면에 강한 열을 가하여 높은 온도로 표면에 흠이 생기게 함으로써 자연스럽고 거친 느낌을 가지게 하는 마감방법이다.

선지분석
② 잔다듬: 날망치를 써서 일정 방향으로 화강암에 흠집을 내어 다듬는 방법이다.
③ 정다듬: 망치와 정을 이용해 사람의 힘으로만 표면을 찍어내는 방법이다.
④ 도드락다듬: 돌표면 마무리를 곱게 다듬기 위해 도드락망치로 다듬는 방법이다.

정답 | ①

21
짐을 운반하여야 한다. 다음 중 같은 크기의 짐을 어느 색으로 포장했을 때 가장 덜 무겁게 느껴지는가?

① 다갈색 ② 크림색
③ 군청색 ④ 쥐색

해설
보기 중 명도가 높은 크림색이 가장 가볍게 느껴진다.

정답 | ②

22
조선시대 중엽 이후 풍수설에 따라 주택조경에서 새로이 중요한 부분으로 강조된 곳은?

① 앞뜰(前庭) ② 가운데뜰(中庭)
③ 뒤뜰(後庭) ④ 안뜰

해설
풍수의 주거이론인 양택론에서 중요하게 여기는 것은 배산임수이다. 배산은 여성의 공간인 주택의 후원으로 연결되므로, 언덕을 깎아 화계를 만들고 꽃나무를 심었다.

정답 | ③

23
전통사상과 신선사상을 바탕으로 불교 선사상의 직접적 영향을 받아 극도의 상징성(자연석이나 모래 등으로 산수 자연을 상징)으로 조성된 14~15세기 일본의 정원양식은?

① 중정식 정원 ② 고산수식 정원
③ 전원풍경식 정원 ④ 다정식 정원

해설
고산수(枯山水) 정원은 물과 초목을 사용하지 않고 흰 모래와 암석만으로 풍경을 상징적으로 나타내는 정원이다. 흰 모래는 바다를 상징하고, 모래 위에 드문드문 놓인 암석은 섬을 상징한다.

정답 | ②

24

다음 중 19세기 서양의 조경에 대한 설명으로 틀린 것은?

① 1899년 미국 조경가협회(ASLA)가 창립되었다.
② 19세기 말 조경은 토목공학기술에 영향을 받았다.
③ 19세기 말 조경은 전위적인 예술에 영향을 받았다.
④ 19세기 초에 도시문제와 환경문제에 관한 법률이 제정되었다.

해설

산업혁명 초기에는 도시와 환경문제에 관해 관심을 두지 않았으나, 20세기에 들어서 범지구적 문제로 확산되자 문제의 심각성을 깨닫고 법률적 규제를 마련하기 시작했다.

정답 | ④

25

실리카질 물질(SiO_2)을 주성분으로 하여 그 자체는 수경성(Hydraulicity)이 없으나 시멘트의 수화에 의해 생기는 수산화칼슘[$Ca(OH)_2$]과 상온에서 서서히 반응하여 불용성의 화합물을 만드는 광물질 미분말의 재료는?

① 실리카흄　　② 고로슬래그
③ 플라이애시　　④ 포졸란

해설

포졸란(Pozzolan)은 화산재나 화산암의 풍화물이다. 가용성 규산을 많이 포함하고 있어서 그 자체로는 수경성(물과 반응하여 굳어지는 성질)이 없으나, 물과 함께 석회와 화합하면 굳어지므로 시멘트 혼화재로 널리 쓰인다.

정답 | ④

26

다음 중 가을에 꽃향기를 풍기는 수종은?

① 매화나무　　② 수수꽃다리
③ 모과나무　　④ 목서류

해설

목서류는 상록활엽관목으로 난대성 수종이며 9월에 개화하여 달콤하고 은은한 향기를 풍긴다. 매화, 수수꽃다리, 모과는 모두 봄에 꽃이 피는 수종이다.

정답 | ④

27

가연성 도료의 보관 및 장소에 대한 설명 중 틀린 것은?

① 직사광선을 피하고 환기를 억제한다.
② 소방 및 위험물취급 관련 규정에 따른다.
③ 건물 내 일부에 수용할 때에는 방화구조적인 방을 선택한다.
④ 주위 건물에서 격리된 독립 건물에 보관하는 것이 좋다.

해설

가연성 도료는 불이 붙기 쉬운 재료이므로, 발화하지 않도록 보관에 주의하고 환기에 주의를 기울여야 한다.

정답 | ①

28

콘크리트의 표준배합비가 1 : 3 : 6일 때 이 배합비의 순서에 맞는 각각의 재료를 바르게 나열한 것은?

① 모래 : 자갈 : 시멘트
② 자갈 : 시멘트 : 모래
③ 자갈 : 모래 : 시멘트
④ 시멘트 : 모래 : 자갈

해설

콘크리트의 표준배합비는 시멘트 : 모래 : 자갈의 비율로 나타낸다.

정답 | ④

29

다음 중 아황산가스에 견디는 힘이 가장 약한 수종은?

① 삼나무   ② 편백
③ 플라타너스   ④ 사철나무

해설
삼나무는 아황산가스에 약한 수종이다.

관련이론 아황산가스에 강한 수종과 약한 수종
- 아황산가스(SO_2)에 강한 대표적 수종: 가시나무, 백합나무, 칠엽수, 화백, 편백, 플라타너스, 사철나무, 은행나무, 양버즘나무 등
- 아황산가스(SO_2)에 약한 대표적 수종: 소나무, 겹벚나무, 단풍나무, 삼나무, 전나무, 산벚나무, 독일가문비, 고로쇠나무 등

정답 | ①

30

백색계통의 꽃을 감상할 수 있는 수종은?

① 개나리   ② 이팝나무
③ 산수유   ④ 맥문동

해설
이팝나무: 흰색 꽃

선지분석
① 개나리: 노란색 꽃
③ 산수유: 노란색 꽃
④ 맥문동: 보라색 꽃

관련이론 이팝나무
늦은 봄 하얀 꽃이 온 나무를 뒤덮을 정도로 피었을 때 멀리서 바라보면 꽃송이가 사발에 소복이 얹힌 흰 쌀밥처럼 보여 이밥나무라고 불렀다는 설이 있다.

정답 | ②

31

목재 방부제로서의 크레오소트 유(Cresote 油)에 관한 설명으로 틀린 것은?

① 휘발성이다.
② 살균력이 강하다.
③ 페인트 도장이 곤란하다.
④ 물에 용해되지 않는다.

해설
크레오소트(Creosote)는 물에 잘 녹지 않고 살균력이 강하여 소독제로 사용되며, 페인트 등 도료가 쉽게 침투되지 않아 철도 침목으로도 널리 사용된다.

정답 | ①

32

공원의 주민참가 3단계 발전과정으로 옳은 것은?

① 비참가 → 시민권력의 단계 → 형식적 참가
② 형식적 참가 → 비참가 → 시민권력의 단계
③ 비참가 → 형식적 참가 → 시민권력의 단계
④ 시민권력의 단계 → 비참가 → 형식적 참가

해설
공원관리의 주민참여 발전단계는 다음과 같다.
㉠ 비참가(주민참여가 전혀 없는 단계)
㉡ 형식적 참가(주민자치회나 반상회 등 기존 주민조직을 통한 비자발적인 의무참가 단계)
㉢ 시민권력의 단계(행정기관과 주민조직, 시민단체와 전문가 집단이 함께 참가하여 적극적으로 의견을 조정하고 협의를 이끌어내는 단계)

정답 | ③

33
시멘트의 성질 및 특성에 대한 설명으로 틀린 것은?

① 분말도는 일반적으로 비표면적으로 표시한다.
② 강도시험은 시멘트 페이스트 강도시험으로 측정한다.
③ 응결이란 시멘트 풀이 유동성과 점성을 상실하고 고화하는 현상을 말한다.
④ 풍화란 시멘트가 공기 중의 수분 및 이산화탄소와 반응하여 가벼운 수화반응을 일으키는 것을 말한다.

해설
시멘트의 강도시험은 시멘트 모르타르 압축강도 및 굽힘강도를 시험하여 측정한다.

정답 | ②

34
자연석(경관석) 놓기에 대한 설명으로 틀린 것은?

① 경관석의 크기와 외형을 고려한다.
② 경관석 배치의 기본형은 부등변삼각형이다.
③ 경관석의 구성은 2, 4, 8 등 짝수로 조합한다.
④ 돌 사이의 거리나 크기를 조정하여 배치한다.

해설
3, 5, 7과 같은 홀수로 구성함을 원칙으로 한다.

관련이론 경관석 놓기
여러 개의 경관석을 짝지어 구성할 때는 잘생긴 큰 돌을 중심에 앉히고, 곁들여지는 작은 돌은 조화롭게 놓아야 하며, 대개 3, 5, 7과 같은 홀수를 구성하되, 부등변 삼각형을 이루도록 한다.

정답 | ③

35
토피어리(Topiary)란?

① 분수의 일종
② 형상수(形狀樹)
③ 조각된 정원석
④ 휴게용 그늘막

해설
토피어리(Topiary)는 식물을 인공적으로 다듬어 동물을 비롯한 여러 가지 형상으로 만들어가는 작업 또는 그 작품을 뜻하며 우리말로는 형상수라고 한다.

정답 | ②

36
다음 수목들은 어떤 산림대에 해당하는가?

> 잣나무, 전나무, 주목, 가문비나무,
> 분비나무, 잎갈나무, 종비나무

① 난대림
② 온대 중부림
③ 온대 북부림
④ 한대림

해설
상록침엽수종의 대부분은 내한성이 강하여 한대림을 이룬다.

정답 | ④

37
100cm×100cm×5cm 크기의 화강석 판석의 중량은? (단, 화강석의 비중 기준은 2.56ton/m³이다.)

① 128kg
② 12.8kg
③ 195kg
④ 19.5kg

해설
중량 = 부피 × 비중
화강석 판석의 부피 = 1m × 1m × 0.05m = 0.05m³
∴ 화강석 판석의 중량 = 0.05m³ × 2,560kg/m³ = 128kg

정답 | ①

38

구조용 경량콘크리트에 사용되는 경량골재는 크게 인공, 천연 및 부산경량골재로 구분할 수 있다. 다음 중 인공경량골재에 해당되지 않는 것은?

① 화산재
② 팽창혈암
③ 팽창점토
④ 소성플라이애시

해설
화산재나 응회암 같은 자연소재는 천연경량골재에 해당한다.

관련이론 인공경량골재
점토나 슬래그 또는 폐콘크리트에 고온을 가하여 만든 것이다.

정답 | ①

39

다음 중 시멘트가 풍화작용과 탄산화 작용을 받은 정도를 나타내는 척도로, 고온으로 가열하여 시멘트 중량의 감소율을 나타내는 것은?

① 경화
② 위응결
③ 강열감량
④ 수화반응

해설
흙이나 시멘트 등의 시료에 강한 열을 가했을 때 나타나는 중량의 감소율을 강열감량(强熱減量)이라 한다.

정답 | ③

40

조경계획 과정에서 자연환경 분석의 요인이 아닌 것은?

① 기후
② 지형
③ 식물
④ 역사성

해설
역사성은 인문·사회환경 분석에 해당한다.

정답 | ④

41

소나무좀의 생활사를 기술한 것 중 옳은 것은?

① 유충은 2회 탈피하며 유충기간은 약 20일이다.
② 1년에 1~3회 발생하며 암컷은 불완전변태를 한다.
③ 부화 유충은 잎, 줄기에 붙어 즙액을 빨아 먹는다.
④ 부화한 애벌레가 쇠약목에 침입하여 갱도를 만든다.

선지분석
② 연 1회 발생하며, 가해는 봄과 여름 두 번 이뤄진다.
③ 부화한 유충은 갱도와 직각방향으로 파먹어 들어간다.
④ 성충이 3월 말~4월 초에 월동처에서 나와 쇠약목, 벌채목의 수피 밑에 침입하여 갱도를 뚫고 알을 낳는다.

정답 | ①

42

재료가 외력을 받았을 때 작은 변형만 나타내도 파괴되는 현상을 무엇이라 하는가?

① 취성
② 강성
③ 인성
④ 전성

해설
취성은 재료가 외부의 힘을 받았을 때 소성 변형을 보이지 아니하고 급작스럽게 파괴되는 현상이다.

선지분석
② 강성: 외력에 의한 변형에 저항하는 성질이다.
③ 인성: 재료의 질긴 정도, 즉 외력에 저항하는 성질이다.
④ 전성: 두드리거나 압착하면 얇게 펴지는 금속의 성질이다.

정답 | ①

43
안료를 가하지 않아 목재의 무늬를 아름답게 낼 수 있는 것은?

① 유성페인트 ② 에나멜페인트
③ 클리어래커 ④ 수성페인트

해설
클리어래커(Clear lacquer)는 안료가 들어가지 않은 투명한 래커로, 목재면의 투명도장에 주로 사용한다.

정답 | ③

44
다음 중 조경수목의 생장속도가 느린 것은?

① 모과나무 ② 메타세쿼이아
③ 백합나무 ④ 개나리

해설
모과나무는 생장속도가 느린 수종에 속한다.

관련이론 생장속도가 느린 수종
주목, 반송, 섬잣나무, 독일가문비, 젓나무, 잣나무, 감나무, 산사나무, 단풍나무, 모과나무, 배나무, 칠엽수, 산철쭉, 진달래, 화살나무 등

정답 | ①

45
지력이 낮은 척박지에서 지력을 높이기 위한 수단으로 식재 가능한 콩과(科) 수종은?

① 소나무 ② 녹나무
③ 갈참나무 ④ 자귀나무

해설
콩과 식물은 질소 고정 능력이 뛰어나 토양의 비옥도를 높이는 데 매우 유용한 식물이다. 대표적인 수종으로는 아카시나무, 자귀나무, 박태기나무 등이 있다.

정답 | ④

46
콘크리트 시공연도와 직접 관계가 없는 것은?

① 물-시멘트비 ② 재료의 분리
③ 골재의 조립도 ④ 물의 정도 함유량

해설
수분 함유량과 물-시멘트 비율, 골재의 입도는 시공연도에 영향을 미치는 요인이라 할 수 있으나, 재료의 분리 정도는 시공연도에 따라 결정되는 성질이다.

관련이론 시공연도(Workability)
콘크리트의 반죽질기에 따른 작업의 난이도 및 재료분리에 대한 저항 정도를 나타내는 성질이다.

정답 | ②

47
다음 중 굵은 가지 절단 시 제거하지 말아야 하는 부위는?

① 목질부 ② 지피융기선
③ 지륭 ④ 피목

해설
지륭을 제거하면 외부 부후균(腐朽菌)의 침투를 막을 수 없으므로 보호하여 남겨야 한다.

선지분석
① 목질부: 나무 구조 가운데 물과 양분을 이동시켜 주는 통로 및 기둥 역할을 하는 부분이다.
② 지피융기선: 줄기와 가지 분기점에 생긴 주름살 모양으로 부풀어 오른 부분이다.
④ 피목: 나무 줄기나 뿌리의 코르크 조직이 표피를 뚫고 나온 것으로, 기공 대신 공기 통로가 되는 조직이다.

관련이론 지륭
지륭은 나뭇가지의 무게를 지탱하기 위해 발달한 가지밑살을 말하는데, 목질부를 보호하는 화학적 보호층이 형성되어 있다.

정답 | ③

48
콘크리트의 배합의 종류로 틀린 것은?

① 시방배합
② 현장배합
③ 시공배합
④ 중량배합

선지분석
① 시방배합: 배합설계 시 산정한 값을 기준으로 소요재료량을 산출하여 배합하는 것
② 현장배합: 현장의 골재흡수량과 입도상태를 고려하여 현장여건에 적합하게 보정하여 배합하는 것
④ 중량배합: $1m^3$의 콘크리트를 제조하는 데에 소요되는 각 재료량을 중량으로 표시하여 배합하는 것

정답 | ③

49
소나무 순지르기에 대한 설명으로 틀린 것은?

① 매년 5~6월경에 실시한다.
② 중심 순만 남기고 모두 자른다.
③ 새순이 5~10cm의 길이로 자랐을 때 실시한다.
④ 남기는 순도 힘이 지나칠 경우 1/2~1/3 정도로 자른다.

해설
순지르기의 목적은 봄에 자라난 새순의 성장을 약화시켜 나무의 세력을 전체적으로 균형 있게 조절하기 위한 것이다. 따라서 중심 순을 완전히 잘라내고 나머지 순들은 1/2~1/3 정도 자르는 것이 바람직하다.

정답 | ②

50
고려시대 궁궐의 정원을 맡아 관리하던 해당 부서는?

① 내원서
② 장원서
③ 상림원
④ 동산바치

해설
내원서는 고려시대 궁궐 및 관청 조경담당 부서이다.

선지분석
② 장원서: 조선 세조 때의 조경담당 부서이다.
③ 상림원: 조선 초기 궁궐 및 관청 조경담당 부서이다.
④ 동산바치: 조선시대 정원사를 부르던 이름이다.

정답 | ①

51
다음 노박덩굴(Celastraneae)과 식물 중 상록계열에 해당하는 것은?

① 노박덩굴
② 화살나무
③ 참빗살나무
④ 사철나무

해설
사철나무는 노박덩굴과 상록관목이다.

정답 | ④

52
다음 이슬람 정원 중 "알함브라 궁전"에 없는 것은?

① 알베르카 중정
② 사자의 중정
③ 사이프레스의 중정
④ 헤네랄리페 중정

해설
헤네랄리페(Generalife) 중정은 알함브라 궁전 위쪽에 따로 조성된 별궁이다.

관련이론 알함브라 궁전의 대표적인 중정
- 알베르카 중정
- 사자의 중정
- 사이프레스의 중정(레하의 중정)
- 다라하의 중정

정답 | ④

53
잣나무 털녹병의 중간 기주에 해당하는 것은?

① 등골나무 ② 향나무
③ 오리나무 ④ 까치밥나무

해설
잣나무 털녹병의 중간 기주는 송이풀과 까치밥나무이다.

정답 | ④

54
목재 시설물에 대한 특징 및 관리 등의 설명으로 틀린 것은?

① 감촉이 좋고 외관이 아름답다.
② 철재보다 부패하기 쉽고 잘 갈라진다.
③ 정기적인 보수와 칠을 해 주어야 한다.
④ 저온 때 충격에 의한 파손이 우려된다.

해설
일반적으로 목재는 다른 재료에 비해 온도 변화에 크게 민감하지 않으나 고온에 의한 발화가 우려된다.

정답 | ④

55
살비제(Acaricide)란 어떠한 약제를 말하는가?

① 선충을 방제하기 위하여 사용하는 약제
② 나방류를 방제하기 위하여 사용하는 약제
③ 응애류를 방제하기 위하여 사용하는 약제
④ 병균이 식물체에 침투하는 것을 방지하는 약제

해설
살비제란 응애류를 방제하기 위해 사용하는 약제이다. 식품에 잔류하면 인체에 해를 끼칠 수 있으므로 주의해야 하며, 농촌진흥청에서는 '응애약'으로 순화하였다.

정답 | ③

56
화성암은 산성암, 중성암, 염기성암으로 분류가 되는데, 이때 분류 기준이 되는 것은?

① 규산의 함유량 ② 석영의 함유량
③ 장석의 함유량 ④ 각섬석의 함유량

해설
화성암은 마그마나 용암이 굳어져 형성된 암석을 말하는데, 규산(SiO_2) 함량에 따라 염기성암(45~52%), 중성암(52~63%), 산성암(63% 이상)으로 구분한다.

정답 | ①

57
농약의 물리적 성질 중 살포하여 부착한 약제가 이슬이나 빗물에 씻겨 내리지 않고 식물체 표면에 묻어 있는 성질을 무엇이라 하는가?

① 고착성(Tenacity)
② 부착성(Adhesiveness)
③ 침투성(Penetrating)
④ 현수성(Suspensibility)

해설
약제가 물에 씻겨 내리지 않고 식물체 표면에 오래 묻어 있는 성질을 고착성이라 한다.

선지분석
② 부착성: 약제가 식물체에 떨어지지 않고 붙어 있는 성질이다.
③ 침투성: 약제가 식물체나 해충에 침투하여 스며드는 성질이다.
④ 현수성(아래로 곧게 드리워짐): 약제 중 고체 미립자가 가라앉거나 균일하게 분산되는 성질이다.

정답 | ①

58
다음 시멘트의 성분 중 화합물상에서 발열량이 가장 많은 성분은?

① C_3A ② C_3S
③ C_4AF ④ C_2S

해설
시멘트 성분 중 발열량이 크고 응결시간이 빠른 순서는 다음과 같다.
알루민산삼석회(C_3A) > 규산삼석회(C_3S) > 알루민산철사석회(C_4AF) > 규산이석회(C_2S)

정답 | ①

59
다음 중 과일나무가 늙어서 꽃 맺음이 나빠지는 경우에 실시하는 전정은 어느 것인가?

① 생리를 조절하는 전정
② 생장을 돕기 위한 전정
③ 생장을 억제하는 전정
④ 세력을 갱신하는 전정

해설
맹아력이 강한 나무가 늙어서 생기를 잃거나 꽃 맺음이 나빠질 경우, 줄기나 가지를 잘라내어 새 줄기나 가지로 경신하는 것을 세력 갱신 전정이라 한다.

정답 | ④

60
수목을 이식할 때 고려사항으로 가장 부적합한 것은?

① 지상부의 지엽을 전정해 준다.
② 뿌리분의 손상이 없도록 주의하여 이식한다.
③ 굵은 뿌리의 자른 부위는 방부처리 하여 부패를 방지한다.
④ 운반이 용이하게 뿌리분은 기준보다 가능한 한 작게 하여 무게를 줄인다.

해설
이식할 때 뿌리를 지나치게 잘라내면 잔뿌리가 발달하지 못해 양분을 흡수할 수 없게 되어 고사한다.

정답 | ④

2023년 2회 CBT 복원문제

7개년 기출문제

01
다음 재료 중 기건상태에서 열전도율이 가장 작은 것은?

① 유리
② 석고보드
③ 콘크리트
④ 알루미늄

해설
열전도율은 열이 재료를 통과할 때의 속도를 나타내며, 열전도율이 낮을수록 열이 잘 통과하지 못한다. 보기 중 기건상태에서 열전도율이 가장 낮은 재료는 석고보드이며, 단열재료로 널리 쓰인다.

정답 | ②

02
플라스틱 제품의 특성이 아닌 것은?

① 비교적 산과 알칼리에 견디는 힘이 콘크리트나 철 등에 비해 우수하다.
② 접착이 자유롭고 가공성이 크다.
③ 열팽창계수가 적어 저온에서도 파손이 안 된다.
④ 내열성이 약하여 열가소성수지는 60℃ 이상에서 연화된다.

해설
플라스틱은 열에 의한 부피 변화가 크고 온도 변화에 따라 열팽창계수도 달라지므로, 저온에서 수축에 따른 파손의 우려가 있다.

정답 | ③

03
소나무류는 생장조절 및 수형을 바로잡기 위하여 순따기를 실시하는데 대략 어느 시기에 실시하는가?

① 3~4월
② 5~6월
③ 9~10월
④ 11~12월

해설
소나무류의 순따기는 손으로 새순을 쉽게 꺾을 수 있을 무렵에 실시하는 것이 좋으며, 그 시기는 보통 5~6월 사이이다. 4월 이전에 순을 따면 새순이 굳어져 잘 꺾이지 않고, 7월 이후에 순을 따면 새순이 많이 자라서 제거하기가 어렵다.

정답 | ②

04
다음 중 호박돌 쌓기에 이용되는 쌓기법으로 가장 적합한 것은?

① ＋자 줄눈 쌓기
② 줄눈 어긋나게 쌓기
③ 이음매 경사지게 쌓기
④ 평석 쌓기

해설
호박돌은 둥근 모양의 자연석을 말한다. 호박돌은 석재 자체의 결합력이 약하므로, 쌓을 때는 줄눈이 서로 어긋나게 쌓아야 하중을 견딜 수 있다.

정답 | ②

05

목재의 심재와 변재에 관한 설명으로 옳지 않은 것은?

① 심재는 수액의 통로이며 양분의 저장소이다.
② 심재의 색깔은 짙으며 변재의 색깔은 비교적 엷다.
③ 심재는 변재보다 단단하여 강도가 크고 신축 등 변형이 적다.
④ 변재는 심재 외측과 수피 내측 사이에 있는 생활세포의 집합이다.

해설
수액의 통로이며 양분의 저장소는 변재이다.

관련이론 심재(心材)와 변재(邊材)
- 심재: 나무 중심부의 짙은 색깔을 띠는 목질 부분이며, 나무를 지탱하는 역할을 한다.
- 변재: 옅은 색을 띠는 바깥 부분이며, 수분 이동통로와 영양분 저장소로서 기능한다.

정답 | ①

06

강을 적당한 온도(800~1,000℃)로 가열하여 소정의 시간까지 유지한 후에 로(爐) 내부에서 천천히 냉각시키는 열처리법은?

① 풀림(Annealing) ② 불림(Normalizing)
③ 뜨임질(Tempering) ④ 담금질(Quenching)

해설
풀림은 가열된 강을 용광로 속에서 천천히 식히는 것으로, 결정이 미세화되며, 연화된다.

선지분석
② 불림: 강을 가열한 후, 공기 중에 냉각시키는 것으로, 식으면 결정입자가 미세하게 되어 변형이 제거되고 조직이 균질화된다.
③ 뜨임질: 담금질한 강은 너무 경도가 커서 내부에 변형을 일으킬 수가 있으므로, 다시 200~600℃ 정도로 가열한 다음 공기 중에서 서서히 식힘으로써 변형을 없애는 방법이다.
④ 담금질: 가열된 강을 찬물이나 더운물 혹은 기름 속에서 급히 식히는 것으로, 경도와 강도가 증대되고 물리적 성질이 변한다. 탄소함량이 클수록 효과적이다.

정답 | ①

07

물체의 절단한 위치 및 경계를 표시하는 선은?

① 실선 ② 파선
③ 1점 쇄선 ④ 2점 쇄선

해설
1점 쇄선은 굵은 실선과 짧은 점으로 이루어진 선으로, 물체의 절단된 부분이나 경계선을 표시하는 데 사용된다.

선지분석
① 실선은 물체의 윤곽선이나 형태를 표시한다.
② 파선은 보이지 않는 선이나 가상의 선 등을 표시한다.
④ 2점 쇄선은 물체의 가상선을 표시한다.

정답 | ③

08

버킹엄의 「스토우 가든」을 설계하고, 담장 대신 정원 부지의 경계선에 도랑을 파서 외부로부터의 침입을 막은 Ha-ha 수법을 실현하게 한 사람은?

① 켄트 ② 브릿지맨
③ 와이즈맨 ④ 챔버

해설
스토우 가든(Stowe garden)을 설계하고, 정원 부지의 경계선에 담장 대신 도랑을 파서 외부로부터의 침입을 막은 Ha-ha 수법을 만든 사람은 찰스 브릿지맨(Charles Bridgeman)이다.

정답 | ②

09

92~96%의 철을 함유하고 나머지는 크롬·규소·망간·유황·인 등으로 구성되어 있으며 창호철물, 자물쇠, 맨홀 뚜껑 등의 재료로 사용되는 것은?

① 선철 ② 강철
③ 주철 ④ 순철

해설
주철은 철 함량이 92~96%인 철의 일종으로, 주조성과 내식성이 우수하고 가격이 저렴하여 창호철물, 자물쇠, 맨홀 뚜껑 등의 재료로 많이 사용된다.

정답 | ③

10
강(鋼)과 비교한 알루미늄의 특징에 대한 내용 중 옳지 않은 것은?

① 강도가 작다. ② 비중이 작다.
③ 열팽창률이 작다. ④ 전기 전도율이 높다.

해설
알루미늄은 강에 비해 열팽창률이 크다.

정답 | ③

11
다음 중 낙우송의 설명으로 옳지 않은 것은?

① 잎은 5~10cm 길이로 마주나는 대생이다.
② 소엽은 편평한 새의 깃 모양으로서 가을에 단풍이 든다.
③ 열매는 둥근 달걀 모양으로 길이 2~3cm 지름 1.8~3.0cm의 암갈색이다.
④ 종자는 삼각형의 각모에 광택이 있으며 날개가 있다.

해설
낙우송은 낙엽침엽교목으로, 잎의 길이는 1.5~2.0cm이고, 어긋난다.

정답 | ①

12
우리나라에서 한국적인 색채가 농후한 정원양식이 확립되었다고 할 수 있는 때는?

① 통일신라 ② 고려 전기
③ 고려 후기 ④ 조선시대

해설
성리학을 국가이념으로 하던 조선시대는 문화면에서 대단히 검소하고 실용적인 풍토가 장려되었다. 이에 정원양식에 있어서도 자연과의 조화를 중시하는 한국적 색채가 농후한 양식으로 발전하였다.

정답 | ④

13
솔잎혹파리에 대한 설명 중 틀린 것은?

① 1년에 1회 발생한다.
② 유충으로 땅속에서 월동한다.
③ 우리나라에서는 1929년에 처음 발견되었다.
④ 유충은 솔잎을 일부에서부터 갉아 먹는다.

해설
솔잎혹파리 유충은 솔잎 밑 부분에 벌레혹을 형성하고 그 속에서 수액을 빨아먹는다.

정답 | ④

14
토양의 물리성과 화학성을 개선하기 위한 유기질 토양 개량제는 어떤 것인가?

① 펄라이트 ② 버미큘라이트
③ 피트모스 ④ 제올라이트

해설
피트모스는 식물의 퇴적물로 만든 유기질 토양개량제다. 물리성과 화학성 개선에 효과적이며, 토양의 보수력과 통기성을 향상시키고, 양분을 공급하여 미생물 활동을 촉진한다.

정답 | ③

15
다음 중 들잔디의 관리 설명으로 옳지 않은 것은?

① 들잔디의 깎기 높이는 2~3cm로 한다.
② 뗏밥은 초겨울 또는 해동이 되는 이른 봄에 준다.
③ 해충은 황금충류가 가장 큰 피해를 준다.
④ 병은 녹병의 발생이 많다.

해설
들잔디는 초겨울에 뗏밥을 주면 통기 불량으로 생육에 지장을 줄 수 있으므로 봄에 뗏밥을 주는 것이 좋다.

정답 | ②

16
두께 15cm 미만이며, 폭이 두께의 3배 이상인 판 모양의 석재를 무엇이라고 하는가?

① 각석 ② 판석
③ 마름돌 ④ 견치돌

해설
판석은 두께가 15cm 미만이고 폭은 두께의 3배 이상인 널판지 모양의 평평한 돌이다.

정답 | ②

17
다음 설명 중 중국 정원의 특징이 아닌 것은?

① 차경수법을 도입하였다.
② 태호석을 이용한 석가산 수법이 유행하였다.
③ 사의주의보다는 상징적 축조가 주를 이루는 사실주의에 입각하여 조경이 구성되었다.
④ 자연경관이 수려한 곳에 인위적으로 암석과 수목을 배치하였다.

해설
중국 정원은 사의(寫意)주의, 즉 은유와 상징을 통해 자연의 아름다움을 표현하는 경향이 강하다.

정답 | ③

18
19세기 미국에서 식민지 시대의 사유지 중심의 정원에서 공공적인 성격을 지닌 조경으로 전환되는 전기를 마련한 것은?

① 센트럴 파크 ② 프랭클린 파크
③ 비큰히드 파크 ④ 프로스펙트 파크

해설
유럽에서는 왕족이나 귀족이 소유하던 사적(私的) 정원이 시민들을 위한 공적(公的) 정원으로 변모한 반면, 귀족의 전통이 없던 미국에서는 시민의 요구를 받아들여 처음부터 공적 성격을 띤 공원이 조성되었다. 그 시초가 된 것이 1857년 개원한 뉴욕 센트럴 파크이다.

정답 | ①

19
다음 정원의 개념을 잘 나타내고 있는 중정은?

- 무어 양식의 극치라고 일컬어지는 알함브라(Alhambra)궁의 여러 개 정(Patio) 중 하나임
- 4개의 수로에 의해 4분되는 파라다이스 정원
- 가장 화려한 정원으로 물의 존귀성이 드러남

① 사자의 중정 ② 창격자 중정
③ 연못의 중정 ④ Lindaraja Patio

해설
사자의 중정은 알함브라 궁전의 중정 중 하나이다. 12마리 사자상이 떠받드는 큰 분수대를 중심으로 4개의 수로(Canal)가 사방으로 연결되어 있는 가장 화려한 정원이다.

정답 | ①

20
다음 [보기]에서 설명하는 그림은?

- 눈높이나 눈보다 조금 높은 위치에서 보여지는 공간을 실제 보이는 대로 자연스럽게 표현한 그림
- 나타내고자 하는 의도의 윤곽을 잡아 개략적으로 표현하고자 할 때, 즉 아이디어를 수집, 기록, 정착화하는 과정에 필요
- 디자이너에게 순간적으로 떠오르는 불확실한 아이디어의 이미지를 고정, 정착화시켜 나가는 초기 단계

① 투시도 ② 스케치
③ 입면도 ④ 조감도

해설
스케치(Sketch)는 어떤 대상의 모양이나 형태, 특징 같은 것을 개략적으로 빠르게 그린 미완성 작품을 말하는데, 디자이너들이 순간적으로 떠오르는 아이디어나 이미지를 기록해 두기 위해 그리는 개략적인 밑그림을 의미하기도 한다.

정답 | ②

21
여름부터 가을까지 꽃을 감상할 수 있는 알뿌리 화초는?

① 금잔화　　② 수선화
③ 색비름　　④ 칸나

해설
칸나는 6~9월까지 꽃을 피우는 알뿌리 화초이며 꽃은 붉은색, 주황색, 노란색, 흰색 등 다양하게 핀다.
금잔화, 수선화, 색비름은 모두 봄에 꽃을 피우는 알뿌리 화초이다.

정답 | ④

22
다음 중 조경수의 이식에 대한 적응이 가장 쉬운 수종은?

① 벽오동　　② 전나무
③ 섬잣나무　　④ 가시나무

해설
벽오동은 뿌리가 얕고 튼튼하며 가지가 여러 갈래로 뻗어 있으므로, 이식 후에도 수분과 양분 공급이 수월하여 이식이 용이하다.

정답 | ①

23
휴게공간의 입지 조건으로 적합하지 않은 것은?

① 경관이 양호한 곳
② 시야에 잘 띄지 않는 곳
③ 보행동선이 합쳐지는 곳
④ 기존 녹음수가 조성된 곳

해설
휴게공간은 사람들이 편히 쉬고 휴식을 취할 수 있는 공간으로, 사람들이 많이 다니고 쉽게 눈에 띄는 곳에 배치하되, 녹음을 제공할 수 있고 주변 경관이 아름다워야 한다.

정답 | ②

24
건물 주위에 식재 시 양수와 음수의 조합으로 되어 있는 수종들은?

① 눈주목, 팔손이나무
② 사철나무, 전나무
③ 자작나무, 개비자나무
④ 일본잎갈나무, 향나무

해설
자작나무(양수), 개비자나무(음수)

선지분석
① 눈주목(음수), 팔손이(음수)
② 사철나무(양수), 전나무(양수)
④ 일본잎갈나무(양수), 향나무(양수)

관련이론 양수(陽樹)와 음수(陰樹)
양수는 햇빛을 많이 받아야 하는 수종이며, 음수는 그늘에서도 잘 자랄 수 있는 수종이다.

정답 | ③

25
다음 중 어린이 공원의 설계 시 공간구성 설명으로 옳은 것은?

① 동적인 놀이공간에는 아늑하고 햇빛이 잘 드는 곳에 잔디밭, 모래밭을 배치하여 준다.
② 정적인 놀이공간에는 각종 놀이시설과 운동시설을 배치하여 준다.
③ 감독 및 휴게를 위한 공간은 놀이공간이 잘 보이는 곳으로 아늑한 곳으로 배치한다.
④ 공원 외곽은 보행자나 근처 주민이 들여다볼 수 없도록 밀식한다.

선지분석
① 동적 놀이공간은 어린이들이 자유롭게 뛰어놀 수 있도록 양지바르고 넓은 곳이어야 한다.
② 정적 놀이공간은 아늑하고 조용한 곳으로 배치하는 것이 좋다.
④ 공원 외곽은 시각적 개방을 유도하여 어린이들을 보호할 수 있도록 배려함이 바람직하다.

정답 | ③

26

벽면에 벽돌 길이만 나타나게 쌓는 방법은?

① 길이쌓기　　② 마구리쌓기
③ 옆세워쌓기　④ 네덜란드식 쌓기

해설

길이쌓기는 벽돌의 긴 면을 가로로 쌓는 방식으로, 벽면에서 벽돌의 길이만 나타나게 된다.

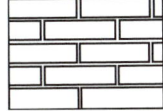

선지분석

② 마구리쌓기　③ 옆세워쌓기

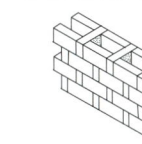

④ 네덜란드식 쌓기

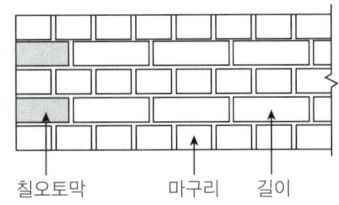

정답 | ①

27

수목의 가슴 높이 지름을 나타내는 기호는?

① F　　② S, D
③ B　　④ W

해설

가슴 높이 지름(B, 흉고직경)은 가슴 높이에서 측정한 나무의 직경을 말한다. 가슴 높이에 대한 기준이 나라마다 조금씩 다르지만, 우리나라는 지상으로부터 1.2m 높이에서 측정한 것을 기준으로 한다.

정답 | ③

28

다음 중 수목의 굵은 가지치기 요령 중 가장 거리가 먼 것은?

① 잘라낼 부위는 가지의 밑둥으로부터 10~15cm 부위를 위에서부터 밑까지 내리 자른다.
② 잘라낼 부위는 아래쪽에 가지 굵기의 1/3 정도 깊이까지 톱자국을 먼저 만들어 놓는다.
③ 톱을 돌려 아래쪽에 만들어 놓은 상처보다 약간 높은 곳을 위로부터 내리 자른다.
④ 톱으로 자른 자리의 거친 면은 손칼로 깨끗이 다듬는다.

해설

굵은 가지치기를 할 때 밑둥으로부터 가지 굵기의 3~5배 떨어진 지점에서 절단하는 것이 바람직하다. 너무 가까운 거리에서 절단하면 상처가 크게 생길 수 있어 상처를 통한 세균 감염이 우려된다.

정답 | ①

29

골재알의 모양을 판정하는 척도인 실적률(%)을 구하는 식으로 옳은 것은?

① 공극률 − 100　　② 100 − 공극률
③ 100 − 조립률　　④ 조립률 − 100

해설

실적률은 골재 전체 부피 중 실제 골재가 차지하는 비율이며, 공극률은 그 부피 중 빈 공간이 차지하는 비율이다.
따라서 실적률=100−공극률로 구할 수 있다.

정답 | ②

30

조경 양식을 형태(정형식, 자연식, 절충식) 중심으로 분류할 때, 자연식 조경 양식에 해당하는 것은?

① 서아시아와 프랑스에서 발달된 양식이다.
② 강한 축을 중심으로 좌우 대칭형으로 구성된다.
③ 한 공간 내에서 실용성과 자연성을 동시에 강조하였다.
④ 주변을 돌 수 있는 산책로를 만들어서 다양한 경관을 즐길 수 있다.

해설
자연식 조경 양식은 자연의 모습을 그대로 모방하거나 축소하여 재현하는 것을 특징으로 한다. 자연 속을 거닐며 다양한 자연풍광을 감상하는 산책로 조성은 자연식의 일반적인 방식이다.

선지분석
①, ②: 정형식 양식
③: 현대조경에서 널리 사용되는 절충 양식

정답 | ④

31

다음 보기의 설명에 해당하는 수종은?

> - 어린가지의 색은 녹색 또는 적갈색으로 엽흔이 발달하고 있다.
> - 수피에서는 냄새가 나며 약간 골이 파여 있다.
> - 단풍나무 중 복엽이면서 가장 노란색 단풍이 든다.
> - 내조성이 강한 속성수로서 조기 녹화에 적당하며, 녹음수로 이용가치가 높다.

① 복장나무 ② 네군도단풍
③ 단풍나무 ④ 고로쇠나무

해설
네군도단풍에 대한 설명이다.

선지분석
① 복장나무: 고산지대에 자라며 수피는 회색이고 잔가지는 갈색이다. 잎은 마주나고 3출엽이며 황록색 꽃이 아래로 핀다.
③ 단풍나무: 수피가 엷은 회갈색이며 잎은 마주나고 5~7개로 갈라진다. 긴 타원형 날개를 가진 열매는 수평으로 벌어진다.
④ 고로쇠나무: 잎이 마주나고 둥글며 연노란 꽃이 핀다. 이른 봄 수액을 받아 마시면 신경통에 좋다고 알려져 있다.

정답 | ②

32

다음 중 "피서산장, 이화원, 원명원"은 중국의 어느 시대 정원인가?

① 원 ② 명
③ 청 ④ 당

해설
피서산장, 이화원, 원명원은 청나라 황실이 소유한 대표적인 정원이다.

정답 | ③

33

다음 중 온도감이 따뜻하게 느껴지는 색은?

① 보라색 ② 초록색
③ 주황색 ④ 남색

해설
색의 온도감은 파장에 따라 결정된다. 파장이 긴 색은 따뜻하게 느껴지고, 파장이 짧은 색은 차갑게 느껴진다. 주황색은 파장이 긴 색이며 태양광과 유사한 색으로 따뜻한 느낌을 준다.

정답 | ③

34

다음 보기에서 (   ) 안에 들어갈 적당한 공간 표현은?

> 서오릉 시민 휴식공원 기본계획에는 왕릉의 보존과 단체 이용객에 대한 개방이라는 상충되는 문제를 해결하기 위하여 (   )을(를) 설정함으로써 왕릉과 공간을 분리시켰다.

① 진입광장 ② 동적공간
③ 완충녹지 ④ 휴게공간

해설
완충녹지는 기능이 서로 충돌하는 둘 이상의 공간을 분리하기 위해 설정한다. 서오릉 사례에서는 엄숙하고 정적인 분위기가 요구되는 왕릉영역과 이용객들의 휴게공간을 분리하기 위해 완충녹지를 두었다.

정답 | ③

35
다음 수목의 외과 수술용 재료 중 동공 충전물의 재료로 가장 부적합한 것은?

① 콜타르
② 에폭시수지
③ 불포화 폴리에스테르 수지
④ 우레탄 고무

해설
콜타르(Coal tar)는 탄화수소의 일종으로, 점성이 높고 경화가 느려 내구성이 떨어지므로 동공(洞空) 충전물의 재료로 부적합하다.

정답 | ①

36
다음 중 가시 산울타리용으로 쓰이는 수종이 아닌 것은?

① 탱자나무   ② 쥐똥나무
③ 호랑가시나무   ④ 찔레나무

해설
쥐똥나무는 가시가 없어 방범이나 경계를 목적으로 하는 산울타리용으로 사용하기에는 부적합하다.

정답 | ②

37
다음 조경용 소재 및 시설물 중에서 평면적 재료에 가장 적합한 것은?

① 잔디   ② 조경수목
③ 퍼걸러   ④ 분수

해설
평면적 재료란 높이는 높지 않으면서 넓은 면적을 차지하는 재료를 뜻한다. 보기 가운데 평면적 재료에 가장 적합한 것은 잔디이다.

정답 | ①

38
설계도서에 포함되지 않는 것은?

① 물량내역서   ② 공사시방서
③ 설계도면   ④ 현장사진

해설
현장사진은 조경공사현장 진행상황을 확인하고, 품질을 관리하기 위해 사용되며, 설계도서에는 포함되지 않는다.

정답 | ④

39
다음 중 물체가 있는 것으로 가상되는 부분을 표시하는 선의 종류는?

① 실선   ② 파선
③ 1점쇄선   ④ 2점쇄선

해설
2점쇄선은 건물의 벽체나 지붕, 창문 혹은 지하 매설물의 매설 위치 등 도면에서 직접 나타내기 어려운 부분을 가상하여 표시할 때 사용한다.

정답 | ④

40
콘크리트용 혼화재로 실리카흄(Silica fume)을 사용한 경우 효과에 대한 설명으로 잘못된 것은?

① 내화학약품성이 향상된다.
② 단위수량과 건조수축이 감소된다.
③ 알칼리 골재반응의 억제효과가 있다.
④ 콘크리트의 재료분리 저항성, 수밀성이 향상된다.

해설
실리카흄 사용 시 단위수량이 증가하여 건조수축이 증대된다. 따라서 고성능 감수제를 함께 사용하여야 한다.

정답 | ②

41
조경시설물의 관리원칙으로 옳지 않은 것은?

① 여름철 그늘이 필요한 곳에 차광시설이나 녹음수를 식재한다.
② 노인, 주부 등이 오랜 시간 머무는 곳은 가급적 석재를 사용한다.
③ 바닥에 물이 고이는 곳은 배수시설을 하고 다시 포장한다.
④ 이용자의 사용빈도가 높은 것은 충분히 조이거나 용접한다.

해설
조경시설물은 이용자의 안전과 편의를 고려하여 관리해야 한다. 노인이나 주부 등이 오랜 시간 머무는 곳은 미끄럼 방지 처리가 필요하지만 석재의 경우 이러한 처리가 미흡하다.

정답 | ②

42
수목의 전정작업 요령에 관한 설명으로 옳지 않은 것은?

① 상부는 가볍게, 하부는 강하게 한다.
② 우선 나무의 정상부로부터 주지의 전정을 실시한다.
③ 전정작업을 하기 전 나무의 수형을 살펴 이루어질 가지의 배치를 염두에 둔다.
④ 주지의 전정은 주간에 대해서 사방으로 고르게 굵은 가지를 배치하는 동시에 상하(上下)로도 적당한 간격으로 자리 잡도록 한다.

해설
수목 전정은 상하부를 균형 있게 만드는 것이 원칙이다. 상부를 가볍게 하부를 강하게 전정하면 수형이 불안정해지고, 병해충의 피해를 입을 수 있다.

정답 | ①

43
콘크리트의 재료분리현상을 줄이기 위한 방법으로 옳지 않은 것은?

① 플라이애시를 적당량 사용한다.
② 세장한 골재보다는 둥근 골재를 사용한다.
③ 중량골재와 경량골재 등 비중차가 큰 골재를 사용한다.
④ AE제나 AE감수제 등을 사용하여 사용수량을 감소시킨다.

해설
콘크리트의 재료가 분리되면 강도, 내구성, 수밀성 등이 크게 저하된다. 비중 차가 큰 중량골재와 경량골재를 함께 사용하면 분리 현상이 발생하기 쉽다.

정답 | ③

44
다음 중 열경화성 수지의 종류와 특징 설명이 옳지 않은 것은?

① 페놀수지: 강도·전기절연성·내산성·내수성 모두 양호하나 내알칼리성이 약하다.
② 멜라민수지: 요소수지와 같으나 경도가 크고 내수성은 약하다.
③ 우레탄수지: 투광성이 크고 내후성이 양호하며 착색이 자유롭다.
④ 실리콘수지: 열절연성이 크고 내약품성·내후성이 좋으며 전기적 성능이 우수하다.

해설
멜라민수지는 요소수지와 유사하지만 경도, 내열성, 내수성이 더 우수하다.

정답 | ②

45
우리나라에서 최초의 유럽식 정원은?

① 덕수궁 석조전 앞 정원
② 파고다공원
③ 장충공원
④ 구 중앙청사 주위 정원

해설
덕수궁 석조전은 1909년 완공된 최초의 서양식 건물이다. 석조전 앞의 중화전(中和殿) 부속 행각을 철거하고 유럽 정원양식을 받아들여 침상원(Sunken garden)과 분수대를 설치하였다.

정답 | ①

46
목재가 통상 대기의 온도, 습도와 평형된 수분을 함유한 상태의 함수율은?

① 약 7%   ② 약 15%
③ 약 20%   ④ 약 30%

해설
균형 수분은 대기 온도 및 습도와 평형을 이룬 상태의 목재 함수율을 말하며 통상 15% 정도이다.

관련이론 목재의 함수율
목재에 함유된 수분의 양을 백분율로 나타낸 것이다.

정답 | ②

47
다음 중 일반적으로 전정 시 제거해야 하는 가지가 아닌 것은?

① 도장한 가지   ② 바퀴살 가지
③ 얽힌 가지   ④ 주지(主枝)

해설
주지는 수목의 주요 가지로, 수형을 형성하고 수세를 유지하는 역할을 하므로 전정 시 제거해서는 안 된다.

정답 | ④

48
양질의 포졸란(Pozzolan)을 사용한 콘크리트의 성질로 옳지 않은 것은?

① 수밀성이 크고 발열량이 적다.
② 화학적 저항성이 크다.
③ 워커빌리티 및 피니셔빌리티가 좋다.
④ 강도의 증진이 빠르고 단기강도가 크다.

해설
포졸란은 콘크리트의 성능 향상을 위해 첨가하는 혼화제의 일종으로, 포졸란 반응은 시간이 지남에 따라 서서히 진행되는 특성이 있다. 따라서 포졸란을 사용한 콘크리트의 강도는 시간이 지남에 따라 점차 증가하므로, 단기강도는 일반 콘크리트에 비해 낮다.

정답 | ④

49
다음 중 보기와 같은 특성을 지닌 정원수는?

- 형상수로 많이 이용되고, 가을에 열매가 붉게 된다.
- 내음성이 강하며, 비옥지에서 잘 자란다.

① 주목   ② 쥐똥나무
③ 화살나무   ④ 산수유

해설
주목은 지엽이 치밀한 상록수로서 가을에 붉은 열매가 달려 감상적 가치가 높고 전정에 강하여 오래전부터 서양정원에서 형상수로 널리 이용되어왔다.

관련이론 형상수(Topiary, 토피어리)
식물을 인공적으로 다듬어 동물을 비롯한 여러 가지 형상으로 만들어가는 작업 또는 그 작품을 뜻한다.

정답 | ①

50

조경설계기준상 공동으로 사용되는 계단의 경우 높이가 2m를 넘는 계단에는 2m 이내마다 당해 계단의 유효폭 이상의 폭으로 너비 얼마 이상의 참을 두어야 하는가? (단, 단높이는 18cm 이하, 단너비는 26cm 이상이다.)

① 70cm
② 80cm
③ 100cm
④ 120cm

해설

조경설계기준 KDS 34 50 50 조경동선시설 4.8.2 구조 (3)에 따르면, 공동으로 사용되는 계단의 경우 높이가 2m를 넘을 경우 2m 이내마다 계단의 유효폭 이상의 폭으로 너비 120cm 이상인 참을 두어야 한다.

정답 | ④

51

경관석 놓기의 설명으로 옳은 것은?

① 경관석은 항상 단독으로만 배치한다.
② 일반적으로 3, 5, 7 등 홀수로 배치한다.
③ 같은 크기의 경관석으로 조합하면 통일감이 있어 자연스럽다.
④ 경관석의 배치는 돌 사이의 거리나 크기 등을 조정 배치하여 힘이 분산되도록 한다.

해설

경관석은 짝수로 배치하면 균형감이 떨어지고 단조로우며, 홀수로 배치할 때 안정적이고 조화롭게 여겨진다.

정답 | ②

52

생울타리를 전지·전정하려고 한다. 태양의 광선을 골고루 받게 하여 생울타리의 밑가지 생육을 건전하게 하려면 생울타리의 단면 모양은 어떻게 하는 것이 가장 적합한가?

① 삼각형
② 사각형
③ 팔각형
④ 원형

해설

밑가지 생육을 촉진하기 위해 하부 가지에 햇빛이 골고루 닿도록 울타리 단면을 위쪽이 좁고 아래가 넓은 삼각형 형태로 전정하는 것이 효과적이다.

정답 | ①

53

벽돌쌓기법에서 한 켜는 마구리쌓기, 다음 켜는 길이쌓기로 하고 모서리 벽 끝에 이오토막을 사용하는 벽돌쌓기 방법인 것은?

① 미국식 쌓기
② 영국식 쌓기
③ 프랑스식 쌓기
④ 마구리쌓기

해설

영국식 쌓기는 한 켜는 마구리쌓기, 다음 켜는 길이쌓기로 하고 모서리 벽 끝에 이오토막(온장의 1/4)을 사용하는 벽돌쌓기 방법으로 가장 견고하고 튼튼하다.

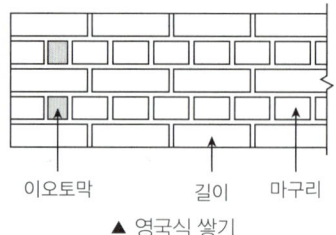

▲ 영국식 쌓기

정답 | ②

54
각 재료의 할증률로 맞는 것은?

① 이형철근: 5%
② 강판: 12%
③ 경계블록(벽돌): 5%
④ 조경용 수목: 10%

해설
조경용 수목과 잔디의 할증률은 10%이다.

선지분석
① 이형철근: 3%
② 강판: 10%
③ 경계블록: 3%

관련이론
재료의 할증은 설계도면을 기준으로 산출한 재료의 순수 물량에, 운반·절단·가공·시공 과정에서 발생하는 손실을 고려해 일정 비율을 더하는 것을 말한다.

정답 | ④

55
흙은 같은 양이라 하더라도 자연상태(N)와 흐트러진 상태(S), 인공적으로 다져진 상태(H)에 따라 각각 그 부피가 달라진다. 자연상태의 흙의 부피(N)를 1.0으로 할 경우 부피가 큰 순서로 적당한 것은?

① H>N>S
② N>H>S
③ S>N>H
④ S>H>N

해설
흙은 같은 무게라도 상태에 따라 부피가 달라진다. 자연상태(N)를 기준으로 보면, 흐트러진 상태(S)는 공극이 많아 부피가 커지고, 다져진 상태(H)는 공극이 줄어 부피가 작아진다. 따라서 부피의 크기 순서는 S>N>H이다.

정답 | ③

56
콘크리트의 크리프(Creep) 현상에 관한 설명으로 옳지 않은 것은?

① 부재의 건조 정도가 높을수록 크리프는 증가된다.
② 양생, 보임이 나쁠수록 크리프는 증가한다.
③ 온도가 높을수록 크리프는 증가한다.
④ 단위수량이 적을수록 크리프는 증가한다.

해설
단위수량이 적은 콘크리트는 물시멘트비가 낮아져 강도가 높아지며, 강도가 높을수록 크리프는 줄어드는 경향이 있다.

관련이론
- 콘크리트의 크리프(Creep): 콘크리트에 일정한 하중이 장시간 작용할 때 서서히 발생하는 변형이다. 크리프는 물시멘트비, 단위수량, 재령, 온도, 습도, 하중의 크기 및 종류 등에 영향을 받는다.
- 콘크리트의 단위수량: 콘크리트 1m³에 포함된 물의 양

정답 | ④

57
다음 중 1속에서 잎이 5개 나오는 수종은?

① 백송
② 방크스소나무
③ 리기다소나무
④ 스트로브잣나무

해설
잣나무 종류의 수종들은 한 속에서 잎이 다섯 개씩 모여 나는 특징을 가지고 있어 오엽송(五葉松)이라고도 한다. 반면 소나무(적송, 육송, 해송)는 잎이 2개씩 나오며, 리기다소나무의 경우는 잎이 3개씩 나온다.

정답 | ④

58
콘크리트의 단위중량 계산, 배합설계 및 시멘트의 품질 판정에 주로 이용되는 시멘트의 성질은?

① 분말도　② 응결시간
③ 비중　④ 압축강도

해설
콘크리트의 단위중량은 시멘트, 골재, 물의 비중을 합친 것으로 계산되는데, 시멘트 비중이 높을수록 단위수량이 줄어들어 콘크리트의 강도는 높아지며, 시멘트 비중이 낮아지면 단위수량이 늘어나 콘크리트의 강도는 낮아진다. 또한 시멘트 비중이 높을수록 순도가 높고, 강도도 높은 것으로 평가된다.

정답 | ③

59
다음 설명하는 잡초로 옳은 것은?

> - 일년생 광엽잡초
> - 논잡초로 많이 발생할 경우는 기계수확이 곤란
> - 줄기 기부가 비스듬히 땅을 기며 뿌리가 내리는 잡초

① 메꽃　② 한련초
③ 가막사리　④ 사마귀풀

해설
사마귀풀은 동남아시아가 원산지인 한해살이풀로, 열대지방에는 약 60종, 우리나라에는 1종이 분포한다. 물가나 습지에서 자라며, 줄기가 땅에 닿은 마디에서 수염뿌리가 나와 퍼져 나간다.

정답 | ④

60
사철나무 탄저병에 관한 설명으로 틀린 것은?

① 관리가 부실한 나무에서 많이 발생하므로 거름주기와 가지치기 등의 관리를 철저히 하면 문제가 없다.
② 흔히 그을음병과 같이 발생하는 경향이 있으며 병징도 혼동될 때가 있다.
③ 상습발생지에서는 병든 잎을 모아 태우거나 땅 속에 묻고, 6월경부터 살균제를 3~4회 살포한다.
④ 잎에 크고 작은 점무늬가 생기고 차츰 움푹 들어가면 진전되므로 지저분한 느낌을 준다.

해설
사철나무의 탄저병과 그을음병은 병징이 뚜렷이 달라 서로 혼동할 염려가 없다.

관련이론 사철나무 탄저병과 그을음병
- 탄저병: 잎에 크고 작은 반점이 생기고 점차 움푹 들어가며 진행되어 지저분한 인상을 준다.
- 그을음병: 잎 표면에 검은 그을음과 같은 균사체가 덮이는 것이 특징이다.

정답 | ②

2023년 1회 CBT 복원문제

PART 01 · 7개년 기출문제

01
다음 중 색의 대비에 관한 설명이 틀린 것은?

① 보색인 색을 인접시키면 본래의 색보다 채도가 낮아져 탁해 보인다.
② 명도단계를 연속시켜 나열하면 각각 인접한 색끼리 두드러져 보인다.
③ 명도가 다른 두 색을 인접시키면 명도가 낮은 색은 더욱 어두워 보인다.
④ 채도가 다른 두 색을 인접시키면 채도가 높은 색은 더욱 선명해 보인다.

해설
보색 관계인 색을 나란히 하면 두 색이 서로 영향을 미쳐 각각 채도가 높아져 더욱 강렬하고 선명해 보이게 된다.

정답 | ①

02
세라믹 포장의 특성이 아닌 것은?

① 융점이 높다.
② 상온에서의 변화가 적다.
③ 압축에 강하다.
④ 경도가 낮다.

해설
세라믹은 도자기류를 지칭하며 일반적으로 경도가 높고 1,000℃ 이상의 고온에서 녹아 융점이 높다. 또한 열팽창계수가 작아 상온에서의 변화가 적으며 압축강도가 크다.

관련이론 융점, 경도
- 융점(녹는점): 고체가 액체로 변하기 시작하는 온도를 말한다.
- 경도(단단함의 정도): 재료 표면이 긁히거나 눌릴 때 변형에 저항하는 성질을 말한다.

정답 | ④

03
다음 노목의 세력 회복을 위한 뿌리 자르기의 시기와 방법 설명 중 (   )에 들어갈 가장 적합한 것은?

- 뿌리 자르기의 가장 좋은 시기는 (㉠)이다.
- 뿌리 자르기 방법은 나무의 근원 지름의 (㉡)배 되는 길이로 원을 그려, 그 위치에서 (㉢)의 깊이로 파내려간다.
- 뿌리 자르는 각도는 (㉣)가 적합하다.

	㉠	㉡	㉢	㉣
①	월동 전	5~6	45~50cm	위에서 30°
②	땅이 풀린 직후부터 4월 상순	1~2	10~20cm	위에서 45°
③	월동 전	1~2	직각 또는 아래쪽으로 30°	직각 또는 아래쪽으로 30°
④	땅이 풀린 직후부터 4월 상순	5~6	45~50cm	직각 또는 아래쪽으로 45°

해설
노목의 수세 회복을 위한 뿌리 자르기는 기온이 올라 눈이 싹트기 시작하는 (4월 초순)이 적합하며, 세근 발달이 가능하도록 뿌리분을 (근원 직경의 5~6배)로 다소 크게 하고, 충분한 표토 확보를 위해 깊이 (40~50cm)로 하며, 뿌리 자르기 각도는 (직각 또는 45°)로 한다.

정답 | ④

04
다음 중 배치도에 표시하지 않아도 되는 사항은?

① 축척
② 건물의 위치
③ 대지 경계선
④ 수목 줄기의 형태

해설
배치도에서 수목은 수관폭 아래 수평투영면적만 표시된다.

정답 | ④

05
조경 프로젝트의 수행단계 중 주로 공학적인 지식을 바탕으로 다른 분야와는 달리 생물을 다룬다는 특수한 기술이 필요한 단계로 가장 적합한 것은?

① 조경계획
② 조경설계
③ 조경관리
④ 조경시공

해설
생물소재에 대한 이해는 조경분야 전반에 걸쳐 밑바탕이 되어야 하지만, 그 가운데에도 시공분야는 설계에서 구상한 디자인 아이디어를 구체적으로 구현해야 하고, 향후 유지관리의 수준 및 질을 위해 정밀 시공하여야 하므로 더욱 세밀한 생물학적인 지식과 기술이 필요하다.

정답 | ④

06
수목을 이식할 때 고려사항으로 가장 부적합한 것은?

① 지상부의 지엽을 전정해 준다.
② 뿌리분의 손상이 없도록 주의하여 이식한다.
③ 굵은 뿌리의 자른 부위는 방부처리 하여 부패를 방지한다.
④ 운반이 용이하게 뿌리분은 기준보다 가능한 한 작게 하여 무게를 줄인다.

해설
이식할 때 뿌리를 지나치게 잘라내면 잔뿌리가 발달하지 못해 양분을 흡수할 수 없게 되어 고사한다.

정답 | ④

07
목재의 열기 건조에 대한 설명으로 틀린 것은?

① 낮은 함수율까지 건조할 수 있다.
② 자본의 회전기간을 단축시킬 수 있다.
③ 기후와 장소 등의 제약 없이 건조할 수 있다.
④ 작업이 비교적 간단하며, 특수한 기술을 요구하지 않는다.

해설
열기 건조는 목재를 건조실에 넣고 가열된 공기를 순환시켜 건조하는 방법이다. 목재의 균일한 건조를 위해서는 온도, 습도, 환기 등 여러 조건을 잘 조절해야 하므로 복잡하고 특수한 기술이 요구되는 작업이다.

정답 | ④

08
다음 중 과일나무가 늙어서 꽃 맺음이 나빠지는 경우에 실시하는 전정은 어느 것인가?

① 생리를 조절하는 전정
② 생장을 돕기 위한 전정
③ 생장을 억제하는 전정
④ 세력을 갱신하는 전정

해설
맹아력이 강한 나무가 늙어서 생기를 잃거나 꽃 맺음이 나빠질 경우, 줄기나 가지를 잘라내어 새 줄기나 가지로 갱신하는 것을 세력 갱신 전정이라 한다.

정답 | ④

09
다음 중 멜루스(Malus)속에 해당되는 식물은?

① 아그배나무　　② 복사나무
③ 팥배나무　　　④ 쉬땅나무

해설
멜루스(Malus)속은 장미과에 속하는 식물로서 사과나무와 배나무, 벚나무, 아그배나무 등이 포함된다.

정답 | ①

10
다음 중 양수에 해당하는 낙엽관목 수종은?

① 독일가문비　　② 무궁화
③ 녹나무　　　　④ 주목

해설
무궁화는 양수인 낙엽관목이다.

선지분석
① 독일가문비 — 음수인 상록침엽교목
③ 녹나무 — 중용수인 상록교목
④ 주목 — 음수인 상록침엽교목

정답 | ②

11
다음 중 목재의 방화제(防火劑)로 사용될 수 없는 것은?

① 염화암모늄　　② 황산암모늄
③ 제2인산암모늄　④ 질산암모늄

해설
질산암모늄은 폭발성이 매우 큰 물질이므로 목재의 방화제로 사용할 수 없다. 염화암모늄, 황산암모늄, 제2인산암모늄은 흡습성이 있으므로 목재에 침투하여 연소를 억제한다.

정답 | ④

12
다음 중 산성 토양에서 잘 견디는 수종은?

① 해송　　　　　② 단풍나무
③ 물푸레나무　　④ 조팝나무

해설
해송은 본시 해안가에서 자생하는 수종으로, 바닷물에 의한 염분피해에 강하며 산성 토양에도 내성이 크다.

정답 | ①

13
잔디밭을 조성함으로써 발생되는 기능과 효과가 아닌 것은?

① 아름다운 지표면 구성
② 쾌적한 휴식 공간 제공
③ 흙이 바람에 날리는 것 방지
④ 빗방울에 의한 토양 유실 촉진

해설
잔디 뿌리가 토양을 잡아주는 기능을 하므로 빗방울에 의한 토양 유실을 막아준다.

정답 | ④

14
콘크리트 시공연도와 직접 관계가 없는 것은?

① 물—시멘트비　　② 재료의 분리
③ 골재의 조립도　　④ 물의 정도 함유량

해설
수분 함유량과 물—시멘트 비율, 골재의 입도는 시공연도에 영향을 미치는 요인이라 할 수 있으나, 재료의 분리 정도는 시공연도에 따라 결정되는 성질이다.

관련이론 시공연도(Workability)
콘크리트의 반죽질기에 따른 작업의 난이도 및 재료분리에 대한 저항 정도를 나타내는 성질이다.

정답 | ②

15

900m²의 잔디광장을 평떼로 조성하려고 할 때 필요한 잔디량은 약 얼마인가?

① 약 1,000매
② 약 5,000매
③ 약 10,000매
④ 약 20,000매

해설

잔디 뗏장 규격은 0.3m(가로)×0.3m(세로)×0.03m(두께)이므로, 뗏장 1매 면적(가로×세로)은 0.09m²이다.
따라서 필요한 잔디량은 잔디광장 면적을 뗏장 1매의 면적으로 나누어서 구할 수 있다.
900m²÷0.09m²=10,000(매)

정답 | ③

16

시설물 관리를 위한 페인트 칠하기의 방법으로 가장 거리가 먼 것은?

① 목재의 바탕칠을 할 때에는 별도의 작업 없이 불순물을 제거한 후 바로 수성페인트를 칠한다.
② 철재의 바탕칠을 할 때에는 별도의 작업 없이 불순물을 제거한 후 바로 수성페인트를 칠한다.
③ 목재의 갈라진 구멍, 홈, 틈은 퍼티로 땜질하여 24시간 후 초벌칠을 한다.
④ 콘크리트, 모르타르면의 틈은 석고로 땜질하고 유성 또는 수성페인트를 칠한다.

해설

철재 바탕칠의 경우 별도의 작업 없이 불순물을 제거한 후 바로 수성페인트를 칠하게 되면 바탕면 준비가 제대로 이루어지지 않아 페인트의 내구성과 접착력이 떨어질 수 있다.

정답 | ②

17

다음 중 콘크리트 내구성에 영향을 주는 아래 화학반응식의 현상은?

$$Ca(OH)_2 + CO_2 \rightarrow CaCO_3 + H_2O \uparrow$$

① 콘크리트 염해
② 동결융해현상
③ 콘크리트 중성화
④ 알칼리 골재반응

해설

콘크리트 중의 수산화칼슘($Ca(OH)_2$)이 공기 중의 탄산가스(CO_2)와 결합하여 화학반응이 일어나면서 탄산칼슘($CaCO_3$)과 물(H_2O)이 생성되어 콘크리트가 알칼리성을 상실하는 과정을 콘크리트 중성화라 한다.

정답 | ③

18

조경관리에서 주민참가의 단계는 시민권력의 단계, 형식참가의 단계, 비참가의 단계 등으로 구분되는데 그 중 시민권력의 단계에 해당되지 않는 것은?

① 가치관리(Citizen control)
② 유화(Placation)
③ 권한위양(Delegated power)
④ 파트너십(Partnership)

해설

시민권력의 단계는 가치관리, 권한위양, 파트너십으로 구분한다.
※ 유화: 주민 불만을 잠재우기 위해 형식적인 참여 기회를 제공하는 단계

관련이론 조경관리 주민참가 3단계

- 비참가 단계: 주민의 참여 기회 없음
- 형식적 참가 단계: 주민에게 조경관리 정보 제공 및 의견수렴 기회를 제공하는 단계
- 시민권력 단계: 주민이 조경관리 의사결정 과정에 주도적 역할을 하는 단계

정답 | ②

19

다음 중 시방서에 포함되어야 할 내용으로 가장 부적합한 것은?

① 재료의 종류 및 품질
② 시공방법의 정도
③ 재료 및 시공에 대한 검사
④ 계약서를 포함한 계약 내역서

해설

시방서는 공사에 대한 공통적 협의사항과 현장관리 방법 및 공사의 마무리, 공법, 규격, 기준 등을 나타낸 서류로서 설계도에 표시하지 못하는 공사내용을 문서로 기록한 것이다. 공사계약에 관한 사항들은 포함하지 않는다.

정답 | ④

20

토양의 변화에서 체적비(변화율)는 L과 C로 나타낸다. 다음 설명 중 옳지 않은 것은?

① L값은 경암보다 모래가 더 크다.
② C는 다져진 상태의 토량과 자연상태의 토량의 비율이다.
③ 성토, 절토 및 사토량의 산정은 자연상태의 양을 기준으로 한다.
④ L은 흐트러진 상태의 토량과 자연상태의 토량의 비율이다.

해설

토양의 입도가 클수록 L값이 크다. 경암은 모래보다 입도가 크므로 L값은 경암이 모래보다 더 크다.

관련이론 토량환산계수

자연상태의 토량을 N, 흐트러진 상태의 토량을 S, 다져진 상태의 토량을 H라고 한다면 토량환산계수는 다음과 같다.

- 흐트러진 상태의 변화율 $L = \dfrac{S(\text{흐트러진 상태의 토량})}{N(\text{자연상태의 토량})}$
- 다져진 상태의 변화율 $C = \dfrac{H(\text{다져진 상태의 토량})}{N(\text{자연상태의 토량})}$

정답 | ①

21

다음 중 일반적으로 옥상정원 설계 시 일반조경 설계보다 중요하게 고려할 항목으로 관련으로 가장 적은 것은?

① 토양층 깊이
② 방수 문제
③ 지주목의 종류
④ 하중 문제

해설

옥상정원은 하부 구조물의 구조적 안정성에 영향을 미치지 않아야 하므로, 토양과 수목 중량을 고려한 하중과 방수를 고려해야 한다.

정답 | ③

22

다음 중 묘원의 정원에 해당하는 것은?

① 타지마할
② 알함브라
③ 공중정원
④ 보르비콩트

해설

타지마할은 17세기 인도 무굴제국의 황제 샤자한(Shah Jahan)이 황후 뭄타즈 마할(Mumtaz Mahal)의 죽음을 추모하여 만든 묘지 정원이다.

정답 | ①

23

고려시대 조경수법은 대비를 중요시 하는 양상을 보인다. 어느 시대의 수법을 받아들였는가?

① 신라시대 수법
② 일본 임천식 수법
③ 중국 당시대 수법
④ 중국 송시대 수법

해설

고려는 중국 송나라, 원나라 시대와 겹친다. 특히 송나라는 문화와 예술이 발달하여 산수화에서 본 풍경을 정원에 조성하고자 하였고, 이러한 유행은 고려에도 전해졌다.

정답 | ④

24
잔디의 뗏밥 넣기에 관한 설명으로 가장 부적합한 것은?

① 뗏밥은 가는 모래 2, 밭흙 1, 유기물 약간을 섞어 사용한다.
② 뗏밥에 이용하는 흙은 일반적으로 열처리하거나 증기소독 등을 하기도 한다.
③ 뗏밥은 한지형 잔디의 경우 봄, 가을에 주고 난지형 잔디의 경우 생육이 왕성한 6~8월에 주는 것이 좋다.
④ 뗏밥의 두께는 30mm 정도로 주고, 다시 줄 때에는 일주일이 지난 후에 잎이 덮일 때까지 주어야 좋다.

해설
뗏밥의 두께는 5~6mm가 적당하다.

관련이론 뗏밥
- 노출된 땅속줄기를 덮어 주기 위하여 잔디밭 표면에 고르게 뿌려 주는 흙을 말한다. 잔디의 생육을 돕는 한편 잔디 표면을 고르게 해준다.
- 뗏밥은 보통 세사(가는 모래) 2+토양 1+약간의 유기물을 혼합해 사용하는 것이 바람직하다.
- 뗏밥 시기는 다음과 같다.
  - 한지형 잔디: 이른 봄이나 가을
  - 난지형 잔디: 늦봄에서 초여름(5월말~8월초) 사이 잔디의 생육이 왕성한 시기

정답 | ④

25
농약을 유효 주성분의 조성에 따라 분류한 것은?

① 입제　　　　② 훈증제
③ 유기인계　　④ 식물생장 조정제

해설
농약은 유효 주성분의 조성에 따라 크게 유기인계, 무기계, 생물계로 분류한다.

정답 | ③

26
수량에 의해 변화하는 콘크리트 유동성의 정도, 혼화물의 묽기 정도를 나타내며 콘크리트의 변형 능력을 총칭하는 것은?

① 반죽질기　　② 워커빌리티
③ 압송성　　　④ 다짐성

해설
반죽질기(Consistency)는 콘크리트에 혼합된 물의 양에 따라 나타나는 재료의 유동성과 묽기 정도를 표시한다.

정답 | ①

27
우리나라에서 발생하는 주요 소나무류에 잎녹병을 발생시키는 병원균의 기주로 맞지 않는 것은?

① 소나무　　　　② 해송
③ 스트로브잣나무　④ 송이풀

해설
소나무류 잎녹병은 소나무과 식물을 기주로 하므로 현삼과 초본(草本)인 송이풀은 잎녹병의 기주가 될 수 없다.
※ 기주(寄主): 기생 생물에게 영양분을 공급하는 생물

정답 | ④

28
다음 중 옥상정원을 만들 때 배합하는 경량재로 사용하기 가장 어려운 것은?

① 사질 양토　　② 버미큘라이트
③ 펄라이트　　④ 피트

해설
사질 양토는 배수성은 좋지만, 인공 경량토(버미큘라이트, 펄라이트, 피트)에 비해 단위중량이 커 하부 구조에 하중을 크게 주므로, 일반적인 옥상정원 토양으로는 부적합하다.
버미큘라이트(Vermiculite)와 펄라이트(Perlite), 피트(Peat) 등은 토양 경량재로서 옥상정원을 조성할 때 옥상에 가해지는 하중을 줄이는 용도로 널리 쓰인다.

정답 | ①

29
가로수가 갖추어야 할 조건이 아닌 것은?

① 공해에 강한 수목
② 답압에 강한 수목
③ 지하고가 낮은 수목
④ 이식에 잘 적응하는 수목

해설

가로수의 지하고(지상에서 가장 낮은 가지까지의 높이)가 낮으면 차량이나 보행자의 통행에 불편을 초래하므로 피하여야 할 조건이다.

정답 | ③

30
다음 중 녹나무과(科)로 봄에 가장 먼저 개화하는 수종은?

① 치자나무
② 호랑가시나무
③ 생강나무
④ 무궁화

해설

녹나무과의 수종 중 봄에 가장 먼저 개화하는 수종은 생강나무로 3월 말부터 4월 초에 걸쳐 노란색 꽃이 핀다.

정답 | ③

31
플라스틱의 장점에 해당하지 않는 것은?

① 가공이 우수하다.
② 경량 및 착색이 용이하다.
③ 내수 및 내식성이 강하다.
④ 전기 절연성이 없다.

해설

전기 절연성은 전기가 통하지 않는 성질을 뜻하는데, 플라스틱은 일반적으로 우수한 전기 절연성을 가지고 있어 장점으로 작용한다.

정답 | ④

32
석재의 형성원인에 따른 분류 중 퇴적암에 속하지 않는 것은?

① 사암
② 점판암
③ 응회암
④ 안산암

해설

안산암은 화산에서 분출된 용암이 지표에서 냉각되며 형성된 화성암(화산암)으로, 퇴적암이 아니다.
퇴적암은 풍화·침식된 물질이 쌓이고 압축되어 형성되며, 응회암, 사암 모두 이에 해당한다.
변성암은 기존 암석이 높은 열과 압력을 받아 성질이 변한 것으로, 점판암이 이에 해당한다.

정답 | ④

33
조경에 이용될 수 있는 상록활엽관목류의 수목으로만 짝지어진 것은?

① 아왜나무, 가시나무
② 광나무, 꽝꽝나무
③ 백당나무, 병꽃나무
④ 황매화, 후피향나무

해설

광나무(상록활엽관목), 꽝꽝나무(상록활엽관목)

선지분석

① 아왜나무(상록활엽교목), 가시나무(상록활엽교목)
③ 백당나무(낙엽활엽교목), 병꽃나무(낙엽활엽관목)
④ 황매화(낙엽활엽관목), 후피향나무(상록활엽교목)

정답 | ②

34
콘크리트의 표준배합비가 1 : 3 : 6일 때 이 배합비의 순서에 맞는 각각의 재료를 바르게 나열한 것은?

① 모래 : 자갈 : 시멘트
② 자갈 : 시멘트 : 모래
③ 자갈 : 모래 : 시멘트
④ 시멘트 : 모래 : 자갈

해설

콘크리트 표준배합비는 시멘트 : 모래 : 자갈의 비율로 나타낸다.

정답 | ④

35
농약살포가 어려운 지역과 솔잎혹파리 방제에 사용되는 농약 사용법은?

① 도포법 ② 수간주사법
③ 입제살포법 ④ 관주법

해설
농약살포가 어려운 지역은 소형 비행기나 드론을 이용하기 어려운 지역이므로, 직접 수간주사를 통해 농약을 주입하는 것이 효과적이다.

정답 | ②

36
다음 중 9세기 무렵에 일본 정원에 나타난 조경양식은?

① 평정고산수양식 ② 침전조 양식
③ 다정양식 ④ 회유임천양식

해설
9세기에 이르면 항해술이 발달하여 일본은 한반도를 통하지 않고 직접 중국과 교역을 할 수 있게 되면서 당나라 말기에 유행하던 당나라식 건축양식을 모방하여 침전조 주택과 정원이 성행하였다.

정답 | ②

37
조선시대 궁궐의 침전 후정에서 볼 수 있는 대표적인 것은?

① 자수화단(花壇)
② 비폭(飛瀑)
③ 경사지를 이용해서 만든 계단식의 노단
④ 정자수

해설
배산임수를 기본으로 했던 궁궐 배치에서 왕비의 침전 뒤뜰은 구릉지와 연결되므로 구릉지를 깎아 만든 계단식 화단을 조성하였는데, 이를 화계(花階)라 하였다.

정답 | ③

38
다음 중 식별성이 높은 지형이나 시설을 지칭하는 것은?

① 비스타(Vista)
② 캐스케이드(Cascade)
③ 랜드마크(Landmark)
④ 슈퍼그래픽(Super graphic)

해설
랜드마크는 독특한 형태나 재료 또는 역사성이 있는 구조물 혹은 뚜렷한 자연요소와 같이 주변과 대비되어 쉽게 지각되는 요소를 말한다.

정답 | ③

39
시멘트의 종류 중 혼합 시멘트에 속하는 것은?

① 팽창 시멘트 ② 알루미나 시멘트
③ 고로슬래그 시멘트 ④ 조강포틀랜드 시멘트

해설
혼합 시멘트는 보통 시멘트의 성질을 개량하기 위해 혼합재를 넣은 것을 말하는데 혼합재의 종류에 따라 고로슬래그 시멘트, 실리카 시멘트, 슬래그 석회 시멘트 등이 있다.

정답 | ③

40
다음 설명에 가장 적합한 수종은?

- 교목으로 꽃이 화려하다.
- 전정을 싫어하고 대기오염에 약하며, 토질을 가리는 결점이 있다.
- 매우 다방면으로 이용되며, 열식 또는 군식으로 많이 식재된다.

① 왕벚나무 ② 수양버들
③ 전나무 ④ 벽오동

해설
보기 가운데 화려한 꽃이 피는 수종은 왕벚나무이다.

정답 | ①

41

조선시대 선비들이 즐겨 심고 가꾸었던 사절우(四節友)에 해당하는 식물이 아닌 것은?

① 난초   ② 대나무
③ 국화   ④ 매화나무

해설

사절우는 4계절을 상징하는 식물을 말하는데, 봄은 매화나무, 여름은 대나무, 가을은 국화, 겨울은 소나무를 지칭한다.

관련이론 사군자(四君子)

군자를 뜻하는 매난국죽(梅蘭菊竹)을 지칭한다. 매화는 봄눈 속에서도 꽃을 피우는 강인함, 난초는 고고한 향기를 풍기는 고상함, 국화는 늦가을 서리 속에서도 꽃을 피우는 고결함, 대나무는 사시사철 푸른 모습을 유지하는 강직함을 상징한다.

정답 | ①

42

1857년 미국 뉴욕에 중앙공원(Central park)을 설계한 사람은?

① 하워드   ② 르코르뷔지에
③ 옴스테드 ④ 브라운

해설

현대 조경의 대부라 불리는 옴스테드(Frederick Law Olmsted)가 뉴욕 센트럴파크를 설계하였다.

정답 | ③

43

다음 중 콘크리트의 파손 유형이 아닌 것은?

① 균열(Crack)   ② 융기(Blow-up)
③ 단차(Faulting) ④ 양생(Curing)

해설

양생은 콘크리트의 강도 발현을 돕기 위한 과정이므로 파손 유형이 아니다.

선지분석

① 균열: 콘크리트 표면이나 내부에서 발생하는 틈새
② 융기: 콘크리트 표면이 솟아오르는 현상
③ 단차: 콘크리트 표면이 고르지 않게 되는 현상

정답 | ④

44

다음 설명에 해당되는 잔디는?

- 한지형 잔디이다.
- 불완전 포복형이지만, 포복력이 강한 포복경을 지표면으로 강하게 뻗는다.
- 잎의 폭이 2~3mm로 질감이 매우 곱고 품질이 좋아서 골프장 그린에 많이 이용한다.
- 짧은 예취에 견디는 힘이 가장 강하나, 병충해에 가장 약하여 방제에 힘써야 한다.

① 버뮤다그래스   ② 켄터키블루그래스
③ 벤트그래스   ④ 라이그래스

해설

벤트그래스는 밀도가 높은 천연잔디로서, 주로 그린에서 사용되며 회복력이 좋으나 고온다습한 환경에 약하고 병에 걸릴 위험이 높다는 단점이 있다.

선지분석

① 버뮤다그래스: 난지형 잔디로서 더위와 건조에 강하며, 생장속도가 매우 빠르고, 열악한 환경에서 적응력이 매우 높아 주로 러프용 잔디로 많이 사용한다.
② 켄터키블루그래스: 고온 건조한 기후에 약하고, 고온다습한 조건에 적합하며, 주로 티박스와 페어웨이에 사용된다.
④ 라이그래스: 마모성이 우수하여 블루그래스와 혼합해 자주 사용되는데, 우리나라의 고온다습한 기후에는 적합하지 않다.

정답 | ③

45

다음 중 이식하기 어려운 수종이 아닌 것은?

① 소나무   ② 자작나무
③ 섬잣나무 ④ 은행나무

해설

은행나무는 뿌리가 얕고 넓게 뻗어 있어 이식하기가 비교적 쉬운 반면 소나무, 자작나무, 섬잣나무 등은 뿌리가 깊고 튼튼한 수종이어서 이식이 어렵다.

정답 | ④

46

콘크리트 1m³에 소요되는 재료의 양을 L로 계량하여 1 : 2 : 4 또는 1 : 3 : 6 등의 배합 비율로 표시하는 배합을 무엇이라 하는가?

① 표준계량배합 ② 용적배합
③ 중량배합 ④ 시험중량배합

해설

용적배합은 콘크리트 1m³에 소요되는 재료의 양을 부피 단위인 리터(L)로 계량하여 1 : 2 : 4 또는 1 : 3 : 6 등의 배합 비율로 표시하는 배합이다.

선지분석

① 표준계량배합: 콘크리트 재료 배합을 표준화하여 재료의 품질과 배합의 일관성을 확보하기 위한 배합이다.
③ 중량배합: 콘크리트 1m³에 소요되는 재료의 양을 중량으로 계량하여 표시하는 배합이다.
④ 시험중량배합: 콘크리트 재료 배합을 시험하기 위해 사용하는 배합이다.

정답 | ②

47

먼셀표색계의 10색상환에서 서로 마주보고 있는 색상의 짝이 잘못 연결된 것은?

① 빨강(R) — 청록(BG) ② 노랑(Y) — 남색(PB)
③ 초록(G) — 자주(RP) ④ 주황(YR) — 보라(P)

해설

먼셀표색계의 10색상환에서 서로 마주보고 있는 색상은 서로 보색 관계에 있으며, 보색인 두 색을 섞으면 무채색이 된다. 주황과 보라는 마주보고 있는 색상이 아니다.

관련이론 먼셀표색계의 10색상환

빨강(R), 노랑(Y), 초록(G), 파랑(B), 보라(P) 5색을 기본색으로 하고, 이들을 혼합한 주황(YR), 연두(GY), 청록(BG), 남색(PB), 자주(RP)를 더하여 10색으로 정의하였다.

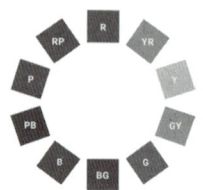

정답 | ④

48

다음 중 차폐식재에 적용 가능한 수종의 특징으로 옳지 않은 것은?

① 지하고가 낮고 지엽이 치밀한 수종
② 전정에 강하고 유지관리가 용이한 수종
③ 아래가지가 말라 죽지 않는 상록수
④ 높은 식별성 및 상징적 의미가 있는 수종

해설

차폐식재는 식재를 통한 시야나 통행의 차단이 목적이므로, 차폐식재용 수종은 다음과 같은 조건을 갖춰야 한다.
- 지하고가 낮고 지엽이 치밀할 것
- 전정에 강하고 유지관리가 용이할 것
- 아래가지가 말라 죽지 않는 상록수일 것

정답 | ④

49

목재의 방부재(Preservate)는 유성, 수용성, 유용성으로 크게 나눌 수 있다. 유용성으로 방부력이 대단히 우수하고 열이나 약제에도 안정적이며 거의 무색제품으로 사용되는 약제는?

① Pcp ② 염화아연
③ 황산구리 ④ 크레오소트

해설

펜타클로로페놀(PentaChloroPhenol)은 유용성(기름에 녹는 성질) 방부제로서 방부력과 살균력이 뛰어나지만, 석유 냄새가 심한 단점이 있어 전신주나 교량 등에 사용된다.

선지분석

② 염화아연: 수용성(물에 녹는 성질) 방부제로서 흰색 또는 옅은 노란색을 띠며 방부력은 우수하나 열에 약하다.
③ 황산구리: 수용성 방부제로서 옅은 청색을 띠며 방부력이 우수하나 약제에 약하다.
④ 크레오소트: 유성 방부제로서 방부력이 우수하나 냄새가 강하고 열에 약하다.

정답 | ①

50
넓은 의미로의 조경을 가장 잘 설명한 것은?

① 기술자를 정원사라 부른다.
② 궁전 또는 대규모 저택을 중심으로 한다.
③ 식재를 중심으로 한 정원을 만드는 일에 중점을 둔다.
④ 정원을 포함한 광범위한 옥외공간 건설에 적극 참여한다.

해설
넓은 의미의 조경은 자연과 인간의 조화를 이루어 옥외공간을 계획하고 조성하는 종합적 과학예술이라고 할 수 있다.

정답 | ④

51
수목 식재 시 수목을 구덩이에 앉히고 난 후 흙을 넣는데 수식(물죔)과 토식(흙죔)이 있다. 다음 중 토식을 실시하기에 적합하지 않은 수종은?

① 목련   ② 전나무
③ 서향   ④ 해송

해설
목련은 천근성 수종이어서 뿌리가 얕고 뿌리분포가 넓어 토식(土植)을 하면 뿌리의 통기성이 불량해져 수목이 고사할 수 있다. 전나무, 서향, 해송은 심근성이어서 뿌리가 깊고 뿌리분포가 좁아 토식을 해도 수목생육에 큰 지장이 없다.

정답 | ①

52
섬유포화점은 목재 중에 있는 수분이 어떤 상태로 존재하고 있는 것을 말하는가?

① 결합수만이 포함되어 있을 때
② 자유수만이 포함되어 있을 때
③ 유리수만이 포함되어 있을 때
④ 자유수와 결합수가 포함되어 있을 때

해설
섬유포화점은 목재세포(섬유)가 최대한의 수분을 흡착한 상태를 말한다. 즉, 목재 벌채 직후부터 유리수(자유수)가 증발하고 세포수(결합수)만 남게 된 상태를 의미한다. 목재의 수축 작용은 섬유포화점보다 수분이 적을 때 발생한다.

정답 | ①

53
종류로는 수용형, 용제형, 분말형 등이 있으며 목재, 금속, 플라스틱 및 이들 이종재(異種材) 간의 접착에 사용되는 합성수지 접착제는?

① 페놀수지접착제
② 카세인접착제
③ 요소수지접착제
④ 폴리에스테르수지접착제

해설
페놀수지접착제는 내열성, 내수성, 내약품성이 우수하여 목재, 금속, 플라스틱 및 이종재 간의 접착에 널리 사용되는 합성수지 접착제이다.

정답 | ①

54
중국 조경의 시대별 연결이 옳은 것은?

① 명 – 이화원(頤和園) ② 진 – 화림원(華林園)
③ 송 – 만수산(萬壽山) ④ 명 – 태액지(太液池)

해설
만수산은 송나라 휘종이 조성한 정원이다.

선지분석
① 이화원: 청나라 건륭제가 조성하였으나 제2차 아편전쟁으로 파괴되었다가 서태후가 재건하였다.
② 화림원: 위진남북조시대 정원이다.
④ 태액지: 한나라 때 정원이다.

정답 | ③

55
옹벽 중 캔틸레버(Cantilever)를 이용하여 재료를 절약한 것으로 자체 무게와 뒤채움한 토사의 무게를 지지하여 안전도를 높인 옹벽으로 주로 5m 내외의 높지 않은 곳에 설치하는 것은?

① 중력식 옹벽 ② 반중력식 옹벽
③ 부벽식 옹벽 ④ L자형 옹벽

해설
L자형 옹벽은 캔틸레버 구조를 이용하여 옹벽 자체 무게와 뒤채움한 토사의 무게를 지지하여 안전도를 보강한 옹벽이다.

선지분석
① 중력식 옹벽: 옹벽 자체 무게만으로 안정성을 유지하는 옹벽이다.
② 반중력식 옹벽: 중력식 옹벽의 한 종류로, 옹벽 자체 무게와 벽체 내부에 설치한 보강재를 활용하여 안정성을 유지한다.
③ 부벽식 옹벽: 옹벽 바깥쪽에 수직 또는 경사진 벽면을 설치하여 안정성을 높인 옹벽이다.

정답 | ④

56
어떤 두 색이 맞붙어 있을 때 그 경계 언저리에 대비가 더 강하게 일어나는 현상은?

① 연변대비 ② 면적대비
③ 보색대비 ④ 한난대비

해설
연변대비는 어떤 두 색이 맞붙어 있을 때 그 경계 언저리에 대비가 더 강하게 일어나는 현상을 말한다.

선지분석
② 면적대비: 두 색의 면적이 서로 다를 때 그 차이가 크게 보이는 현상이다.
③ 보색대비: 보색 관계에 있는 두 색을 배색할 때 그 대비가 강하게 나타나는 현상이다.
④ 한난대비: 차가운 색과 따뜻한 색을 배색할 때 그 대비가 강하게 나타나는 현상이다.

정답 | ①

57
다음 중 여성토의 정의로 가장 알맞은 것은?

① 가라앉을 것을 예측하여 흙을 계획높이보다 더 쌓는 것
② 중앙분리대에서 흙을 볼록하게 쌓아 올리는 것
③ 옹벽 앞에 계단처럼 콘크리트를 쳐서 옹벽을 보강하는 것
④ 잔디밭에서 잔디에 주기적으로 뿌려 뿌리가 노출되지 않도록 준비하는 토양

해설
여성토(더돋기)는 흙을 쌓은 뒤, 그 흙이 가라앉을 것에 대비하여 계획고보다 더 높이 쌓는 것을 말한다.

정답 | ①

58

형상수(Topiary)를 만들 때 유의사항이 아닌 것은?

① 망설임 없이 강전정을 통해 한 번에 수형을 만든다.
② 형상수를 만들 수 있는 대상 수종은 맹아력이 좋은 것을 선택한다.
③ 전정 시기는 상처를 아물게 하는 유합조직이 잘 생기는 3월 중에 실시한다.
④ 수형을 잡는 방법은 통대나무에 가지를 고정시켜 유인하는 방법, 규준틀을 만들어 가지를 유인하는 방법, 가지에 전정만을 하는 방법 등이 있다.

해설

형상수는 오랜 세월에 걸쳐 전정하고 다듬어 서서히 수형을 잡아나가는 것이 원칙이며, 한 번에 강전정을 통해 수형을 만들고자 하면 수목 생리에 큰 피해를 입힐 수 있으므로 바람직하지 않다.

정답 | ①

59

다음 중 루비깍지벌레의 구제에 가장 효과적인 농약은?

① 페니트로티온수화제
② 다이아지논분제
③ 포스파미돈액제
④ 옥시테트라사이클린수화제

해설

루비깍지벌레의 살충제로는 포스파미돈액제가 잔류기간이 짧고, 안전성이 높아 효과적이다.

관련이론 루비깍지벌레

과수나 채소, 화훼 등 다양한 작물에 피해를 주는 해충이며, 유충이 잎이나 줄기, 가지 등에 기생하여 즙액을 흡즙하여 피해를 입힌다.

정답 | ③

60

공정 관리기법 중 횡선식 공정표(Bar-chart)의 장점에 해당하는 것은?

① 신뢰도가 높으며 전자계산기의 이용이 가능하다.
② 각 공종별의 착수 및 종료일이 명시되어 있어 판단이 용이하다.
③ 바나나 모양의 곡선으로 작성하기 쉽다.
④ 상호관계가 명확하며, 주 공정선의 밑에는 현장인원의 중점배치가 가능하다.

해설

횡선식 공정표는 공정별로 착수일과 종료일을 표시하여 공정의 진행 상황을 한눈에 파악할 수 있어 작성하기 쉽고 이해하기 편리하다.

관련이론 횡선식 공정표

- 정의: 전체 공사를 구성하는 모든 부분 공사를 세로축에 표시하고, 이용할 수 있는 모든 공기(공사 기간)를 가로축에 표시한 다음, 부분 공사의 소요시간을 산정하여 도표 위에 표시한 것을 말한다.
- 장점: 공정별로 착수일과 종료일을 표시하여 공정의 진행 상황을 한눈에 파악할 수 있어 작성하기 쉽고 이해하기 편리하다.
- 단점: 세부사항과 공종 간의 상호관계를 알 수 없으므로 복잡한 공정이나 대형 공사에 사용하기 어렵다.

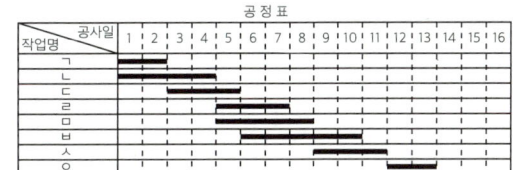

정답 | ②

2022년 2회 CBT 복원문제

7개년 기출문제

01
디딤돌(징검돌) 놓기에 대한 설명으로 옳지 못한 것은?

① 디딤돌로 사용되는 자연석은 윗면이 편평한 것으로 석질이 단단하여 쉽게 마멸되지 않아야 한다.
② 정원에서 디딤돌의 크기가 30~40cm인 경우에는 디딤돌의 상면이 지표면보다 3cm 정도 높게 배치한다.
③ 디딤돌 놓는 방향은 걸어가는 방향으로 디딤돌의 넓은 방향이 되도록 하고 지면보다 낮게 한다.
④ 공원에서 징검돌의 상단은 수면보다 15cm 정도 높게 배치하고, 한 면의 길이가 30~60cm 정도로 되게 한다.

해설
디딤돌은 걷기 편하게 설치하여야 하므로 디딤돌의 긴 면(좁은 면)이 걷는 방향과 나란하도록 놓아야 한다. 또한 지면보다 높게 설치하여 빗물이 고이지 않도록 해야 한다.

정답 | ③

02
수목을 목적에 알맞은 수형으로 만들기 위해 나무의 일부분을 잘라주는 것을 무엇이라 하는가?

① 근접
② 전정
③ 갱신을 위한 전정
④ 순지르기

해설
전정은 수목의 생육을 조절하고 수형을 바르게 유지하거나 개선하기 위해 가지나 줄기 일부를 제거하는 작업을 말한다.

정답 | ②

03
조경을 프로젝트의 대상지별로 구분할 때 문화유산 주변 공간에 해당되지 않는 곳은?

① 궁궐
② 사찰
③ 유원지
④ 왕릉

해설
궁궐, 사찰, 왕릉 등은 지정문화유산이므로 문화유산 주변 공간에 해당하지만, 유원지는 이에 포함되지 않는다.

관련이론 문화유산 주변 공간
문화유산의 가치와 미관을 보호하고, 문화유산과 조화로운 경관을 조성하기 위한 공간이다.

정답 | ③

04
치수선 및 치수에 대한 기본적인 설명으로 부적합한 것은?

① 단위는 mm로 하고, 단위표시를 반드시 기입한다.
② 치수를 표시할 때에는 치수선과 치수보조선을 사용한다.
③ 치수선은 치수보조선에 직각이 되도록 긋는다.
④ 치수 기입은 치수선에 따라 도면에 평행하게 기입한다.

해설
도면에 단위를 반드시 기입할 필요는 없으며, 특별한 표시가 없는 한 모두 mm로 간주한다. 다만, 필요할 경우 다른 단위로 표시할 수도 있다.

정답 | ①

05
토양 개량제로 활용되지 못하는 것은?

① 홀맥스콘　② 피트모스
③ 부엽토　④ 펄라이트

해설
홀맥스콘(Hormex-con)은 뿌리 발근촉진제이다.

정답 | ①

06
다음 중 일반적으로 살아 있는 가지를 자를 경우 수종별 상처부위의 부후 위험성이 가장 적은 수종은?

① 왕벚나무　② 소나무
③ 목련　④ 느릅나무

해설
부후 위험성이 적어 생가지 치기에 적합한 수종으로는 편백나무와 포플러가 대표적이다. 이 밖에도 소나무와 참나무류도 생가지 치기에 강한데, 소나무는 상처 치유가 빨라 부패, 병해의 위험이 낮으며, 참나무류는 내병성이 강하다.

정답 | ②

07
조경용으로 벽돌, 도관, 타일, 기와 등을 만드는 재료로 가장 적당한 것은?

① 금속　② 플라스틱
③ 점토　④ 시멘트

해설
점토는 자연에서 쉽게 구할 수 있는 재료로, 열에 강하고 내구성이 뛰어나며 다양한 형태로 성형할 수 있다. 따라서, 조경용 벽돌이나 도관, 타일, 기와 등을 만드는 재료로 적합하다.

정답 | ③

08
다음 평판측량방법과 관계가 없는 것은?

① 방사법　② 전진법
③ 좌표법　④ 교회법

해설
좌표법은 평판측량방법과 관계없다.

관련이론 평판측량방법
- 방사법(放射法): 측량하고자 하는 모든 지점을 시준할 수 있는 중심점에 평판을 설치하고, 각 경계 지점의 위치를 확정한 뒤, 이들을 연결하여 도면을 완성한다.
- 전진법(前進法): 평판을 이동시켜 나아가면서 각 지점 위치를 확정하여 도면을 완성한다.
- 교회법(交會法): 이미 알고 있는 몇 개의 지점에서 시준하여 미지의 점을 결정한다.

정답 | ③

09
이식한 나무가 활착이 잘되도록 조치하는 방법 중 옳지 않은 것은?

① 현장 조사를 충분히 하여 이식 계획을 철저히 세운다.
② 나무의 식재방향과 깊이는 최대한 이식 전 상태로 한다.
③ 유기질, 무기질 거름을 충분히 넣고 식재한다.
④ 주풍향, 지형 등을 고려하여 안정되게 지주목을 설치한다.

해설
이식한 나무가 원활하게 활착되기 위해서는 이식 전의 생육 환경을 최대한 유지하는 것이 중요하다. 유기질과 무기질 거름을 많이 넣을 경우 뿌리의 호흡을 방해하여 활착을 방해할 수 있다.

정답 | ③

10
다음 중 무리 지어 나는 철새, 설경 또는 수면에 투영된 영상 등에서 느껴지는 경관은?

① 초점경관 ② 관개경관
③ 세부경관 ④ 일시경관

해설
무리 지어 나는 철새, 설경, 수면에 투영된 영상 등 일정 기간 동안만 잠시 존재했다가 사라지는 경관을 일시경관이라 한다.

정답 | ④

11
다음 중 사군자(四君子)에 해당되지 않는 것은?

① 매화 ② 난초
③ 국화 ④ 소나무

해설
사군자는 매난국죽(梅蘭菊竹)이며, 소나무는 사군자에 해당하지 않는다.
- 매화는 봄눈 속에서도 꽃을 피우는 강인함을 상징
- 난초는 고고한 향기를 풍기는 고상함을 상징
- 국화는 늦가을 서리 속에서도 꽃을 피우는 고결함을 상징
- 대나무는 사시사철 푸른 모습을 유지하는 강직함을 상징

관련이론 사절우(四節友)
4계절을 상징하는 네 가지 식물인 매죽국송(梅竹菊松)을 말한다. 봄은 매화나무, 여름은 대나무, 가을은 국화, 겨울은 소나무를 지칭한다.

정답 | ④

12
다음 접착제로 사용되는 수지 중 접착력이 제일 우수한 것은?

① 요소수지 ② 에폭시수지
③ 멜라닌수지 ④ 페놀수지

해설
에폭시수지는 높은 강도, 내화학성, 내열성, 내수성을 가지고 있고 접착력이 가장 우수한 접착제이다. 금속이나 목재, 플라스틱, 유리 등 다양한 재료의 접착에 사용된다.

정답 | ②

13
조선시대 사대부나 양반 계급에 속했던 사람들이 시골 별서에 꾸민 정원의 유적이 아닌 것은?

① 양산보의 소쇄원 ② 윤선도의 부용동원림
③ 정약용의 다산정원 ④ 퇴계 이황의 도산서원

해설
도산서원은 퇴계 이황선생이 선현을 모시고 유학이념을 보급하며 후학을 양성하기 위해 경북 안동에 세운 서원이므로 별서와 관련이 없다.

정답 | ④

14
백제 무왕 35년(634년경)에 만들어진 조경 유적은?

① 안압지 ② 포석정
③ 궁남지 ④ 안학궁

해설
궁남지는 백제 무왕 35년(634년경)에 궁궐 남쪽에 만들어진 연못으로, 백제를 대표하는 고대 조경 유적이다.

선지분석
① 안압지: 통일신라
② 포석정: 신라
④ 안학궁: 고구려

정답 | ③

15
인도 정원에 해당하는 것은?

① 알함브라(Alhambra)
② 보르비콩트(Vaux-le-viconte)
③ 베르사이유(Versailles)궁원
④ 타지마할(Taj-mahal)

해설
타지마할은 17세기 인도 무굴제국의 황제 샤자한(Shah Jahan)이 황후 뭄타즈 마할(Mumtaz Mahal)의 죽음을 추모하여 만든 묘지 정원으로, 인도 이슬람 정원의 대표적 사례이다.

선지분석
① 이슬람, ② 17C 프랑스, ③ 17C 프랑스

정답 | ④

16
콘크리트의 혼화재료 중 혼화재에 해당하는 것은?

① AE제(공기연행제)   ② 분산제(감수제)
③ 응결촉진제   ④ 고로슬래그

해설
고로슬래그는 혼화재이고 AE제, 분산제, 응결촉진제는 혼화제이다.

관련이론 혼화재료
- 콘크리트에 특별한 품질을 부여하거나 성질을 개선하기 위하여 첨가하는 재료로 혼화재와 혼화제가 있다.
- 혼화제: 사용량이 시멘트 양의 1% 미만으로, 콘크리트 배합 시 용적에 포함하지 않는다. (AE제, 감수제, 경화촉진제, 방수제, 착색제 등)
- 혼화재: 사용량이 시멘트 양의 5% 이상으로, 콘크리트 배합 시 용적에 포함한다. (고로슬래그, 플라이애시, 포졸란 등)

정답 | ④

17
다음 중 일반적으로 봄에 가장 먼저 황색 계통의 꽃이 피는 수종은?

① 등나무   ② 산수유
③ 박태기나무   ④ 벚나무

해설
산수유는 이른 봄인 2~3월에 노란색 꽃을 피우는 수종이다.

선지분석
① 등나무: 보라색 계통의 꽃이 4월 중순에서 5월 사이에 핀다.
③ 박태기나무: 분홍색 계통의 꽃이 4월 중순에서 5월 사이에 핀다.
④ 벚나무: 흰색과 분홍색 계통의 꽃이 3월 말에서 4월 초에 핀다.

정답 | ②

18
조경 수목을 이용 목적으로 분류할 때 바르게 짝지어진 것은?

① 방풍용 — 회양목
② 방음용 — 아왜나무
③ 산울타리용 — 은행나무
④ 가로수용 — 무궁화

해설
아왜나무는 생육이 빠르고 잎이 넓고 두꺼우며 지엽이 치밀하여 방음용 수목으로 적합하다.

정답 | ②

19
조경양식 발생요인 가운데 사회 환경 요인이 아닌 것은?

① 민족성   ② 사상
③ 종교   ④ 기후

해설
기후조건은 자연 환경 요인에 속한다.
- 사회 환경 요인: 민족성, 사상, 종교, 사회제도 및 계급, 예술과 문화수준 등
- 자연 환경 요인: 기후, 지형 및 지세, 토양, 식생, 물 등

정답 | ④

20
질소와 칼륨 비료의 효과로 부적합한 것은?

① N: 수목 생장 촉진
② K: 뿌리, 가지 생육 촉진
③ N: 개화 촉진
④ K: 각종 저항성 촉진

해설
개화를 촉진하는 비료는 질소(N)가 아닌 인(P)이다.
질소 비료는 수목의 잎, 줄기, 가지의 생육을 촉진하는 효과가 있으므로, 많이 사용하면 수목이 무성하게 자라지만 개화가 늦어진다.

정답 | ③

21

일반적으로 수목을 뿌리돌림 할 때, 분의 크기는 근원지름의 몇 배 정도가 적당한가?

① 2배
② 4배
③ 8배
④ 12배

해설

뿌리돌림을 할 때 분의 크기는 근원직경의 3~5배(약 4배)가 적당하나, 흙의 점성과 분의 크기에 따라 가감할 수 있다. 또한 분의 크기가 너무 작으면 뿌리가 꽉 차서 뿌리돌림이 제대로 이루어지지 않고, 분의 크기가 너무 크면 뿌리를 내리기 전에 분 내의 토양이 마르거나 뿌리가 썩을 수 있으므로 유의해야 한다.

정답 | ②

22

일반적인 가로수 식재 수종의 설명으로 부적합한 것은?

① 도시 중심가의 경우 직간의 높이는 2~2.3m 이상의 지하고를 가진 것을 택한다.
② 가지가 고르게 자리 잡아 어느 방향으로 보아도 정형적인 수형을 가진 것이 좋다.
③ 둥근 형태로 다듬어진 작은 수종이 적합하다.
④ 대기오염에 저항력이 강하고 생장이 빠른 것이 적합하다.

해설

가로수는 도시경관을 조성하고 공해로부터 사람들을 보호하는 역할을 한다. 따라서 수고가 높고 수관폭이 넓게 퍼져 있어야 하며, 대기오염에 저항력이 강하고 생장이 빨라야 효과적이다. 둥근 형태로 다듬어진 작은 수종은 이러한 조건에 부합하지 않는다.

정답 | ③

23

공원설계 시 보행자 2인이 나란히 통행 가능한 최소 원로폭은?

① 4~5m
② 3~4m
③ 1.5~2m
④ 0.3~1.0m

해설

보행자 한 사람의 평균 어깨 너비는 약 50cm이다. 따라서 두 사람이 어깨나 팔이 부딪치지 않고 여유 있게 나란히 걷기 위해서는 최소 3배 이상인 1.5m 이상의 원로폭이 필요하다.
※ 원로(園路): 공원이나 정원 안의 보행로(길)

정답 | ③

24

다음과 같은 특징을 갖는 시멘트는?

- 조기강도가 크다. (재령 1일에 보통 포틀랜드 시멘트의 재령 28일 강도와 비슷함)
- 산, 염류, 해수 등의 화학적 작용에 대한 저항성이 크다.
- 내화성이 우수하다.
- 한중 콘크리트에 적합하다.

① 알루미나시멘트
② 실리카시멘트
③ 포졸란시멘트
④ 플라이애시시멘트

해설

알루미나시멘트는 산화알루미늄이 30~40% 포함된 고급 시멘트이며, 짧은 시간에 굳어지고 내화학성이 커서 긴급공사나 한겨울 공사에 적합하다.

정답 | ①

25
디딤돌로 사용하는 돌 중에서 보행 중 군데군데 잠시 멈추어 설 수 있도록 설치하는 돌의 크기(지름)로 가장 적당한 것은? (단, 성인을 기준으로 한다.)

① 10~15cm ② 20~25cm
③ 30~35cm ④ 50~55cm

해설
성인이 잠시 멈춰 설 수 있는 디딤돌은 지름 50~55cm가 적당하며, 안정적인 보행에 적합하다.

정답 | ④

26
그해에 자란 가지에서 꽃눈이 분화하여 그해에 개화하기 때문에 2~3년 된 가지 등을 깊이 전정해도 좋은 수종은?

① 배롱나무 ② 매화나무
③ 명자나무 ④ 개나리

해설
배롱나무는 1년생 가지에서 꽃눈이 형성되고 같은 해에 개화하는 특성이 있어, 2~3년 된 가지를 강하게 전정해도 꽃을 피우는 데 큰 지장이 없다.

정답 | ①

27
회화에 있어서의 농담법과 같은 수법으로 화단의 풀꽃을 엷은 빛깔에서 점점 짙은 빛깔로 맞추어 나갈 때 생기는 아름다움은?

① 단순미 ② 통일미
③ 반복미 ④ 점증미

해설
농담법은 회화에서 빛의 명암을 이용하여 표현 효과를 높이는 기법이며, 화단 풀꽃을 엷은 빛깔에서 점점 짙은 빛깔로 맞추어 나아가 화단 전체 분위기를 조금씩 변화시키는 효과를 점증미라 한다.

정답 | ④

28
잔디의 생육상태가 쇠약하고, 잎이 누렇게 변할 때에는 어떤 비료를 주는 것이 가장 효과적인가?

① 요소 ② 과인산석회
③ 용성인비 ④ 염화칼륨

해설
잔디의 생육상태가 쇠약하고, 잎이 누렇게 변하는 것은 질소(N)가 부족하기 때문이므로, 질소가 풍부한 요소 비료를 주어야 한다.

정답 | ①

29
봄에 가장 일찍 꽃을 볼 수 있는 초화는?

① 팬지 ② 백일홍
③ 칸나 ④ 메리골드

해설
팬지는 1년생 초화로, 1월 하순에서 4월 중순까지 꽃이 핀다.

선지분석
② 백일홍: 2년생 초화로, 5월~10월까지 꽃이 핀다.
③ 칸나: 다년생 초화로, 6월~10월까지 꽃이 핀다.
④ 메리골드: 1년생 초화로, 5월~10월까지 꽃이 핀다.

정답 | ①

30
다음 중 가뭄에 잔디보다 강하며, 토양산도는 영향이 적어 잔디밭에 발생되는 잡초는?

① 쑥 ② 매자기
③ 벗풀 ④ 마디꽃

해설
쑥은 다년생 초본으로, 가뭄에 강하고 토양산도에 영향을 받지 않아 잔디밭에서 흔히 볼 수 있는 잡초이다.

정답 | ①

31
수목과 관련된 설명 중 틀린 것은?

① 나무 줄기는 2개를 쌍간, 여러 갈래는 다간이라고 한다.
② 나무를 다듬어 짐승의 모양이나 어떤 사물의 모양을 만들어 내는 것을 '토피어리'라 한다.
③ 염해는 주로 잎의 표면에 붙은 염분이 원형질 분리 현상을 일으킨다.
④ 풍경식 정원에선 주로 정형수를 많이 쓴다.

해설
풍경식 정원은 자연의 모습을 그대로 살려 조성하는 정원 양식이므로, 정형수보다는 자연 수형을 가진 수목을 많이 쓴다.

정답 | ④

32
목재의 강도에 대한 설명으로 옳은 것은? (단, 가력방향은 섬유에 평행하다.)

① 압축강도가 인장강도보다 크다.
② 인장강도가 압축강도보다 크다.
③ 인장강도와 압축강도가 동일하다.
④ 횡강도와 전단강도가 동일하다.

해설
목재의 강도는 섬유의 방향에 따라 크게 달라지는데, 섬유에 평행한 방향의 강도(인장강도)는 섬유에 수직한 방향의 강도(압축강도)보다 크게 작용한다. 따라서, 가력(加力) 방향이 섬유에 평행할 경우, 인장강도가 압축강도보다 크게 작용한다.

정답 | ②

33
연못의 모양(호안)이 다양하고 못 속에 대(남쪽), 중(북쪽), 소(중앙) 3개 섬이 타원형을 이루고 있는 정원은?

① 부여의 궁남지
② 경주의 안압지
③ 비원의 옥류천
④ 창덕궁의 부용지

해설
안압지는 경주에 있는 연못으로, 신라시대 대표적인 정원이다. 안압지 호안은 직선과 곡선을 섞어 다양한 형태로 이뤄져 있으며, 못 속에는 대(남쪽), 중(북쪽), 소(중앙) 3개 섬이 타원형을 이루고 있다.

정답 | ②

34
명암순응(明暗順應)에 대한 설명으로 틀린 것은?

① 눈이 빛의 밝기에 순응해서 물체를 본다는 것을 명암순응이라 한다.
② 맑은 날 색을 본 것과 흐린 날 색을 본 것이 같이 느껴지는 것이 명순응이다.
③ 터널에 들어갈 때와 나갈 때의 밝기가 급격히 변하지 않도록 명암순응 식재를 한다.
④ 명순응에 비해 암순응은 장시간을 필요로 한다.

해설
맑은 날 색을 본 것과 흐린 날 색을 본 것이 같이 느껴지는 것은 명암순응과 직접적인 관련이 없다.

관련이론 명암순응
눈이 빛의 밝기에 순응하여 물체를 본다는 뜻이다. 암(暗)순응은 밝은 곳에서 어두운 곳으로 이동할 때 일어나며, 명(明)순응은 어두운 곳에서 밝은 곳으로 이동할 때 일어난다.

정답 | ②

35

제도용구로 사용되는 삼각자 한 쌍(직각이등변삼각형과 직각삼각형)으로 작도할 수 있는 각도는?

① 65°
② 95°
③ 105°
④ 125°

해설

제도에 사용하는 삼각자는 두 종류이다.
- 직각이등변삼각형자: 45° − 45° − 90°
- 직각삼각형자: 30° − 60° − 90°

③ 105°는 45°와 60°의 조합으로 작도할 수 있다.
① 65°, ② 95°, ④ 125°는 두 삼각자의 조합으로 만들 수 없는 각도이다.

정답 | ③

36

다음 각종 재료의 관리에 대한 설명으로 틀린 것은?

① 목재가 갈라진 경우에는 내부를 퍼티로 채우고 샌드페이퍼로 문질러 준 후 페인트로 마무리 칠한다.
② 철재에 녹이 슨 부분은 녹을 제거한 후 2회에 걸쳐 광명단 도료를 칠한다.
③ 콘크리트의 균열이 생긴 곳은 유성페인트를 칠한다.
④ 철재 시설의 회전 부분에 마찰음이 나지 않도록 그리스를 주입한다.

해설

콘크리트의 균열은 강도를 약화시키고 물이 스며드는 통로가 되어 부식을 촉진시킨다. 따라서 균열이 생긴 경우에는 균열을 메우고 방수재를 도포하여 부식을 방지하는 것이 급선무이다.

정답 | ③

37

디딤돌 놓기의 방법 설명으로 틀린 것은?

① 디딤돌의 간격은 보폭을 고려하여야 한다.
② 디딤돌 놓기는 직선 위주로 놓는다.
③ 디딤돌이 시작하는 곳, 끝나는 곳, 갈라지는 곳에는 다른 것에 비해 큰 디딤돌을 놓는다.
④ 디딤돌의 긴 지름은 보행자 진행 방향과 수직을 이루어야 한다.

해설

디딤돌 놓기는 직선뿐만 아니라 곡선, 사선 등 다양한 형태로 놓을 수 있다.

정답 | ②

38

한여름에 뿌리분을 크게 하고 잎을 모조리 따낸 후 이식하면 쉽게 활착할 수 있는 나무는?

① 소나무
② 목련
③ 단풍나무
④ 섬잣나무

해설

단풍나무는 기온 변화에 대한 적응력이 뛰어나고, 수액 흐름도 원활하며, 뿌리 재생력이 좋아 이식이 용이한 수종이다. 한여름에도 뿌리분을 크게 하여 뿌리 손상을 최소화하고, 잎을 제거하여 수분 증발을 억제한다면 이식 후 활착이 용이하다.

정답 | ③

39

야외용 의자 제작 시 2인용을 기준으로 할 때 얼마 정도의 길이가 필요한가? (단, 여유공간을 포함한다.)

① 60cm 정도
② 120cm 정도
③ 180cm 정도
④ 200cm 정도

해설

야외용 의자 제작 시 2인용을 기준으로 할 때 성인 남자의 평균적인 어깨 폭(50cm 내외)과 여유공간을 감안하여 120cm 정도로 한다.

정답 | ②

40
다음 중 교목에 해당하는 수종은?

① 꼬리조팝나무 ② 꽝꽝나무
③ 녹나무 ④ 명자나무

해설

녹나무는 교목이고 꼬리조팝나무, 꽝꽝나무, 명자나무는 모두 관목이다.

관련이론 교목과 관목
- 교목: 지상부로 큰 줄기가 하나로 올라와 중심 줄기에서 잔가지가 퍼져 나가는 나무이다.
- 관목: 지상부로 올라오는 줄기가 여러 갈래로 갈라져 주 줄기와 부 줄기가 구분되지 않는 나무이다.

정답 | ③

41
서양에서 정원이 건축의 일부로 종속되던 시대에서 벗어나 건축물을 정원양식의 일부로 다루려는 경향이 나타난 시대는?

① 중세 ② 르네상스
③ 고대 ④ 현대

해설

르네상스 시대에는 예술 각 분야가 독립적인 성격을 띠기 시작했다. 정원도 건축에 종속된 요소에서 벗어나 건축과 함께 공간을 구성하는 하나의 예술로 인식되었으며, 이탈리아의 노단식 정원과 프랑스의 평면기하학식 정원이 그 예이다.

정답 | ②

42
소나무 흑병의 환부가 4~5월경에 터져서 흩어져 나오는 포자는?

① 녹포자 ② 녹병포자
③ 여름포자 ④ 겨울포자

해설

소나무 흑병의 환부는 4~5월경에 갈라지며 녹포자가 분출된다. 이 포자는 흑병균의 유성생식으로 형성되며, 바람에 의해 다른 소나무로 퍼져 감염을 일으킨다.

정답 | ①

43
그림과 같은 뿌리분 새끼감기의 방법은?

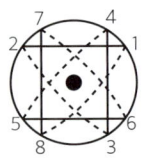

① 4줄 한 번 걸기 ② 4줄 두 번 걸기
③ 4줄 세 번 걸기 ④ 3줄 두 번 걸기

해설

뿌리분 네 곳에 새끼줄을 걸어 한 번씩 감아낸 모습이다.

정답 | ①

44
질감이 거칠어 큰 건물이나 서양식 건물에 가장 잘 어울리는 수종은?

① 철쭉류 ② 소나무
③ 버즘나무 ④ 편백

해설

버즘나무는 키가 크고 곧게 뻗으며, 수피가 거칠고 질감이 좋아 큰 건물이나 서양식 건물에 잘 어울린다.

정답 | ③

45

설계도면에 표시하기 어려운 사항 및 공사 수행에 관련된 제반 규정 및 요구사항 등을 구체적으로 글로 써서, 설계 내용의 전달을 명확히 하고 적정한 공사를 시행하기 위한 것은?

① 적산서 ② 계약서
③ 현장설명서 ④ 시방서

해설

시방서는 문자 그대로 공사방법을 보여주는 서류로, 설계도면에 표현하기 어려운 세부 사항과 공사 수행에 필요한 다양한 규정 및 요구사항을 명시한 문서이다. 설계 의도를 명확히 전달하고, 공사의 품질과 적정한 시공을 확보하기 위해 작성된다.

정답 | ④

46

다음 중 오리나무 갈색무늬병균의 전반에 대한 설명으로 옳은 것은?

① 곤충 및 소·동물에 의해서 전반된다.
② 물에 의해서 전반된다.
③ 종자의 표면에 부착해서 전반된다.
④ 바람에 의해서 전반된다.

해설

오리나무 갈색무늬병균은 곰팡이류의 식물 병원체로, 오리나무의 잎, 가지, 열매에 갈색 무늬가 생기는 병인데, 종자 표면에 달라붙어 번져나간다.
※ 병원체의 전반: 병원체가 다른 개체나 지역으로 확산되는 것을 말한다.

정답 | ③

47

응애(Mite)의 피해 및 구제법으로 틀린 것은?

① 살비제를 살포하여 구제한다.
② 같은 농약의 연용을 피하는 것이 좋다.
③ 발생지역에 4월 중순부터 1주일 간격으로 2~3회 정도 살포한다.
④ 침엽수에는 피해를 주지 않으므로 약제를 살포하지 않는다.

해설

응애는 식물의 잎, 줄기, 꽃, 열매 등에 기생하여 피해를 주는 해충이며, 침엽수 특히 소나무류에서 많이 발생한다.

정답 | ④

48

자연상태의 토량 $1,000m^3$을 굴착하면, 그 흐트러진 상태의 토양은 얼마가 되는가? (단, 토량변화율을 $L=1.25$, $C=0.9$라고 가정한다.)

① $900m^3$ ② $1,000m^3$
③ $1,125m^3$ ④ $1,250m^3$

해설

흐트러진 상태의 변화율 $L=\dfrac{S(흐트러진\ 상태의\ 토량)}{N(자연상태의\ 토량)}$이다.
따라서 흐트러진 상태의 토량(S)은 $N \times L$로 구할 수 있다.
∴ $S = 1,000m^3 \times 1.25 = 1,250m^3$

정답 | ④

49

다음 중 조경 수목의 병해와 방제 방법이 맞는 것은?

① 빗자루병 - 배수구 설치
② 검은점무늬병 - 만코제브수화제(다이센엠-45)
③ 잎녹병 - 페니트로티온수화제(메프치온)
④ 흰가루병 - 트리클로르폰수화제(드프록스)

해설

검은점무늬병은 곰팡이에 의해 발생하는 병으로, 만코제브수화제(다이센엠-45)를 살포하여 방제할 수 있다.

정답 | ②

50
중앙에 큰 맹암거를 중심으로 하여 작은 맹암거를 좌우에 어긋나게 설치하는 방법으로 평탄한 지역에 가장 적합한 형태로 설치되고 있는 맹암거 배치 형태는?

① 어골형 ② 빗살형
③ 부채살형 ④ 자유형

해설
중앙에 큰 암거를 주관으로 설치하고, 그 좌우에 작은 지관을 어긋나게 배치하여 넓고 평탄한 지역의 배수를 효율적으로 처리하는 방식은, 형상이 물고기의 뼈와 유사하다 하여 어골(魚骨)형 배수체계라고 한다.

정답 | ①

51
축척 1/100도면에 0.6m×50m의 녹지면적을 H0.5×W0.3 규격의 수목으로 수관의 중복 없이 식재할 경우 약 몇 주가 필요한가?

① 225조 ② 334주
③ 520주 ④ 750주

해설
식재 소요량은 다음과 같이 계산한다.
소요량 = 식재할 면적 ÷ 수목 1그루의 수평투영면적
- 식재할 면적은 0.6m×50m = 30m²
- 수목 1그루의 수평투영면적(편의상 사각형으로 간주하여 수관폭 W=0.3의 제곱으로 계산) 0.3×0.3 = 0.09m²/주
∴ 30m² ÷ 0.09m²/주 ≒ 333.3 → 334주

정답 | ②

52
설계도면에서 특별히 정한 바가 없는 경우에는 옹벽 찰쌓기를 할 때 배수구는 PVC관(경질염화비닐관)을 3m²당 몇 개가 적당한가?

① 1개 ② 2개
③ 3개 ④ 4개

해설
건축법 시행규칙 제25조 제5호에 따르면 옹벽에는 3m²마다 하나 이상의 배수구멍을 설치해야 한다. 또한 일반적으로 옹벽 찰쌓기를 할 때 옹벽 높이가 1m 이하이면 3m²당 1개를 두고, 옹벽 높이가 1m 이상이면 3m²당 2개를 둔다. 문제에서 옹벽 높이에 대한 언급이 없으므로, 1개가 가장 적당한 답이다.

정답 | ①

53
다음 그림과 같이 쌓는 벽돌 쌓기의 방법은?

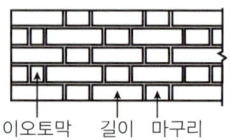

이오토막 길이 마구리

① 영국식 쌓기 ② 프랑스식 쌓기
③ 영롱쌓기 ④ 미국식 쌓기

해설
프랑스식 벽돌쌓기는 그림과 같이 매 단마다 길이쌓기와 마구리쌓기를 번갈아 넣고 모서리에 이오토막(온장의 1/4)을 끼우는 방식이다.

정답 | ②

54
돌가루와 아스팔트를 섞어 가열한 것을 식기 전에 다져 놓은 자갈층 위에 고르게 깔아 롤러로 다져 끝맺음 한 포장 방법은?

① 소형고압블록포장 ② 콘크리트포장
③ 아스팔트포장 ④ 마사토포장

해설
아스팔트포장은 기층(다져 놓은 자갈층) 위에 아스팔트 혼합물을 덮고, 충분히 다져서 마감하는 방식이다. 주로 도로, 주차장, 인도 등에 사용되며, 내구성이 뛰어나고 시공이 비교적 간편하다는 장점이 있다.

정답 | ③

55
퇴적암의 종류에 속하지 않는 것은?

① 안산암　　② 응회암
③ 역암　　　④ 사암

해설
안산암은 화산에서 분출된 용암이 지표에서 냉각되며 형성된 화성암(화산암)으로, 퇴적암이 아니다.
퇴적암은 풍화·침식된 물질이 쌓이고 압축되어 형성되며 응회암, 역암, 사암 모두 이에 해당한다.

정답 | ①

56
수목과 열매의 색채가 맞게 연결된 것은?

① 사철나무 - 적색계통　② 산딸나무 - 황색계통
③ 붉나무 - 검정색계통　④ 화살나무 - 청색계통

해설
사철나무는 6~7월에 황록색 꽃이 피고 열매는 붉은색이다.

선지분석
② 산딸나무: 5~6월에 흰색 꽃이 피고 열매는 붉은색이다.
③ 붉나무: 7~8월에 황백색 또는 황록색 꽃이 피고 열매는 황적색이다.
④ 화살나무: 4~5월에 흰색 꽃이 피고 열매는 붉은색이다.

정답 | ①

57
다음 중 가로수용으로 사용되기 가장 부적합한 수종은?

① 은행나무　　② 사스레피나무
③ 가중나무　　④ 플라타너스

해설
사스레피나무의 꽃가루는 날려 알레르기를 유발할 수 있고, 수피가 갈라지면서 바닥에 떨어져 보행자에게 위험을 줄 수 있으며, 뿌리가 강해 도로나 인도를 파손할 수 있다는 점에서 가로수로는 매우 부적합하다.

정답 | ②

58
다음 중 경관적 가치가 요구되는 곳에 있는 대형 수목의 지주 재료로 널리 쓰이는 것은?

① 박피 통나무 지주대　② 대나무 지주대
③ 철선 지주대　　　　④ 철재 지주대

해설
철선 지주대는 당김줄로 단단히 고정할 수 있으면서도 외관 노출이 적어 경관적 가치가 요구되는 곳에 적합하다.

선지분석
①, ②: 대형 수목을 지지하기 어렵다.
④: 견고하지만 외관이 투박해 경관을 해친다.

정답 | ③

59
식물의 생육에 필요한 필수원소 중 다량원소가 아닌 것은?

① Mg　　② H
③ Ca　　④ Fe

해설
철(Fe)은 미량원소에 속한다.

관련이론 양분요소
- 다량원소: 탄소(C), 산소(O), 수소(H), 질소(N), 칼륨(K), 칼슘(Ca), 마그네슘(Mg), 인(P), 황(S)
- 미량원소: 철(Fe), 염소(Cl), 망간(Mn), 아연(Zn), 붕소(B), 구리(Cu), 몰리브덴(Mo), 니켈(Ni)

정답 | ④

60
사적지 조경 시 민가 뒤뜰에 식재하는 수종으로 잘 어울리지 않는 것은?

① 버즘나무　　② 감나무
③ 앵두나무　　④ 대추나무

해설
전통적인 민가 후원(뒤뜰)에는 유실수(감나무, 앵두나무, 대추나무 등)를 심었다. 반면, 버즘나무는 잎이 무성하여 시야를 가리고, 가지나 줄기가 쉽게 부러질 우려가 있으며, 뿌리가 뻗어 건물 기초에 영향을 줄 수 있으므로 민가 조경에 적합하지 않다.

정답 | ①

2022년 1회 CBT 복원문제

PART 01 · 7개년 기출문제

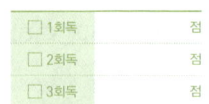

01
다음 중 기본계획에 해당되지 않는 것은?
① 땅가름
② 주요 시설배치
③ 식재계획
④ 실시설계

해설
기본계획에는 개략적인 계획의 골격과 땅가름을 비롯한 토지이용 및 동선체계, 시설배치 및 각 부문별 사업시행계획(식재계획 포함), 개략 공사비 및 투자계획 등이 포함된다.

정답 | ④

02
다음 중 서원 조경에 대한 설명으로 틀린 것은?
① 도산서당의 정우당, 남계서원의 지당에 연꽃이 식재된 것은 주렴계의 애련설의 영향이다.
② 서원의 진입공간에는 홍살문이 세워지고, 하마비와 하마석이 놓여진다.
③ 서원에 식재되는 수목들은 관상을 목적으로 식재되었다.
④ 서원에 식재되는 대표적인 수목은 은행나무로 행단과 관련이 있다.

해설
서원은 본시 강학(講學)과 선현(先賢)의 제향(際享)을 위하여 설치된 사설 교육기관이라 할 수 있다. 유교적 이념을 표현하기 위해 학자를 상징하는 회화나무와 은행나무, 선비의 절개를 상징하는 매난국죽(梅蘭菊竹)을 식재하는 것이 보통이다.

정답 | ③

03
다음 중 금속재의 부식 환경에 대한 설명이 아닌 것은?
① 온도가 높을수록 녹의 양은 증가한다.
② 습도가 높을수록 부식속도가 빨리 진행된다.
③ 도장이나 수선 시기는 여름보다 겨울이 좋다.
④ 내륙이나 전원지역보다 자외선이 많은 일반 도심지가 부식속도가 느리게 진행된다.

해설
자외선과 대기오염 물질은 금속재의 부식을 촉진한다.

정답 | ④

04
다음 중 같은 밀도(密度)에서 토양공극의 크기(Size)가 가장 큰 것은?
① 식토
② 사토
③ 점토
④ 식양토

해설
토양입자의 크기가 클수록 토양 사이의 틈(공극)이 크다.
토양공극의 크기: 사토 > 식양토 > 식토 > 점토

선지분석
① 식토: 점토를 50% 이상 포함한 토양
② 사토: 점토를 12.5% 이하 포함한 토양
③ 점토: 토양입자의 지름이 0.002mm 이하인 토양
④ 식양토: 점토를 37.5~50% 포함한 토양

정답 | ②

05
다음 중 '사자의 중정(Court of Lion)'은 어느 곳에 속해 있는가?

① 헤네랄리페 ② 알카자르
③ 알함브라   ④ 타지마할

해설
사자의 중정은 알함브라 궁전에서 가장 화려한 중정으로, 12마리 사자상이 떠받드는 큰 분수대를 중심으로 4개의 수로(Canal)가 사방으로 연결되어 있다.

관련이론 알함브라 궁전
알함브라 궁전은 1240년 스페인을 지배하던 이슬람 세력이 그라나다가 내려다보이는 언덕에 지은 궁전으로, 연못의 중정을 비롯하여 사자의 중정, 다라하의 중정, 사이프레스의 중정(레하의 중정) 등 4개의 중정이 있다.

정답 | ③

06
고려시대 궁궐의 정원을 맡아 관리하던 해당 부서는?

① 내원서   ② 장원서
③ 상림원   ④ 동산바치

해설
내원서는 고려시대 궁궐 및 관청 조경담당 부서이다.

선지분석
② 장원서: 조선 세조 때의 조경담당 부서
③ 상림원: 조선 초기 궁궐 및 관청 조경담당 부서
④ 동산바치: 조선시대 정원사를 부르던 이름

정답 | ①

07
다음 중 시설물의 사용연수로 가장 부적합한 것은?

① 철재 시소: 10년
② 목재 벤치: 7년
③ 철재 파고라: 40년
④ 원로의 모래자갈 포장: 10년

해설
철재 파고라의 사용연수는 20년이다.

정답 | ③

08
다음 중 약한 나무를 보호하기 위하여 줄기를 싸주거나 지표면을 덮어주는 데 사용되기에 가장 적합한 것은?

① 볏짚   ② 새끼줄
③ 밧줄   ④ 바크(Bark)

해설
볏짚은 친환경소재이면서 보온과 멀칭 효과가 뛰어나 약한 나무를 보호하는 데 매우 유용하다.

정답 | ①

09
수목은 생육조건에 따라 양수와 음수로 구분하는데, 다음 중 성격이 다른 하나는?

① 무궁화   ② 박태기나무
③ 독일가문비나무 ④ 산수유

해설
독일가문비나무는 추운 환경에서 자라는 한대성 수목으로 음수이며, 나머지 보기의 수종들은 온난한 환경에서 생육하는 양수에 해당한다.

정답 | ③

10
다음 중 고광나무(Philadelphus schrenkii)의 꽃 색깔은?

① 적색   ② 황색
③ 백색   ④ 자주색

해설
고광나무는 우리나라 각처의 골짜기에서 자라는 낙엽관목이며 4~6월에 흰색 꽃이 핀다.

정답 | ③

11
시멘트의 응결을 빠르게 하기 위하여 사용하는 혼화제는?

① 지연제 ② 발포제
③ 급결제 ④ 기포제

해설
급결제는 시멘트의 응결을 빠르게 하기 위해 사용하는 혼화제의 일종으로, 시멘트와 물이 혼합되어 응결되는 과정에서 발생하는 화학반응을 촉진시켜 응결시간을 단축한다.

정답 | ③

12
난지형 한국잔디의 발아적온으로 맞는 것은?

① 15~20℃ ② 20~23℃
③ 25~30℃ ④ 30~33℃

해설
난지형 잔디의 발아적온은 25~30℃이며, 한지형 잔디의 일반적인 발아적온은 20~25℃ 정도이다.

정답 | ③

13
용적 배합비 1:2:4 콘크리트 1m³ 제작에 모래가 0.45m³ 필요하다. 자갈은 몇 m³ 필요한가?

① 0.45m³ ② 0.5m³
③ 0.90m³ ④ 0.15m³

해설
콘크리트 용적 배합비에서 1:2:4가 의미하는 것은 시멘트 부피를 1로 하였을 때, 모래는 2배, 자갈은 4배 비율로 배합한다는 것이다. 따라서 콘크리트 1m³를 비비기 위해 모래 0.45m³가 필요하다면 자갈은 0.9m³가 필요하다.

정답 | ③

14
다음의 설명은 어느 시대의 정원에 관한 것인가?

- 석가산과 원정, 화원 등이 특징이다.
- 대표적 유적으로 동지(東池), 만월대, 수창궁원, 청평사 무수원 정원 등이 있다.
- 휴식·조망을 위한 정자를 설치하기 시작하였다.
- 송나라의 영향으로 화려한 관상위주의 이국적 정원을 만들었다.

① 조선 ② 백제
③ 고려 ④ 통일신라

해설
고려시대에는 중국과의 교류를 통해 갖가지 애완동물과 화초가 도입되었고, 그 영향으로 석가산(정원에 돌을 쌓아서 작게 만든 산)과 화원이 많이 만들어졌다. 우리나라에 현존하는 유일한 유적은 강원도 춘천 청평사 문수원 정원이다.

정답 | ③

15
이탈리아 바로크 정원 양식의 특징이라 볼 수 없는 것은?

① 미원(Maze) ② 토피아리
③ 다양한 물의 기교 ④ 타일포장

해설
이탈리아 정원은 정형적인 형태의 형상수(Topiary)와 이를 이용한 미로 정원 및 다양한 수경기법이 발달하였으나 타일포장은 널리 보급되지 않았다.

정답 | ④

16
다음 중 멀칭의 기대 효과가 아닌 것은?

① 표토의 유실을 방지
② 토양의 입단화를 촉진
③ 잡초의 발생을 최소화
④ 유익한 토양미생물의 생장을 억제

해설

멀칭(Mulching)은 수목 뿌리분의 지상부를 짚이나 폴리에틸렌 필름 등으로 덮어주는 것을 말한다.
- 효과: 토양 유실 방지, 잡초발생 및 수분증발 억제, 토양수분 유지, 동해 방지, 생장증진 등

정답 | ④

17
콘크리트 공사 중 거푸집 상호간의 간격을 일정하게 유지시키기 위한 것은?

① 캠버(Camber)
② 긴장기(Form tie)
③ 스페이서(Spacer)
④ 세퍼레이터(Seperator)

해설

세퍼레이터는 거푸집 사이에 끼워 넣어 거푸집 간격을 일정하게 유지하기 위한 격리재이다.

관련이론 스페이서

철근과 거푸집의 간격을 일정하게 유지시켜 철근의 피복두께를 확보하는 간격재이다.

정답 | ④

18
다음 중 트래버틴(Travertine)은 어떤 암석의 일종인가?

① 화강암
② 안산암
③ 대리석
④ 응회암

해설

트래버틴은 대리석의 일종으로 석회질이 지하수나 온천수에 녹아서 흘러나와 굳은 퇴적암이다.

정답 | ③

19
나무의 높이나 나무 고유의 모양에 따른 분류가 아닌 것은?

① 교목
② 활엽수
③ 상록수
④ 덩굴성 수목(만경목)

해설

상록수 혹은 낙엽수로 구분하는 것은 수목의 성상(성질과 상태)에 따른 구분이라 할 수 있다.

정답 | ③

20
다음 중 산울타리 수종으로 적합하지 않은 것은?

① 편백
② 무궁화
③ 단풍나무
④ 쥐똥나무

해설

단풍나무는 지하고가 높아 아래가지가 빈약하고 지엽도 치밀하지 못하여 산울타리용으로는 적합하지 않다.

관련이론 산울타리용 수종

잎과 가지가 치밀하며 맹아력이 강하고 병충해에도 강해야 하며, 특히 아래가지가 강인하여야 한다.

정답 | ③

21
다음 중 양수에 해당하는 낙엽관목 수종은?

① 독일가문비
② 무궁화
③ 녹나무
④ 주목

해설

무궁화는 양수인 낙엽관목이다.

선지분석

① 독일가문비 — 음수인 상록침엽교목
③ 녹나무 — 중용수인 상록교목
④ 주목 — 음수인 상록침엽교목

정답 | ②

22

조선시대 전기 조경 관련 대표 저술서이며, 정원식물의 특성과 번식법, 괴석의 배치법, 꽃을 화분에 심는 법, 최화법(催花法), 꽃이 꺼리는 것, 꽃을 취하는 법과 기르는 법, 화분 놓는 법과 관리법 등의 내용이 수록되어 있는 것은?

① 양화소록 ② 작정기
③ 동사강목 ④ 택리지

해설
양화소록은 조선 세조 때 강희안이 지은 원예 관련 서적이다.

선지분석
② 작정기는 일본 헤이안시대 다치바나가 저술한 일본의 가장 오래된 정원 조성지침서이다.
③ 동사강목은 조선 후기 안정복이 저술한 역사서이다.
④ 택리지는 조선 후기 실학자 이중환이 저술한 인문 지리서이다.

정답 | ①

23

조경 양식을 형태(정형식, 자연식, 절충식) 중심으로 분류할 때, 자연식 조경 양식에 해당하는 것은?

① 서아시아와 프랑스에서 발달된 양식이다.
② 강한 축을 중심으로 좌우 대칭형으로 구성된다.
③ 한 공간 내에서 실용성과 자연성을 동시에 강조하였다.
④ 주변을 돌 수 있는 산책로를 만들어서 다양한 경관을 즐길 수 있다.

해설
자연식 조경 양식은 자연의 모습을 그대로 모방하거나 축소하여 재현하는 것을 특징으로 한다. 자연 속을 거닐며 다양한 자연풍광을 감상하는 산책로 조성은 자연식의 일반적인 방식이다.

선지분석
①, ②: 정형식 양식
③: 현대조경에서 널리 사용되는 절충 양식

정답 | ④

24

식물병에 대한 코흐의 원칙의 설명으로 틀린 것은?

① 병든 생물체에 병원체로 의심되는 특정 미생물이 존재해야 한다.
② 그 미생물은 기주생물로부터 분리되고 배지에서 순수배양되어야 한다.
③ 순수배양한 미생물을 동일 기주에 접종하였을 때 동일한 병이 발생되어야 한다.
④ 병든 생물체로부터 접종할 때 사용하였던 미생물과 동일한 특성의 미생물이 재분리되지만 배양은 되지 않아야 한다.

해설
의심되는 병원균은 감염된 개체에서 재분리되어 처음에 분리한 균과 같은 균임이 확인되어야 한다.

관련이론 코흐(Koch)의 원칙
- 의심되는 병원균은 질병에 걸린 모든 개체에 존재해야 하며, 건강한 동물에게서는 존재하지 않아야 한다.
- 의심되는 병원균은 순수배양을 통해 독립 배양이 가능해야 한다.
- 의심되는 병원균의 순수배양에서 얻어진 세포를 건강한 동물에 감염시킨 경우 같은 질병을 유발해야 한다.
- 의심되는 병원균은 감염된 개체에서 재분리되어 처음에 분리한 균과 같은 균임이 확인되어야 한다.

정답 | ④

25

여름에 꽃을 피우는 수종이 아닌 것은?

① 배롱나무 ② 석류나무
③ 조팝나무 ④ 능소화

해설
조팝나무는 4~5월에 흰꽃이 핀다.

정답 | ③

26
조경 수목 중 아황산가스에 대해 강한 수종은?

① 양버즘나무 ② 삼나무
③ 전나무   ④ 단풍나무

해설
향나무, 편백, 화백, 반송, 히말라야시다. 은행나무, 플라타너스(양버즘나무) 등은 아황산가스에 강한 대표적인 수종들이다.

정답 | ①

27
다음 중 지피식물의 특성에 해당되지 않는 것은?

① 지표면을 치밀하게 피복해야 함
② 키가 높고, 일년생이며 거칠어야 함
③ 환경조건에 대한 적응성이 넓어야 함
④ 번식력이 왕성하고 생장이 비교적 빨라야 함

해설
지피식물은 키가 작은 다년생 식물로서 번식력이 좋고 생장력이 빨라 지표를 치밀하게 덮을 수 있어야 하며, 옥외의 다양한 활동이 가능하도록 부드러운 질감을 제공하여야 한다.

정답 | ②

28
92~96%의 철을 함유하고 나머지는 크롬·규소·망간·유황·인 등으로 구성되어 있으며 창호철물, 자물쇠, 맨홀 뚜껑 등의 재료로 사용되는 것은?

① 선철   ② 강철
③ 주철   ④ 순철

해설
주철은 철 함량이 92~96%인 철의 일종으로, 주조성과 내식성이 우수하고 가격이 저렴하여 창호철물, 자물쇠, 맨홀 뚜껑 등의 재료로 많이 사용된다.

정답 | ③

29
가로 2m×세로 50m의 공간에 H0.4×W0.5 규격의 영산홍으로 생울타리를 만들려고 하면 사용되는 수목의 수량은 약 얼마인가?

① 50주   ② 100주
③ 200주 ④ 400주

해설
관목 군식 수량은 다음과 같이 계산한다.
수량＝식재할 면적÷관목 1주의 수평투영면적
• 식재할 면적＝2m×50m＝100m²
• 영산홍 1주의 수평투영면적(편의상 사각형으로 간주하여 수관폭 W＝0.5의 제곱으로 계산) 0.5×0.5＝0.25m²/주
∴ 100m²÷0.25m²/주＝400주

정답 | ④

30
대취란 지표면과 잔디(녹색식물체) 사이에 형성되는 것으로 이미 죽었거나 살아 있는 뿌리, 줄기 그리고 가지 등이 서로 섞여 있는 유층을 말한다. 다음 중 대취의 특징으로 옳지 않은 것은?

① 한겨울에 스캘핑이 생기게 한다.
② 대취층에 병원균이나 해충이 기거하면서 피해를 준다.
③ 탄력성이 있어서 그 위에서 운동할 때 안전성을 제공한다.
④ 소수성인 대취의 성질로 인하여 토양으로 수분이 전달되지 않아서 국부적으로 마른 지역을 형성하며 그 위에 잔디가 말라 죽게 한다.

해설
대취층(Thatch layer)은 잔디잎이나 뿌리가 죽은 고엽이 쌓여서 형성된 갈색 유기물층을 말한다. 대취층의 발달은 잔디 표면을 보호하는 역할을 하므로 표피층 제거를 뜻하는 스캘핑(Scalping) 현상을 줄여준다.

정답 | ①

31
골재의 함수상태에 관한 설명 중 틀린 것은?

① 골재를 110°C 정도의 온도에서 24시간 이상 건조시킨 상태를 절대건조 상태 또는 노건조 상태(Oven dry condition)라 한다.
② 골재를 실내에 방치할 경우, 골재입자의 표면과 내부의 일부가 건조된 상태를 공기 중 건조상태라 한다.
③ 골재입자의 표면에 물은 없으나 내부의 공극에는 물이 꽉 차 있는 상태를 표면건조포화상태라 한다.
④ 절대건조 상태에서 표면건조 상태가 될 때까지 흡수되는 수량을 표면수량(Surface moisture)이라 한다.

해설
표면수량은 골재 표면에 부착해 있는 물의 양을 말하며, 절대건조 상태에서 표면건조 상태가 될 때까지 흡수되는 수량은 흡수량이라고 한다.

정답 | ④

32
파란색 조명에 빨간색 조명과 초록색 조명을 동시에 켰더니 하얀색으로 보였다. 이처럼 빛에 의한 색채의 혼합 원리는?

① 가법혼색　　② 병치혼색
③ 회전혼색　　④ 감법혼색

해설
혼합한 색이 원래의 색보다 명도가 높아지는 것을 가법혼색이라고 한다.

선지분석
② 병치혼색: 가법혼색의 일종으로 많은 색의 점들을 조밀하게 병치하여 혼합되어 보이게 하는 혼색
③ 회전혼색: 색칠한 팽이나 색바람개비가 빠르게 회전할 때 나타나는 혼색
④ 감법혼색: 혼합한 색이 원래의 색보다 명도가 낮아지는 혼색

정답 | ①

33
잔디재배 관리방법 중 칼로 토양을 베어주는 작업으로, 잔디의 포복경 및 지하경도 잘라주는 효과가 있으며 레노베이어, 론에어 등의 장비가 사용되는 작업은?

① 스파이킹　　② 롤링
③ 버티컬 모잉　④ 슬라이싱

해설
슬라이싱(Slicing)은 수직으로 회전하는 칼날로 표토를 절단하는 작업이다.

선지분석
① 스파이킹(Spiking): 뾰족한 침봉을 잔디밭에 꽂아 통기성을 높이는 작업
② 롤링(Rolling): 원통형 물체로 잔디면을 평탄하게 다지는 작업
③ 버티컬 모잉(Vertical mowing): 대취층을 기계로 제거하고 잔디 밀도를 조절하여 생육조건을 좋게 하는 작업

정답 | ④

34
벽돌(190×90×57)을 이용하여 경계부의 담장을 쌓으려고 한다. 시공면적 10m²에 1.5B 두께로 시공할 때 약 몇 장의 벽돌이 필요한가? (단, 줄눈은 10mm이고, 할증률은 무시한다.)

① 약 750장　　② 약 1,490장
③ 약 2,240장　④ 약 2,980장

해설
벽돌 소요량 산정공식은 다음과 같다.
벽돌 소요량 = 면적(m²) × 단위수량(장/m²) × 할증률(%)
※ 표준형 벽돌의 단위수량(장/m²)
0.5B = 75, 1.0B = 149, 1.5B = 224, 2.0B = 299
∴ 벽돌 소요량 = 10m² × 224장/m² = 2,240장

정답 | ③

35
다음 중 한지형(寒地形) 잔디에 속하지 않는 것은?

① 벤트그래스 ② 버뮤다그래스
③ 라이그래스 ④ 켄터키블루그래스

해설

한지형 잔디는 주로 골프장 그린이나 페어웨이 등에 사용되는 고운 잔디이며, 종류로는 벤트그래스와 라이그래스, 켄터키블루그래스(왕포아풀) 등이 있다.

정답 | ②

36
다음 중 화성암에 해당하는 것은?

① 화강암 ② 응회암
③ 편마암 ④ 대리석

해설

화성암은 마그마가 식어서 굳어진 암석으로 화강암, 안산암, 부석 등이 이에 속한다.

관련이론 수성암과 변성암

- 수성암: 물에 의해 운반된 퇴적물이 물 밑에서 가라앉아 만들어진 암석을 말하며 점판암, 사암, 응회암, 석회암 등이 해당한다.
- 변성암: 기존 암석이 높은 열과 압력을 받아 성질이 변하게 된 암석을 말하며 편마암, 대리석, 사문암 등이 있다.

정답 | ①

37
다음 중 색의 삼속성이 아닌 것은?

① 색상 ② 명도
③ 채도 ④ 대비

해설

색의 3가지 다른 속성은 명도(밝기), 채도(선명함), 색상(색깔)이며 이 3가지 속성으로 인하여 우리 눈은 서로 다른 색을 지각할 수 있다.

정답 | ④

38
그림은 벽돌을 토막 또는 잘라서 시공에 사용할 때 벽돌의 형상이다. 다음 중 반토막 벽돌에 해당하는 것은?

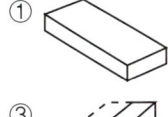
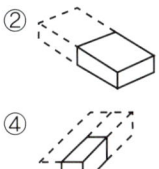

선지분석

② 반토막 벽돌
① 온장 벽돌
③ 반절 벽돌
④ 반반절 벽돌

정답 | ②

39
다음 중 경사도에 관한 설명으로 틀린 것은?

① 45° 경사는 1 : 1이다.
② 25% 경사는 1 : 4이다.
③ 1 : 2는 수평거리 1, 수직거리 2를 나타낸다.
④ 경사면은 토양의 안식각을 고려하여 안전한 경사면을 조성한다.

해설

1 : 2에서 1은 수직거리를, 2는 수평거리를 나타낸다.

관련이론 경사 표기

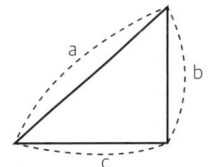

- 비례법(1 : x): 수직거리(b)를 1로 하였을 때, 수평거리(c)의 상대적 비례
- 백분율(%): 수직거리(b) ÷ 수평거리(c) × 100
- 각도법(°): 빗변(a)과 수평거리(c) 사이의 끼인 각

정답 | ③

40
서중 콘크리트는 1일 평균기온이 얼마를 초과하는 것이 예상되는 경우 시공하여야 하는가?

① 25℃ ② 20℃
③ 15℃ ④ 10℃

해설
콘크리트 표준시방서에는 일평균기온이 25℃ 혹은 최고기온 30℃를 넘으면 서중 콘크리트로 시공하도록 되어 있다.
※ 서중(暑中)이란 여름철 무더위가 한창인 때를 뜻한다.

정답 | ①

41
일반적인 토양의 표토에 대한 설명으로 가장 부적합한 것은?

① 우수(雨水)의 배수능력이 없다.
② 토양오염의 정화가 진행된다.
③ 토양미생물이나 식물의 뿌리 등이 활발히 활동하고 있다.
④ 오랜 기간의 자연작용에 따라 만들어진 중요한 자산이다.

해설
표토는 지표면을 이루는 토층으로 풍화가 진행되어 유기물이 풍부하며 토양미생물이 많고 식물의 양분 공급원이 되는 유기물 덩어리라 할 수 있다. 잘 발달된 표토층은 마치 스펀지처럼 푹신하여 빗물 흡수력이 높다.

정답 | ①

42
평판측량의 3요소가 아닌 것은?

① 수평 맞추기[정준] ② 중심 맞추기[구심]
③ 방향 맞추기[표정] ④ 수직 맞추기[수준]

해설
평판측량의 3요소는 정준, 구심, 표정이다.

정답 | ④

43
이집트 하(下)대의 상징 식물로 여겨졌으며, 연못에 식재되었고, 식물의 꽃은 즐거움과 승리를 위미하여 신과 사자에게 바쳐졌었다. 이집트 건축의 주두(柱頭) 장식에도 사용되었던 이 식물은?

① 자스민 ② 무화과
③ 파피루스 ④ 아네모네

해설
파피루스(Papyrus)는 사초과의 식물로서 종이 대용으로 사용한 파피루스지의 원료가 되었다. 줄기는 다양한 용도로 사용되었고, 묶어서 건축용 기둥으로도 쓰이기도 하였으며, 그 모양을 본떠 석주를 만들기도 하였다.

정답 | ③

44
다음 설계 도면의 종류 중 2차원의 평면을 나타내지 않는 것은?

① 평면도 ② 단면도
③ 상세도 ④ 투시도

해설
투시도는 3차원적인 입체 형태를 보여주는 것이다.

정답 | ④

45
조경분야의 기능별 대상 구분 중 위락관광시설로 가장 적합한 것은?

① 오피스빌딩정원 ② 어린이공원
③ 골프장 ④ 군립공원

해설
골프장은 위락관광시설로 분류된다.

정답 | ③

46
목재가 함유하는 수분을 존재 상태에 따라 구분한 것 중 맞는 것은?

① 모관수 및 흡착수
② 결합수 및 화학수
③ 결합수 및 응집수
④ 결합수 및 자유수

해설
목재 내에 존재하는 수분은 자유수와 결합수로 구분하며, 토양 속에 함유된 수분은 모관수와 응집수로 구분한다.

정답 | ④

47
다음 설명의 (　　) 안에 가장 적합한 것은?

> 조경공사표준시방서의 기준상 수목은 수관부 가지의 약 (　　) 이상이 고사하는 경우에 고사목으로 판정하고 지피·초본류는 해당 공사의 목적에 부합되는가를 기준으로 감독자의 육안검사 결과에 따라 고사여부를 판정한다.

① 1/2
② 1/3
③ 2/3
④ 3/4

해설
수관부 가지의 약 2/3 이상이 고사하는 경우에 고사목으로 판정한다.

정답 | ③

48
진비중이 1.5, 전건비중이 0.54인 목재의 공극률은?

① 66%
② 64%
③ 62%
④ 60%

해설
목재의 공극률 산정 공식은 다음과 같다.

$$공극률 = \left(1 - \frac{전건비중}{진비중}\right) \times 100(\%)$$
$$= \left(1 - \frac{0.54}{1.5}\right) \times 100 = 64\%$$

정답 | ②

49
다음 중 물푸레나무과에 해당되지 않는 것은?

① 미선나무
② 광나무
③ 이팝나무
④ 식나무

해설
물푸레나무과에는 개나리, 미선나무, 수수꽃다리, 쥐똥나무, 이팝나무, 광나무, 목서류 등이 있다.
식나무는 층층나무과 상록관목이다.

정답 | ④

50
콘크리트의 단위중량 계산, 배합설계 및 시멘트의 품질 판정에 주로 이용되는 시멘트의 성질은?

① 분말도
② 응결시간
③ 비중
④ 압축강도

해설
콘크리트의 단위중량은 시멘트, 골재, 물의 비중을 합친 것으로 계산되는데, 시멘트 비중이 높을수록 단위수량이 줄어들어 콘크리트의 강도는 높아지며, 시멘트 비중이 낮아지면 단위수량이 늘어나 콘크리트의 강도는 낮아진다. 또한 시멘트 비중이 높을수록 순도가 높고, 강도도 높은 것으로 평가된다.

정답 | ③

51
표준시방서의 기재 사항으로 맞는 것은?

① 공사량 ② 입찰방법
③ 계약절차 ④ 사용재료 종류

해설
표준시방서는 시설물의 안전 및 공사 시행의 적정성과 품질확보 등을 위해 시설물별로 정한 표준적인 시공기준을 말하며, 공사계약에 관한 사항들은 포함하지 않는다.

정답 | ④

52
다음과 같은 피해 특징을 보이는 대기오염 물질은?

- 침엽수는 물에 젖은 듯한 모양, 적갈색으로 변색
- 활엽수 잎의 끝부분과 엽맥 사이 조직의 괴사, 물에 젖은 듯한 모양(엽육조직 피해)

① 오존 ② 아황산가스
③ PAN ④ 중금속

해설
아황산가스(SO_x)는 표백력이 강하여 주로 식물의 호흡생리에 피해가 나타난다.
- 고농도 아황산가스를 단시간 흡수 시 급성피해: 세포 내에 함유된 엽록소의 급격한 파괴 및 세포의 괴사 등
- 저농도 아황산가스에 장기간 노출 시 만성피해: 엽록소의 점진적인 붕괴에 따른 황화현상

정답 | ②

53
표준품셈에서 수목을 인력시공 식재 후 지주목을 세우지 않을 경우 인력품의 몇 %를 감하는가?

① 5% ② 10%
③ 15% ④ 20%

해설
지주목을 세우지 않을 경우에는 기계시공품을 제외한 순 인력품의 20%를 감한다.

정답 | ④

54
도시공원 및 녹지 등에 관한 법률에서 정하고 있는 녹지가 아닌 것은?

① 완충녹지 ② 경관녹지
③ 연결녹지 ④ 시설녹지

해설
도시공원 및 녹지 등에 관한 법률 제35조
녹지는 그 기능에 따라 다음과 같이 세분한다.
- 완충녹지
- 경관녹지
- 연결녹지

정답 | ④

55
다음 중 가로수용으로 가장 적합한 수종은?

① 회화나무 ② 돈나무
③ 호랑가시나무 ④ 풀명자

해설
가로수용 수종은 지하고가 높고 녹음수이며, 공해나 배기가스에 강하고 대량으로 구입 가능하여야 한다. 보기 중 회화나무가 가로수용으로 가장 적합하다.

정답 | ①

56
다음 중 시멘트의 응결시간에 가장 영향이 적은 것은?

① 수량(水量) ② 온도
③ 분말도 ④ 골재의 입도

해설
시멘트의 응결시간은 시멘트의 화학적 조성, 물-시멘트비, 온도, 분말도 등에 의해 영향을 받는다. 골재의 입도는 관계가 적다.

정답 | ④

57
미국흰불나방에 대한 설명으로 틀린 것은?

① 성충으로 월동한다.
② 1화기보다 2화기에 피해가 심하다.
③ 성충의 활동시기에 피해지역 또는 그 주변에 유아등이나 흡입포충기를 설치하여 유인 포살한다.
④ 알 기간에 알덩어리가 붙어 있는 잎을 채취하여 소각하며, 잎을 가해하고 있는 군서 유충을 소살한다.

해설
미국흰불나방은 번데기 상태로 수피 틈이나 지피물 밑에서 월동한다.

정답 | ①

58
다음 중 제초제 사용의 주의사항으로 틀린 것은?

① 비나 눈이 올 때는 사용하지 않는다.
② 될 수 있는 대로 다른 농약과 섞어서 사용한다.
③ 적용 대상에 표시되지 않은 식물에는 사용하지 않는다.
④ 살포할 때는 보안경과 마스크를 착용하며, 피부가 노출되지 않도록 한다.

해설
제초제는 발생하는 잡초의 종류에 따라 선택성, 비선택성 등 적절한 것을 선택하여야 하며, 섞어 쓰지 않도록 한다.

정답 | ②

59
다음 중 소나무의 순자르기 방법으로 가장 거리가 먼 것은?

① 수세가 좋거나 어린나무는 다소 빨리 실시하고, 노목이나 약해 보이는 나무는 5~7일 늦게 한다.
② 손으로 순을 따 주는 것이 좋다.
③ 5~6월경에 새순이 5~10cm 자랐을 때 실시한다.
④ 자라는 힘이 지나치다고 생각될 때에는 1/3~1/2 정도 남겨두고 끝부분을 따 버린다.

해설
순자르기 시 노목이나 수세가 약한 나무는 자르는 시기를 조금 더 빨리 한다.

정답 | ①

60
다음 중 면적대비의 설명으로 틀린 것은?

① 면적의 크기에 따라 명도와 채도가 다르게 보인다.
② 면적의 크고 작음에 따라 색이 다르게 보이는 현상이다.
③ 면적이 작은 색은 실제보다 명도와 채도가 낮아져 보인다.
④ 동일한 색이라도 면적이 커지면 어둡고 칙칙해 보인다.

해설
같은 색상일 경우 면적이 커지면 밝게 보이고, 면적이 좁아지면 어둡게 보인다.

정답 | ④

2021년 2회 CBT 복원문제

PART 01 7개년 기출문제

01

거푸집에 쉽게 다져 넣을 수 있고 거푸집을 제거하면 천천히 형상이 변화하지만 재료가 분리되거나 허물어지지 않는 굳지 않은 콘크리트의 성질은?

① Workability
② Plasticity
③ Consistency
④ Finishability

해설

가소성(Plasticity)은 굳지 않은 콘크리트 성질의 하나로, 콘크리트가 작업하기 좋은 유동성을 가지면서도 분리되거나 허물어지지 않으며, 원하는 형태로 쉽게 만들 수 있는 특성을 뜻한다.

선지분석

① 시공연도(Workability): 반죽질기의 정도에 따라 작업의 쉽고 어려운 정도, 재료의 분리에 저항하는 정도를 나타내는 콘크리트의 성질이다.
③ 반죽질기(Consistency): 콘크리트에 혼합된 물의 양에 따라서 반죽이 질거나 된 정도를 나타내는 굳지 않은 콘크리트의 성질이다.
④ 마감성(Finishability): 굵은 골재의 최대치수, 잔골재율, 잔골재의 입도, 반죽질기 등에 따라 마무리하기 쉬운 정도를 나타내는 굳지 않은 콘크리트의 성질이다.

정답 | ②

02

활엽수이지만 잎의 형태가 침엽수와 같아서 조경적으로 침엽수로 이용하는 것은?

① 은행나무
② 산딸나무
③ 위성류
④ 이나무

해설

위성류의 잎은 바늘 모양과 같이 좁고 길며 침엽수와 비슷한 형태이다.

정답 | ③

03

다음 중 전정을 할 때 큰 줄기나 가지 자르기를 삼가야 하는 수종은?

① 벚나무
② 수양버들
③ 오동나무
④ 현사시나무

해설

벚나무는 수피가 얇고 수액이 많아 큰 줄기나 가지를 잘라낼 경우, 수액이 과다하게 빠져나와 고사할 수 있으므로 삼가야 한다.

정답 | ①

04

벽돌쌓기 시공에 대한 주의사항으로 틀린 것은?

① 굳기 시작한 모르타르는 사용하지 않는다.
② 붉은 벽돌은 쌓기 전에 충분한 물 축임을 실시한다.
③ 1일 쌓기 높이는 1.2m를 표준으로 하고, 최대 1.5m 이하로 한다.
④ 벽돌벽은 가급적 담장의 중앙부분을 높게 하고 끝부분을 낮게 한다.

해설

벽돌벽은 가급적 담장 중앙부분을 낮게 하고 끝부분을 높여야 한다. 벽돌벽의 중앙부가 높으면 벽돌벽의 하중이 중앙으로 쏠려 벽돌벽이 뒤틀리거나 무너질 수 있기 때문이다.

정답 | ④

05

시멘트 액체 방수제의 종류가 아닌 것은?

① 염화칼슘계　　② 지방산계
③ 비소계　　　　④ 규산소다계

해설
비소계는 시멘트 액체 방수제의 종류가 아니다.

관련이론 시멘트 액체 방수제
- 염화칼슘계
- 지방산계
- 규산소다계
- 폴리머계
- 파라핀계

정답 | ③

06

다음 중 보도 포장재료로서 부적당한 것은?

① 내구성이 있을 것
② 자연 배수가 용이할 것
③ 보행 시 마찰력이 전혀 없을 것
④ 외관 및 질감이 좋을 것

해설
보도 포장재료는 보행자의 안전을 위해 충분한 마찰력이 있어야 한다. 마찰력이 없을 경우 보행자가 미끄러져 넘어질 위험이 있으므로 보도 포장재료로서 부적합하다.

정답 | ③

07

형상수(Topiary)를 만들기에 알맞은 수종은?

① 느티나무　　② 주목
③ 단풍나무　　④ 송악

해설
주목은 가지가 곧고 튼튼하여 전정에 잘 견딜 뿐 아니라, 수형이 아름답고 조형성이 뛰어나 형상수로 널리 이용된다.

정답 | ②

08

우리나라의 조선시대 전통정원을 꾸미고자 할 때 다음 중 연못시공으로 적합한 호안공은?

① 자연석 호안공　　② 사괴석 호안공
③ 편책 호안공　　　④ 마름돌 호안공

해설
조선시대 전통정원에서 연못은 방지원도(네모난 못과 둥근 섬)를 기본으로 하며, 호안은 장대석 혹은 사괴석으로 수직 바른층 쌓기로 직선 처리한다.

정답 | ②

09

직영공사의 특징 설명으로 옳지 않은 것은?

① 공사내용이 단순하고 시공과정이 용이할 때
② 풍부하고 저렴한 노동력, 재료의 보유 또는 구입편의가 있을 때
③ 시급한 준공을 필요로 할 때
④ 일반도급으로 단가를 정하기 곤란한 특수한 공사가 필요할 때

해설
직영공사는 발주자가 스스로 자재와 인력을 조달하여 직접 공사를 진행하는 방식을 말한다. 준비가 되어 있지 않거나 긴급한 공사일 경우, 직영공사보다는 시공사와 계약을 맺고 도급공사를 진행하는 것이 효율적이다.

정답 | ③

10

다음 중 농약의 혼용사용 시 장점이 아닌 것은?

① 약해 증가　　　② 독성 경감
③ 약효 상승　　　④ 약효 지속기간 연장

해설
농약의 잘못된 혼용은 약해(약을 잘못 써서 받는 피해)를 유발할 수 있다.

정답 | ①

11
사대부나 양반 계급에 속했던 사람이 자연 속에 묻혀 야인으로서의 생활을 즐기던 별서 정원이 아닌 것은?

① 소쇄원 ② 방화수류정
③ 다산초당 ④ 부용동정원

해설
방화수류정은 조선 정조 때 수원 화성에 건립한 정자이다. 자연환경과 조화를 이루는 정자 역할뿐만 아니라 군사적 감시와 지휘를 위한 공적 기능도 갖추었다.

정답 | ②

12
흰말채나무의 설명으로 옳지 않은 것은?

① 층층나무과로 낙엽활엽관목이다.
② 노란색의 열매가 특징적이다.
③ 수피가 여름에는 녹색이나 가을, 겨울철의 붉은 줄기가 아름답다.
④ 잎은 대생하며 타원형 또는 난상타원형이고, 표면에 작은털, 뒷면은 흰색의 특징을 갖는다.

해설
흰말채나무의 열매는 둥글고 흰색이며, 9월에서 10월에 익는다.

정답 | ②

13
미장재료 중 혼화재료가 아닌 것은?

① 방수제 ② 방동제
③ 방청제 ④ 착색제

해설
미장재료는 크게 주재료와 혼화재료로 나눌 수 있다. 주재료는 시멘트, 석고, 석회 등 미장 작업의 기본이 되는 본질적 요소이며, 혼화재료는 방수제, 방동제, 착색제 등 성능개선을 위해 첨가하는 보조 요소를 말한다.

정답 | ③

14
거실이나 응접실 또는 식당 앞에 건물과 잇대어서 만드는 시설물은?

① 정자 ② 테라스
③ 모래터 ④ 트렐리스

해설
테라스(Terrace)는 건물 실내에서 직접 밖으로 나갈 수 있도록 건물과 연결하여 만든 바닥을 일컫는다. 테라스는 실내외의 경계를 허물어주고 휴식이나 식사, 여가활동 등을 즐기기 위한 공간으로 활용된다.

정답 | ②

15
조경설계 과정에서 가장 먼저 이루어져야 하는 것은?

① 구상개념도 작성 ② 실시설계도 작성
③ 평면도 작성 ④ 내역서 작성

해설
개념도는 설계에 앞서 설계자의 공간적 구상을 정리한 도면으로서, 설계의 기본 방향과 공간구성 및 이와 관련한 주요 내용을 제시한다.

정답 | ①

16
다음 배수관 중 가장 경사를 급하게 설치해야 하는 것은?

① $\phi 100mm$ ② $\phi 200mm$
③ $\phi 300mm$ ④ $\phi 400mm$

해설
배수관 경사는 배수 효율과 관련이 깊고, 경사가 급할수록 배수 속도가 빨라진다. 그러므로 배수관 지름이 작을수록 경사를 급하게 설치해야 배수 효율이 좋다.

정답 | ①

17
다음 중 조화(Harmony)의 설명으로 가장 적합한 것은?

① 각 요소들이 강약, 장단의 주기성이나 규칙성을 가지면서 전체적으로 연속적인 운동감을 가지는 것
② 모양이나 색깔 등이 비슷비슷하면서도 실은 똑같지 않은 것끼리 균형을 유지하는 것
③ 서로 다른 것끼리 모여 서로를 강조시켜 주는 것
④ 축선을 중심으로 하여 양쪽의 비중을 똑같이 만드는 것

해설
조화(Harmony)는 모양이나 색이 완전히 같지는 않지만 비슷한 성질을 지닌 것들이 모여 균형과 안정감을 이루는 것이다.

선지분석
① 리듬
③ 대비
④ 대등 혹은 균형

정답 | ②

18
센트럴 파크(Central park)에 대한 설명 중 틀린 것은?

① 르코르뷔지에(Le Corbusier)가 설계하였다.
② 19세기 중엽 미국 뉴욕에 조성되었다.
③ 면적은 약 334헥타르의 장방형 슈퍼블록으로 구성되었다.
④ 모든 시민을 위한 근대적이고 본격적인 공원이다.

해설
센트럴 파크는 프레드릭 로우 옴스테드(Frederick Law Olmsted)와 칼버트 보우(Calvert Vaux)가 설계하였다.

정답 | ①

19
다음 중 농약의 보조제가 아닌 것은?

① 증량제
② 협력제
③ 유인제
④ 유화제

해설
농약 보조제는 농약의 효능을 높이거나 살포를 용이하게 하기 위해 첨가하는 물질이다. 유인제는 해충이나 병균을 유인하여 농약과 접촉시켜 살충 또는 살균 효과를 높이는 물질이므로 농약 보조제로 볼 수 없다.

정답 | ③

20
주로 종자에 의하여 번식되는 잡초는?

① 올미
② 가래
③ 피
④ 너도방동사니

해설
피는 벼과에 속하는 한해살이 잡초로서, 종자번식을 한다.

정답 | ③

21
표면건조 내부포수상태의 골재에 포함하고 있는 흡수량의 절대 건조상태의 골재 중량에 대한 백분율은 다음 중 무엇을 기초로 하는가?

① 골재의 함수율
② 골재의 흡수율
③ 골재의 표면수율
④ 골재의 조립률

해설
골재의 흡수율은 골재 무게 중에서 흡수된 수분의 무게가 차지하는 비율을 말한다. 그러므로 표면건조 내부포수상태의 골재에 포함하고 있는 흡수량의 절대 건조상태의 골재 중량에 대한 백분율은 골재의 흡수율을 기초로 하여 계산한다.

정답 | ②

22
다음 중 색의 3속성에 관한 설명으로 옳은 것은?

① 감각에 따라 식별되는 색의 종명을 채도라고 한다.
② 두 색상 중에서 빛의 반사율이 높은 쪽이 밝은 색이다.
③ 색의 포화상태, 즉 강약을 말하는 것은 명도이다.
④ 그레이 스케일(Gray scale)은 채도의 기준척도로 사용된다.

해설
명도란 색의 밝기를 말하며, 빛의 반사율이 높은 쪽이 밝은 색이다.

선지분석
① 감각에 따라 식별하는 색의 종명을 색상이라 한다.
③ 색의 포화상태, 즉 강약을 말하는 것은 채도이다.
④ 그레이 스케일(Gray scale)은 흰색에서 검은색까지 무채색을 명도에 따라 구분한 것이다.

정답 | ②

23
다음 [보기]에서 설명하는 수종은?

- 낙엽활엽교목으로 부채꼴형 수목이다.
- 야합수(夜合樹)라 불리기도 한다.
- 여름에 피는 꽃은 분홍색으로 화려하다.
- 천근성 수종으로 이식에 어려움이 있다.

① 자귀나무　　② 치자나무
③ 은목서　　　④ 서향

해설
자귀나무는 질소 고정능력이 있는 콩과식물로서 초여름(6~7월)에 연분홍 꽃이 공작새 꼬리를 펼친 것 같이 핀다. 낮에는 잎이 열리고 밤에는 잎이 닫히는 모습이 금술 좋은 부부의 모습과 같다고 하여 합환목(合歡木)이라고도 한다.

정답 | ①

24
다음 식의 A에 해당하는 것은?

$$용적률 = A \div 대지면적$$

① 건축면적　　② 건축 연면적
③ 1호당 면적　④ 평균층수

해설
$$용적률 = \frac{건축\ 연면적}{대지면적} \times 100(\%)$$

※ 건축 연면적: 건물 각 층의 바닥면적의 합계

관련이론 건폐율

$$건폐율 = \frac{건축면적}{대지면적} \times 100(\%)$$

※ 건축면적: 건축물 외벽의 중심선으로 둘러싸인 부분의 수평투영면적

정답 | ②

25
혼화재의 설명 중 옳은 것은?

① 혼화재는 혼화제와 같은 것이다.
② 종류로는 포졸란, AE제 등이 있다.
③ 종류로는 슬래그, 감수제 등이 있다
④ 혼화재료는 그 사용량이 비교적 많아서 그 자체의 부피가 콘크리트의 배합계산에 관계된다.

선지분석
① 혼화재는 혼화제와 다르다.
② AE제는 혼화제이다.
③ 감수제는 혼화제이다.

관련이론 혼화재료
- 콘크리트에 특별한 품질을 부여하거나 성질을 개선하기 위하여 첨가하는 재료로 혼화재와 혼화제가 있다.
- 혼화제: 사용량이 시멘트 양의 1% 미만으로 콘크리트 배합 시 용적에 포함하지 않는다. (AE제, 감수제, 경화촉진제, 방수제, 착색제 등)
- 혼화재: 사용량이 시멘트 양의 5% 이상으로 콘크리트 배합 시 용적에 포함한다. (고로슬래그, 플라이애시, 포졸란 등)

정답 | ④

26
다음 설명하는 수종은?

- 학명은 "Betula schmidtii Regel"이다.
- Schmidt birch 또는 단목(檀木)이라 불리기도 한다.
- 곧추 자라나 불규칙하며, 수피는 흑색이다.
- 5월에 개화하고 암수 한그루이며, 수형은 원추형, 뿌리는 심근성, 잎의 질감이 섬세하여 녹음수로 사용 가능하다.

① 오리나무　　　② 박달나무
③ 소사나무　　　④ 녹나무

해설

박달나무는 자작나무과(Betulaceae) 수종으로 해발 200m 이상의 양지바른 숲속이나 골짜기에 서식한다. 암꽃과 수꽃이 한 나무에 달리며 잎이 어긋나게 달리고 가을에 노랗게 물든다.

정답 | ②

27
관수의 효과가 아닌 것은?

① 토양 중의 양분을 용해하고 흡수하여 신진대사를 원활하게 한다.
② 증산작용으로 인한 잎의 온도 상승을 막고 식물체 온도를 유지한다.
③ 지표와 공중의 습도가 높아져 증산량이 증대된다.
④ 토양의 건조를 막고 생육 환경을 형성하여 나무의 생장을 촉진시킨다.

해설

관수는 증산량을 감소시키는 효과가 있다.

관련이론 증산량

잎에서 수분이 증발하는 양을 의미한다.

정답 | ③

28
다음 중 중국정원의 특징에 해당하는 것은?

① 정형식　　　② 태호석
③ 침전조정원　　　④ 직선미

해설

중국정원은 동양정원의 일반적 전통인 자연풍경식 정원을 토대로, 중국의 유명한 산이나 호수, 계곡, 동굴, 폭포 등 아름답고 진귀한 풍경을 재현하고 있으며, 특히 태호석을 겹겹이 쌓아 멋을 더하고 있다.

관련이론 태호석(太湖石)

양쯔강 하류 태호의 석회암이 오랜 침수와 풍화를 거쳐 구멍이 뚫린 기이한 형태를 이루는데, 이를 정원에서 괴석으로 사용하였다.

정답 | ②

29
목재의 강도에 대한 설명 중 가장 거리가 먼 것은?

① 휨강도는 전단강도보다 크다.
② 비중이 크면 목재의 강도는 증가하게 된다.
③ 목재는 외력이 섬유방향으로 작용할 때 가장 강하다.
④ 섬유포화점에서 전건상태에 가까워짐에 따라 강도는 작아진다.

해설

목재의 수분이 섬유포화점 이상일 때는 강도의 변화가 거의 없으나, 섬유포화점 이하로 건조되면 강도가 커진다.

관련이론 함수율 변화에 따른 목재의 상태 변화

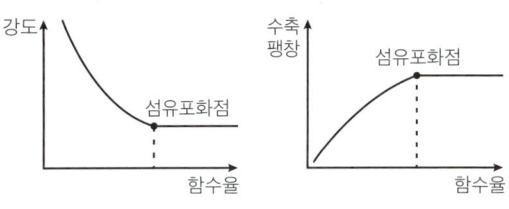

정답 | ④

30
고대 그리스에서 아고라(Agora)는 무엇인가?

① 광장 ② 성지
③ 유원지 ④ 농경지

해설
아고라는 고대 그리스 도시국가의 중심부나 항구 근처에 자연발생적으로 생겨난 도시광장으로서 초기에는 시장의 역할을 하였으나 나중에는 각종 집회와 행사의 중심이 되어 직접 민주주의의 거점이 되었다.

정답 | ①

31
우리나라에서 세계문화유산으로 등록되지 않은 곳은?

① 독립문 ② 고인돌 유적
③ 경주역사유적지구 ④ 수원화성

해설
독립문은 1897년 조선의 자주독립 의지를 다지고자 세운 중요한 근대 문화유산이지만, 유네스코 세계문화유산으로는 등재되어 있지 않다.

정답 | ①

32
스페인의 코르도바를 중심으로 한 지역에서 발달한 정원양식은?

① Patio ② Court
③ Atrium ④ Peristylium

해설
코르도바 지역은 이슬람 세력이 지배했던 무어(Moor) 문화권의 중심지이다. 이 지역에서 발달한 이슬람 정원양식은 파티오(Patio)라고 불리는 중정을 중심으로, 중앙에는 분수나 연못, 주변에는 화단이나 회랑 등을 배치하여 실내와 외부 공간을 자연스럽게 연결하는 특징을 가진다.

정답 | ①

33
다음 중 수간주입 방법으로 옳지 않은 것은?

① 구멍 속의 이물질과 공기를 뺀 후 주입관을 넣는다.
② 중력식 수간주사는 가능한 한 지제부 가까이에 구멍을 뚫는다.
③ 구멍의 각도는 50~60°가량 경사지게 세워서, 구멍 지름을 20mm 정도로 한다.
④ 뿌리가 제구실을 못하고 다른 시비방법이 없을 때, 빠른 수세회복을 원할 때 사용한다.

해설
수간주사 시 구멍의 각도는 20~30°가량 경사지게 세우고, 구멍지름을 10~15mm 정도로 한다.

정답 | ③

34
다음 중 교목의 식재 공사 공정으로 옳은 것은?

① 구덩이 파기 → 물 죽쑤기 → 묻기 → 지주 세우기 → 수목방향 정하기 → 물집 만들기
② 구덩이 파기 → 수목방향 정하기 → 묻기 → 물 죽쑤기 → 지주 세우기 → 물집 만들기
③ 수목방향 정하기 → 구덩이 파기 → 물 죽쑤기 → 묻기 → 지주 세우기 → 물집 만들기
④ 수목방향 정하기 → 구덩이 파기 → 묻기 → 지주 세우기 → 물 죽쑤기 → 물집 만들기

해설
교목의 식재 공사 공정은 다음과 같다.
수목의 크기에 맞는 구덩이 파기 → 보이는 면을 감안하여 수목방향 정하기 → 수목 묻기 → 수목 주변에 물을 주고 뿌리 활착을 돕기 위해 죽쑤듯 저어주기 → 수목이 넘어지지 않도록 지주 세우기 → 물이 새지 않도록 수목 주변에 물집 만들기

정답 | ②

35
다음 중 화성암 계통의 석재인 것은?

① 화강암　　　② 점판암
③ 대리석　　　④ 사문암

해설
화성암은 마그마가 식어서 굳어진 암석으로 화강암, 안산암, 부석 등이 이에 속한다.

선지분석
② 점판암 – 변성암
③ 대리석 – 변성암
④ 사문암 – 변성암

정답 | ①

36
산울타리에 적합하지 않은 식물재료는?

① 무궁화　　　② 측백나무
③ 느릅나무　　④ 꽝꽝나무

해설
느릅나무는 지하고가 높은 낙엽교목이며, 가지와 잎도 치밀하지 못하여 산울타리에 적합하지 않다.

관련이론 산울타리용 수종
지하고가 낮고, 맹아력이 강하며, 잎과 가지가 치밀하고, 아래가지가 강인하여야 한다.

정답 | ③

37
줄기의 색이 아름다워 관상가치가 있는 수목들 중 줄기의 색계열과 그 연결이 옳지 않은 것은?

① 백색계의 수목: 백송(Pinus bungeana)
② 갈색계의 수목: 편백(Chamaecyparis obtusa)
③ 청록색계의 수목: 식나무(Aucuba japonica)
④ 적갈색계의 수목: 서어나무(Carpinus laxiflora)

해설
서어나무의 수피(樹皮)는 회색을 띈다.

정답 | ④

38
다음 뗏장을 입히는 방법 중 줄붙이기 방법에 해당하는 것은?

선지분석
④ 줄붙이기
① 이음매 붙이기
② 전면 붙이기
③ 어긋나게 붙이기

정답 | ④

39
비료는 화학적 반응을 통해 산성비료, 중성비료, 염기성 비료로 분류되는데, 다음 중 산성비료에 해당하는 것은?

① 황산암모늄　　② 과인산석회
③ 요소　　　　　④ 용성인비

해설
황산암모늄은 산성비료에 해당한다.

선지분석
② 과인산석회: 염기성비료
③ 요소: 중성비료
④ 용성인비: 염기성비료

관련이론 산성·염기성·중성비료
- 산성비료: 물에 녹으면 수소이온(H^+)을 방출한다.
- 염기성비료: 물에 녹으면 수산화이온(OH^-)을 방출한다.
- 중성비료: 물에 녹아도 수소이온(H^+)이나 수산화이온(OH^-)을 방출하지 않는다.

정답 | ①

40

공사의 실시방식 중 공동도급의 특징이 아닌 것은?

① 공사이행의 확실성이 보장된다.
② 여러 회사의 참여로 위험이 분산된다.
③ 이해충돌이 없고, 임기응변 처리가 가능하다.
④ 공사의 하자책임이 불분명하다.

해설
공동도급은 참여업체 간 이해충돌이 있을 수 있고, 임기응변에 대응하기가 어려운 단점이 있다.

관련이론 공동도급
- 하나의 공사를 2인 이상의 업자들이 공동으로 도급받는 방식을 말한다.
- 장점: 시공품질 향상과 공기단축이 가능하며 기술개발과 공사비 절감에 기여할 수 있다.
- 단점: 참여업체간 이해충돌이 있을 수 있고, 임기응변에 대응하기가 어렵다.

정답 | ③

41

흙을 이용하여 2m 높이로 마운딩하려 할 때, 더돋기를 고려해 실제 쌓아야 하는 높이로 가장 적합한 것은?

① 2m
② 2m 20cm
③ 3m
④ 3m 30cm

해설
흙을 이용하여 마운딩 할 때, 흙이 가라앉을 것에 대비하여 더돋기할 필요가 있다. 더돋기는 통상 마운딩 높이의 약 10% 정도를 더하여 쌓는 것이 보통이다.
∴ 2m × 1.1 = 2.2m = 2m 20cm

관련이론 더돋기
성토공사 후 흙의 변형 및 침하에 대비하여 계획 지반고보다 일정 높이만큼 더 쌓는 것을 말하며 여성토라고도 한다.

정답 | ②

42

조선시대 후원양식에 대한 설명 중 틀린 것은?

① 중엽 이후 풍수지리설의 영향을 받아 후원양식이 생겼다.
② 건물 뒤에 자리 잡은 언덕배기를 계단 모양으로 다듬어 만들었다.
③ 각 계단에는 향나무를 주로 한 나무를 다듬어 장식하였다.
④ 경복궁 교태전 후원인 아미산, 창덕궁 낙선재의 후원 등이 그 예이다.

해설
조선시대 후원은 여성의 공간인 안채와 연결된 뒤쪽 구릉지에 계단식 화단을 만들어 화목류와 유실수를 심고 가꾸었는데, 이를 화계(花階)라 하였다.

정답 | ③

43

조경설계기준에서 인공지반에 식재된 식물과 생육에 필요한 최소 식재토심으로 옳은 것은? (단, 배수구배는 1.5~2.0%, 자연토양을 사용)

① 잔디: 15cm
② 초본류: 20cm
③ 소관목: 40cm
④ 대관목: 60cm

해설
조경기준 제15조(식재토심)에 따르면, 옥상조경 및 인공지반 조경의 식재토심은 배수층의 두께를 제외한 다음의 기준에 의한 두께로 하여야 한다.
- 초화류 및 지피식물: 15cm 이상
- 소관목: 30cm 이상
- 대관목: 45cm 이상
- 교목: 70cm 이상

정답 | ①

44
조경 제도 용품 중 곡선자라고 하여 각종 반지름의 원호를 그릴 때 사용하기 가장 적합한 재료는?

① 원호자　　② 운형자
③ 삼각자　　④ T자

해설
원호자는 반지름을 조절하여 다양한 원호를 그릴 수 있도록 고안된 제도용품이다.

관련이론 운형자
구름 모양의 다양한 부드러운 곡선을 그릴 수 있는 도구이다.

정답 | ①

45
주변지역의 경관과 비교할 때 지배적이며, 특징을 가지고 있어 지표적인 역할을 하는 것을 무엇이라고 하는가?

① Vista　　② Districts
③ Nodes　　④ Landmarks

해설
지표물(Landmark)에 대한 설명이다.

관련이론 Kevin Lynch의 도시를 구성하는 5가지 주요 이미지 요소
통로(Path), 결절점(Node), 지표물(Landmark), 경계(Edge), 구역(District)

정답 | ④

46
단독 주택정원에서 일반적으로 장독대, 쓰레기통, 창고 등이 설치되는 공간은?

① 뒤뜰　　② 안뜰
③ 앞뜰　　④ 작업뜰

해설
단독 주택정원에서 주거공간과 직접적으로 연결되는 공간으로 장독대, 쓰레기통, 창고 등이 설치되어 있는 실용적인 목적의 공간을 작업뜰이라 한다.

정답 | ④

47
조선시대 정자의 평면유형은 유실형(중심형, 편심형, 분리형, 배면형)과 무실형으로 구분할 수 있는데 다음 중 유형이 다른 하나는?

① 광풍각　　② 임대정
③ 거연정　　④ 세연정

해설
조선시대의 정자는 가운데 방이 있는 유실형과 방이 없이 마루만 있는 무실형으로 구분할 수 있다. 거연정은 무실형이나 광풍각, 임대정, 세연정은 유실형이다.

정답 | ③

48
보통 포틀랜드 시멘트와 비교했을 때 고로(高爐) 시멘트의 일반적 특성에 해당하지 않은 것은?

① 초기 강도가 크다.
② 내열성이 크고 수밀성이 양호하다.
③ 해수(海水)에 대한 저항성이 크다.
④ 수화열이 적어 매스콘크리트에 적합하다.

해설
고로 시멘트는 보통 포틀랜드 시멘트에 비해 초기 강도는 낮으나 장기 강도가 우수하다. 또한 수화열이 낮아 콘크리트 균열을 방지하는 데 효과적이며, 내해수성과 화학 저항성도 뛰어나 해안 공사나 대형 구조물 공사에 적합하다.

정답 | ①

49
인공폭포나 인공동굴의 재료로 가장 일반적으로 많이 쓰이는 경량소재는?

① 복합 플라스틱 구조재(FRP)
② 레드 우드(Red wood)
③ 스테인레스 강철(Stainless steel)
④ 폴리에틸렌(Polyethylene)

해설
FRP(Fiber Reinforced Plastic, 섬유 강화 플라스틱)는 강도와 내구성이 뛰어나면서도 경량이므로, 인공폭포나 인공동굴용 재료로 많이 사용된다.

정답 | ①

50
다음 중 뿌리분의 형태별 종류에 해당하지 않는 것은?

① 보통분 ② 사각분
③ 접시분 ④ 조개분

해설
뿌리분은 뿌리의 모양에 따라 구분하는 보통분(중근성 수종), 접시분(천근성 수종), 조개분(심근성 수종)으로 구분한다.

정답 | ②

51
쾌적한 가로환경과 환경보전, 교통제어, 녹음과 계절성, 시선 유도 등으로 활용하고 있는 가로수로 적합하지 않은 수종은?

① 이팝나무 ② 은행나무
③ 메타세쿼이아 ④ 능소화

해설
능소화는 덩굴성 수목이어서 뿌리가 얕고 옆으로 퍼져나간다. 따라서 쾌적한 가로환경과 환경보전, 교통제어, 녹음과 계절성, 시선 유도 등 가로수로서 필요한 기능을 수행하기에 부적합하다.

정답 | ④

52
좋은 콘크리트를 만들려면 좋은 품질의 골재를 사용해야 하는데, 좋은 골재에 관한 설명으로 옳지 않은 것은?

① 골재의 표면이 깨끗하고 유해물질이 없을 것
② 굳은 시멘트 페이스트보다 약한 석질일 것
③ 납작하거나 길지 않고 구형에 가까울 것
④ 굵고 잔 것이 골고루 섞여 있을 것

해설
골재가 굳은 시멘트 페이스트보다 약할 경우 콘크리트 강도가 떨어지므로, 좋은 골재는 굳은 시멘트 페이스트보다 강한 석질이어야 한다.

정답 | ②

53
다음 [보기]를 공원 행사의 개최 순서대로 나열한 것은?

> ㉠ 제작 ㉡ 실시 ㉢ 기획 ㉣ 평가

① ㉠ → ㉡ → ㉢ → ㉣
② ㉢ → ㉠ → ㉡ → ㉣
③ ㉣ → ㉠ → ㉡ → ㉢
④ ㉠ → ㉣ → ㉢ → ㉡

해설
일반적인 조직업무는 PDCA(Plan-Do-Check-Adjust/Action)의 업무 흐름을 따른다. 공원행사 개최에 이를 적용하면 기획 → 제작 → 실시 → 평가의 과정이라 할 수 있다.

정답 | ②

54
조경계획을 위한 경사분석을 하고자 한다. 다음과 같은 조사 항목이 주어질 때 해당 지역의 경사도는 몇 %인가?

> • 등고선 간격: 5m
> • 등고선에 직각인 두 등고선의 평면거리: 20m

① 40% ② 10%
③ 4% ④ 25%

해설
경사도 = $\dfrac{높이}{수평거리} \times 100(\%)$이므로

∴ 경사도 = $\dfrac{5}{20} \times 100 = 25(\%)$이다.

정답 | ④

55
다음 중 한발이 계속될 때 짚 깔기나 물주기를 제일 먼저 해야 될 나무는?

① 소나무
② 향나무
③ 가중나무
④ 낙우송

해설
낙우송은 물가를 좋아하는 호습성 수종으로서 뿌리가 얕고 수분을 저장하는 능력이 약하므로, 한발(가뭄)이 계속되면 가장 먼저 피해를 받는다. 따라서 낙우송을 제일 먼저 짚 깔기나 물주기를 해야 한다.

정답 | ④

56
홍색(紅色) 열매를 맺지 않는 수종은?

① 산수유
② 쥐똥나무
③ 주목
④ 사철나무

해설
쥐똥나무는 검은색 열매를 맺는다.

정답 | ②

57
토양의 입경조성에 의한 토양의 분류를 무엇이라고 하는가?

① 토성
② 토양통
③ 토양반응
④ 토양분류

해설
토성은 입경조성(토양을 구성하는 입자의 크기와 비율)에 따라 구분하는 분류이다.

선지분석
② 토양통: 토양의 성질과 기원을 근거로 구분하는 분류
③ 토양반응: 토양의 산성도 또는 알칼리도에 따라 구분하는 분류
④ 토양분류: 토양의 입경조성, 토양통, 토양반응, 토양의 기타 특성 등을 종합적으로 고려하여 구분하는 분류

정답 | ①

58
조경 시설물 중 관리 시설물로 분류되는 것은?

① 분수, 인공폭포
② 그네, 미끄럼틀
③ 축구장, 철봉
④ 조명시설, 표지판

해설
조명시설과 표지판은 조경 시설물 유지관리에 필수적인 관리 시설물에 해당한다.

정답 | ④

59
창살울타리(Trellis)는 설치목적에 따라 높이 차이가 결정되는데 그 목적이 적극적 침입방지의 기능일 경우 최소 얼마 이상으로 하여야 하는가?

① 2.5m
② 1.5m
③ 1m
④ 50cm

해설
적극적 침입방지 목적으로 창살울타리를 설치할 경우, 성인 남자의 평균적 눈높이라 할 수 있는 1.5m 이상의 높이여야 한다.

정답 | ②

60
겨울 전정의 설명으로 틀린 것은?

① 12~3월에 실시한다.
② 상록수는 동계에 강전정하는 것이 가장 좋다.
③ 제거 대상가지를 발견하기 쉽고 작업도 용이하다.
④ 휴면 중이기 때문에 굵은 가지를 잘라 내어도 전정의 영향을 거의 받지 않는다.

해설
굵은 가지는 가지의 끝에서부터 생장이 시작되므로, 휴면기에 굵은 가지를 잘라내면 끝부분이 없어졌기 때문에 다음 해에 가지가 새로 생기지 않는다. 그러므로 겨울 전정 시에는 굵은 가지는 가급적 자르지 않는 것이 좋다.

정답 | ④

2021년 1회 CBT 복원문제

01
도면상에서 식물재료의 표기 방법으로 바르지 않은 것은?

① 덩굴성 식물의 규격은 길이로 표시한다.
② 같은 수종은 인출선을 연결하여 표시하도록 한다.
③ 수종에 따라 규격은 H×W, H×B, H×R 등의 표기방식이 다르다.
④ 수목에 인출선을 사용하여 수종명, 규격, 관목·교목을 구분하여 표시하고 총수량을 함께 기입한다.

해설
도면에서 식재 수종은 그림과 같이 인출선으로 연결하고, 수량과 수종명, 규격을 표시한다.

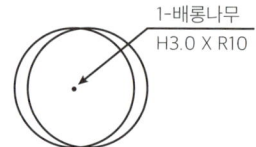

정답 | ④

02
다음 중 양수에 해당하는 낙엽관목 수종은?

① 독일가문비   ② 무궁화
③ 녹나무   ④ 주목

해설
무궁화는 양수인 낙엽관목이다.

선지분석
① 독일가문비 — 음수인 상록침엽교목
③ 녹나무 — 중용수인 상록활엽교목
④ 주목 — 음수인 상록침엽교목

정답 | ②

03
다음 중 조경시공에 활용되는 석재의 특징으로 부적합한 것은?

① 내화성이 뛰어나고 압축강도가 크다.
② 내수성·내구성·내화학성이 풍부하다.
③ 색조와 광택이 있어 외관이 미려·장중하다.
④ 천연물이기 때문에 재료가 균일하고 갈라지는 방향성이 없다.

해설
석재는 지각변동이나 기후변화 등의 영향으로 생성되는 천연물이므로 불균일한 구조를 가지고 있다. 따라서 석재를 시공할 때는 갈라지기 쉬운 방향으로 압력이 가해지지 않도록 주의해야 한다.

정답 | ④

04
목재를 방부제 속에 일정 기간 담가두는 방법으로 크레오소트(Creosote)를 많이 사용하는 방부법은?

① 표면탄화법   ② 직접유살법
③ 상압주입법   ④ 약제도포법

해설
상압주입법은 목재를 방부제 속에 일정 기간 담가둠으로써 방부제가 목재 내부까지 침투할 수 있게 한다.

선지분석
① 표면탄화법: 목재 표면을 탄화시켜 방부하는 방법이다.
② 직접유살법: 해충의 특수한 습성을 이용하는 방제법으로 방부법과 연관이 없다.
④ 약제도포법: 목재 표면에 방부제를 도포하는 방법이다.

정답 | ③

05

형상은 재두각추체에 가깝고 전면은 거의 평면을 이루며 대략 정사각형으로서 뒷길이, 접촉면의 폭, 뒷면 등이 규격화된 돌로, 접촉면의 폭은 전면 1변의 길이의 1/10 이상이라야 하고, 접촉면의 길이는 1변의 평균 길이의 1/2 이상인 석재는?

① 사고석 ② 각석
③ 판석   ④ 견치석

해설

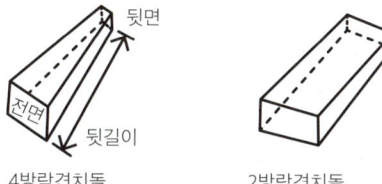

4방락견치돌   2방락견치돌

재두각추체는 '머리가 잘리고 각진 뿔모양'이란 뜻이며 견치석은 '개의 송곳니' 같이 뾰족한 돌이란 뜻이다.

정답 | ④

06

건설재료용으로 사용되는 목재를 건조시키는 목적 및 건조방법에 관한 설명 중 틀린 것은?

① 중량경감 및 강도, 내구성을 증진시킨다.
② 균류에 의한 부식 및 벌레의 피해를 예방한다.
③ 자연건조법에 해당하는 공기건조법은 실외에 목재를 쌓아두고 기건상태가 될 때까지 건조시키는 방법이다.
④ 밀폐된 실내에서 가열한 공기를 보내서 건조를 촉진시키는 방법은 인공건조법 중에서 증기 건조법이다.

해설

• 열풍 건조법: 밀폐된 실내에서 가열한 70~100℃의 뜨거운 공기를 보내어 목재를 건조시키는 방법
• 증기 건조법: 100℃ 이상의 끓는 물을 목재에 분사하여 건조하는 방법

정답 | ④

07

다음 그림은 수목의 번식방법 중 어떠한 접목법에 해당 하는가?

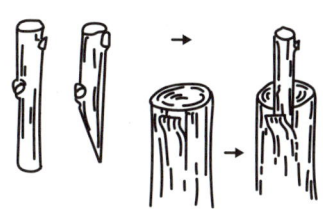

① 깎기접   ② 안장접
③ 쪼개접   ④ 박피접

해설

나무껍질을 도려내어 접붙이는 박피접이다.

정답 | ④

08

훌륭한 조경가가 되기 위한 자질에 대한 설명 중 틀린 것은?

① 건축이나 토목 등에 관련된 공학적인 지식도 요구된다.
② 합리적 사고보다는 감성적 판단이 더욱 필요하다.
③ 토양, 지질, 지형, 수문(水文) 등 자연과학적 지식이 요구된다.
④ 인류학, 지리학, 사회학, 환경심리학 등에 관한 인문과학적 지식도 요구된다.

해설

조경가는 합리적 사고를 통해 자연의 특성과 인간의 요구를 이해하고, 감성적 판단을 통해 아름답고 쾌적한 조경공간을 창출하여야 한다.

정답 | ②

09
콘크리트의 균열발생 방지법으로 옳지 않은 것은?

① 물시멘트비를 작게 한다.
② 단위 시멘트량을 증가시킨다.
③ 콘크리트의 온도 상승을 작게 한다.
④ 발열량이 작은 시멘트와 혼화제를 사용한다.

해설
콘크리트의 균열은 물시멘트비가 클수록, 온도 상승이 클수록, 단위 시멘트량이 클수록 발생하기 쉽다.
따라서 균열 발생을 막기 위해서는 물시멘트비를 작게 하고, 온도 상승을 작게 하며, 단위 시멘트량을 줄이는 것이 바람직하다.

정답 | ②

10
다음 중 조경수목의 계절적 현상 설명으로 옳지 않은 것은?

① 싹틈: 눈은 일반적으로 지난해 여름에 형성되어 겨울을 나고 봄에 기온이 올라감에 따라 싹이 튼다.
② 개화: 능소화, 무궁화, 배롱나무 등의 개화는 그 전년에 자란 가지에서 꽃눈이 분화하여 그 해에 개화한다.
③ 결실: 결실량이 지나치게 많을 때에는 다음 해의 개화, 결실이 부실해지므로 꽃이 진 후 열매를 적당히 솎아 준다.
④ 단풍: 기온이 낮아짐에 따라 잎 속에서 생리적인 현상이 일어나 푸른 잎이 다홍색, 황색 또는 갈색으로 변하는 현상이다.

해설
능소화, 무궁화, 배롱나무와 같은 낙엽수는 가을에 낙엽이 지고 난 이듬해 봄 새순이 나오므로, 꽃눈은 이듬해 자란 가지에서 분화하여 개화한다.

정답 | ②

11
이탈리아 조경 양식에 대한 설명으로 틀린 것은?

① 별장이 구릉지에 위치하는 경우가 많아 정원의 주류는 노단식
② 노단과 노단은 계단과 경사로에 의해 연결
③ 축선을 강조하기 위해 원로의 교점이나 원점에 분수 등을 설치
④ 대표적인 정원으로는 베르사유 궁원

해설
베르사유 궁원은 17세기 프랑스 루이 14세가 조성한 정원이다.

관련이론 이탈리아의 정원양식
- 이탈리아는 국토 면적의 70% 이상이 산지와 구릉으로 이뤄진 산악국가이다.
- 대저택과 정원을 조성하기 위해서는 산지를 깎아서 계단식 노단(Terrace)을 만들 수밖에 없었고, 이러한 이탈리아의 정원양식을 노단건축식이라 부른다.

정답 | ④

12
일본의 다정(茶庭)이 나타내는 아름다움의 미는?

① 조화미   ② 대비미
③ 단순미   ④ 통일미

해설
일본의 다정은 차를 마시면서 자연과 어우러진 주변 풍광을 감상하는 것이 목적으로, 조화미를 추구하였다고 볼 수 있다.

정답 | ①

13
다음 중 정형식 배식유형은?

① 부등변삼각형식재　② 임의식재
③ 군식　④ 교호식재

해설
교호식재는 정형식 배식에 속한다.

관련이론 정형식과 자연식 배식
- 정형식: 한 그루만 단독으로 심는 단식, 마주보게 심는 대식, 줄지어 심는 열식, 어긋나게 심는 교호식재 등이 있다.
- 자연식: 부등변삼각형식재, 임의식재, 무리심기(군식), 배경식재 등이 있다.

정답 | ④

14
다음 중 토양 통기성에 대한 설명으로 틀린 것은?

① 기체는 농도가 낮은 곳에서 높은 곳으로 확산작용에 의해 이동한다.
② 토양 속에는 대기와 마찬가지로 질소, 산소, 이산화탄소 등의 기체가 존재한다.
③ 토양생물의 호흡과 분해로 인해 토양 공기 중에는 대기에 비하여 산소가 적고 이산화탄소가 많다.
④ 건조한 토양에서는 이산화탄소와 산소의 이동이나 교환이 쉽다.

해설
건조 토양에서는 토양 공기 중 산소 농도가 낮아져 이산화탄소와의 교환이 어려워진다.

관련이론 토양의 통기성
토양 속 공기의 이동성을 의미한다. 토양 공기의 이동은 기체의 확산작용에 의해 이루어지는데, 기체는 농도가 낮은 곳에서 높은 곳으로 이동한다.

정답 | ④

15
다음 중 직선과 관련된 설명으로 옳은 것은?

① 절도가 없어 보인다.
② 표현 의도가 분산되어 보인다.
③ 베르사이유 궁전은 직선이 지나치게 강해서 압박감이 발생한다.
④ 직선 가운데에 중개물(仲介物)이 있으면 없는 때보다도 짧게 보인다.

해설
직선이 주는 이미지는 절도 있고 단정하며, 남성적이고 강직하다. 하지만 지나칠 경우 강압적이며 위압감과 압박감을 갖게 한다.

정답 | ③

16
수집된 자료를 종합한 후에 이를 바탕으로 개략적인 계획안을 결정하는 단계는?

① 목표설정　② 기본구상
③ 기본설계　④ 실시설계

해설
기본구상은 수집한 자료를 종합하여 개발 방향을 설정하는 단계이다.

선지분석
① 목표설정: 계획 및 설계 범위를 설정하고 달성하고자 하는 목표를 명확히 하는 단계이다.
③ 기본설계: 기본구상을 바탕으로 설계의 세부적인 내용을 결정하는 단계이다.
④ 실시설계: 기본설계를 바탕으로 공사시행을 위한 상세설계를 작성하는 단계이다.

정답 | ②

17

다음 보기의 설명에 해당하는 수종은?

> - 어린가지의 색은 녹색 또는 적갈색으로 엽흔이 발달하고 있다.
> - 수피에서는 냄새가 나며 약간 골이 파여 있다.
> - 단풍나무 중 복엽이면서 가장 노란색 단풍이 든다.
> - 내조성이 강한 속성수로서 조기 녹화에 적당하며, 녹음수로 이용가치가 높다.

① 복장나무
② 네군도단풍
③ 단풍나무
④ 고로쇠나무

해설

네군도단풍에 대한 설명이다.

선지분석

① 복장나무: 고산지대에 자라며 수피는 회색이고 잔가지는 갈색이다. 잎은 마주나고 3출엽이며 황록색 꽃이 아래로 핀다.
③ 단풍나무: 수피가 엷은 회갈색이며 잎은 마주나고 5~7개로 갈라진다. 긴 타원형 날개를 가진 열매는 수평으로 벌어진다.
④ 고로쇠나무: 잎이 마주나고 둥글며 연노란 꽃이 핀다. 이른 봄 수액을 받아 마시면 신경통에 좋다고 알려져 있다.

정답 | ②

18

여름부터 가을까지 꽃을 감상할 수 있는 알뿌리 화초는?

① 금잔화
② 수선화
③ 색비름
④ 칸나

해설

칸나는 6~9월까지 꽃을 피우는 알뿌리 화초이며 꽃은 붉은색, 주황색, 노란색, 흰색 등 다양하게 핀다.
금잔화, 수선화, 색비름은 모두 봄에 꽃을 피우는 알뿌리 화초이다.

정답 | ④

19

낮에 태양광 아래에서 본 물체의 색이 밤에 실내 형광등 아래에서 보니 달라 보였다. 이러한 현상을 무엇이라 하는가?

① 메타메리즘
② 메타블리즘
③ 프리즘
④ 착시

해설

물체의 색이 빛의 종류나 방향에 따라 달라 보이는 현상을 메타메리즘(Metamerism)이라 한다.

정답 | ①

20

다음 중 색의 잔상(殘像, Afterimage)과 관련한 설명으로 틀린 것은?

① 잔상은 원래 자극의 세기, 관찰시간과 크게 비례한다.
② 주위색의 영향을 받아 주위색에 근접하게 변화하는 것이다.
③ 주어진 자극이 제거된 후에도 원래의 자극과 색, 밝기가 같은 상이 보인다.
④ 주어진 자극이 제거된 후에도 원래의 자극과 색, 밝기가 반대인 상이 보인다.

해설

주위색의 영향을 받아 주위색에 근접하게 변화하는 현상을 색의 동화 현상이라 한다.

관련이론 색의 잔상(殘像)

색 자극이 사라진 직후 남게 되는 색 감각을 잔상이라 한다. 사라진 색과 동일한 색이 남는 현상을 긍정잔상이라 하고, 사라진 색의 보색이 남는 현상을 부정잔상이라 한다.

정답 | ②

21

줄기나 가지가 꺾이거나 다치면 그 부근에 있던 숨은 눈이 자라 싹이 나오는 것을 무엇이라 하는가?

① 휴면성 ② 생장성
③ 성장력 ④ 맹아력

해설

식물이 줄기나 가지가 꺾이거나 다치면 그 부근에 있던 숨은눈이 자라 싹이 나오는 능력을 맹아력이라 한다. 이러한 맹아력은 식물이 환경 변화에 적응하고 생존하는 데 매우 중요한 능력이라 할 수 있다.

정답 | ④

22

다음 중 인공토양을 만들기 위한 경량재가 아닌 것은?

① 부엽토
② 화산재
③ 펄라이트(Perlite)
④ 버미큘라이트(Vermiculite)

해설

부엽토는 낙엽이나 나뭇가지 등이 부패하여 만들어진 토양이기 때문에 유기질이 풍부하고 보습력이 뛰어나지만, 무거워서 경량재로 쓸 수 없다.

정답 | ①

23

염해지 토양의 가장 뚜렷한 특징을 설명한 것은?

① 유기물의 함량이 높다.
② 활성철의 함량이 높다.
③ 치환성석회의 함량이 높다.
④ 마그네슘, 나트륨 함량이 높다.

해설

염해지는 바닷물이 들어와 염분 농도가 높아져 작물 생육에 지장이 있는 토양을 말한다. 염해지 토양의 가장 뚜렷한 특징은 마그네슘과 나트륨의 함량이 높다는 것이다.

정답 | ④

24

기초 토공사비 산출을 위한 공정이 아닌 것은?

① 터파기 ② 되메우기
③ 정원석 놓기 ④ 잔토처리

해설

기초 토공사는 터파기 → 되메우기 → 잔토처리의 과정으로 진행되며, 정원석 놓기는 기초 토공사에 포함되지 않는다.

정답 | ③

25

도시공원 식물 관리비 계산 시 산출근거와 관련이 없는 것은?

① 식물의 수량 ② 식물의 품종
③ 작업률 ④ 작업회수

해설

도시공원의 식물 관리비는 수량, 작업률, 회수 등과 같이 계량할 수 있는 수치를 근거로 하며, 식물의 품종과 같은 주관적인 관리의 난이도는 반영하지 않는다.

정답 | ②

26

가지가 굵어 이미 찢어진 경우에도 도복 등의 위험을 방지하고자 하는 방법으로 가장 알맞은 것은?

① 지주설치 ② 쇠조임(당김줄 설치)
③ 외과수술 ④ 가지치기

해설

찢어졌거나 찢어질 가능성이 높은 가지 혹은 약한 가지를 더 튼튼한 옆 가지에 붙들어 매기 위해 쇠막대 등으로 서로 연결하거나 다른 지주목에 연결하는 것을 쇠조임 혹은 당김줄 설치라고 한다.

정답 | ②

27

다음 중 흙깎기의 순서 중 가장 먼저 실시하는 곳은?

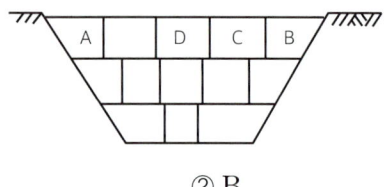

① A ② B
③ C ④ D

해설

흙깎기(절토)를 가장자리부터 시행할 경우 무너질 수 있으므로 중심부로부터 시행한다.

정답 | ④

28

난지형 잔디에 뗏밥을 주는 가장 적합한 시기는?

① 3~4월 ② 5~7월
③ 9~10월 ④ 11~1월

해설

난지형 잔디는 늦봄에서 초여름(5월말~8월초) 사이에 생육이 가장 왕성하므로 이 시기에 뗏밥을 주는 것이 효과적이다.

정답 | ②

29

다음 [보기]에서 설명하는 그림은?

> • 눈높이나 눈보다 조금 높은 위치에서 보여지는 공간을 실제 보이는 대로 자연스럽게 표현한 그림
> • 나타내고자 하는 의도의 윤곽을 잡아 개략적으로 표현하고자 할 때, 즉 아이디어를 수집, 기록, 정착화하는 과정에 필요
> • 디자이너에게 순간적으로 떠오르는 불확실한 아이디어의 이미지를 고정, 정착화시켜 나가는 초기 단계

① 투시도 ② 스케치
③ 입면도 ④ 조감도

해설

스케치(Sketch)는 어떤 대상의 모양이나 형태, 특징 같은 것을 개략적으로 빠르게 그린 미완성 작품을 말하는데, 디자이너들이 순간적으로 떠오르는 아이디어나 이미지를 기록해 두기 위해 그리는 개략적인 밑그림을 의미하기도 한다.

정답 | ②

30

실제 길이 3m는 축척 1/30 도면에서 얼마로 나타내는가?

① 1cm ② 10cm
③ 3cm ④ 30cm

해설

축척 1/30은 실물을 1/30로 줄였다는 뜻이므로,
실제 길이 3m ÷ 30 = 0.1m → 10cm

정답 | ②

31
다음 중 곰솔(해송)에 대한 설명으로 옳지 않은 것은?

① 동아(冬芽)는 붉은 색이다.
② 수피는 흑갈색이다.
③ 해안지역의 평지에 많이 분포한다.
④ 줄기는 한 해에 가지를 내는 층이 하나여서 나무의 나이를 짐작할 수 있다.

해설
소나무의 동아는 붉은 색이나 곰솔의 동아는 회백색이다.

관련이론 동아(冬芽)
늦여름부터 가을 사이에 생겨 겨울을 넘기고 이듬해 봄에 자라는 싹으로 '겨울눈'이라 한다.

정답 | ①

32
장미과(科) 식물이 아닌 것은?

① 피라칸다   ② 해당화
③ 아카시나무 ④ 왕벚나무

해설
피라칸다, 해당화, 왕벚나무는 모두 장미과에 속하는 식물이며, 아카시나무는 콩과식물이다.

정답 | ③

33
다음 조경식물 중 생장 속도가 가장 느린 것은?

① 배롱나무   ② 쉬나무
③ 눈주목   ④ 층층나무

해설
배롱나무, 쉬나무, 층층나무는 모두 생장 속도가 빠른 수종인 반면, 주목류는 생장 속도가 매우 느린 수종이다.

정답 | ③

34
더운 여름 오후에 햇빛이 강하면 수간의 남서쪽 수피가 열에 의해서 피해(터지거나 갈라짐)를 받을 수 있는 현상을 무엇이라 하는가?

① 피소   ② 상렬
③ 조상   ④ 한상

해설
피소는 강한 태양광에 노출되어 나무껍질이 데는 현상이다.

선지분석
② 상렬: 나무줄기가 겨울철에 동결하는 과정에서 나무 겉부분이 안쪽 중심부보다 심하게 수축하여 수직 방향으로 갈라지는 현상이다.
③ 조상: 잎이 시들어 상하는 현상이다.
④ 한상: 여름철 이상저온이나 일조량 부족으로 식물이 피해를 입는 현상이다.

정답 | ①

35
다음 중 재료의 할증률이 다른 것은?

① 목재(각재)   ② 시멘트벽돌
③ 원형철근   ④ 합판(일반용)

해설
목재 중 각재, 시멘트벽돌, 원형철근의 할증률은 5%이고, 일반용 합판의 할증률은 3%이다.

관련이론 할증
재료의 산출량에 운반, 저장, 절단, 가공 및 시공과정에서 발생하는 손실량을 예측하여 더해주는 것을 말한다.

정답 | ④

36

조경수를 이용한 가로막이 시설의 기능이 아닌 것은?

① 보행자의 움직임 규제
② 시선차단
③ 광선방지
④ 악취방지

해설
악취는 공기를 통해 확산하므로 가로막이 식재로 차단하는 것은 불가능하다.

정답 | ④

37

모래밭(모래터) 조성에 관한 설명으로 가장 부적합한 것은?

① 적어도 하루에 4~5시간의 햇볕이 쬐고 통풍이 잘되는 곳에 설치한다.
② 모래밭은 가급적 휴게시설에서 멀리 배치한다.
③ 모래밭의 깊이는 놀이의 안전을 고려하여 30cm 이상으로 한다.
④ 가장자리는 방부처리한 목재 또는 각종 소재를 사용하여 지표보다 높게 모래막이 시설을 해준다.

해설
모래밭은 휴게시설 가까이 배치하여 어린이들이 놀이와 휴식을 쉽게 연계할 수 있도록 배려함이 바람직하다.

정답 | ②

38

다음 중 유리의 제성질에 대한 일반적인 설명으로 옳지 않은 것은?

① 열전도율 및 열팽창률이 작다.
② 굴절률은 2.1~2.9 정도이고, 납을 함유하면 낮아진다.
③ 약한 산에는 침식되지 않지만 염산·황산·질산 등에는 서서히 침식된다.
④ 광선에 대한 성질은 유리의 성분, 두께, 표면의 평활도 등에 따라 다르다.

해설
굴절률은 빛이 유리 매질을 통과할 때 빛의 진행 방향이 꺾이는 정도를 나타내는 값으로, 유리의 굴절률은 1.5~2.0이다. 유리에 산화납을 첨가하면 굴절률이 더욱 높아진다.

정답 | ②

39

플라스틱 제품의 특성이 아닌 것은?

① 비교적 산과 알칼리에 견디는 힘이 콘크리트나 철 등에 비해 우수하다.
② 접착이 자유롭고 가공성이 크다.
③ 열팽창계수가 적어 저온에서도 파손이 안 된다.
④ 내열성이 약하여 열가소성 수지는 60℃ 이상에서 연화된다.

해설
플라스틱은 열에 의한 부피 변화가 크고 온도 변화에 따라 열팽창계수도 달라지므로, 저온에서 수축에 따른 파손의 우려가 있다.

정답 | ③

40

마로니에와 칠엽수에 대한 설명으로 옳지 않은 것은?

① 마로니에와 칠엽수는 원산지가 같다.
② 마로니에와 칠엽수의 잎은 장상복엽이다.
③ 마로니에는 칠엽수와는 달리 열매 표면에 가시가 있다.
④ 마로니에와 칠엽수 모두 열매 속에는 밤톨 같은 씨가 들어 있다.

해설

마로니에는 발칸반도가 원산지인 너도밤나무과 낙엽교목이며 '가시칠엽수'가 정식 명칭이다. 칠엽수는 칠엽수과 낙엽교목이며 일본이 원산이다.

정답 | ①

41

자연토양을 사용한 인공지반에 식재된 대관목의 생육에 필요한 최소 식재토심은? (단, 배수구배는 1.5~2.0%이다.)

① 15cm ② 30cm
③ 45cm ④ 70cm

해설

조경기준 제15조(식재토심)에 따르면, 옥상조경 및 인공지반 조경의 식재토심은 배수층의 두께를 제외한 다음의 기준에 의한 두께로 하여야 한다.
- 초화류 및 지피식물: 15cm 이상
- 소관목: 30cm 이상
- 대관목: 45cm 이상
- 교목: 70cm 이상

정답 | ③

42

안전관리 사고의 유형은 설치, 관리, 이용자·보호자·주최자 등의 부주의, 자연재해 등에 의한 사고로 분류된다. 다음 중 관리하자에 의한 사고의 종류에 해당하지 않는 것은?

① 위험물 방치에 의한 것
② 시설의 노후 및 파손에 의한 것
③ 시설의 구조 자체의 결함에 의한 것
④ 위험장소에 대한 안전대책 미비에 의한 것

해설

시설 구조의 자체결함에 의한 사고는 관리하자가 아니라 설치 책임이 있는 설계자나 시공자에게 귀책사유가 있다.

정답 | ③

43

다음 중 방제 대상별 농약 포장지 색깔이 옳은 것은?

① 살충제 − 노란색   ② 살균제 − 초록색
③ 제초제 − 분홍색   ④ 생장 조절제 − 청색

해설

방제 대상별 농약 포장지의 색
- 살충제 − 녹색
- 살균제 − 분홍색
- 제초제 − 노란색
- 생장 조절제 − 청색

정답 | ④

44

수간과 줄기 표면의 상처에 침투성 약액을 발라 조직 내로 약효성분이 흡수되게 하는 농약 사용법은?

① 도포법　　② 관주법
③ 도말법　　④ 분무법

선지분석

① 도포법: 대상물 표면에 농약을 바르는 방법
② 관주법: 농약을 토양이나 줄기에 주입하는 방법
③ 도말법: 종자 소독을 위해 분제농약을 건조한 종자에 입혀 살균 또는 살충하는 방법
④ 분무법: 농약을 물에 섞어 분사하는 방법

정답 | ①

45

조경공사의 시공자 선정방법 중 일반 공개경쟁입찰방식에 관한 설명으로 옳은 것은?

① 예정가격을 비공개로 하고 견적서를 제출하여 경쟁입찰에 단독으로 참가하는 방식
② 계약의 목적, 성질 등에 따라 참가자의 자격을 제한하는 방식
③ 신문, 게시 등의 방법을 통하여 다수의 희망자가 경쟁에 참가하여 가장 유리한 조건을 제시한 자를 정하는 방식
④ 공사 설계서와 시공도서를 작성하여 입찰서와 함께 제출하여 입찰하는 방식

선지분석

③ 일반 공개경쟁입찰
① 수의계약
② 제한경쟁입찰
④ 대안입찰

정답 | ③

46

일정한 응력을 가할 때, 변형이 시간과 더불어 증대하는 현상을 의미하는 것은?

① 탄성　　② 취성
③ 크리프　　④ 릴랙세이션

해설

크리프(Creep)는 일정한 힘을 가하면 시간이 지남에 따라 변형이 증대하는 현상이다.

선지분석

① 탄성: 외부에서 물체에 힘을 가하면 부피와 모양이 바뀌었다가 힘을 제거하면 본래 모양으로 되돌아가는 현상
② 취성: 외부에서 힘을 가할 때 변형 없이 파괴되는 현상
④ 릴랙세이션(Relaxation): 재료에 힘을 가하면 일정한 변형 형태를 유지하면서 시간이 지남에 따라 응력이 감소하는 현상

정답 | ③

47

구상나무(Abies Koreana Wilson)와 관련된 설명으로 틀린 것은?

① 한국이 원산지이다.
② 측백나무과(科)에 해당한다.
③ 원추형의 상록침엽교목이다.
④ 열매는 구과로 원통형이며 길이 4~7cm, 지름 2~3cm의 자갈색이다.

해설

구상나무의 학명은 Abies Koreana Wilson이고, 영명은 Korean fir인 우리나라 특산식물이며 소나무과이다.

정답 | ②

48
도시공원의 설치 및 규모의 기준상 어린이공원의 최대 유치거리는?

① 100m　　② 250m
③ 500m　　④ 1,000m

해설
도시공원의 설치 및 규모의 기준에 따르면 어린이공원의 유치거리는 250m 이하, 규모는 1,500m² 이상으로 규정하고 있다.

정답 | ②

49
물체의 앞이나 뒤에 화면을 놓은 것으로 생각하고, 시점에서 물체를 본 시선과 그 화면이 만나는 각점을 연결하여 물체를 그리는 투상법은?

① 사투상법　　② 투시도법
③ 정투상법　　④ 표고투상법

해설
투시도법에 대한 설명이다.

선지분석
① 사투상법: 기준선 위에 물체의 정면을 실물과 같은 모양으로 그리고, 각 꼭짓점에서 기준선과 45°를 이루는 경사선을 긋고, 이 선 위에 물체의 안쪽 길이를 실제 길이의 1/2의 비율로 그려서 나타내는 투상법이다.
③ 정투상법: 물체의 표면으로부터 평행한 투시선으로 입체를 투상하는 방법으로, 물체의 한 면을 중심으로 그린다.
④ 표고투상법: 물체의 높이를 기준으로 그리는 투상법이다.

정답 | ②

50
합성수지 놀이시설물의 관리 요령으로 가장 적합한 것은?

① 자체가 무거워 균열 발생 전에 보수한다.
② 정기적인 보수와 도료 등을 칠해 주어야 한다.
③ 회전하는 축에는 정기적으로 그리스를 주입한다.
④ 겨울철 저온기 때 충격에 의한 파손을 주의한다.

해설
합성수지는 온도 변화에 민감하여 겨울철에는 충격에 의한 파손이 발생하기 쉽다. 따라서 겨울철에는 놀이시설물의 사용을 제한하거나 충격에 의한 파손을 방지하기 위한 조치가 필요하다.

정답 | ④

51
농약의 사용목적에 따른 분류 중 응애류에만 효과가 있는 것은?

① 살충제　　② 살균제
③ 살비제　　④ 살초제

해설
살비제(Acaricide)란 응애류를 방제하기 위해 사용하는 약제이다.

선지분석
① 살충제: 곤충을 방제하기 위한 농약
② 살균제: 식물에 해를 끼치는 미생물을 방제하기 위한 농약
④ 살초제: 잡초를 방제하기 위한 농약

정답 | ③

52
"물체의 실제 치수"에 대한 "도면에 표시한 대상물"의 비를 의미하는 용어는?

① 척도 ② 도면
③ 표제란 ④ 연각선

해설
도면에 표시된 대상물의 크기와 실제 물체의 크기 비율을 통상 축척(縮尺)이라 한다. 보기 ①의 척도(尺度) 역시 같은 뜻으로 사용하며, 사물을 측정하는 자를 의미하기도 한다.

정답 | ①

53
다음 중 가시가 없는 수종은?

① 산초나무 ② 음나무
③ 금목서 ④ 찔레꽃

해설
산초나무는 잎의 뒷면에 가시가 있고, 음나무는 가지에 가시가 있으며, 찔레꽃은 줄기에 가시가 있다.

정답 | ③

54
저온의 해를 받은 수목의 관리방법으로 적당하지 않은 것은?

① 멀칭
② 바람막이 설치
③ 강전정과 과다한 시비
④ Wilt-pruf(시들음방지제) 살포

해설
저온 피해를 입은 수목은 생육이 불량하므로 강전정과 과다한 시비는 수목생리에 부담을 주게 된다.

정답 | ③

55
과다 사용 시 병에 대한 저항력을 감소시키므로 특히 토양의 비배관리에 주의해야 하는 무기성분은?

① 질소 ② 규산
③ 칼륨 ④ 인산

해설
질소는 식물의 생장과 발육에 필수적인 영양소이지만, 과다 사용 시 잎이 무성하게 자라면서 잎이 약해지고 병에 대한 저항력이 감소할 수 있다.

정답 | ①

56
토양수분 중 식물이 생육에 주로 이용하는 유효수분은?

① 결합수 ② 흡습수
③ 모세관수 ④ 중력수

해설
모세관수는 토양 입자 사이 모세관 현상에 의해 이동하는 수분으로, 식물이 가장 쉽게 이용할 수 있다.

선지분석
① 결합수: 토양 입자와 강하게 결합되어 있어 식물이 이용하기 어렵다.
② 흡습수: 토양 입자에 약하게 결합되어 있어 식물이 어느 정도 이용할 수 있지만, 모세관수에 비해 이용하기 어렵다.
④ 중력수: 토양 중력에 의해 이동하므로 식물이 이용하기 어렵다.

정답 | ③

57
다음 중 왕과 왕비만이 즐길 수 있는 사적인 정원이 아닌 곳은?

① 경복궁의 아미산
② 창덕궁 낙선재의 후원
③ 덕수궁 석조전 전정
④ 덕수궁 준명당의 후원

해설
덕수궁 석조전 전정은 서양식 침상원이며, 왕과 왕비만을 위한 사적 정원이 아니다.

정답 | ③

58
페니트로티온 45% 유제 원액 100cc를 0.05%로 희석 살포액을 만들려고 할 때 필요한 물의 양은 얼마인가? (단, 유제의 비중은 1.0이다.)

① 69,900cc
② 79,900cc
③ 89,900cc
④ 99,900cc

해설
45% 유제 원액 100cc에 든 원액은 45cc이다.
$100cc \times 0.45 = 45cc$
원액 45cc를 희석해 농도 0.05% 유제를 만들려면
$xcc \times 0.0005 = 45cc$이어야 한다.
$x = 45 \div 0.0005$이므로,
$x = 90,000cc$이다.
여기에 본래의 유제 원액 100cc를 빼야 한다.
∴ 실제 물의 양은 89,900cc가 필요하다.

정답 | ③

59
짐을 운반하여야 한다. 다음 중 같은 크기의 짐을 어느 색으로 포장했을 때 가장 덜 무겁게 느껴지는가?

① 다갈색
② 크림색
③ 군청색
④ 쥐색

해설
보기 중 명도가 높은 크림색이 가장 가볍게 느껴진다.

정답 | ②

60
다음 수종 중 상록활엽수가 아닌 것은?

① 동백나무
② 후박나무
③ 굴거리나무
④ 메타세쿼이아

해설
메타세쿼이아는 낙엽침엽교목이다.

정답 | ④

2020년 2회 CBT 복원문제

01
맥하그(Ian McHarg)가 주장한 생태적 결정론(Ecological determinism)의 설명으로 옳은 것은?

① 자연계는 생태계의 원리에 의해 구성되어 있으며, 따라서 생태적 질서가 인간환경의 물리적 형태를 지배한다는 이론이다.
② 생태계의 원리는 조경설계의 대안결정을 지배해야 한다는 이론이다.
③ 인간환경은 생태계의 원리로 구성되어 있으며, 따라서 인간사회는 생태적 진화를 이루어 왔다는 이론이다.
④ 인간행태는 생태적 질서의 지배를 받는다는 이론이다.

해설
맥하그는 자연계의 생태적 질서가 인간환경의 물리적 형태를 지배한다는 점을 인식하고, 조경가들은 조경설계를 할 때 자연환경의 생태적 질서를 파악하고 이에 맞춰 설계해야 한다고 주장하였다.

정답 | ①

02
자연공원을 조성하려 할 때 가장 중요하게 고려해야 할 요소는?

① 자연경관 요소   ② 인공경관 요소
③ 미적 요소   ④ 기능적 요소

해설
자연공원은 자연환경을 보호하고 시민의 휴식과 여가공간을 제공하기 위해 지정한 공원이다. 자연공원을 조성할 때는 자연경관 요소를 가장 중요하게 고려하여야 한다.

정답 | ①

03
비료는 화학적 반응을 통해 산성비료, 중성비료, 염기성 비료로 분류되는데, 다음 중 산성비료에 해당하는 것은?

① 황산암모늄   ② 과인산석회
③ 요소   ④ 용성인비

해설
대표적인 질소 비료인 황산암모늄은 사용 시 수소 이온을 방출하여 토양을 산성화시키므로, 산성비료에 해당한다.

정답 | ①

04
석재의 가공 공정상 날망치를 사용하는 표면 마무리 작업은?

① 혹떼기   ② 잔다듬
③ 정다듬   ④ 도드락다듬

해설
잔다듬은 석재의 표면을 고르게 다듬어 주기 위한 작업으로, 날망치로 석재의 표면을 얇게 깎아낸다. 석재의 가공방법 중 표면을 가장 매끈하게 가공할 수 있다.

선지분석
① 혹떼기(혹두기): 표면의 큰 돌출부분만 떼어 내는 정도의 다듬기 작업이다.
③ 정다듬: 정으로 비교적 고르고 곱게 다듬는 정도의 다듬기 작업이다.
④ 도드락다듬: 석재 표면에 균일한 모양을 내는 작업으로, 끌을 사용한다.

관련이론 석재 가공 순서
혹두기 → 정다듬 → 도드락다듬 → 잔다듬 → 물갈기

정답 | ②

05

경관구성의 미적 원리는 통일성과 다양성으로 구분할 수 있다. 다음 중 통일성과 관련이 가장 적은 것은?

① 균형과 대칭 ② 강조
③ 조화 ④ 율동

해설

율동은 변화와 리듬을 통해 경관에 활력을 불어넣는 원리이며, 이는 다양성을 부여하기 위한 기법이다.

관련이론 경관구성의 미적 원리
- 통일성: 조화, 균형, 반복, 강조 등
- 다양성: 율동, 대비, 변화 등

정답 | ④

06

조선시대의 정원 중 연결이 올바른 것은?

① 양산보 — 다산초당
② 윤선도 — 부용동 정원
③ 정약용 — 운조루 정원
④ 이유주 — 소쇄원

해설

윤선도는 조선시대 중기의 문신이자 시인으로, 전남 보길도에 부용동 정원을 비롯한 여러 정원을 조성하였다.

선지분석
① 양산보는 조선시대 전기의 문신으로, 전남 담양에 소쇄원을 조영하였다. 이는 민가정원 최초로 국가유산에 지정되었다.
③ 정약용은 조선시대 후기의 실학자로, 전남 강진 유배 중 다산초당을 조성하여 학문과 집필 활동을 이어갔다.
④ 이유주는 조선시대 후기의 문신으로, 전남 구례 본가에 별서형 정원인 운조루를 조성하였다.

정답 | ②

07

다음 도시공원 시설 중 유희시설에 해당되는 것은?

① 야영장 ② 잔디밭
③ 도서관 ④ 낚시터

해설

유희시설은 도시민의 여가선용을 위한 놀이시설을 말하며, 낚시터가 이에 해당한다.

관련이론 유희시설의 종류

시소, 정글짐, 사다리, 순환회전차, 궤도, 모험놀이장, 유원시설(유기시설 또는 유기기구), 발물놀이터, 뱃놀이터 및 낚시터 그 밖에 이와 유사한 시설로서 도시민의 여가선용을 위한 놀이시설

정답 | ④

08

다음 그림 중 수목의 가지에서 마디 위 다듬기의 요령으로 가장 좋은 것은?

① 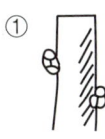   ②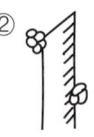

③ 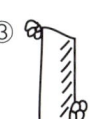   ④

해설

가지의 눈 마디 위를 다듬을 때는 다음과 같이 한다.
- 반드시 바깥쪽 눈 위에서 눈의 방향과 평행하게 비스듬히 자른다.
- 안쪽 눈 위에서 자르면 새 가지가 안쪽으로 자라 통풍과 햇빛 투과에 불리하므로 피해야 한다.
- 눈과 너무 가까이 자르면 눈이 말라 죽을 수 있으므로 적당한 간격을 두고 자른다.

정답 | ④

09
목재의 심재와 비교한 변재의 일반적인 특징 설명으로 틀린 것은?

① 재질이 단단하다.　② 흡수성이 크다.
③ 수축변형이 크다.　④ 내구성이 작다.

해설
변재는 살아 있는 세포 조직이 계속해서 성장하면서 만들어진 조직으로, 심재에 비해 수분이 많고 세포벽이 약하여 목질이 단단하지 않고 내구성도 낮다.

정답 | ①

10
다음 중 이식의 성공률이 가장 낮은 수종은?

① 가시나무　② 버드나무
③ 은행나무　④ 사철나무

해설
가시나무는 뿌리가 깊이 내려가 있어 이식 시 뿌리가 손상되기 쉽고 재생력이 떨어져 생존율이 낮다.

정답 | ①

11
다음 우리나라 조경 가운데 가장 오래된 것은?

① 소쇄원(瀟灑園)　② 순천관(順天館)
③ 아미산정원　④ 안압지(雁鴨池)

해설
안압지는 신라시대 문무왕 시기에 조성된 인공 연못으로, 경주 동궁의 별궁터에 위치해 있다. 경주 역사 유적지구의 일부로 유네스코 세계문화유산에 등재되어 있다.

선지분석
① 소쇄원: 조선시대 중기
② 순천관: 고려시대
③ 아미산정원: 조선시대 후기

정답 | ④

12
조경수목의 관리를 위한 작업 가운데 정기적으로 해주지 않아도 되는 것은?

① 전정(剪定) 및 거름주기
② 병충해 방제
③ 잡초제거 및 관수(灌水)
④ 토양개량 및 고사목 제거

해설
토양개량 및 고사목 제거는 안전관리에 해당하는 작업으로 필요시 실시한다.

정답 | ④

13
울타리는 종류나 쓰이는 목적에 따라 높이가 다른데 일반적으로 사람의 침입을 방지하기 위한 울타리의 경우 높이는 어느 정도가 가장 적당한가?

① 20~30cm　② 50~60cm
③ 80~100cm　④ 180~200cm

해설
침입방지를 위한 목적이라면 성인 남성 평균 키 높이 이상이어야 한다.

정답 | ④

14
설계안이 완공되었을 경우를 가정하여 설계 내용을 실제 눈에 보이는 대로 절단한 면에서 먼 곳에 있는 것은 작게, 가까이 있는 것은 크고 깊이가 있게 하나의 화면에 그리는 것은?

① 평면도　② 조감도
③ 투시도　④ 상세도

해설
먼 곳에 있는 것은 작게, 가까이 있는 것은 크고 깊이가 있게 하나의 화면에 그리는 것을 투시도라 한다.

정답 | ③

15

경관의 시각적 구성 요소를 우세요소와 가변요소로 구분할 때 가변요소에 해당하지 않는 것은?

① 광선 ② 기상조건
③ 질감 ④ 계절

해설
질감은 사물의 고유한 구성요소이므로 우세요소에 해당한다.

관련이론 우세요소와 가변요소
- 우세요소: 시간과 공간에 따라 변화하지 않는 요소
- 가변요소: 항상성이 없어 시간과 공간에 따라 수시로 변화하는 요소

정답 | ③

16

주택정원에 설치하는 시설물 중 수경시설에 해당하는 것은?

① 퍼걸러 ② 미끄럼틀
③ 정원등 ④ 벽천

해설
수경시설은 물을 이용한 시설물을 말한다. 벽천(壁泉)은 벽면에 물을 흘려보내는 수경시설의 일종으로, 물의 흐르는 소리와 시각적 효과를 통해 정원의 분위기를 연출한다.

정답 | ④

17

재료의 기계적 성질 중 작은 변형에도 파괴되는 성질을 무엇이라 하는가?

① 취성 ② 소성
③ 강성 ④ 탄성

해설
취성은 외력에 의한 작은 변형만으로도 파괴되는 성질을 의미한다.

관련이론 재료의 기계적 성질
재료가 외력에 의해 변형되고 파괴되는 특성을 의미한다.
- 소성: 외력을 제거해도 변형이 영구적으로 남는 성질
- 강성: 외력에 저항하여 변형이 쉽게 일어나지 않는 성질
- 탄성: 외력에 의해 변형되더라도 외력이 제거되면 원래 형태로 복원되는 성질

정답 | ①

18

배식설계도 작성 시 고려될 사항으로 옳지 않은 것은?

① 배식평면도에는 수목의 위치, 수종, 규격, 수량 등을 표기한다.
② 배식평면도에서는 일반적으로 수목수량표를 표제란에 기입한다.
③ 배식평면도는 시설물평면도와 무관하게 작성할 수 있다.
④ 배식평면도 작성 시 수목의 성장을 고려하여 설계할 필요가 있다.

해설
배식설계도와 시설물평면도는 서로 관련성이 깊으므로 배식설계도 작성 시에는 시설물평면도를 참고해야 한다.

정답 | ③

19
다음 골프와 관련된 용어 설명으로 옳지 않은 것은?

① 에프론 칼라(Apron collar): 임시로 그린의 표면을 잔디가 아닌 모래로 마감한 그린을 말한다.
② 코스(Course): 골프장 내 플레이가 허용되는 모든 구역을 말한다.
③ 해저드(Hazard): 벙커 및 워터 해저드를 말한다.
④ 티샷(Tee shot): 티그라운드에서 제1타를 치는 것을 말한다.

해설
에프론 칼라는 그린 옆 좁은 공간을 말하는데, 그린과 페어웨이를 구분하는 역할을 하며 잔디로 덮여 있다.

정답 | ①

20
부귀나 영화를 등지고 자연과 벗하며 농경하고 살기 위해 세운 주거를 별서(別墅)정원이라 한다. 우리나라에 현존하는 대표적인 것은?

① 윤선도의 부용동 원림
② 강릉의 선교장
③ 이덕유의 평천산장
④ 구례의 운조루

해설
부용동 원림은 윤선도가 전남 보길도에 조영한 대표적인 은거형 별서이다.

선지분석
② 강릉의 선교장은 조선시대 후기의 양반 가옥이다.
③ 평천산장은 당나라 시기에 이덕유가 조성한 민간 정원이다.
④ 구례의 운조루는 조선시대 후기의 양반 가옥이다.

정답 | ①

21
다음 중 굵은 가지를 전정하였을 때 다른 수종들보다 전정 부위에 반드시 도포제를 발라주어야 하는 것은?

① 잣나무
② 메타세쿼이아
③ 느티나무
④ 자목련

해설
자목련은 굵은 가지의 회복력이 약하므로 전정 부위에 도포제를 발라 수분 손실을 막고 병균의 침입을 예방해야 한다.

정답 | ④

22
다음 단계 중 시방서 및 공사비 내역서 등을 주로 포함하고 있는 것은?

① 기본구상
② 기본계획
③ 기본설계
④ 실시설계

해설
실시설계는 시방서 및 공사비 내역서 등을 작성하여 공사에 필요한 세부적인 사항을 명확히 하는 단계이다.

정답 | ④

23
비탈면 경사의 표시에서 1 : 2.5에서 2.5는 무엇을 뜻하는가?

① 수직고
② 수평거리
③ 경사면의 길이
④ 안식각

해설
비탈면 경사의 표시에서 1 : 2.5는 높이를 1로 하였을 때 수평거리는 높이의 2.5배임을 나타낸다.

정답 | ②

24
다음 중 일반적으로 자동차 매연에 대한 저항성이 가장 강한 수종은?

① 은행나무 ② 소나무
③ 목련 ④ 단풍나무

해설
은행나무는 잎이 넓고 잎 표면에 왁스층이 발달되어 오염물질의 침투를 막아주는 역할을 하므로, 자동차 매연에 대한 저항성이 가장 강한 수종으로 알려져 있다.

정답 | ①

25
다음 중 상록수로만 짝지어진 것은?

① 섬잣나무, 리기다소나무, 동백나무, 낙엽송
② 소나무, 배롱나무, 은행나무, 사철나무
③ 철쭉, 주목, 모과나무, 장미
④ 사철나무, 아왜나무, 회양목, 독일가문비나무

해설
낙엽송, 배롱나무, 은행나무, 철쭉, 모과나무, 장미는 낙엽수이다.

정답 | ④

26
일반적으로 건설재료로 사용하는 목재의 비중이란 다음 중 어떤 상태의 것을 말하는가? (단, 함수율이 약 15% 정도일 때를 의미한다.)

① 포수비중 ② 절대비중
③ 진비중 ④ 기건비중

해설
건설재료로 사용하는 목재 비중은 일반적으로 건조 상태에서의 비중을 뜻하는 기건비중을 말한다.

정답 | ④

27
죽(竹)은 대나무류, 조릿대류, 밤부류로 분류할 수 있다. 그중 조릿대류로 길게 자라며, 생장 후에도 껍질이 떨어지지 않으며 붙어 있는 종류는?

① 죽순대 ② 오죽
③ 신이대 ④ 마디대

해설
신이대는 조릿대류에 속하는 식물로, 길게 자라며 생장 후에도 껍질이 떨어지지 않고 붙어 있다.

정답 | ③

28
흰말채나무의 특징 설명으로 틀린 것은?

① 노란색의 열매가 특징적이다.
② 층층나무과로 낙엽활엽관목이다.
③ 수피가 여름에는 녹색이나 가을, 겨울철의 붉은 줄기가 아름답다.
④ 잎은 대생하며 타원형 또는 난상타원형이고, 표면에 작은 털이 있으며 뒷면은 흰색의 특징을 갖는다.

해설
흰말채나무의 열매는 흰색이다.

정답 | ①

29
다음 설계 기호는 무엇을 표시한 것인가?

① 인조석다짐 ② 잡석다짐
③ 보도블록포장 ④ 콘크리트포장

해설
잡석다짐을 표현한 것이다.

정답 | ②

30
식물병의 발병에 관여하는 3대 요인과 가장 거리가 먼 것은?

① 일조부족 ② 병원체의 밀도
③ 야생동물의 가해 ④ 기주식물의 감수성

해설
식물병 발병의 3대 요인은 병원체, 기주식물, 환경이다. 야생동물은 식물병의 발병에 영향을 미칠 수 있지만 직접적인 원인이라고 할 수 없다.

정답 | ③

31
제거 대상 가지로 적당하지 않은 것은?

① 얽힌 가지 ② 죽은 가지
③ 세력이 좋은 가지 ④ 병해충 피해 입은 가지

해설
세력이 좋은 가지는 수목생장에 필요하므로 제거 대상이 아니다.

정답 | ③

32
소나무류를 옮겨 심을 경우 줄기를 진흙으로 이겨 발라 놓은 주요한 이유가 아닌 것은?

① 해충을 구제하기 위해
② 수분의 증산을 억제
③ 겨울을 나기 위한 월동 대책
④ 일시적인 나무의 외상을 방지

해설
소나무류는 내한성이 강하므로 겨울나기를 위한 특별한 월동 대책이 필요하지 않다.

정답 | ③

33
액체상태나 용융상태의 수지에 경화제를 넣어 사용하며 내산, 내알카리성 등이 우수하여 콘크리트, 항공기, 기계 부품 등의 접착에 사용되는 것은?

① 멜라민계 접착제 ② 에폭시계 접착제
③ 페놀계 접착제 ④ 실리콘계 접착제

해설
에폭시계 접착제에 대한 설명이다.

선지분석
① 멜라민계 접착제는 목재, 종이, 플라스틱 등의 접착에 주로 사용된다.
③ 페놀계 접착제는 내열성, 내수성이 우수하여 자동차, 선박, 전기기기 등의 접착에 주로 사용된다.
④ 실리콘계 접착제는 내열성, 내수성, 내진동성이 우수하여 건축, 토목, 전기기기 등의 접착에 주로 사용된다.

정답 | ②

34
유성도료에 관한 설명 중 옳지 않은 것은?

① 유성페인트는 내후성이 좋다.
② 유성페인트는 내알카리성이 양호하다.
③ 보일드유와 안료를 혼합한 것이 유성페인트이다.
④ 건성유 자체로도 도막을 형성할 수 있으나 건성유를 가열 처리하여 점도, 건조성, 색채 등을 개량한 것이 보일드유이다.

해설
유성페인트는 내후성, 내구성, 착색성 등이 우수하지만, 알카리성분에 약하여 알칼리성 물질에 노출되면 도막이 벗겨지거나 변색될 수 있다.

정답 | ②

35
다음 중 호박돌 쌓기의 방법 설명으로 부적합한 것은?

① 표면이 깨끗한 돌을 사용한다.
② 크기가 비슷한 것이 좋다.
③ 불규칙하게 쌓는 것이 좋다.
④ 기초공사 후 찰쌓기로 시공한다.

해설

호박돌 쌓기는 경관 연출이 아닌 토사붕괴 방지가 주목적이므로, 모르타르나 콘크리트로 석재를 접합하여 규칙적으로 견고하게 쌓는다.

정답 | ③

36
다음 중 뿌리분의 형태를 조개분으로 굴취하는 수종으로만 나열된 것은?

① 소나무, 느티나무
② 버드나무, 가문비나무
③ 눈주목, 편백
④ 사철나무, 사시나무

해설

조개분은 심근성 수종에 적용하며 보기 중 소나무와 느티나무가 이에 해당한다.
버드나무와 가문비나무, 눈주목과 편백은 천근성 수종으로 접시분을 적용하며, 사철나무와 사시나무는 중근성 수종으로 보통분으로 굴취한다.

정답 | ①

37
등고선 간격이 20m인 1/25,000 지도의 지도상 인접한 등고선에 직각인 평면거리가 2cm인 두 지점의 경사도는?

① 2%
② 4%
③ 5%
④ 10%

해설

지도상 평면거리가 2cm이면
실제 수평거리는 2cm×25,000=50,000cm 즉 500m이다.
등고선 간격(높이)이 20m이므로
경사도 $= \dfrac{\text{높이}}{\text{수평거리}} \times 100(\%) = \dfrac{200\text{m}}{500\text{m}} \times 100(\%) = 4\%$

정답 | ②

38
동양정원에서 연못을 파고 그 가운데 섬을 만드는 수법에 가장 큰 영향을 준 것은?

① 자연지형
② 기상요인
③ 신선사상
④ 생활양식

해설

동양에서는 동해에 신선이 사는 섬이 있다고 믿는 신선사상이 있었다. 이에 영향을 받아 동양정원에서는 연못에 섬을 두고 신선의 세계를 상징하였다.

정답 | ③

39
일본의 모모야마(桃山)시대에 새롭게 만들어져 발달한 정원 양식은?

① 회유임천식
② 축산고산수식
③ 홍교수범
④ 다정

해설

모모야마 시대(1573~1615년)에는 자연 속에서 다도(茶道)를 즐기기 위한 정원 양식이 유행하였는데, 이를 다정(茶庭)이라 한다.

정답 | ④

40

미리 골재를 거푸집 안에 채우고 특수 혼화제를 섞은 모르타르를 펌프로 주입하여 골재의 빈틈을 메워 콘크리트를 만드는 형식은?

① 서중 콘크리트
② 프리팩트 콘크리트
③ 프리스트레스트 콘크리트
④ 한중 콘크리트

해설

프리팩트 콘크리트(Prepacked concrete)는 미리 거푸집 속에 특정한 입도를 가지는 굵은 골재를 채워 넣고, 그 간극에 특수 혼화제를 섞은 모르타르를 주입하여 만든 콘크리트이다.

선지분석

① 서중 콘크리트는 일평균기온이 25℃ 이상이거나 최고 기온이 30℃를 초과할 때 현장에서 골재와 모르타르를 혼합하여 타설하는 콘크리트를 말한다.
③ 프리스트레스트 콘크리트(Prestressed concrete)는 콘크리트 타설 전 강선을 사용하여 미리 내력을 준 콘크리트이다.
④ 한중 콘크리트는 일평균기온이 4℃ 이하로 예상될 때 AE제 및 AE감수제를 사용하여 동결을 방지하도록 조치한 콘크리트를 말한다.

정답 | ②

41

다음 중 목재에 관한 설명으로 틀린 것은?

① 단열성이 크다.
② 가공성이 좋다.
③ 소리, 전기 등의 전도성이 크다.
④ 건조가 불충분한 것은 썩기 쉽다.

해설

목재는 단열성과 가공성이 우수하지만, 소리, 전기, 열의 전도성이 낮고, 건조가 불충분하면 썩기 쉽다.

정답 | ③

42

목재의 단면에서 수액이 적고 강도, 내구성 등이 우수하기 때문에 목재로서 이용가치가 큰 부위는?

① 변재
② 수피
③ 심재
④ 변재와 심재 사이

해설

심재는 목재의 중심부로, 수액이 적고 강도와 내구성이 뛰어나 목재로서의 활용가치가 크다. 반면, 변재는 바깥쪽에 위치하며 수액이 많고 강도와 내구성이 낮다.

정답 | ③

43

합판의 특징에 대한 설명으로 옳은 것은?

① 팽창, 수축 등으로 생기는 변형이 크다.
② 목재의 완전 이용이 불가능하다.
③ 제품이 규격화되어 사용에 능률적이다.
④ 섬유방향에 따라 강도의 차이가 크다.

해설

합판은 얇은 목재 판을 겹겹이 접착하여 만든 판재로, 규격화된 크기로 생산되어 사용이 편리하고 효율적이다.

정답 | ③

44

양질의 포졸란을 사용한 시멘트의 일반적인 특징 설명으로 틀린 것은?

① 수밀성이 크다.
② 해수(海水) 등에 화학 저항성이 크다.
③ 발열량이 적다.
④ 강도의 증진이 빠르고 장기강도가 작다.

해설

양질의 포졸란을 사용한 시멘트는 수밀성과 화학적 저항성 및 장기강도가 큰 반면 발열량이 적다.

정답 | ④

45

다음 중 질소질 속효성 비료로서 주로 덧거름으로 쓰이는 비료는?

① 황산암모늄   ② 두엄
③ 생석회   ④ 깻묵

해설

황산암모늄은 질소질 속효성 비료로서, 흡수가 빠르고 작물의 성장을 촉진하는 데 효과적이어서 주로 덧거름으로 사용한다.

관련이론 질소질 비료

- 속효성 비료: 빠르게 흡수되어 즉각적인 성장 촉진에 효과적이지만, 효과가 오래 지속되지 않는다.
- 완효성 비료: 흡수가 천천히 이루어지며, 장기간에 걸쳐 서서히 작용한다.

정답 | ①

46

철재(鐵材)로 만든 놀이시설에 녹이 슬어 다시 페인트칠을 하려 한다. 그 작업 순서로 옳은 것은?

① 녹닦기(샌드페이퍼 등) → 연단(광명단) 칠하기 → 에나멜 페인트 칠하기
② 에나멜 페인트 칠하기 → 녹닦기(샌드페이퍼 등) → 연단(광명단) 칠하기
③ 에나멜 페인트 칠하기 → 녹닦기(샌드페이퍼 등) → 바니쉬 칠하기
④ 에나멜 페인트 칠하기 → 바니쉬 칠하기 → 녹닦이(샌드페이퍼 등)

해설

녹슨 철재에 페인트칠을 하려면 우선 페인트가 벗겨지지 않도록 녹을 닦아내고 연단(페인트의 접착력을 높이고, 녹이 다시 생기는 것을 방지하는 역할)을 칠한다. 그런 다음 오랜 시간 색상을 유지시켜 줄 수 있도록 내구성이 강한 에나멜 페인트를 칠한다.

정답 | ①

47

전통민가 조경이 프로젝트의 대상이 되는 분야는?

① 기타 시설   ② 주거지
③ 공원   ④ 문화재

해설

전통민가는 우리나라의 역사와 문화를 반영하는 중요한 문화유산(문화재) 중 하나이다. 이러한 전통민가 조경은 단순한 주거지 조경이 아니라, 문화유산으로서의 가치를 유지하고 복원하는 것을 목적으로 하는 문화유산 조경 분야에 해당한다. 따라서 전통민가 조경은 문화유산 조경의 프로젝트 대상이다.

정답 | ④

48

정원의 개조 전후의 모습을 보여주는 레드북(Red book)의 창안자는?

① 험프리 랩턴(Humphery Repton)
② 윌리엄 켄트(William Kent)
③ 란셀로트 브라운(Lancelot Brown)
④ 브리지맨(Bridgeman)

해설

랩턴은 18세기 후반에 활약한 영국의 조경가이다. 그는 자신의 설계 구상을 담은 스케치북 '레드북'을 통해 정원의 개조 전후 모습을 직접 보여줌으로써 고객을 설득하였다.

정답 | ①

49

시멘트를 만드는 과정에서 일정량의 석고를 첨가하는 목적은?

① 응결시간 조절
② 수밀성 증대
③ 경화촉진
④ 초기강도 증진

해설

석고를 첨가하면 시멘트의 응결시간이 짧아지므로 시공 용이성과 시공 후 강도 향상을 기대할 수 있어, 응결시간 조절용으로 사용한다.

정답 | ①

50

다음 중 높이떼기의 번식방법을 사용하기 가장 적합한 수종은?

① 개나리
② 덩굴장미
③ 등나무
④ 배롱나무

해설

높이떼기는 주로 뿌리가 잘 발달한 나무를 대상으로 하는 번식법으로, 뿌리가 잘 발달하고 맹아력이 강한 배롱나무에 가장 적합하다.

관련이론 높이떼기

가지의 껍질을 벗긴 부분에 축축한 수태(樹苔)를 감싼 뒤 지속적으로 수분을 공급하여 뿌리가 나도록 한 후 이를 잘라내어 번식하는 취목법의 한 방법이다.

정답 | ④

51

초기 강도가 매우 크고 해수 및 기타 화학적 저항성이 크며 열분해 온도가 높아 내화용 콘크리트에 적합한 시멘트는?

① 조강 포틀랜드 시멘트
② 알루미나 시멘트
③ 고로슬래그 시멘트
④ 플라이애시 시멘트

해설

알루미나 시멘트는 조기강도가 크고, 화학작용에 대한 저항성이 높으며, 수축이 적고 내화성이 우수하다. 주로 동절기 공사, 해수 구조물, 긴급 보수공사 등에 사용된다.

정답 | ②

52

비교적 좁은 지역에서 대축척으로 세부측량을 할 경우 효율적이며, 지역 내에 장애물이 없는 경우 유리한 평판측량방법은?

① 방사법
② 전진법
③ 전방교회법
④ 후방교회법

해설

방사법은 기준점에서 측량할 지점까지의 방향과 거리를 측정하여 그 지점의 위치를 결정하는 방법이다. 단, 측량지점에서 측량 대상 지점이 모두 시준(視準) 가능해야 한다.

정답 | ①

53

일반적으로 식재할 구덩이 파기를 할 때 뿌리분 크기의 몇 배 이상으로 구덩이를 파고 해로운 물질을 제거해야 하는가?

① 1.5 ② 2.5
③ 3.5 ④ 4.5

해설

식재구덩이는 나무뿌리가 넓게 퍼져 자라야 하므로 뿌리가 충분히 뻗을 수 있는 공간 확보가 필요하다. 일반적으로 뿌리분 크기의 1.5배 이상으로 한다.

정답 | ①

54

자연석 무너짐 쌓기에 대한 설명으로 부적합한 것은?

① 크고 작은 돌이 서로 상재미가 있도록 좌우로 놓아 나간다.
② 돌을 쌓은 단면의 중간이 볼록하게 나오는 것이 좋다.
③ 제일 윗부분에 놓이는 돌은 돌의 윗부분이 수평이 되도록 놓는다.
④ 돌과 돌이 맞물리는 곳에는 작은 돌을 끼워 넣지 않도록 한다.

해설

자연석 무너짐 쌓기는 자연석의 형상을 그대로 활용해 자연스럽고 안정적으로 쌓는 방법이다. 단면 중간이 볼록하게 튀어나오게 쌓는 것은 미관상 부자연스럽고 구조적으로도 불안정하여 바람직하지 않다.

정답 | ②

55

축척 1/1,000의 도면의 단위면적이 $16m^2$인 것을 이용하여 축척 1/2,000의 도면의 단위면적으로 환산하면 얼마인가?

① $32m^2$ ② $64m^2$
③ $128m^2$ ④ $256m^2$

해설

축척이 2배가 되면 거리는 2배가 되고, 면적은 거리의 제곱, 즉 4배가 된다.
∴ $16m^2 \times 2^2 = 64m^2$

정답 | ②

56

1/1,000 축척의 도면에서 가로 20m, 세로 50m의 공간에 잔디를 전면붙이기를 할 경우 몇 장의 잔디가 필요한가? (단, 잔디는 25×25cm 규격을 사용한다.)

① 5,500장 ② 11,000장
③ 16,000장 ④ 22,000장

해설

잔디를 깔아야 할 면적은 $1,000m^2 (20m \times 50m)$이고, 잔디 뗏장 1장이 차지하는 면적은 $0.0625m^2 (0.25cm \times 0.25cm)$이다. 전면붙이기를 하므로, $1,000 \div 0.0625 = 16,000$장이다.

정답 | ③

57
배수가 잘 되지 않는 저습지대에 식재하려 할 경우 적합하지 않은 수종은?

① 메타세쿼이아 ② 자작나무
③ 오리나무 ④ 능수버들

해설
자작나무는 배수가 잘 되는 사질토양을 선호하므로 저습지에는 적합하지 않다. 메타세쿼이아, 오리나무, 능수버들은 습지에 잘 적응하는 호습성 수종이다.

정답 | ②

58
다음 중 건설기계의 용도 분류상 굴착용으로 사용하기에 부적합한 것은?

① 클램쉘 ② 파워셔블
③ 드래그라인 ④ 스크레이퍼

해설
스크레이퍼(Scraper)는 흙이나 모래 등을 긁어모아 운반하는 고르기 기계의 일종이다.

정답 | ④

59
황색 계열의 꽃이 피는 수종이 아닌 것은?

① 풍년화 ② 생강나무
③ 금목서 ④ 등나무

해설
등나무는 5~6월에 연자주색 혹은 흰색 꽃이 핀다.

정답 | ④

60
터파기 공사를 할 경우 평균부피가 굴착전보다 가장 많이 증가하는 것은?

① 모래 ② 보통흙
③ 자갈 ④ 암석

해설
암석은 모래나 보통 흙, 자갈에 비해 밀도가 높고 공극이 커, 굴착 시 입자가 부서지면서 부피가 가장 많이 증가한다.

정답 | ④

2020년 1회 CBT 복원문제

01
목재를 연결하여 움직임이나 변형 등을 방지하고, 거푸집의 변형을 방지하는 철물로 사용하기 가장 부적합한 것은?

① 볼트, 너트
② 못
③ 꺾쇠
④ 리벳

해설
리벳(Rivet)은 철판이나 얇은 판재를 결합시키는 연성 금속핀을 말하는데, 결합력이 약하여 널리 사용되지는 않는다.

정답 | ④

02
다음 중 합판에 관한 설명으로 틀린 것은?

① 합판을 베니어판이라 하고, 베니어란 원래 목재를 얇게 한 것을 말하며, 이것을 단판이라고도 한다.
② 슬라이스드 베니어(Sliced veneer)는 끌로서 각목을 얇게 절단한 것으로, 아름다운 결을 장식용으로 이용하기에 좋은 특징이 있다.
③ 합판의 종류에는 섬유판, 조각판, 적층판 및 강화적층재 등이 있다.
④ 합판의 특징은 동일한 원재로부터 많은 장목판과 나무결 무늬판이 제조되며, 팽창·수축 등에 의한 결점이 없고 방향에 따른 강도 차이가 없다.

해설
합판은 보통합판과 특수합판으로 나눈다. 보통합판은 원목을 얇게 깎은 단판을 섬유 방향이 서로 직교되도록 접착한 것으로서 섬유판, 조각판, 적층판이 있다. 강화적층재는 합판이 아닌 다른 종류의 목재이다.

정답 | ③

03
일반적인 식물 간 양분요구도(비옥도)가 높은 것부터 차례로 나열된 것은?

① 활엽수＞유실수＞소나무류＞침엽수
② 유실수＞침엽수＞활엽수＞소나무류
③ 유실수＞활엽수＞침엽수＞소나무류
④ 소나무류＞침엽수＞유실수＞활엽수

해설
양분요구도는 식물이 생활하기 위해 섭취해야 하는 양분의 요구 정도를 말한다.
일반적으로 많은 양분을 요구하는 수종은 열매를 맺기 위해 많은 에너지를 사용하는 [유실수]＞새싹을 틔우고 꽃을 피워야 하는 [활엽수]＞일반적인 [침엽수]＞척박한 토양에 견딜 수 있는 [소나무류] 순이다.

정답 | ③

04
조선시대 궁궐의 침전 후정에서 볼 수 있는 대표적인 것은?

① 자수화단(花壇)
② 비폭(飛瀑)
③ 경사지를 이용해서 만든 계단식의 노단
④ 정자수

해설
배산임수를 기본으로 했던 궁궐 배치에서 왕비의 침전 뒤뜰은 구릉지와 연결되므로 구릉지를 깎아 만든 계단식 화단을 조성하였는데, 이를 화계라 하였다.

정답 | ③

05

다음 그림의 가로 장치물 중 볼라드로 가장 적합한 것은?

 ①  ②

 ③ 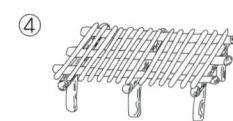 ④

해설

볼라드(Bollard)는 자동차가 인도에 진입하는 것을 막기 위해 차도와 인도 경계면에 세워 둔 구조물을 말한다.

정답 | ③

06

다음 중 ( ) 안에 들어갈 각각의 내용으로 옳은 것은?

> 인간이 볼 수 있는 ( )의 파장은 약 (~)nm이다.

① 적외선, 560~960 ② 가시광선, 560~960
③ 가시광선, 380~780 ④ 적외선, 380~780

해설

가시광선은 눈으로 지각되는 파장 범위를 가진 빛을 말하는데, 대략 380~780nm(나노미터) 범위의 파장을 가진 전자파이다. 780nm 이상의 파장은 적외선과 라디오에 사용되는 열선이고, 380nm 이하의 파장은 자외선, x선 등이다.

정답 | ③

07

일반적인 공사 수량 산출 방법으로 가장 적합한 것은?

① 중복이 되지 않게 세분화한다.
② 수직방향에서 수평방향으로 한다.
③ 외부에서 내부로 한다.
④ 작은 곳에서 큰 곳으로 한다.

해설

공사수량 산출은 중복을 피할 수 있도록 공종별 혹은 공정이나 공구별로 구분하여 세분화함이 원칙이다.

정답 | ①

08

다음 중 순공사원가에 속하지 않는 것은?

① 재료비 ② 경비
③ 노무비 ④ 일반관리비

해설

순공사원가＝재료비＋노무비＋경비
총공사원가＝재료비＋노무비＋경비＋일반관리비＋이윤

정답 | ④

09

도시공원 및 녹지 등에 관한 법률에 의한 도시공원의 구분에 해당되지 않는 것은?

① 역사공원 ② 체육공원
③ 도시농업공원 ④ 국립공원

해설

국립공원, 도립공원, 군립공원, 지질공원은 「자연공원법」에서 지정 및 관리 기준을 규정한다.
도시공원의 세분(도시공원 및 녹지 등에 관한 법률 제15조)
- 국가도시공원
- 생활권공원: 소공원, 어린이공원, 근린공원
- 주제공원: 역사공원, 문화공원, 수변공원, 묘지공원, 체육공원, 도시농업공원, 방재공원

정답 | ④

10

가죽나무(가중나무)와 물푸레나무에 대한 설명으로 옳은 것은?

① 가중나무와 물푸레나무 모두 물푸레나무과(科)이다.
② 잎 특성은 가중나무는 복엽이고 물푸레나무는 단엽이다.
③ 열매 특성은 가중나무와 물푸레나무 모두 날개 모양의 시과이다.
④ 꽃 특성은 가중나무와 물푸레나무 모두 한 꽃에 암술과 수술이 함께 있는 양성화이다.

선지분석
① 가중나무는 소태나무과이고, 물푸레나무는 물푸레나무과이다.
② 가중나무와 물푸레나무는 모두 복엽(겹잎)이다.
④ 가중나무는 암꽃과 수꽃이 따로 피는 단성화이고, 물푸레나무는 한 꽃에 암술과 수술이 함께 있는 양성화이다.

정답 | ③

11

조경 재료는 식물재료와 인공재료로 구분된다. 다음 중 식물재료의 특징으로 옳지 않은 것은?

① 생장과 번식을 계속하는 연속성이 있다.
② 생물로서 생명 활동을 하는 자연성을 지니고 있다.
③ 계절적으로 다양하게 변화함으로써 주변과의 조화성을 가진다.
④ 기후변화와 더불어 생태계에 영향을 주지 못한다.

해설
식물재료는 살아 있는 생명소재로, 생장과 번식을 거듭하며 진화하고, 기후와 계절적 영향으로 변화하며, 주변과의 상호작용으로 조화를 이루어 생태적 질서를 형성한다.

정답 | ④

12

우리나라에서 발생하는 수목의 녹병 중 기주교대를 하지 않는 것은?

① 소나무 잎녹병
② 후박나무 녹병
③ 버드나무 잎녹병
④ 오리나무 잎녹병

해설
후박나무 녹병은 기주교대를 하지 않는다.

관련이론 기주교대
이종기생균이 그 생활사를 완성하기 위하여 기주(기생 생물에게 영양을 공급하는 생물)를 바꾸는 것을 말한다.

정답 | ②

13

다음 중 주택정원의 작업뜰에 위치할 수 있는 시설물로 가장 부적합한 것은?

① 장독대
② 빨래 건조장
③ 파고라
④ 채소밭

해설
주택정원에서 작업뜰은 부엌 및 빨래터 등과 관련된 생활지원 공간이며, 파고라와 같은 휴게시설은 안뜰에 배치하는 것이 보통이다.

정답 | ③

14

상점의 간판에 세 가지의 조명을 동시에 비추어 백색광을 만들려고 한다. 이 때 필요한 3가지 기본 색광은?

① 노랑(Y), 초록(G), 파랑(B)
② 빨강(R), 노랑(Y), 파랑(B)
③ 빨강(R), 노랑(Y), 초록(G)
④ 빨강(R), 초록(G), 파랑(B)

해설
빨강(R), 초록(G), 파랑(B)을 빛의 3원색이라 하며, 이 세 가지 빛을 동시에 비추면 흰색이 된다.

정답 | ④

15
지형을 표시하는 데 가장 기본이 되는 등고선의 종류는?

① 조곡선 ② 주곡선
③ 간곡선 ④ 계곡선

해설
등고선의 종류에는 계곡선, 주곡선, 간곡선, 조곡선이 있으며, 가장 기본이 되는 것은 주곡선이다.

정답 | ②

16
한국의 전통조경 소재 중 하나로 자연의 모습이나 형상석으로 궁궐 후원 첨경물로 석분에 꽃을 심듯이 꽂거나 화계 등에 많이 도입되었던 경관석은?

① 각석 ② 괴석
③ 비석 ④ 수수분

해설
괴석은 궁궐이나 사대부 가옥의 후원에 첨경물로 놓던 기괴한 형상의 돌을 말하는데, 꽃을 심는 화분처럼 석분에 담아 감상한다.

정답 | ②

17
수목 식재 시 수목을 구덩이에 앉히고 난 후 흙을 넣는데 수식(물죔)과 토식(흙죔)이 있다. 다음 중 토식을 실시하기에 적합하지 않은 수종은?

① 목련 ② 전나무
③ 서향 ④ 해송

해설
목련은 천근성 수종이어서 뿌리가 얕고 뿌리분포가 넓어 토식을 하면 뿌리의 통기성이 불량해져 수목이 고사할 수 있다. 전나무, 서향, 해송은 심근성이어서 뿌리가 깊고 뿌리분포가 좁아 토식을 해도 수목생육에 큰 지장이 없다.

정답 | ①

18
20L 들이 분무기 한 통에 1,000배액의 농약 용액을 만들고자 할 때 필요한 농약의 약량은?

① 10mL ② 20mL
③ 30mL ④ 50mL

해설
농약량(mL) = 물(mL) ÷ 배율(%)
물 1L는 1,000mL이므로, 물 20L = 20,000mL이다.
따라서 필요한 농약의 약량은
20,000mL ÷ 1,000(배율 %) = 20mL

정답 | ②

19
축척이 1/5,000인 지도상에서 구한 수평면적이 5cm²라면 지상에서의 실제면적은 얼마인가?

① 1,250m² ② 12,500m²
③ 2,500m² ④ 25,000m²

해설
축척 1/5,000인 지도에서
길이 1cm는 실제로 5,000cm 즉 50m이다.
면적 1cm²는 실제로 (50m)² 즉 2,500m²이다.
그러므로 축척 1/5,000 지도의 면적 5cm²은
실제로 5 × 2,500m² = 12,500m²이다.

정답 | ②

20
어떤 지역의 식물분포가 종(種) 간의 세력다툼과 환경변화에 따라 다른 상태로 점차 바뀌어가는 현상을 무엇이라 하는가?

① 천이 ② 경쟁
③ 교체 ④ 도태

해설
한 지역의 식물군집 혹은 군집을 구성하고 있는 종들이 시간적 흐름에 따라 점차 바뀌어 나아가는 현상을 천이(遷移)라고 한다. 천이가 계속됨에 따라 생태계의 속성이 변해간다.

정답 | ①

21

시멘트의 저장과 관련된 설명 중 ( ) 안에 해당하지 않는 것은?

- 시멘트는 ( )적인 구조로 된 사일로 또는 창고에 품종별로 구분하여 저장하여야 한다.
- 저장 중에 약간이라도 굳은 시멘트는 공사에 사용하지 않아야 하고, ( )개월 이상 장기간 저장한 시멘트는 사용하기에 앞서 재시험을 실시하여 그 품질을 확인한다.
- 포대시멘트를 쌓아서 저장하면 그 질량으로 인해 하부의 시멘트가 고결할 염려가 있으므로 시멘트를 쌓아올리는 높이는 ( )포대 이하로 하는 것이 바람직하다.
- 시멘트의 온도는 일반적으로 ( ) 정도 이하를 사용하는 것이 좋다.

① 방습　　② 6
③ 13　　　④ 50℃

해설

- 시멘트는 (방습)적인 구조로 된 사일로 또는 창고에 저장한다.
- (3)개월 이상 장기간 저장한 시멘트는 재시험을 실시한다.
- 시멘트를 쌓아올리는 높이는 (13)포대 이하로 한다.
- 시멘트 온도는 일반적으로 (50℃) 정도 이하로 한다.

정답 | ②

22

사적지 유형 중 "제사, 신앙에 관한 유적"에 해당하는 것은?

① 도요지　　② 성곽
③ 고궁　　　④ 사당

해설

사당은 조상의 신주를 모시고 제사를 지내던 집을 말하는데, 사우나 가묘라고도 하며 왕실의 사당은 종묘라고 한다.

정답 | ④

23

다음 중 추위에 견디는 힘과 짧은 예취에 견디는 힘이 강하며, 골프장의 그린을 조성하기에 가장 적합한 잔디의 종류는?

① 들잔디　　　　② 벤트그래스
③ 버뮤다그래스　④ 라이그래스

해설

벤트그래스는 가장 품질이 좋은 한지형 잔디로, 서늘할 때에 생육이 왕성하며 한국에서는 3월부터 12월까지 10개월간 푸른 상태를 유지하므로, 주로 골프장의 그린이나 테니스 코트에 쓰인다.

정답 | ②

24

회양목의 설명으로 틀린 것은?

① 낙엽활엽관목이다.
② 잎은 두껍고 타원형이다.
③ 3~4월경에 꽃이 연한 황색으로 핀다.
④ 열매는 삭과로 달걀형이며, 털이 없으며 갈색으로 9~10월에 성숙한다.

해설

회양목은 상록활엽관목이다.

정답 | ①

25

목재가공 작업 과정 중 소지조정, 눈막이(눈메꿈), 샌딩실러 등은 무엇을 하기 위한 것인가?

① 도장　　② 연마
③ 접착　　④ 오버레이

해설

소지조정(바탕처리), 눈막이(눈메꿈), 샌딩실러는 모두 도장을 하기 위한 작업이다.

정답 | ①

26
수목식재에 가장 적합한 토양의 구성비는? (단, 구성은 토양 : 수분 : 공기의 순서임)

① 50% : 25% : 25% ② 50% : 10% : 40%
③ 40% : 40% : 20% ④ 30% : 40% : 30%

해설
토양은 고상(固相)+액상(液相)+기상(氣相)으로 구성되며 수목생육에 적합한 구성비는 50 : 25 : 25이다.

정답 | ①

27
근원직경이 18cm 나무의 뿌리분을 만들려고 한다. 다음 식을 이용하여 소나무 뿌리분의 지름을 계산하면 얼마인가? (단, 공식 24+(N−3)×d, d는 상록수 4, 활엽수 5이다.)

① 80cm ② 82cm
③ 84cm ④ 86cm

해설
뿌리분 지름 산출 공식에서
N은 근원직경(cm)이므로 18cm이고,
소나무는 상록수이므로 d는 4이다.
∴ 24+(18−3)×4=84cm

정답 | ③

28
농약은 라벨과 뚜껑의 색으로 구분하여 표기하고 있는데, 다음 중 연결이 바른 것은?

① 제초제 − 노란색 ② 살균제 − 녹색
③ 살충제 − 파란색 ④ 생장 조절제 − 흰색

해설
방제 대상별 농약 포장지의 색
- 제초제 − 노란색
- 살균제 − 분홍색
- 살충제 − 녹색
- 생장 조절제 − 청색

정답 | ①

29
수목 외과수술의 시공 순서로 옳은 것은?

㉠ 동공 가장자리의 형성층 노출
㉡ 부패부 제거
㉢ 표면 경화처리
㉣ 동공 충진
㉤ 방수처리
㉥ 인공수피 처리
㉦ 소독 및 방부처리

① ㉠−㉥−㉡−㉢−㉣−㉤−㉦
② ㉡−㉦−㉠−㉥−㉤−㉢−㉣
③ ㉠−㉡−㉢−㉣−㉤−㉥−㉦
④ ㉡−㉠−㉦−㉣−㉤−㉢−㉥

해설
수목 외과수술은 일반적으로 ㉡ 부패부 제거 → ㉠ 형성층 노출 → ㉦ 소독 및 방부처리 → ㉣ 동공 충진 → ㉤ 방수처리 → ㉢ 표면 경화처리 → ㉥ 인공수피 처리의 과정으로 이루어진다.

정답 | ④

30
다음 중 아스팔트의 일반적인 특성 설명으로 옳지 않은 것은?

① 비교적 경제적이다.
② 점성과 감온성을 가지고 있다.
③ 물에 용해되고 투수성이 좋아 포장재로 적합하지 않다.
④ 점착성이 크고 부착성이 좋기 때문에 결합재료, 접착재료로 사용한다.

해설
아스팔트는 도로나 공항 활주로, 방수용 재료로 널리 쓰이는 포장재이며, 내구성과 유연성이 뛰어나고 비교적 가격도 저렴한 편이나, 온도 변화에 민감하고 주기적인 관리가 필요하다.

정답 | ③

31
다음 설명에 가장 적합한 수종은?

- 교목으로 꽃이 화려하다.
- 전정을 싫어하고 대기오염에 약하며, 토질을 가리는 결점이 있다.
- 매우 다방면으로 이용되며, 열식 또는 군식으로 많이 식재된다.

① 왕벚나무 ② 수양버들
③ 전나무   ④ 벽오동

해설
보기 가운데 화려한 꽃이 피는 수종은 왕벚나무뿐이다.

정답 | ①

32
다음 설명하는 열경화수지는?

- 강도가 우수하며, 베이클라이트를 만든다.
- 내산성, 전기절연성, 내약품성, 내수성이 좋다.
- 내알칼리성이 약한 결점이 있다.
- 내수합판, 접착제 용도로 사용된다.

① 요소계수지   ② 메타아크릴수지
③ 염화비닐계수지 ④ 페놀계수지

해설
열경화성 수지 중 페놀계수지는 강도와 내산성, 전기절연성, 내약품성과 내수성이 모두 양호하나 알칼리 성분에 약한 단점이 있다.

관련이론 열경화성 수지
- 열을 가하여 경화하고 나면 다시 열을 가해도 형태가 변하지 않는 수지를 말한다.
- 종류: 페놀계수지, 요소계수지, 멜라민수지, 에폭시수지, 우레탄수지 등

정답 | ④

33
우리나라 조경의 특징으로 가장 적합한 설명은?

① 경관의 조화를 중요시하면서도 경관의 대비에 중점
② 급격한 지형변화를 이용하여 돌, 나무 등의 섬세한 사용을 통한 정신세계의 상징화
③ 풍수지리설에 영향을 받으며, 계절의 변화를 느낄 수 있음
④ 바닥포장과 괴석을 주로 사용하여 계속적인 변화와 시각적 흥미를 제공

해설
우리나라 전통조경에서는 배산임수의 풍수적 영향을 받아 뒷산과 연결된 후원이 발달하였으며, 인공적인 변형을 최소화하고 기존 지형과 지세를 활용하여 자연의 흐름을 그대로 받아들이고자 하였다.

정답 | ③

34
중세 클로이스터 가든에 나타나는 사분원(四分園)의 기원이 된 회교 정원 양식은?

① 차하르 바그   ② 페리스타일 가든
③ 아라베스크   ④ 행잉 가든

해설
차하르 바그(Charbagh)는 이란의 이슬람 정원으로, 차하르는 4를 뜻하고 바그는 정원을 뜻하며 코란의 낙원을 상징한다.

선지분석
② 페리스타일 가든: 로마시대 주택의 제2중정
③ 아라베스크: 이슬람 사원의 벽면이나 공예품 장식에서 볼 수 있는 아라비아풍의 기하학적 무늬
④ 행잉(Hanging) 가든: 신 바빌론 시대에 만들었다는 공중정원

정답 | ①

35
소나무류의 순자르기에 대한 설명으로 옳은 것은?

① 10~12월에 실시한다.
② 남길 순도 1/3~1/2 정도로 자른다.
③ 새순이 15cm 이상 길이로 자랐을 때에 실시한다.
④ 나무의 세력이 약하거나 크게 기르고자 할 때 순자르기를 강하게 실시한다.

해설
남길 순은 1/3~1/2 정도만 남겨놓고 자른다.

선지분석
① 순자르기는 매년 5~6월경 실시한다.
③ 순자르기는 새순이 6~9cm 자라난 무렵 실시한다.
④ 나무의 세력이 약하거나 크게 기르고자 할 때 새순을 1~2개만 남기고 나머지 순을 제거한다.

정답 | ②

36
식물의 주요한 표징 중 병원체의 영양기관에 의한 것이 아닌 것은?

① 균사　　② 균핵
③ 포자　　④ 자좌

해설
포자는 곰팡이류에서 무성생식을 위해 형성하는 생식세포를 말한다.

선지분석
① 균사(곰팡이실): 곰팡이류에서 영양생장을 위해 만들어내는 실 모양의 구조를 말한다.
② 균핵: 곰팡이류가 영양기관을 통해 생산하는 원형의 단단한 다세포성 체세포 조직이다.
④ 자좌: 자실체를 형성하는 영양세포의 모체이다.

관련이론 표징(標徵)
병원체 자체가 외부로 노출되어 육안이나 현미경 등으로 쉽게 관찰되는 것을 말한다.

정답 | ③

37
다음은 어떤 색에 대한 설명인가?

> 신비로움, 환상, 성스러움 등을 상징하며 여성스러움을 강조하는 역할을 하기도 하지만, 반면 비애감과 고독감을 느끼게 하기도 한다.

① 빨강　　② 주황
③ 파랑　　④ 보라

해설
보라색은 하늘의 색인 파란색과 인간의 피인 빨간색이 섞인 중간색으로, 하늘의 뜻을 인간에게 전달하는 자(성직자나 권력자)의 존엄한 이미지로 쓰인다. 또한 신비로움과 명상적인 사고를 상징하며 슬픔과 우울, 숭고함과 위엄을 나타낸다.

정답 | ④

38
회색의 시멘트 블록들 가운데에 놓인 붉은 벽돌은 실제의 색보다 더 선명해 보인다. 이러한 현상을 무엇이라고 하는가?

① 색상대비　　② 명도대비
③ 채도대비　　④ 보색대비

해설
채도대비는 채도가 다른 두 색을 대비시켰을 때 색이 더 선명해 보이거나 탁해 보이는 현상이다.

선지분석
① 색상대비: 어떤 색이 다른 색의 영향을 받아서 본래의 색과는 다른 색으로 보이는 현상이다.
② 명도대비: 명도 차이가 나는 두 색을 대비시켰을 때 서로의 영향으로 색의 밝기가 다르게 보이는 현상이다.
④ 보색대비: 보색 관계에 있는 색을 나란히 두고 보았을 때 서로의 영향으로 인해 각각의 색이 보다 강렬하고 선명해 보이는 현상이다.

정답 | ③

39

소형고압블록 포장의 시공방법에 대한 설명으로 옳은 것은?

① 차도용은 보도용에 비해 얇은 두께 6cm의 블록을 사용한다.
② 지반이 약하거나 이용도가 높은 곳은 지반 위에 잡석으로만 보강한다.
③ 블록 깔기가 끝나면 반드시 진동기를 사용해 바닥을 고르게 마감한다.
④ 블록의 최종 높이는 경계석보다 조금 높아야 한다.

선지분석
① 차도용은 보도용에 비해 두께가 두꺼운 블록을 사용한다.
② 지반이 약하거나 이용도가 높은 곳은 잡석과 모래다짐으로 보강한다.
④ 블록의 최종 높이는 경계석과 같은 높이로 마감한다.

정답 | ③

40

식물이 필요로 하는 양분요소 중 미량원소로 옳은 것은?

① O
② K
③ Fe
④ S

해설
철(Fe)은 미량원소에 속한다.

관련이론 양분요소
- 다량원소: 탄소(C), 산소(O), 수소(H), 질소(N), 칼륨(K), 칼슘(Ca), 마그네슘(Mg), 인(P), 황(S)
- 미량원소: 철(Fe), 염소(Cl), 망간(Mn), 아연(Zn), 붕소(B), 구리(Cu), 몰리브덴(Mo), 니켈(Ni)

정답 | ③

41

다음 괄호 안에 들어갈 용어로 맞게 연결된 것은?

> 외력을 받아 변형을 일으킬 때 이에 저항하는 성질로서 외력에 대해 변형을 적게 일으키는 재료는 (㉠)가(이) 큰 재료이다. 이것은 탄성계수와 관계가 있으나 (㉡)와(과)는 직접적인 관계가 없다.

	㉠	㉡
①	강도(Strength)	강성(Stillness)
②	강성(Stillness)	강도(Strength)
③	인성(Toughness)	강성(Stillness)
④	인성(Toughness)	강도(Strength)

해설
강성(Stiffness)은 물체의 변형에 대한 저항 정도를 나타내는 것으로, 강성이 높은 물체는 외부 힘에 대해 변형이 적어 원래의 형태를 유지하지만, 강성이 낮은 물체는 외부 힘이 가해지면 쉽게 변형된다.
강도(Strength)는 물체가 외부의 힘에 얼마나 잘 견딜 수 있는지를 나타내며, 일반적으로 물체의 강도는 힘이나 응력에 대한 저항력으로 측정된다.

정답 | ②

42

조경용 포장재료는 보행자가 안전하고, 쾌적하게 보행할 수 있는 재료가 선정되어야 한다. 다음 선정기준 중 옳지 않은 것은?

① 내구성이 있고, 시공·관리비가 저렴한 재료
② 재료의 질감, 색채가 아름다운 것
③ 재료의 표면 청소가 간단하고, 건조가 빠른 재료
④ 재료의 표면이 태양 광선의 반사가 많고, 보행 시 자연스런 매끄러운 소재

해설
재료의 표면이 태양광선의 반사가 많으면 보행자의 시야를 방해하고 눈부심을 일으키게 되며, 매끄러운 소재는 미끄러질 위험이 크므로 보행용 포장재료로 적합하지 않다.

정답 | ④

43
타일의 동해를 방지하기 위한 방법으로 옳지 않은 것은?

① 붙임용 모르타르의 배합비를 좋게 한다.
② 타일은 소성(燒成)온도가 높은 것을 사용한다.
③ 줄눈 누름을 충분히 하여 빗물의 침투를 방지한다.
④ 타일은 흡수성이 높은 것일수록 잘 밀착되므로 방지 효과가 있다.

해설
타일은 흡수성이 낮은 것일수록 동해 방지 효과가 크다.

정답 | ④

44
친환경적 생태하천에 호안을 복구하고자 할 때 생물의 종다양성과 자연성 향상을 위해 이용되는 소재로 가장 부적합한 것은?

① 섶단
② 소형고압블록
③ 돌망태
④ 야자롤

해설
친환경 생태복원을 위해서는 가급적 자연소재를 활용하여야 한다. 따라서 소형고압블록이 가장 부적합하다.

정답 | ②

45
제초제 1,000ppm은 몇 %인가?

① 0.01%
② 0.1%
③ 1%
④ 10%

해설
ppm(parts per million)은 1백만분의 1을 의미한다.
1,000ppm은 1,000/1,000,000이므로
1/1,000 즉 0.1%가 된다.

정답 | ②

46
수집된 자료를 종합한 후에 이를 바탕으로 개략적인 계획안을 결정하는 단계는?

① 목표설정
② 기본구상
③ 기본설계
④ 실시설계

해설
기본구상은 수집한 자료를 종합하여 개발 방향을 설정하는 단계이다.

선지분석
① 목표설정: 계획 및 설계 범위를 설정하고 달성하고자 하는 목표를 명확히 하는 단계이다.
③ 기본설계: 기본구상을 바탕으로 설계의 세부적인 내용을 결정하는 단계이다.
④ 실시설계: 기본설계를 바탕으로 공사시행을 위한 상세설계를 작성하는 단계이다.

정답 | ②

47
실리카질 물질(SiO_2)을 주성분으로 하여 그 자체는 수경성(Hydraulicity)이 없으나 시멘트의 수화에 의해 생기는 수산화칼슘[$Ca(OH)_2$]과 상온에서 서서히 반응하여 불용성의 화합물을 만드는 광물질 미분말의 재료는?

① 실리카흄
② 고로슬래그
③ 플라이애시
④ 포졸란

해설
포졸란(Pozzolan)은 화산재나 화산암의 풍화물로, 가용성 규산을 많이 포함하고 있어 그 자체로는 수경성(물과 반응하여 굳어지는 성질)이 없으나, 물과 함께 석회와 화합하면 굳어지므로 시멘트 혼화제로 널리 쓰인다.

정답 | ④

48
조경미의 원리 중 대비가 불러오는 심리적 자극으로 가장 거리가 먼 것은?

① 반대 ② 대립
③ 변화 ④ 안정

해설
대비는 크기나 형태, 색상이나 질감, 재료 등 서로 다른 요소를 가진 물체를 나란히 배치하였을 때 상호비교를 통해 조화되어 보이는 효과를 말하며, 일정한 긴장관계를 형성하므로 안정과는 거리가 멀다.

정답 | ④

49
목재의 치수 표시방법으로 맞지 않는 것은?

① 제재 치수   ② 제재 정치수
③ 중간 치수   ④ 마무리 치수

해설
중간 치수는 목재의 치수 표시방법에 해당되지 않는다.

선지분석
① 제재 치수: 원목을 제재한 뒤 가공하지 않은 상태의 치수로서, 주로 구조재와 일반재 치수로 사용한다.
② 제재 정치수: 제재목을 톱질 후 측정한 실제 치수로서, 특수 수장재나 가구재 치수로 사용한다.
④ 마무리 치수: 제재목을 치수에 맞추어 깎고 다듬은 뒤 대패질로 마무리한 치수로서, 창호재나 정밀 가구재 치수로 사용한다.

정답 | ③

50
다음 중 주택 정원에 식재하여 여름에 꽃을 감상할 수 있는 수종은?

① 식나무   ② 능소화
③ 진달래   ④ 수수꽃다리

해설
능소화는 여름에 나팔처럼 벌어진 연한 주황색 꽃이 핀다.

정답 | ②

51
다음 중 9월 중순~10월 중순에 성숙된 열매색이 흑색인 것은?

① 마가목   ② 살구나무
③ 남천   ④ 생강나무

해설
생강나무는 콩알만한 둥근 열매가 9월에 녹색 → 황색 → 홍색 → 흑색으로 변하면서 익는다.

선지분석
① 마가목: 둥근 열매가 9~10월에 붉은색으로 익는다.
② 살구나무: 둥근 열매가 6~7월에 황색으로 익는다.
③ 남천: 붉은 열매가 10월에 다발로 열린다.

정답 | ④

52
크기가 지름 20~30cm 정도의 것이 크고 작은 알로 고루고루 섞여져 있으며 형상이 고르지 못한 깬돌이라 설명하기도 하며, 큰 돌을 깨서 만드는 경우도 있어 주로 기초용으로 사용하는 석재의 분류명은?

① 산석   ② 이면석
③ 잡석   ④ 판석

해설
잡석은 지름 20~30cm 정도의 부정형 막돌로서 기초 다짐이나 바닥 콘크리트 지정 등에 쓰인다.

정답 | ③

53

식물의 아래 잎에서 황화현상이 일어나고 심하면 잎 전면에 나타나며, 잎이 작지만 잎수가 감소하며 초본류의 초장이 작아지고 조기 낙엽이 비료결핍의 원인이라면 어느 비료 요소와 관련된 설명인가?

① P　　　　　② N
③ Mg　　　　 ④ K

해설

질소(N)는 식물생장의 필수양분 중 하나이다. 질소가 부족하면 잎이 작아지고 잎수가 감소할 뿐만 아니라, 잎의 색깔이 옅어지고 초본류의 초장이 작아지며 조기 낙엽이 발생한다.

정답 | ②

54

석재판(板石) 붙이기 시공법이 아닌 것은?

① 습식공법　　　② 건식공법
③ FRP공법　　　 ④ GPC공법

해설

FRP(Fiber-Reinforced Plastic)는 섬유로 강화한 플라스틱 제조 공법으로 석재판 붙이기 시공법이 아니다.

선지분석

① 습식공법: 모르타르를 벽면에 바르고 그 위에 돌을 붙이는 방법
② 건식공법: 물을 사용하지 않고 돌을 붙이는 방법
④ GPC(Granite veneer Precast Concrete)공법: 석재 뒷면에 철물을 고정시킨 후 콘크리트를 타설하는 방법

정답 | ③

55

정원의 구성 요소 중 점적인 요소로 구별되는 것은?

① 원로　　　　　② 생울타리
③ 냇물　　　　　④ 휴지통

해설

보기 중 점적인 요소는 휴지통이다.
- 점적 요소: 단독으로 설치되는 규모가 아주 작은 요소
- 선적 요소: 이동 통로나 경계와 같이 연속된 요소
- 면적 요소: 상대적으로 넓은 면적을 차지하는 일정 범위의 요소

정답 | ④

56

다음 중 재료의 할증률이 다른 것은?

① 목재(각재)　　　② 시멘트벽돌
③ 원형철근　　　　④ 합판(일반용)

해설

목재 중 각재, 시멘트벽돌, 원형철근의 할증률은 5%이고, 일반용 합판의 할증률은 3%이다.

관련이론 할증

재료의 산출량에 운반, 저장, 절단, 가공 및 시공과정에서 발생하는 손실량을 예측하여 더해주는 것을 말한다.

정답 | ④

57
조경관리 방식 중 직영방식의 장점에 해당하지 않는 것은?

① 긴급한 대응이 가능하다.
② 관리실태를 정확하게 파악할 수 있다.
③ 애착심을 가지므로 관리효율의 향상을 꾀한다.
④ 규모가 큰 시설 등의 관리를 효율적으로 할 수 있다.

해설
직영방식은 자체 인력만으로 관리하는 것이므로, 규모가 커질 경우 전문성 확보와 인력 조달이 어려워 작업효율이 떨어진다.

정답 | ④

58
다음 중 토사붕괴의 예비책으로 틀린 것은?

① 지하수위를 높인다.
② 적절한 경사면의 기울기를 계획한다.
③ 활동할 가능성이 있는 토석은 제거하여야 한다.
④ 말뚝(강관, H형강, 철근콘크리트)을 타입하여 지반을 강화시킨다.

해설
지하수위가 높으면 지하수가 유입되고 지반이 불안정해져 붕괴 가능성이 높아진다.

정답 | ①

59
병의 발생에 필요한 3가지 요인을 정량화하여 삼각형의 각 변으로 표시하고 이들 상호관계에 의한 삼각형의 면적을 발병량으로 나타내는 것을 병삼각형이라 한다. 여기에 포함되지 않는 것은?

① 병원체   ② 환경
③ 기주   ④ 저항성

해설
병삼각형은 식물병의 발생에 관여하는 3대 요소인 기주, 병원체, 환경의 상호관계를 삼각형으로 나타낸 것으로, 삼각형의 크기는 병 발생량을 뜻한다.

정답 | ④

60
물체를 투상면에 대하여 한쪽으로 경사지게 투상하여 입체적으로 나타낸 것으로 다음 그림과 같은 것은?

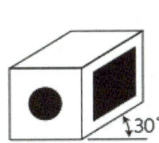 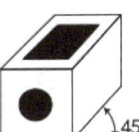 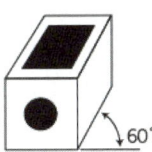

① 사투상도   ② 투시투상도
③ 등각투상도   ④ 부등각투상도

해설
사투상도는 기준선 위에 물체 정면을 실물과 같은 모양으로 그린 뒤, 한 꼭짓점을 잡아 기준선과 일정 각을 이루는 경사선을 긋고, 그 위에 물체의 안쪽 길이를 그려서 나타내는 그림을 말하며, 액소노메트릭(Axonometric)이라고도 한다.

정답 | ①

2016년 4회 기출문제

제1과목 조경일반

01
조선시대 궁궐이나 상류주택 정원에서 가장 독특하게 발달한 공간은?

① 전정
② 후정
③ 주정
④ 중정

해설
유교적 도덕관념에 의해 조선시대에는 여성의 외부활동이 크게 제한되어 여성이 거주하는 후정(뒤뜰)에 화계(계단식 화단)를 만들어 감상하였다.

정답 | ②

02
영국 튜터왕조에서 유행했던 화단으로, 낮게 깎은 회양목 등으로 화단을 여러 가지 기하학적 문양으로 구획 짓는 것은?

① 기식화단
② 매듭화단
③ 카펫화단
④ 경재화단

해설
15~16세기 영국 튜더(Tudor)왕조는 당시 유럽 전역에 유행하던 이탈리아 정원의 정형적 형식을 도입하였다. 그 가운데 하나인 매듭화단은 소관목을 낮게 전정하여 매듭 모양으로 가꾸는 형태를 말한다.

관련이론 화단의 종류 및 특성

종류	특성
기식화단 (모둠화단)	사방에서 볼 수 있도록 가운데를 높여 중앙부는 키가 큰 초화를 심고, 주변부로 갈수록 낮은 초화로 조성하는 입체화단
매듭화단	수고(樹高)가 낮은 상록 소관목으로 마치 매듭 장식을 하듯 꾸민 화단
카펫화단	지면에 양탄자를 깔듯, 지피식물 혹은 초화류를 식재하여 기하학적 문양으로 화려하고 복잡하게 장식한 화단
경재화단	가늘고 긴 형태로 한쪽 방향에서만 관상할 수 있는 화단

정답 | ②

03
중정(Patio)식 정원의 가장 대표적인 특징은?

① 토피어리
② 색채 타일
③ 동물 조각품
④ 수렵장

해설
중정식 정원은 중세 유럽 수도원의 정원에서 쉽게 발견할 수 있는 유형으로서 화려한 화목류나 동물 형상을 지양하고, 기독교적 상징을 담은 색채 타일로 바닥이나 벽면을 장식하였다.

정답 | ②

04
16세기 무굴제국의 인도정원과 가장 관련이 깊은 것은?

① 타지마할
② 퐁텐블로
③ 클로이스터
④ 알함브라 궁원

해설
타지마할은 인도 무굴제국의 황제 샤자한(Shah Jahan)이 황후 뭄타즈 마할(Mumtaz Mahal)의 죽음을 추모하여 만든 묘지 정원이다.

선지분석
② 16세기에 만들어진 프랑스 평면기하학식 정원
③ 중세 유럽 수도원 정원의 중정식 정원
④ 스페인을 침공한 무어(Moor)인들이 만든 이슬람정원

정답 | ①

05

이탈리아의 노단 건축식 정원, 프랑스의 평면기하학식 정원 등은 자연환경 요인 중 어떤 요인의 영향을 가장 크게 받아 발생한 것인가?

① 기후　　　　② 지형
③ 식물　　　　④ 토지

해설

조경 양식에 영향을 미치는 요인들은 매우 다양하나 이 가운데 지형과 지세가 미치는 영향은 결정적이다.
- 산악국가인 이탈리아는 경사지의 절·성토를 통해 노단식(Terrace) 정원을 발달시켰다.
- 대평원지역에 위치한 프랑스는 평지에 인공적인 질서를 부여하고자 축을 활용한 평면기하학식 정원을 발달시켰다.

정답 | ②

06

중국 청나라 시대 대표적인 정원이 아닌 것은?

① 원명원 이궁　　② 이화원 이궁
③ 졸정원　　　　④ 승덕 피서산장

해설

원명원, 이화원, 피서산장은 청나라 황실이 소유한 대표적인 정원이며, 졸정원은 명나라 때 관리를 지낸 왕헌신이 조성한 민가 정원이다.

정답 | ③

07

정원요소로 징검돌, 물통, 세수통, 석등 등의 배치를 중시하던 일본의 정원 양식은?

① 다정원　　　　② 침전조 정원
③ 축산고산수 정원　　④ 평정고산수 정원

해설

다정원은 차를 마시기 위해 조성한 정원으로, 깊은 산속에 들어온 듯한 느낌이 들도록 수수하게 꾸미는 것이 특징이다.

정답 | ①

08

다음 중 창경궁(昌慶宮)과 관련이 있는 건물은?

① 만춘전　　　　② 낙선재
③ 함화당　　　　④ 사정전

해설

낙선재는 조선시대 헌종이 지어 머물던 전각으로, 현재는 창덕궁에 속하나 본시는 창경궁에 속한 전각이었다. 만춘전, 함화당, 사정전은 경복궁의 전각이다.

정답 | ②

09
메소포타미아의 대표적인 정원은?

① 베다사원　　② 베르사이유 궁전
③ 바빌론의 공중정원　　④ 타지마할 사원

해설

공중정원(Hanging garden)은 B.C 6세기 신바빌론 시대의 네브카드네자르 2세가 왕비 아미티스를 위해 조성한 정원으로 알려져 있으며, 고대 7대 불가사의 중 하나이다. B.C 5세기경 이곳을 방문한 고대 그리스의 역사가 헤로도토스가 마치 공중에 매달려 있는 것 같다고 기록하였다.

정답 | ③

10
경관요소 중 높은 지각 강도(A)와 낮은 지각 강도(B)의 연결이 옳지 않은 것은?

	A	B
①	수평선	사선
②	따뜻한 색채	차가운 색채
③	동적인 상태	고정된 상태
④	거친 질감	섬세하고 부드러운 질감

해설

지각 강도가 높다는 말은 쉽게 눈에 띈다는 의미인데, 수평적 요소는 일반적으로 지각이 어렵다.

정답 | ①

11
국토교통부장관이 규정에 의하여 공원녹지기본계획을 수립 시 종합적으로 고려해야 하는 사항으로 가장 거리가 먼 것은?

① 장래 이용자의 특성 등 여건의 변화에 탄력적으로 대응할 수 있도록 할 것
② 공원녹지의 보전·확충·관리·이용을 위한 장기발전 방향을 제시하여 도시민들의 쾌적한 삶의 기반이 형성되도록 할 것
③ 광역도시계획, 도시·군기본계획 등 상위계획의 내용과 부합되어야 하고 도시·군기본계획의 부문별 계획과 조화되도록 할 것
④ 체계적·독립적으로 자연환경의 유지·관리와 여가활동의 장은 분리 형성하여 인간으로부터 자연의 피해를 최소화할 수 있도록 최소한의 제한적 연결망을 구축할 수 있도록 할 것

해설

도시공원 및 녹지 등에 관한 법률 시행령 제6조 제1항 제4호
체계적·지속적으로 자연환경을 유지·관리하여 여가활동의 장이 형성되고 인간과 자연이 공생할 수 있는 연결망을 구축할 수 있도록 한다.

정답 | ④

12
다음 중 좁은 의미의 조경 또는 조원으로 가장 적합한 설명은?

① 복잡 다양한 근대에 이르러 적용되었다.
② 기술자를 조경가라 부르기 시작하였다.
③ 정원을 포함한 광범위한 옥외공간 전반이 주대상이다.
④ 식재를 중심으로 한 전통적인 조경기술로 정원을 만드는 일만을 말한다.

해설

근대적 의미의 조경이라는 용어가 사용되기 이전까지 조경의 역할은 주로 정원을 만드는 일(Gardening)에 한정되었다.

정답 | ④

13

수목 또는 경사면 등의 주위 경관 요소들에 의하여 자연스럽게 둘러싸여 있는 경관을 무엇이라 하는가?

① 파노라마경관 ② 지형경관
③ 위요경관 ④ 관개경관

해설

위요(圍繞)라는 말은 '둘러싼다'는 의미이다.

정답 | ③

14

조경양식에 대한 설명으로 틀린 것은?

① 조경양식에는 정형식, 자연식, 절충식 등이 있다.
② 정형식 조경은 영국에서 처음 시작된 양식으로 비스타 축을 이용한 중앙 광로가 있다.
③ 자연식 조경은 동아시아에서 발달한 양식이며 자연 상태 그대로를 정원으로 조성한다.
④ 절충식 조경은 한 장소에 정형식과 자연식을 동시에 지니고 있는 조경양식이다.

해설

정형식 조경은 고대로부터 이어온 서양 정원의 오래된 전통이라 할 수 있다.

정답 | ②

15

도시기본구상도의 표시기준 중 노란색은 어느 용지를 나타내는 것인가?

① 주거용지 ② 관리용지
③ 보존용지 ④ 상업용지

해설

주거용지는 노란색으로 표시한다.

관련이론 도시기본구상도의 표시기준

- 주거용지 — 노란색
- 상업용지 — 분홍색
- 공업용지 — 보라색
- 관리용지 — 갈색
- 보전용지 — 옅은 연두색
- 개발제한구역 — 옅은 파란색

정답 | ①

제2과목 조경재료

16

다음 그림과 같은 정투상도(제3각법)의 입체로 맞는 것은?

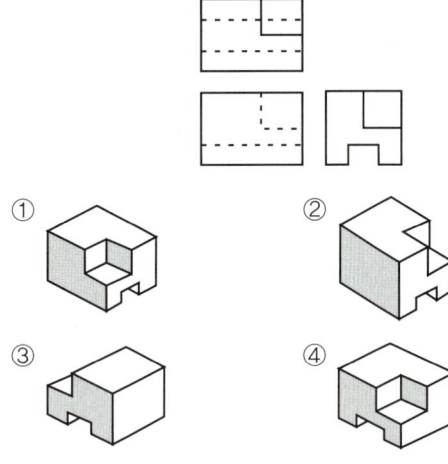

해설

정투상도에서 가운데 그림은 정면도, 위쪽 그림은 평면도, 오른쪽 그림은 측면도를 나타낸다.

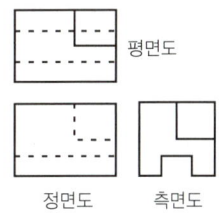

정답 | ②

17

가법혼색에 관한 설명으로 틀린 것은?

① 2차색은 1차색에 비하여 명도가 높아진다.
② 빨강 광원에 녹색 광원을 흰 스크린에 비추면 노란색이 된다.
③ 가법혼색의 삼원색을 동시에 비추면 검정이 된다.
④ 파랑에 녹색 광원을 비추면 시안(Cyan)이 된다.

해설

가법혼색은 빛의 3원색인 빨강, 초록, 파랑을 모두 합치면 백색이 되는 것과 같이 색을 섞을 때 혼합한 색이 원래의 색보다 명도가 높아지는 것을 말한다.

정답 | ③

18

다음 중 직선의 느낌으로 가장 부적합한 것은?

① 여성적이다.   ② 굳건하다.
③ 딱딱하다.   ④ 긴장감이 있다.

해설

직선은 강인하고 딱딱하며 긴장감을 불러일으키고 남성적 이미지를 연상시킨다.

정답 | ①

19

건설재료 단면의 경계표시 기호 중 지반면(흙)을 나타낸 것은?

선지분석

④ 지반(흙)
① 자갈
② 치장용 벽돌
③ 잡석

정답 | ④

20

[보기]의 ( ) 안에 적합한 쥐똥나무 등을 이용한 생울타리용 관목의 식재간격은?

> 조경설계기준 상의 생울타리용 관목의 식재 간격은 (~)m, 2~3줄을 표준으로 하되, 수목 종류와 식재 장소에 따라 식재 간격이나 줄 숫자를 적정하게 조정해서 시행해야 한다.

① 0.14 ~ 0.20   ② 0.25 ~ 0.75
③ 0.8 ~ 1.2   ④ 1.2 ~ 1.5

해설

조경설계기준 상의 생울타리용 관목의 식재 간격은 0.25~0.75m, 2~3줄을 표준으로 한다.

정답 | ②

21

일반적인 합성수지(Plastics)의 장점으로 틀린 것은?

① 열전도율이 높다.
② 성형가공이 쉽다.
③ 마모가 적고 탄력성이 크다.
④ 우수한 가공성으로 성형이 쉽다.

해설

합성수지는 일반적으로 열전도율이 낮고 전기절연성(전기가 통하지 않는 성질)이 높은 장점이 있다.

정답 | ①

22
[보기]에 해당하는 도장공사의 재료는?

> - 초화면(硝化綿)과 같은 용제에 용해시킨 섬유계 유도체를 주성분으로 하고 여기에 합성수지, 가소제와 안료를 첨가한 도료이다.
> - 건조가 빠르고 도막이 견고하여 광택이 좋고 연마가 용이하며, 불점착성·내마멸성·내수성·내유성·내후성 등이 강한 고급 도료이다.
> - 결점으로는 도막이 얇고 부착력이 약하다.

① 유성페인트 ② 수성페인트
③ 래커 ④ 니스

해설
래커(Lacquer)는 질산셀룰로스를 주성분으로 하는 도료이다. 건조가 빠르고, 잘 썩지 않으며, 물에도 강하고, 쉽게 닳지 않아 도장재료로 널리 쓰인다.

정답 | ③

23
변성암의 종류에 해당하는 것은?

① 사문암 ② 섬록암
③ 안산암 ④ 화강암

해설
변성암은 원래의 암석이 높은 열과 압력을 받아 성질이 변한 것을 말하며, 사문암은 감람석이나 휘석이 변하여 생성된 암석이다.

정답 | ①

24
일반적으로 목재의 비중과 가장 관련이 있으며, 목재 성분 중 수분을 공기 중에서 제거한 상태의 비중을 말하는 것은?

① 생목비중 ② 기건비중
③ 함수비중 ④ 절대 건조비중

선지분석
① 생목비중: 벌목 직후 생재(生材)의 비중
③ 함수비중: 목재에 수분이 포함된 상태에서의 비중
④ 절대 건조비중: 100~105℃ 온도에서 수분을 완전히 건조시킨 전건재(물기 없이 완전히 말린 목재) 비중

정답 | ②

25
조경에서 사용되는 건설재료 중 콘크리트의 특징으로 옳은 것은?

① 압축강도가 크다.
② 인장강도와 휨강도가 크다.
③ 자체 무게가 적어 모양 변경이 쉽다.
④ 시공과정에서 품질의 양부를 조사하기 쉽다.

해설
콘크리트는 압축강도가 크지만 인장강도와 휨강도가 약한 단점이 있다.

정답 | ①

26
시멘트의 제조 시 응결시간을 조절하기 위해 첨가하는 것은?

① 광재 ② 점토
③ 석고 ④ 철분

해설
석고는 시멘트의 응결을 늦추기 위해 사용한다.

정답 | ③

27
타일붙임재료의 설명으로 틀린 것은?

① 접착력과 내구성이 강하고 경제적이며 작업성이 있어야 한다.
② 종류는 무기질 시멘트 모르타르와 유기질 고무계 또는 에폭시계 등이 있다.
③ 경량으로 투수율과 흡수율이 크고, 형상·색조의 자유로움 등이 우수하나 내화성이 약하다.
④ 접착력이 일정 기준 이상 확보되어야만 타일의 탈락현상과 동해에 의한 내구성의 저하를 방지할 수 있다.

해설
석고 타일은 점토를 구워 만든 도자기의 일종이므로, 투수성과 흡수성이 낮은 반면 내화성이 강하다.

정답 | ③

28
미장 공사 시 미장재료로 활용될 수 없는 것은?

① 견치석   ② 석회
③ 점토   ④ 시멘트

해설
견치석은 개의 송곳니를 닮아 붙여진 이름으로, 옹벽이나 석축 쌓기에 사용되는 석재이다.

정답 | ①

29
알루미늄의 일반적인 성질로 틀린 것은?

① 열의 전도율이 높다.
② 비중은 약 2.7 정도이다.
③ 전성과 연성이 풍부하다.
④ 산과 알칼리에 특히 강하다.

해설
알루미늄은 백색의 가볍고 가공성이 좋은 경금속으로, 외부의 힘을 가하면 얇게 펴지는 전성과 늘어나는 성질인 연성이 우수한 반면, 내화학성이 약하다.

정답 | ④

30
콘크리트 혼화재의 역할 및 연결이 옳지 않은 것은?

① 단위수량, 단위시멘트량의 감소: AE감수제
② 작업성능이나 동결융해 저항성능의 향상: AE제
③ 강력한 감수효과와 강도의 대폭 증가: 고성능감수제
④ 염화물에 의한 강재의 부식을 억제: 기포제

해설
기포제는 콘크리트 타설 시 콘크리트의 중량, 밀도, 강도 등을 조절하기 위해 거품을 만드는 혼화제이다.

정답 | ④

31
공원식재 시공 시 식재할 지피식물의 조건으로 가장 거리가 먼 것은?

① 관리가 용이하고 병충해에 잘 견뎌야 한다.
② 번식력이 왕성하고 생장이 비교적 빨라야 한다.
③ 성질이 강하고 환경조건에 대한 적응성이 넓어야 한다.
④ 토양까지의 강수 전단을 위해 지표면을 듬성듬성 피복하여야 한다.

해설
지피식물은 지면을 촘촘하게 피복하여야 한다.

정답 | ④

32
줄기가 아래로 늘어지는 생김새의 수간을 가진 나무의 모양을 무엇이라 하는가?

① 쌍간   ② 다간
③ 직간   ④ 현애

해설
현애(懸崖)는 깎아지른 절벽을 뜻하며, 줄기가 수직으로 길게 늘어지는 수형을 지칭한다.

정답 | ④

33
다음 중 광선(光線)과의 관계상 음수(陰樹)로 분류하기 가장 적합한 것은?

① 박달나무　② 눈주목
③ 감나무　　④ 배롱나무

해설
눈주목(주목류)은 대표적인 음수이다.

정답 | ②

34
가죽나무가 해당되는 과(科)는?

① 운향과　　② 멀구슬나무과
③ 소태나무과　④ 콩과

해설
가죽나무는 소태나무과에 속하며, 가중나무라고 부르기도 한다.

정답 | ③

35
고로쇠나무와 복자기에 대한 설명으로 옳지 않은 것은?

① 복자기의 잎은 복엽이다.
② 두 수종은 모두 열매는 시과이다.
③ 두 수종은 모두 단풍색이 붉은색이다.
④ 두 수종은 모두 과명이 단풍나무과이다.

해설
복자기는 짙은 붉은색 단풍이 들지만, 고로쇠나무는 노란색 단풍이 든다.

정답 | ③

제3과목　조경 시공 및 관리

36
수피에 아름다운 얼룩무늬가 관상 요소인 수종이 아닌 것은?

① 노각나무　② 모과나무
③ 배롱나무　④ 자귀나무

해설
자귀나무는 얼룩무늬가 아닌 검은색 수피를 띈다.

정답 | ④

37
열매를 관상 목적으로 하는 조경수목 중 열매색이 적색(홍색) 계열이 아닌 것은? (단, 열매색의 분류: 황색, 적색, 흑색)

① 주목　　② 화살나무
③ 산딸나무　④ 굴거리나무

해설
굴거리나무의 열매색은 흑색 계열이다.

정답 | ④

38
흰말채나무의 특징 설명으로 틀린 것은?

① 노란색의 열매가 특징적이다.
② 층층나무과로 낙엽활엽관목이다.
③ 수피가 여름에는 녹색이나 가을, 겨울철의 붉은 줄기가 아름답다.
④ 잎은 대생하며 타원형 또는 난상타원형이고, 표면에 작은 털이 있으며 뒷면은 흰색의 특징을 갖는다.

해설
흰말채나무의 열매는 흰색이다.

정답 | ①

39
수목식재에 가장 적합한 토양의 구성비는? (단, 구성은 토양 : 수분 : 공기의 순서임)

① 50% : 25% : 25% ② 50% : 10% : 40%
③ 40% : 40% : 20% ④ 30% : 40% : 30%

해설
토양은 고상(固相)+액상(液相)+기상(氣相)으로 구성되며 수목생육에 적합한 구성비는 50 : 25 : 25이다.

정답 | ①

40
차량 통행이 많은 지역의 가로수로 가장 부적합한 것은?

① 은행나무   ② 층층나무
③ 양버즘나무 ④ 단풍나무

해설
단풍나무는 지하고(지상에서 가장 낮은 가지까지의 높이)가 낮아 운전자와 보행자의 시선을 가리므로 가로수로는 부적합하다.

정답 | ④

41
지주목 설치에 대한 설명으로 틀린 것은?

① 수피와 지주가 닿은 부분은 보호조치를 취한다.
② 지주목을 설치할 때에는 풍향과 지형 등을 고려한다.
③ 대형목이나 경관상 중요한 곳에는 당김줄형을 설치한다.
④ 지주는 뿌리 속에 박아 넣어 견고히 고정되도록 한다.

해설
지주목은 견고히 설치해야 하지만 뿌리가 다치지 않도록 주의해야 한다.

정답 | ④

42
조경공사의 유형 중 환경생태복원 녹화공사에 속하지 않는 것은?

① 분수공사
② 비탈면녹화공사
③ 옥상 및 벽체녹화공사
④ 자연하천 및 저수지공사

해설
분수는 수경시설로서 생태복원과는 무관하다.

정답 | ①

43
수목의 가식 장소로 적합한 곳은?

① 배수가 잘 되는 곳
② 차량출입이 어려운 한적한 곳
③ 햇빛이 잘 안 들고 점질 토양인 곳
④ 거센 바람이 불거나 흙 입자가 날려 잎을 덮어 보온이 가능한 곳

해설
수목 가식은 운반이 용이하고 배수가 잘되는 사질토양이면서, 강풍을 막을 수 있는 그늘진 곳이 적합하다.

관련이론 가식(假植)
종자, 모종 등을 제자리에 심을 때까지 임시로 다른 곳에 심는 것을 말한다.

정답 | ①

44
수목의 잎 조직 중 가스교환을 주로 하는 곳은?

① 책상조직 ② 엽록체
③ 표피 ④ 기공

해설
잎이나 줄기의 겉껍질에 있는 호흡과 증산 작용을 담당하는 기관을 기공이라 한다.

정답 | ④

45
곤충이 빛에 반응하여 일정한 방향으로 이동하려는 행동습성은?

① 주광성(Phototaxis) ② 주촉성(Thigmotaxis)
③ 주화성(Chemotaxis) ④ 주지성(Geotaxis)

선지분석
① 주광성: 빛에 반응하는 성질
② 주촉성: 고형물에 반응하는 성질
③ 주화성: 화학물질에 반응하는 성질
④ 주지성: 중력에 반응하는 성질

정답 | ①

46
대추나무 빗자루병에 대한 설명으로 틀린 것은?

① 마름무늬매미충에 의하여 매개 전염된다.
② 각종 상처, 기공 등의 자연개구를 통하여 침입한다.
③ 잔가지와 황록색의 아주 작은 잎이 밀생하고, 꽃봉오리가 잎으로 변화된다.
④ 전염된 나무는 옥시테트라사이클린 항생제를 수간 주입한다.

해설
빗자루병은 대추나무의 대표적인 병으로, 매개충과 영양번식체를 통해 전염된다. 감염목은 옥시테트라사이클린 수화제 200배액을 수간 주사하여 방제한다.

정답 | ②

47
멀칭재료는 유기질, 광물질 및 합성재료로 분류할 수 있다. 유기질 멀칭재료에 해당하지 않는 것은?

① 볏짚 ② 마사
③ 우드 칩 ④ 톱밥

해설
멀칭(Mulching)은 식물을 유기물(잎이나 볏짚, 톱밥 따위)로 덮어주는 것이다. 마사는 모래를 주성분으로 하는 토양의 일종이므로 유기질 멀칭재료에 해당하지 않는다.

정답 | ②

48
1차 전염원이 아닌 것은?

① 균핵 ② 분생포자
③ 난포자 ④ 균사속

해설
균류의 전염원은 균류 번식과 직접 관련한 기관에 작용하나, 무성생식으로 증식하는 분생포자는 질병을 일으키는 1차 전염원이 아니다.

관련이론 수목 병해의 전염원
- 1차 전염원: 겨우내 휴면상태로 생존하였다가 봄에 감염을 일으키는 전염원
- 2차 전염원: 1차 감염으로부터 형성되는 감염원

정답 | ②

49
살충제에 해당되는 것은?

① 베노밀 수화제
② 페니트로티온 유제
③ 글리포세이트암모늄 액제
④ 아시벤졸라-에스-메틸·만코제브 수화제

선지분석
① 베노밀 수화제: 살균제
③ 글리포세이트암모늄 액제: 제초제
④ 아시벤졸라-에스-메틸·만코제브 수화제: 살균제

정답 | ②

50
여름용(남방계) 잔디라고 불리며, 따뜻하고 건조하거나 습윤한 지대에서 주로 재배되는데 하루 평균기온이 10℃ 이상이 되는 4월 초순부터 생육이 시작되어 6~8월의 25~35℃ 사이에서 가장 생육이 왕성한 것은?

① 켄터키블루그래스
② 버뮤다그래스
③ 라이그래스
④ 벤트그래스

해설
여름용 잔디는 난지형 잔디로서 버뮤다그래스가 이에 해당한다. 나머지 보기는 사철 푸르름을 유지하는 한지형 잔디이다.

정답 | ②

51
다음 설명에 적합한 조경 공사용 기계는?

- 운동장이나 광장과 같이 넓은 대지나 노면을 판판하게 고르거나 필요한 흙 쌓기 높이를 조절하는 데 사용
- 길이 2~3m, 나비 30~50cm의 배토판으로 지면을 긁어 가면서 작업
- 배토판은 상하좌우로 조절할 수 있으며, 각도를 자유롭게 조절할 수 있기 때문에 지면을 고르는 작업 이외에 언덕 깎기, 눈치기, 도랑파기 작업 등도 가능

① 모터 그레이더
② 차륜식 로더
③ 트럭 크레인
④ 진동 컴팩터

해설
모터 그레이더는 정지공사(땅을 고르게 만드는 공사)에 사용되는 굴착기의 일종이다. 로더와 크레인은 운반 기계이며, 컴팩터는 다짐 기계로 분류된다.

정답 | ①

52
콘크리트용 혼화재료에 관한 설명으로 옳지 않은 것은?

① 포졸란은 시공연도를 좋게 하고 블리딩과 재료분리 현상을 저감시킨다.
② 플라이애시와 실리카흄은 고강도 콘크리트 제조용으로 많이 사용된다.
③ 알루미늄 분말과 아연 분말은 방동제로 많이 사용되는 혼화제이다.
④ 염화칼슘과 규산소오다 등은 응결과 경화를 촉진하는 혼화제로 사용된다.

해설
알루미늄 분말과 아연 분말은 기포제로 사용되며, 방동제 혹은 방한제로는 염화칼슘이 주로 사용된다.

정답 | ③

96

농약의 사용목적에 따른 분류 중 응애류에만 효과가 있는 것은?

① 살충제 ② 살균제
③ **살비제** ④ 살초제

해설

살비제(Acaricide)란 응애류를 방제하기 위해 사용하는 약제이다.

97

토공사에서 터파기할 양이 100m³, 되메우기양이 70m³일 때 실질적인 잔토처리량(m³)은? (단, L=1.1, C=0.8이다.)

① 24 ② 30
③ **33** ④ 39

해설

잔토처리량＝터파기량－되메우기량
$100-70=30m^3$
하지만 이는 자연상태를 기준으로 한 것이며, 실질적인 잔토처리량은 흐트러진 상태로 부피가 늘어나므로 토량환산계수(L)를 곱한다.
∴ $30 \times 1.1 = 33m^3$

98

관상하기에 편리하도록 땅을 1~2m 깊이로 파내려가 평평한 바닥을 조성하고, 그 바닥에 화단을 조성한 것은?

① 기식화단 ② 모둠화단
③ 양탄자화단 ④ **침상화단**

해설

침상(沈床; 가라앉을 침, 자리 상)화단은 관상효과를 높이기 위해 지면보다 약 1~2m 낮게 만든 화단이다. 주로 공공 정원, 궁궐, 대학 캠퍼스 등에서 시선을 집중시키고 공간을 분리하기 위해 조성한다.

99

그림과 같은 뿌리분 새끼감기의 방법은?

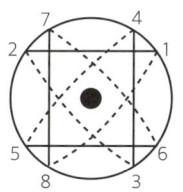

① **4줄 한 번 걸기** ② 4줄 두 번 걸기
③ 4줄 세 번 걸기 ④ 3줄 두 번 걸기

해설

4줄 한 번 걸기는 밧줄이나 와이어를 수목에 네 방향으로 걸어 한 번만 감아 고정하는 방법이다.

100

다음 [보기]와 같은 특징을 갖는 암거배치 방법은?

> - 중앙에 큰 맹암거를 중심으로 하여 작은 맹암거를 좌우에 어긋나게 설치하는 방법
> - 경기장 같은 평탄한 지형에 적합하며, 전 지역의 배수가 균일하게 요구되는 지역에 설치
> - 주관을 경사지게 배치하고 양측에 설치

① 빗살형 ② 부채살형
③ **어골형** ④ 자연형

해설

어골형 배수는 말 그대로 물고기 뼈처럼 중앙에 큰 암거를 설치하고 좌우에 작은 암거를 연결하는 배수형태로, 이 방식은 암거를 길게 묻을 수 있으므로 경기장과 같이 넓은 면적에 배수가 균일하게 이뤄져야 할 경우에 적용한다.

91

대형 수목을 굴취 또는 운반할 때 사용되는 장비가 아닌 것은?

① 체인블록 ② 크레인
③ 백호 ④ **드래그 라인**

해설

드래그 라인(Drag line)은 와이어 로프에 연결된 버킷을 이용해 퇴적물이나 토사를 퍼 올리는 대형 굴삭 장비이다. 주로 수심이 얕은 물속 굴착(수중 굴착), 하천 준설, 모래 채취, 노천광산 채굴 등에 사용된다.

92

생울타리처럼 수목이 대상으로 군식되었을 때 거름 주는 방법으로 가장 적당한 것은?

① 전면거름주기 ② 천공거름주기
③ **선상거름주기** ④ 방사상거름주기

해설

생울타리는 수목이 대상(帶狀, 띠처럼 좁고 길게 생긴 모양)으로 군식되어 있으므로, 수목의 줄기와 가지를 따라 일정한 간격으로 구덩이를 파고, 거름을 넣는 선상(線狀)거름주기가 적합하다.

93

거름을 주는 목적이 아닌 것은?

① 조경 수목을 아름답게 유지하도록 한다.
② 병해충에 대한 저항력을 증진시킨다.
③ **토양 미생물의 번식을 억제시킨다.**
④ 열매 성숙을 돕고, 꽃을 아름답게 한다.

해설

거름은 토양 미생물의 번식을 촉진한다. 특히 유기질 거름은 미생물에게 먹이와 서식처를 제공하여 토양 생태계를 건강하게 유지하는 데 중요한 역할을 한다.

94

토공작업 시 지반면보다 낮은 면의 굴착에 사용하는 기계로 깊이 6m 정도의 굴착에 적당하며, 백호라고도 불리는 기계는?

① 클램쉘 ② 드래그 라인
③ 파워 셔블 ④ **드래그 셔블**

해설

드래그 셔블(Drag shovel)은 굴삭기의 한 종류로, 기계가 위치한 지면보다 낮은 곳을 굴착하기에 적합한 장비이다. 주로 수중 굴착, 도랑 파기, 배관 작업 등에 사용된다.

95

공사 일정 관리를 위한 횡선식 공정표와 비교한 네트워크(Network) 공정표의 설명으로 옳지 않은 것은?

① 공사 통제 기능이 좋다.
② 문제점의 사전 예측이 용이하다.
③ 일정의 변화를 탄력적으로 대처할 수 있다.
④ **간단한 공사 및 시급한 공사, 개략적인 공정에 사용된다.**

해설

네트워크 공정표는 핵심공정과 여유공정을 쉽게 파악할 수 있어 공기(공사기간) 관리가 중요한 여러 작업이 결합된 복합공정에 주로 적용한다.

86

다음 뿌리분의 형태 중 보통분인 것은? (단, d: 뿌리의 근원지름이다.)

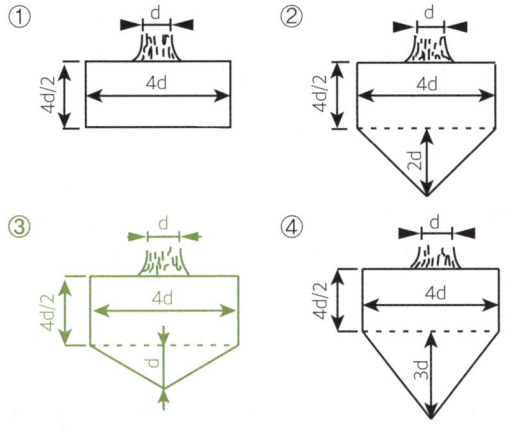

> **해설**
>
> 보통분은 근원직경(뿌리목 부위의 지름)의 4배(보통 3~5배)를 지름으로 하고, 깊이는 근원직경의 2배만큼 수직으로 굴착한 뒤 나머지 근원직경 길이만큼 비스듬히 파들어가 마무리한다.

87

울타리는 종류나 쓰이는 목적에 따라 높이가 다른데 일반적으로 사람의 침입을 방지하기 위한 울타리의 경우 높이는 어느 정도가 가장 적당한가?

① 20~30cm ② 50~60cm
③ 80~100cm ④ **180~200cm**

> **해설**
>
> 침입방지를 위한 목적이라면 성인 남성 평균 키 높이 이상이어야 한다.

88

해충의 방제방법 중 기계적 방제방법에 해당하지 않는 것은?

① 경운법 ② 유살법
③ 소살법 ④ **방사선이용법**

> **해설**
>
> 기계적 방제는 기구나 사람의 손을 이용한 물리적 제거를 의미하며, 약제나 방사선 이용은 제외된다.

89

퍼걸러(Pergola) 설치 장소로 적합하지 않은 것은?

① 건물에 붙여 만들어진 테라스 위
② **주택 정원의 가운데**
③ 통경선의 끝부분
④ 주택 정원의 구석진 곳

> **해설**
>
> 퍼걸러는 햇빛을 가리고 그늘을 제공하는 휴게시설로, 일정한 면적을 차지한다. 따라서 정원 한가운데 배치하는 것은 공간을 분산시키고 동선의 흐름을 방해하므로 피하는 것이 좋다.

90

흙은 같은 양이라 하더라도 자연상태(N)와 흐트러진 상태(S), 인공적으로 다져진 상태(H)에 따라 각각 그 부피가 달라진다. 자연상태의 흙의 부피(N)를 1.0으로 할 경우 부피가 큰 순서로 적당한 것은?

① H > N > S ② N > H > S
③ **S > N > H** ④ S > H > N

> **해설**
>
> 흙은 같은 무게라도 상태에 따라 부피가 달라진다. 자연상태(N)를 기준으로 보면, 흐트러진 상태(S)는 공극이 많아 부피가 커지고, 다져진 상태(H)는 공극이 줄어 부피가 작아진다. 따라서 부피의 크기 순서는 S > N > H이다.

81

전정도구 중 주로 연하고 부드러운 가지나 수관 내부의 가늘고 약한 가지를 자를 때와 꽃꽂이를 할 때 흔히 사용하는 것은?

① 대형 전정가위
② **적심가위 또는 순치기가위**
③ 적화, 적과가위
④ 조형 전정가위

> **해설**
>
> 적심가위와 순치기가위는 한 손으로 조작할 수 있는 정밀 전정도구로, 세밀한 가지 다듬기와 절화 작업(꽃을 잘라 꽃꽂이에 활용하는 작업)에 적합하다.

82

다음 수목의 전정에 관한 설명 중 틀린 것은?

① 가로수의 밑가지는 2m 이상 되는 곳에서 나오도록 한다.
② 이식 후 활착을 위한 전정은 본래의 수형이 파괴되지 않도록 한다.
③ 춘계전정(4~5월) 시 진달래, 목련 등의 화목류는 개화가 끝난 후에 하는 것이 좋다.
④ **하계전정(6~8월)은 수목의 생장이 왕성한 때이므로 강전정을 해도 나무가 상하지 않아서 좋다.**

> **해설**
>
> 하계전정은 수목의 생장이 활발한 시기이므로, 강전정을 할 경우 상처 치유가 어려워 부후균(목재를 부패시키는 균류)과 병해충이 침투하기 쉬우며, 회복력도 낮아 피하는 것이 좋다.

83

다음 선의 종류와 선긋기의 내용이 잘못 짝지어진 것은?

① 파선: 단면
② 가는 실선: 수목 인출선
③ 1점 쇄선: 경계선
④ **2점 쇄선: 중심선**

> **해설**
>
> 2점 쇄선은 실재하지 않지만 참고용으로 표시하는 가상의 외형선 또는 인접 구조물의 외형선을 표시하는 선이다.

84

난지형 잔디에 뗏밥을 주는 가장 적합한 시기는?

① 3~4월   ② **6~8월**
③ 9~10월   ④ 11~1월

> **해설**
>
> 난지형 잔디(여름철 고온에 강한 잔디)에 뗏밥을 실시하기에 가장 적합한 시기는, 잔디가 활발히 생장하여 뿌리와 줄기 신장이 왕성해 뗏밥 효과가 극대화되는 6월부터 8월 사이이다.

85

다음 중 유자격자는 모두 입찰에 참여할 수 있으며, 균등한 기회를 제공하고, 공사비 등을 절감할 수 있으나 부적격자에게 낙찰될 우려가 있는 입찰방식은?

① 특명입찰   ② **일반경쟁입찰**
③ 지명경쟁입찰   ④ 수의계약

> **해설**
>
> 일정한 자격을 가진 불특정 다수의 희망자를 경쟁에 참가하도록 하고, 가장 유리한 조건을 제시한 자를 선정하여 계약을 체결하는 방식을 일반경쟁입찰이라 한다.

76

수목의 밑동으로부터 밖으로 방사상 모양으로 땅을 파고 거름을 주는 방법은?

① 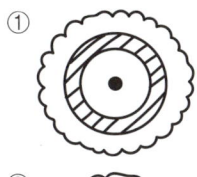 ②

③  ④

해설

방사상 시비법은 수목 밑동(나무 줄기 바닥 부분)에서 방사상으로 흙을 파고 거름을 묻어주는 시공법이다. 뿌리 생장 방향과 일치하게 거름을 공급하여 양분 흡수율을 높이고, 활착률을 향상시키는 데 효과적이다.

77

다음 중 소나무의 순자르기 방법으로 가장 거리가 먼 것은?

① 수세가 좋거나 어린나무는 다소 빨리 실시하고, 노목이나 약해 보이는 나무는 5~7일 늦게 한다.
② 손으로 순을 따 주는 것이 좋다.
③ 5~6월경에 새순이 5~10cm 자랐을 때 실시한다.
④ 자라는 힘이 지나치다고 생각될 때에는 1/3~1/2 정도 남겨두고 끝부분을 따 버린다.

해설

순자르기를 할 때 노목이나 수세가 약한 나무는 그 시기를 조금 더 빨리 한다.

78

지주세우기에서 일반적으로 대형의 나무에 적용하며, 경관적 가치가 요구되는 곳에 설치하는 지주 형태는?

① 이각형 ② 삼발이형
③ 삼각 및 사각지주형 ④ 당김줄형

해설

당김줄형은 당김줄을 써서 단단히 고정할 수 있으므로 대형목에 적용할 수 있으며, 외관 노출도 적어 경관적 가치가 요구되는 곳에 적합하다.

79

진딧물, 깍지벌레와 관계가 가장 깊은 병은?

① 흰가루병 ② 빗자루병
③ 줄기마름병 ④ 그을음병

해설

진딧물과 깍지벌레는 끈적한 분비물을 배출하여 곰팡이균이 번식하기 좋은 환경을 조성한다. 이로 인해 잎 표면에 검은색 곰팡이층이 형성되어 광합성이 저해되고, 잎이 검게 변색된다.

80

다음 중 잎이나 가지에 붙어 즙액을 빨아먹어 잎이 황색으로 변하게 되고 2차적으로 그을음병을 유발시키며 감나무, 동백나무, 호랑가시나무, 사철나무, 치자나무 등에 공통적으로 발생하기 쉬운 충해는?

① 흰불나방 ② 측백나무 하늘소
③ 깍지벌레 ④ 진딧물

해설

깍지벌레는 식물의 줄기나 잎에 붙어 즙액(식물의 수액)을 빨아 먹어 잎이 황색으로 변하게 하고, 감로(끈적한 배설물)를 분비하여 그을음병을 유발한다.

71
큰 돌을 운반하거나 앉힐 때 주로 쓰이는 기구는?

① 예불기 ② 스크레이퍼
③ **체인블록** ④ 롤러

해설
체인블록(Chain block)은 무거운 물건을 들어 올리거나 내릴 때 사용하는 수동식 인양 장비이다.

72
다음 [보기]의 잔디종자 파종작업들을 순서대로 바르게 나열한 것은?

㉠ 기비 살포	㉡ 정지작업
㉢ 파종	㉣ 멀칭
㉤ 전압	㉥ 복토
㉦ 경운	

① ㉦ → ㉠ → ㉡ → ㉢ → ㉥ → ㉤ → ㉣
② ㉠ → ㉢ → ㉡ → ㉥ → ㉤ → ㉣ → ㉦
③ ㉡ → ㉢ → ㉤ → ㉥ → ㉠ → ㉣ → ㉦
④ ㉢ → ㉠ → ㉡ → ㉥ → ㉤ → ㉦ → ㉣

해설
잔디종자 파종작업 순서는 다음과 같다.
- ㉦ 경운(잡초 및 이물질을 제거한 후 토양을 갈아엎는 작업)
- ㉠ 기비 살포(유기질 비료 또는 기초 비료를 균일하게 고루 뿌려 토양을 비옥하게 하는 작업)
- ㉡ 정지작업(갈퀴 등으로 흙을 고르게 펴서 파종면을 평탄하게 정리하는 작업)
- ㉢ 파종(종자와 고운 흙을 1:1로 섞어 흩뿌리는 작업)
- ㉥ 복토(종자 크기의 2~3배 깊이로 얇게 흙을 덮는 작업)
- ㉤ 전압(롤러나 나무판 등으로 눌러 토양과 종자가 밀착하도록 하는 작업)
- ㉣ 멀칭(볏짚, 나뭇잎 등으로 표면을 덮어 수분 증발을 억제하고 발아를 촉진하는 작업)

73
토양수분 중 식물이 생육에 주로 이용하는 유효수분은?

① 결합수 ② 흡습수
③ **모세관수** ④ 중력수

해설
모세관수는 토양 입자 사이 모세관 현상에 의해 이동하는 수분으로, 식물이 가장 쉽게 이용할 수 있는 유효수분이다.

74
잔디깎기의 목적으로 옳지 않은 것은?

① 잡초 방제 ② 이용 편리 도모
③ 병충해 방지 ④ **잔디의 분얼 억제**

해설
잔디 깎기는 분얼(아래쪽 줄기 마디에서 곁눈이 생겨나 새로운 줄기와 잎이 형성되는 현상)을 촉진하여 잔디 밀도를 높이고, 균형 잡힌 건강한 생육을 유도하는 작업이다.

75
비탈면 경사의 표시에서 1 : 2.5에서 2.5는 무엇을 뜻하는가?

① 수직고 ② **수평거리**
③ 경사면의 길이 ④ 안식각

해설
비탈면의 경사 표시인 1:2.5는 수직높이를 1로 정했을 때 수평거리가 2.5배임을 나타낸다.

65
소나무류의 잎솎기는 어느 때 하는 것이 가장 좋은가?
① 12월경 ② 2월경
③ 5월경 ④ 8월경

해설
여름 생육기 동안 자란 새순의 세력을 조절하고 균형 잡힌 눈(새싹) 생성을 돕기 위해 2차 눈이 발생하는 7월 하순부터 8월 하순까지 눈 솎기(불필요한 눈 제거)와 잎 솎기(여분의 잎 제거)를 함께 실시하면, 통풍과 채광이 잘되어 수세 조절 효과를 높일 수 있다.

66
일반적으로 빗자루병이 가장 발생하기 쉬운 수종은?
① 향나무 ② 대추나무
③ 동백나무 ④ 장미

해설
빗자루병은 다양한 수종에서 발생하지만 특히 대추나무에서 피해가 가장 심하다.

67
다음 중 한 가지에 많은 봉우리가 생긴 경우 솎아낸다든지, 열매를 따버리는 등의 작업을 하는 목적으로 가장 적당한 것은?
① 생장 조장을 돕는 가지 다듬기
② 세력을 갱신하는 가지 다듬기
③ 착화 및 착과 촉진을 위한 가지 다듬기
④ 생장을 억제하는 가지 다듬기

해설
꽃봉우리를 솎아내거나 열매를 따는 것은 꽃눈(다음 해에 피는 꽃이 될 눈) 형성을 돕고, 착화(꽃이 피는 현상)와 착과(열매가 맺히는 현상)를 촉진하여 과실의 품질을 높이고 생장 균형을 유지하기 위한 것이다.

68
다음 중 설계도면을 작성할 때 치수선, 치수보조선에 이용되는 선의 종류는?
① 1점 쇄선 ② 2점 쇄선
③ 파선 ④ 실선

해설
도면에서는 치수선과 치수 보조선을 모두 실선으로 표시한다.

69
콘크리트 공사 시의 슬럼프 시험은 무엇을 측정하기 위한 것인가?
① 반죽질기 ② 피니셔빌리티
③ 성형성 ④ 블리딩

해설
슬럼프 시험은 굳지 않은 콘크리트를 슬럼프 콘(표준틀)에 채운 뒤 콘을 들어 올렸을 때 콘크리트가 침하된 높이를 측정하여 반죽질기(묽거나 된 정도)를 판단하는 시험이다.

70
건물과 정원을 연결시키는 역할을 하는 시설은?
① 아치 ② 트렐리스
③ 퍼걸러 ④ 테라스

해설
테라스는 건물 내부 공간을 외부로 확장하여 실내 생활과 자연을 이어 주는 연결 통로 기능을 한다.

필수암기 03. 조경 시공 및 관리

답만 보는 최빈출 100제

61
이식할 수목의 가식장소와 그 방법의 설명으로 틀린 것은?

① 공사의 지장이 없는 곳에 감독관의 지시에 따라 가식장소를 정한다.
② **그늘지고 배수가 잘되지 않는 곳을 선택한다.**
③ 나무가 쓰러지지 않도록 세우고 뿌리분에 흙을 덮는다.
④ 필요한 경우 관수시설 및 수목 보양시설을 갖춘다.

해설
수목을 그늘지고 배수가 잘되지 않는 곳에 가식하면 일조량이 부족해 잘 자라지 못하고, 고인 물로 인해 뿌리 호흡이 방해받아 뿌리가 썩을 위험이 있다.

62
다음 중 큰 나무의 뿌리돌림에 대한 설명으로 가장 거리가 먼 것은?

① 굵은 뿌리를 3~4개 정도 남겨둔다.
② 굵은 뿌리 절단 시 톱으로 깨끗이 절단한다.
③ **뿌리돌림을 한 후에 새끼로 뿌리분을 감아두면 뿌리의 부패를 촉진하여 좋지 않다.**
④ 뿌리돌림을 하기 전 수목이 흔들리지 않도록 지주목을 설치하여 작업하는 방법도 좋다.

해설
뿌리돌림 시에는 새끼줄로 뿌리분을 감싸 작업 중 뿌리분이 깨지거나 갈라지는 것을 방지한다. 그러나 새끼줄을 감은 채 장기간 방치하면 부작용이 발생할 수 있다.

63
자연석(경관석) 놓기에 대한 설명으로 틀린 것은?

① 경관석의 크기와 외형을 고려한다.
② 경관석 배치의 기본형은 부등변삼각형이다.
③ **경관석의 구성은 2, 4, 8 등 짝수로 조합한다.**
④ 돌 사이의 거리나 크기를 조정하여 배치한다.

해설
3, 5, 7과 같은 홀수로 구성함을 원칙으로 한다.

64
다음 그림 중 수목의 가지에서 마디 위 다듬기의 요령으로 가장 좋은 것은?

해설
가지의 눈 마디 위를 다듬을 때에는 다음과 같이 한다.
• 반드시 바깥쪽 눈 위에서 눈의 방향과 평행하게 비스듬히 자른다.
• 안쪽 눈 위에서 자르면 새 가지가 안쪽으로 자라 통풍과 햇빛 투과에 불리하므로 피해야 한다.
• 눈과 너무 가까이 자르면 눈이 말라 죽을 수 있으므로 적당한 간격을 두고 자른다.

55

다음 중 한지형(寒地形) 잔디에 속하지 않는 것은?

① 벤트그래스　　② 버뮤다그래스
③ 라이그래스　　④ 켄터키블루그래스

해설

버뮤다그래스는 난지형 잔디에 속한다.

56

암석에서 떼어 낸 석재를 가공할 때 잔다듬기용으로 사용하는 도드락망치는?

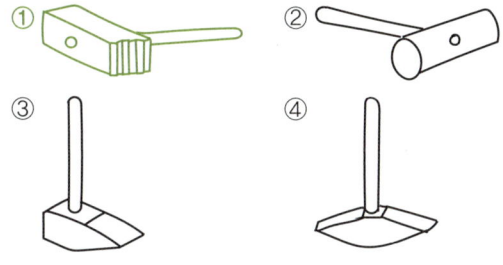

해설

도드락망치는 석재 표면을 정교하게 다듬을 때 사용하는 전통 석공 도구이다. 망치 한 면에 이빨처럼 돌출된 작은 돌기가 촘촘히 박혀 있어 이 돌기로 석재를 두드려 표면을 고르게 만든다.

57

재료가 외력을 받았을 때 작은 변형만 나타내도 파괴되는 현상을 무엇이라 하는가?

① 취성　　② 강성
③ 인성　　④ 전성

해설

취성은 재료가 외부의 힘을 받았을 때 소성변형을 보이지 아니하고 급작스럽게 파괴되는 현상이다.

58

다음 그림들은 돌의 모양을 나타낸 것이다. 입석(立石)은?

해설

입석(立石)이란 세워서 배치하는 돌을 말하며, 보기 중 ①이 입석에 해당한다.

59

수목 줄기의 썩은 부분을 도려내고 구멍에 충진 수술을 하고자 할 때 가장 효과적인 시기는?

① 1~3월　　② 5~8월
③ 10~12월　　④ 시기는 상관없다.

해설

썩은 부분을 도려내고 충진 수술을 할 때는 수목 활력이 왕성하여 수목 생장과 치유 능력이 최고조에 달하는 5~8월이 가장 효과적이다.

60

수확한 목재를 주로 가해하는 대표적 해충은?

① 흰개미　　② 매미
③ 풍뎅이　　④ 흰불나방

해설

흰개미는 목재 구조물 내부를 갉아먹어 붕괴를 초래하는 대표적인 해충이다.

49

여름에는 연보라 꽃과 초록의 잎을, 가을에는 검은 열매를 감상하기 위한 백합과 지피식물은?

① 맥문동 ② 만병초
③ 영산홍 ④ 칡

해설

맥문동은 백합과에 속하는 지피식물(땅을 덮는 식물)로, 여름에는 연보라색 꽃과 초록 잎을 감상할 수 있고 가을에는 검은 열매를 볼 수 있다. 반그늘에서 양지까지 잘 자라며, 내한성(추운 환경에 견디는 성질)과 내서성(더운 환경에 견디는 성질)이 강해 전국 어디서나 식재할 수 있다.

50

다음 수종 중 음수가 아닌 것은?

① 주목 ② 독일가문비나무
③ 팔손이나무 ④ 석류나무

해설

석류나무는 양수이며, 주목, 독일가문비나무, 팔손이나무는 음수이다. 음수란 그늘에서도 광합성을 할 수 있어 음지에서도 잘 자라는 나무이며, 반대로 양수는 햇빛이 충분한 곳에서 잘 자라는 나무이다.

51

1년 내내 푸른 잎을 달고 있으며, 잎이 바늘처럼 뾰족한 나무를 무엇이라 하는가?

① 상록활엽수 ② 상록침엽수
③ 낙엽활엽수 ④ 낙엽침엽수

해설

상록침엽수에 대한 설명이다.
- 상록(常綠): 1년 내내 잎이 떨어지지 않고 푸른 상태를 유지하는 성질
- 침엽(針葉): 잎이 바늘 모양으로 뾰족한 형태

52

정원수 이용 분류상 [보기]의 설명에 해당되는 것은?

- 가지 다듬기에 잘 견딜 것
- 아랫가지가 말라 죽지 않을 것
- 잎이 아름답고 가지가 치밀할 것

① 가로수 ② 녹음수
③ 방풍수 ④ 생울타리

해설

생울타리는 지엽(측면의 잎과 가지)이 촘촘하고 맹아력이 강해 가지치기를 잘 견디며, 햇빛이 잘 들지 않는 아랫가지도 튼튼하다. 또한 수형이 단정하고 아름다워 조경 효과가 높다.

53

콘크리트 타설 시 시공성을 측정하는 가장 일반적인 것은?

① 슬럼프 시험 ② 압축강도 시험
③ 휨강도 시험 ④ 인장강도 시험

해설

슬럼프 시험은 굳지 않은 콘크리트의 반죽질기(Consistency)를 측정하여 타설 및 다짐 작업의 용이성을 통해 시공성(Workability)을 간단히 가늠하는 대표적인 방법이다.

54

질감(Texture)이 가장 부드럽게 느껴지는 수목은?

① 태산목 ② 칠엽수
③ 회양목 ④ 팔손이나무

해설

일반적으로 잎이 작고 촘촘한 수종은 시각적으로 부드럽고 정돈된 느낌을 주는데, 회양목은 잎이 작고 밀생하여 표면의 질감이 부드럽게 느껴진다.

43
형상수로 이용할 수 있는 수종은?

① **주목**
② 명자나무
③ 단풍나무
④ 소나무

해설
형상수(Topiary)로 활용되는 나무는 전정(가지치기)을 잘 견디고, 잎과 가지가 촘촘하며, 맹아력(가지가 잘려도 새싹이 잘 돋는 힘)이 강해야 한다. 주목, 향나무류, 회양목, 사철나무 등이 형상수로 적합하다.

44
용광로에서 선철을 제조할 때 나온 광석 찌꺼기를 석고와 함께 시멘트에 섞은 것으로서 수화열이 낮고, 내구성이 높으며, 화학적 저항성이 큰 한편, 투수가 적은 특징을 갖는 것은?

① 실리카시멘트
② **고로시멘트**
③ 알루미나시멘트
④ 조강 포틀랜드시멘트

해설
고로슬래그는 용광로에서 선철(무쇠)을 제조할 때 철광석의 불순물과 석회석이 반응하여 생성된 광석 찌꺼기를 말한다. 이 슬래그를 미세하게 분쇄한 뒤 석고와 혼합하여 만든 것이 고로슬래그 시멘트이다.

45
다음 수목 중 봄철에 꽃을 가장 빨리 보려면 어떤 수종을 식재해야 하는가?

① 말발도리
② 자귀나무
③ **매실나무**
④ 금목서

해설
③ 매실나무 개화시기: 2~3월
① 말발도리 개화시기: 5~6월
② 자귀나무 개화시기: 6~7월
④ 금목서 개화시기: 9~10월

46
다음 중 맹아력이 가장 약한 수종은?

① 가시나무
② 쥐똥나무
③ **벚나무**
④ 사철나무

해설
맹아력이 약한 수종으로는 벚나무, 감나무, 자작나무 등이 있다.

47
다음 [보기]가 설명하는 합성수지의 종류는?

- 특히 내수성, 내열성이 우수하다.
- 내연성, 전기적 절연성이 있고 유리섬유판, 텍스, 피혁류 등 접착이 가능하다.
- 용도는 방수제, 도료, 접착제 등이다.
- 500°C 이상 견디는 수지다.
- 용도는 방수제, 도료, 접착제로 사용된다.

① **실리콘수지**
② 멜라민수지
③ 푸란수지
④ 폴리에틸렌수지

해설
실리콘수지는 유기 실리콘 화합물로 구성된 고분자 재료로, 내열성, 내연성, 전기 절연성이 뛰어나 방수제, 접착제, 코팅제(도료)로 널리 사용된다.

48
가을에 단풍이 노란색으로 물드는 수종은?

① 붉나무
② **붉은고로쇠나무**
③ 담쟁이덩굴
④ 화살나무

해설
붉은고로쇠나무는 고로쇠나무의 변이종으로, 잎자루가 붉은색을 띠며 가을에는 노란색 단풍이 든다. 붉나무, 담쟁이덩굴, 화살나무는 모두 가을에 붉은색 단풍이 든다.

37
다음 중 열가소성 수지에 해당되는 것은?

① 페놀수지　　② 멜라민수지
③ **폴리에틸렌수지**　　④ 요소수지

해설

열가소성 수지는 열을 가하면 부드러워지고, 식으면 다시 굳는 성질을 가진 합성 고분자 재료이다. 아크릴수지, 폴리스티렌수지, 폴리에틸렌수지, 염화비닐수지, 초산비닐수지, 폴리아미드수지, 폴리프로필렌수지 등이 열가소성 수지에 해당한다. 반면 열경화성 수지는 열을 가한 뒤 굳으면 다시 가열해도 본래의 상태로 돌아가지 않는 성질을 가졌으며, 페놀수지, 멜라민수지, 요소수지는 열경화성 수지에 해당한다.

38
여름부터 가을까지 꽃을 감상할 수 있는 알뿌리 화초는?

① 금잔화　　② 수선화
③ 색비름　　**④ 칸나**

해설

칸나는 6~9월까지 꽃을 피우는 알뿌리 화초이며 꽃은 붉은색, 주황색, 노란색, 흰색 등 다양하게 핀다.
금잔화, 수선화, 색비름은 모두 봄에 꽃을 피우는 알뿌리 화초이다.

39
다음 설명의 (　) 안에 가장 적합한 것은?

> 교목은 수관부 가지의 약 (　) 이상이 마르거나, 지엽 등의 생육상태가 회복하기 어려울 정도로 불량하다고 인정되는 경우에는 고사된 것으로 간주하고, 지피·초화류는 해당 공사의 목적에 부합되는가를 기준으로 공사감독자의 육안검사 결과에 따라 고사 여부를 판정한다.

① 1/2　　② 1/3
③ 2/3　　④ 3/4

해설

교목은 수관부 가지 중 약 2/3 이상이 말라 죽은 경우 고사목으로 판정한다.

40
일반적인 목재의 특성 중 장점에 해당되는 것은?

① 충격, 진동에 대한 저항성이 작다.
② 열전도율이 낮다.
③ 충격의 흡수성이 크고, 건조에 의한 변형이 크다.
④ 가연성이며 인화점이 낮다.

해설

목재는 열전도율이 낮아 단열재로 사용할 수 있으며, 이는 목재의 장점에 해당한다.

41
벽돌쌓기 방법 중 가장 견고하고 튼튼한 것은?

① 영국식 쌓기　　② 미국식 쌓기
③ 네덜란드식 쌓기　　④ 프랑스식 쌓기

해설

영국식 쌓기는 한 켜는 마구리쌓기, 다음 켜는 길이쌓기로 하고 모서리 벽 끝에 이오토막(온장의 1/4)을 사용하는 벽돌쌓기 방법으로, 가장 견고하고 튼튼하다.

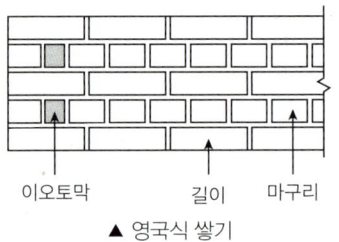

▲ 영국식 쌓기

42
통기성, 흡수성, 보온성, 부식성이 우수하여 줄기감기용, 수목 굴취 시 뿌리감기용, 겨울철 수목보호를 위해 사용되는 마(麻) 소재의 친환경적 조경자재는?

① 녹화마대　　② 볏짚
③ 새끼줄　　④ 우드칩

해설

녹화마대는 천연 식물섬유로 만든 친환경 조경자재로, 수목의 줄기와 뿌리를 감싸서 보호하는 데 효과적이다. 특히 통기성, 흡수성, 보온성, 부식성이 뛰어나 수목 이식이나 겨울철 보호(동해 방지)에 탁월하다.

31
다음 중 산울타리 수종으로 적합하지 않은 것은?

① 편백 ② 무궁화
③ **단풍나무** ④ 쥐똥나무

해설
산울타리용 수종은 잎과 가지가 치밀하며 맹아력이 강하고 병충해에도 강해야 하며, 특히 아래가지가 강인해야 한다. 하지만 단풍나무는 지하고가 높아 아래가지가 빈약하고 지엽도 치밀하지 못하여 산울타리용으로는 적합하지 않다.

32
합판의 특징이 아닌 것은?

① 수축·팽창의 변형이 적다.
② 균일한 크기로 제작 가능하다.
③ 균일한 강도를 얻을 수 있다.
④ **내화성을 높일 수 있다.**

해설
합판은 얇은 목재 판재를 여러 겹 겹쳐 풀로 접착해 만든 재료로, 불과 습기에 취약한 단점이 있다.

33
가로수가 갖추어야 할 조건이 아닌 것은?

① 공해에 강한 수목
② 답압에 강한 수목
③ **지하고가 낮은 수목**
④ 이식에 잘 적응하는 수목

해설
가로수의 지하고(지상에서 가장 낮은 가지까지의 높이)가 낮으면 차량이나 보행자의 통행에 불편을 초래하므로 피하여야 할 조건이다.

34
줄기가 아래로 늘어지는 생김새의 수간을 가진 나무의 모양을 무엇이라 하는가?

① 쌍간 ② 다간
③ 직간 ④ **현애**

해설
현애(懸崖)는 깎아지른 절벽을 뜻하며 줄기가 수직으로 길게 늘어 지는 수형을 지칭한다.

35
지형도에서 U자 모양으로 그 바닥이 낮은 높이의 등고선을 향하면 이것은 무엇을 의미하는가?

① 계곡 ② **능선**
③ 현애 ④ 동굴

해설
능선에 대한 설명이다.

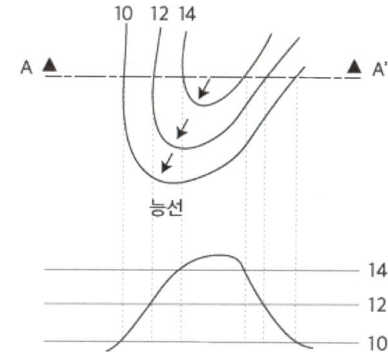

36
다음 수종 중 상록활엽수가 아닌 것은?

① 동백나무 ② 후박나무
③ 굴거리나무 ④ **메타세쿼이아**

해설
메타세쿼이아는 낙엽침엽교목이다.

필수암기 02. 조경재료

26
다음 중 1속에서 잎이 5개 나오는 수종은?

① 백송 ② 방크스소나무
③ 리기다소나무 **④ 스트로브잣나무**

해설
잣나무 종류의 수종들은 한 속에서 잎이 다섯 개씩 모여 나는 특징을 가지고 있어 오엽송(五葉松)이라고도 한다. 반면 소나무(적송, 육송, 해송)는 잎이 2개씩 나오며, 리기다소나무의 경우는 잎이 3개씩 나온다.

27
운반 거리가 먼 레미콘이나 무더운 여름철 콘크리트의 시공에 사용하는 혼화제는?

① 지연제 ② 감수제
③ 방수제 ④ 경화촉진제

해설
지연제는 조기 경화현상을 보이는 서중(暑中) 콘크리트나 수송 거리가 먼 레디믹스트 콘크리트에 사용된다.

28
다음 중 붉은색의 단풍이 드는 수목들로만 구성된 것은?

① 낙우송, 느티나무, 백합나무
② 칠엽수, 참느릅나무, 졸참나무
③ 감나무, 화살나무, 붉나무
④ 잎갈나무, 메타세쿼이아, 은행나무

해설
감나무, 화살나무, 붉나무, 복자기, 홍단풍 등은 붉은 단풍이 드는 대표적인 수종이다.

29
다음과 같은 특징을 가진 것은?

- 성형, 가공이 용이하다.
- 가벼운 데 비하여 강하다.
- 내화성이 없다.
- 온도의 변화에 약하다.

① 목질제품 **② 플라스틱제품**
③ 금속제품 ④ 유리질제품

해설
플라스틱제품은 가볍고 강해 성형과 가공이 용이하며, 내수성과 내약품성도 우수하다. 하지만 열과 불에 약한 단점이 있다.

30
인공폭포, 수목 보호판을 만드는 데 가장 많이 이용되는 제품은?

① 유리블록제품
② 식생호안블록
③ 콘크리트격자블록
④ 유리섬유강화플라스틱

해설
유리섬유강화플라스틱(GFRP; Glass Fiber Reinforced Plastic)은 유리섬유와 열경화성 수지를 결합한 FRP 제품으로서 가볍고 내구성도 좋으며 가공하기 쉬운 장점이 있다. 인공폭포 벽면이나 수목 보호판, 미끄럼대 등 다양한 조경시설물에 사용된다.

21

다음 중 사적인 정원이 공적인 공원으로 역할전환의 계기가 된 사례는?

① 에스테장 ② 베르사이유궁
③ 켄싱턴 가든 **④ 센트럴 파크**

해설

미국 뉴욕 센트럴 파크는 개인의 사적 정원(Private garden)이 공적 정원(Public park)으로 영역이 확대되는 계기가 되었다.

22

고려시대 궁궐의 정원을 맡아 관리하던 해당 부서는?

① 내원서 ② 장원서
③ 상림원 ④ 동산바치

해설

① 내원서: 고려시대 궁궐 및 관청 조경담당 부서
② 장원서: 조선 세조 때의 조경담당 부서
③ 상림원: 조선 초기 궁궐 및 관청 조경담당 부서
④ 동산바치: 조선시대 정원사를 부르던 이름

23

메소포타미아의 대표적인 정원은?

① 베다사원 ② 베르사이유 궁전
③ 바빌론의 공중정원 ④ 타지마할 사원

해설

공중정원(Hanging garden)은 B.C 6세기 신바빌론 시대의 네브카드네자르 2세가 왕비 아미티스를 위해 조성한 정원으로 알려져 있으며, 고대 7대 불가사의 중 하나이다. B.C 5세기경 이곳을 방문한 고대 그리스의 역사가 헤로도토스가 '마치 공중에 매달려 있는 것 같다(Hanging)'고 기록하였다.

24

오픈 스페이스에 해당되지 않는 것은?

① 건폐지 ② 공원묘지
③ 광장 ④ 학교운동장

해설

오픈 스페이스(Open space)는 도시 내에서 건축물로 덮여 있지 않고 공적으로 활용할 수 있는 개방된 공간을 말한다. 공원, 광장, 학교 운동장 등이 여기에 속하며, 건폐지(건축물이 들어선 부지)는 오픈 스페이스에 해당하지 않는다.

25

정원양식의 발생요인 중 자연환경 요인이 아닌 것은?

① 기후 ② 지형
③ 식물 **④ 종교**

해설

정원양식의 발생요인은 크게 자연환경 요인과 사회환경 요인으로 나눌 수 있다. 종교, 사상, 민족성, 문화적 전통 등은 사회환경 요인에 속한다.

15
중국 청나라 시대 대표적인 정원이 아닌 것은?

① 원명원 이궁　② 이화원 이궁
③ 졸정원　　　④ 승덕 피서산장

> **해설**
> 원명원, 이화원, 피서산장은 청나라 황실이 소유한 대표적인 정원이며, 졸정원은 명나라 때 관리를 지낸 왕헌신이 조성한 민가정원이다.

16
다음 중 차경(借景)을 가장 잘 설명한 것은?

① 멀리 보이는 자연풍경을 경관 구성 재료의 일부로 이용하는 것
② 산림이나 하천 등의 경치를 잘 나타낸 것
③ 아름다운 경치를 정원 내에 만든 것
④ 연못의 수면이나 잔디밭이 한눈에 보이지 않게 하는 것

> **해설**
> 차경(借景)은 '경치를 빌린다'는 뜻으로, 외부의 수려한 자연경관을 내부 공간의 일부처럼 끌어들여 경관 구성 요소로 활용하는 전통적인 조경 기법이다.

17
설계자의 의도를 개략적인 형태로 나타낸 일종의 시각언어로서 도면을 단순화시켜 상징적으로 표현한 그림을 의미하는 것은?

① 상세도　　　② 다이어그램
③ 조감도　　　④ 평면도

> **해설**
> 다이어그램(Diagram)은 설계자의 아이디어나 개념을 간결하고 상징적인 형태로 시각화한 그림이다.

18
시공 후 전체적인 모습을 알아보기 쉽도록 그린 그림과 같은 형태의 도면은?

① 평면도　　　② 입면도
③ 조감도　　　④ 상세도

> **해설**
> 관찰자가 새처럼 높은 위치에서 아래를 내려다보는 구도로 그려진 도면을 조감도(鳥瞰圖)라 한다.

19
다음 중 여러 단을 만들어 그곳에 물을 흘러내리게 하는 이탈리아 정원에서 많이 사용되었던 조경기법은?

① 캐스케이드　② 토피어리
③ 록 가든　　　④ 캐널

> **해설**
> 노단식 정원이 발달한 이탈리아 정원에서 단차를 따라 물이 흐르게 하여 작은 폭포나 계단식 수로를 이루도록 한 구조를 캐스케이드(Cascade)라 한다.

20
중국 정원 중 가장 오래된 수렵원은?

① 상림원(上林苑)　② 북해공원(北海公園)
③ 원유(苑有)　　　④ 승덕이궁(承德離宮)

> **해설**
> 상림원은 진시황이 기원전 212년경 수도 함양 남쪽에 조성한 황제정원이다.

10

다음 중 고대 로마의 폼페이 주택정원에서 볼 수 없는 것은?

① 아트리움 ② 페리스틸리움
③ 포럼 ④ 지스터스

해설

폼페이에서 발견된 고대 로마의 주택정원은 제1중정(아트리움), 제2중정(페리스틸리움), 후원(지스터스)으로 구성된다. 포럼(Forum)은 고대 로마의 도시광장에 해당한다.

11

중세 수도원의 전형적인 정원으로 예배실을 비롯한 교단의 공공건물에 의해 둘러싸인 네모난 공지를 가리키는 것은?

① 아트리움(Atrium)
② 페리스틸리움(Peristylium)
③ 클라우스트룸(Claustrum)
④ 파티오(Patio)

해설

클라우스트룸은 라틴어 Claustrum(닫힌 공간)에서 유래한 명칭이다. 수도자들의 은둔과 명상을 위한 시설로서 예배당, 식당, 도서관, 숙소 등 주요 건물을 사각형으로 둘러 배치하고, 중앙에 중정(건물들이 둘러싸인 마당)을 두었으며, 그 주위를 기둥과 지붕으로 둘러싸인 회랑이 감싸는 구조이다.

12

토양 단면에 있어 낙엽과 그 분해 물질 등 대부분 유기물로 되어 있는 토양 고유의 층으로 L층, F층, H층으로 구성되어 있는 것은?

① 용탈층(A층) ② 유기물층(O층)
③ 집적층(B층) ④ 모재층(C층)

해설

토양 단면에서 유기물층(O층)은 지표면 바로 아래에 위치하며, 낙엽과 그 분해 물질로 구성된다. 이를 세분하면 낙엽층인 L(Litter)층과 분해층인 F(Fermenation)층, 부식층인 H(Humus)층으로 나뉜다.

13

마스터플랜(Master plan)의 작성이 위주가 되는 과정은?

① 기본계획 ② 기본설계
③ 실시설계 ④ 상세설계

해설

조경계획 및 설계과정에서 마스터플랜 작성은 개발방향을 설정하고 전체 공간의 구조와 기능을 결정하는 기본계획 단계에 해당한다.

14

영구위조(永久萎凋) 시의 토양의 수분 함량은 사토(砂土)의 경우 몇 %인가?

① 2~4% ② 10~15%
③ 20~25% ④ 30~40%

해설

영구위조점은 식물이 더 이상 회복할 수 없는 치명적인 수분 부족 상태를 의미한다. 사토의 경우 2~4%, 양토는 10~12%, 점토는 15~17%이다.

05

다음 조경의 대상 중 자연적 환경요소가 가장 빈약한 곳은?

① 도시조경
② 명승지, 천연기념물
③ 도립공원
④ 국립공원

해설
도시조경 대상지는 인공 구조물이 밀집해 있어 고려해야 할 자연환경 요소(토양, 식생, 수문 등)가 제한적이거나 빈약하다.

06

전통사상과 신선사상을 바탕으로 불교 선사상의 직접적 영향을 받아 극도의 상징성(자연석이나 모래 등으로 산수 자연을 상징)으로 조성된 14~15세기 일본의 정원양식은?

① 중정식 정원
② 고산수식 정원
③ 전원풍경식 정원
④ 다정식 정원

해설
고산수(枯山水) 정원은 물과 초목을 사용하지 않고 흰 모래와 암석만으로 풍경을 상징적으로 나타내는 정원이다. 흰 모래는 바다를 상징하고, 모래 위에 드문드문 놓인 암석은 섬을 상징한다.

07

수목 또는 경사면 등의 주위 경관 요소들에 의하여 자연스럽게 둘러싸여 있는 경관을 무엇이라 하는가?

① 파노라마 경관
② 지형경관
③ 위요경관
④ 관개경관

해설
"위요(圍繞)"는 '둘러싸다'라는 뜻으로, 위쪽은 열려 있으나 사방이 둘러싸여 네 면이 막힌 낮은 지형, 즉 분지와 같은 형태를 위요경관이라 한다.

08

우리나라 전통 조경의 설명으로 옳지 않은 것은?

① 신선사상에 근거를 두고 여기에 음양오행설이 가미되었다.
② 연못의 모양은 조롱박형, 목숨수자형, 마음심자형 등 여러 가지가 있다.
③ 네모진 연못은 땅, 즉 음을 상징하고 있다.
④ 둥근 섬은 하늘, 즉 양을 상징하고 있다.

해설
우리나라 전통 조경에서 네모난 연못은 땅이자 음(陰)을 상징하고 둥근 섬은 하늘이자 양(陽)을 상징하며 이를 방지원도라고 한다. 곡선형 연못이 일정한 형태를 띠는 경우는 일본 정원에서 자주 발견되는 형식이다.

09

조경설계에서 보행인의 흐름을 고려하여 최단 거리의 직선 동선(動線)으로 설계하지 않아도 되는 곳은?

① 대학 캠퍼스 내
② 축구경기장 입구
③ 주차장, 버스정류장 부근
④ 공원이나 식물원 내

해설
조경설계에서 보행인의 흐름은 공간의 기능과 이용 목적에 따라 달라진다. 빠른 흐름이 필요한 목적 동선은 직선적으로 개설해야 하고, 경관 감상이나 휴식 등 자연스럽게 머물고 느리게 이동하는 동선은 곡선으로 개설하는 것이 바람직하다.

필수암기 01. 조경일반

01

자연환경조사 단계 중 미기후와 관련된 조사항목으로 가장 영향이 적은 것은?

① 태양 복사열을 받는 정도
② **지하수 유입 및 유동의 정도**
③ 공기 유통의 정도
④ 안개 및 서리 피해 유무

해설

지하수 흐름은 지상부의 미기후에 영향을 미친다고 보기 어렵다. 미기후는 특정 지역의 기후 특성을 의미하며, 이를 결정짓는 주요 요인은 다음과 같다.
- 지형과 식생을 비롯한 지상 피복상태
- 태양 복사열, 대기오염 정도
- 온·습도와 안개 및 서리에 영향을 미치는 공기 흐름 등

02

다음 중 무리 지어 나는 철새, 설경 또는 수면에 투영된 영상 등에서 느껴지는 경관은?

① 초점경관   ② 관개경관
③ 세부경관   ④ **일시경관**

해설

무리 지어 나는 철새, 눈으로 뒤덮인 경치(설경), 그리고 수면에 비친 영상은 잠깐 나타났다가 사라지는 일시경관(일시적으로만 볼 수 있는 경관)이다.

03

옥상정원의 환경조건에 대한 설명으로 적합하지 않은 것은?

① 토양 수분의 용량이 적다.
② 토양 온도의 변동 폭이 크다.
③ **양분의 유실속도가 늦다.**
④ 바람의 피해를 받기 쉽다.

해설

옥상정원은 인공 지반이기 때문에 식재 가능한 토심(토양 깊이)이 제한되며, 다음과 같은 특징이 있다.
- 토양 수분량이 적음
- 토양 온도 변동이 큼
- 토심이 얕아 양분 저장 능력이 낮음
- 빠른 배수(물 빠짐)로 인해 양분 유실 속도가 빠름
- 고층일수록 바람 피해를 받기 쉬움

04

먼셀의 색상환에서 BG는 무슨 색인가?

① 연두색   ② 남색
③ **청록색**   ④ 보라색

해설

먼셀표색계의 10색상환은 빨강(R), 노랑(Y), 초록(G), 파랑(B), 보라(P) 5색을 기본색으로 하고, 이들을 혼합한 주황(YR), 연두(GY), 청록(BG), 남색(PB), 자주(RP)를 더하여 10색으로 정의하였다.

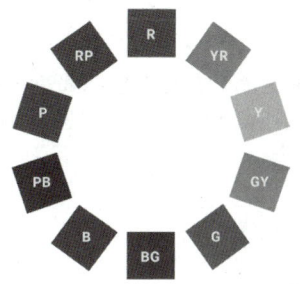

답만 보는
최빈출 100제

기출 분석을 통해 엄선한 100문제를 수록하였습니다.
색자 표시된 정답에 익숙해지는 것만으로 충분히 합격하실 수 있습니다!
또한, 수험생의 이해를 돕고자 해설특강을 무료로 제공합니다.

▶ 무료강의 수강경로
에듀윌 도서몰(book.eduwill.net) → 로그인/회원가입 → 동영상강의실
→ 조경기능사 검색

53
콘크리트의 시공단계 순서가 바르게 연결된 것은?

① 운반 → 제조 → 부어넣기 → 다짐 → 표면마무리 → 양생
② 운반 → 제조 → 부어넣기 → 양생 → 표면마무리 → 다짐
③ 제조 → 운반 → 부어넣기 → 다짐 → 양생 → 표면마무리
④ 제조 → 운반 → 부어넣기 → 다짐 → 표면마무리 → 양생

해설
콘크리트 시공과정은 재료를 섞어 만들고 현장으로 운반한 뒤 거푸집에 부어넣어 다진 후 표면을 마무리하여 양생한다.

정답 | ④

54
다음 중 경관석 놓기에 관한 설명으로 가장 부적합한 것은?

① 돌과 돌 사이는 움직이지 않도록 시멘트로 굳힌다.
② 돌 주위에는 회양목, 철쭉 등을 돌에 가까이 붙여 식재한다.
③ 시선이 집중하기 쉬운 곳, 시선을 유도해야 할 곳에 앉혀 놓는다.
④ 3, 5, 7 등의 홀수로 만들며, 돌 사이의 거리나 크기 등을 조정 배치한다.

해설
경관석 놓기는 자연스러움이 중요하므로, 돌 틈에 흙을 채우고 돌 틈 식재를 하는 것이 바람직하다.

정답 | ①

55
축척 1/500 도면의 단위면적이 $10m^2$인 것을 이용하여, 축척 1/1,000 도면의 단위면적으로 환산하면 얼마인가?

① $20m^2$ ② $40m^2$
③ $80m^2$ ④ $120m^2$

해설
축척이 2배가 되면 거리는 2배가 되고, 면적은 거리의 제곱, 즉 4배가 된다.
∴ $10m^2 \times 2^2 = 40m^2$

정답 | ②

56
토공사(정지) 작업 시 일정한 장소에 흙을 쌓아 일정한 높이를 만드는 일을 무엇이라 하는가?

① 객토 ② 절토
③ 성토 ④ 경토

선지분석
① 객토: 토양의 물리적, 화학적 성질을 개선하기 위해 다른 곳의 흙을 가져와 섞는 일
② 절토: 흙을 깎아 내는 일
④ 경토: 농사를 짓기에 적합한 땅 또는 적합한 흙

정답 | ③

57
옥상녹화용 방수층 및 방근층 시공 시 "바탕체의 거동에 의한 방수층의 파손" 요인에 대한 해결방법으로 부적합한 것은?

① 거동 흡수 절연층의 구성
② 방수층 위에 플라스틱계 배수판 설치
③ 합성고분자계, 금속계 또는 복합계 재료 사용
④ 콘크리트 등 바탕체가 온도 및 진동에 의한 거동 시 방수층 파손이 없을 것

해설
"바탕체의 거동에 의한 방수층의 파손"은 옥상층 바닥이 어떠한 요인으로 인해 움직이거나 흔들려서 방수층이 파손되는 경우를 말한다. 플라스틱계 배수판 설치는 방수층 형성과 관계없는 배수 문제이다.

정답 | ②

58
지표면이 높은 곳의 꼭대기 점을 연결한 선으로, 빗물이 이것을 경계로 좌우로 흐르게 되는 선을 무엇이라 하는가?

① 능선
② 계곡선
③ 경사 변환점
④ 방향 변환점

해설
능선은 솟아오른 지형의 꼭대기를 연결한 선을 말하며, 빗물은 이를 경계로 좌우로 갈라져 분수령(分水嶺)을 형성한다.

정답 | ①

59
수변의 디딤돌(징검돌) 놓기에 대한 설명으로 틀린 것은?

① 보행에 적합하도록 지면과 수평으로 배치한다.
② 징검돌의 상단은 수면보다 15cm 정도 높게 배치한다.
③ 디딤돌 및 징검돌의 장축은 진행방향에 직각이 되도록 배치한다.
④ 물 순환 및 생태적 환경을 조성하기 위하여 투수지역에서는 가벼운 디딤돌을 주로 활용한다.

해설
투수지역은 수압에 따른 유실을 막기 위해 무거운 돌을 두어야 한다.

정답 | ④

60
수경시설(연못)의 유지관리에 관한 내용으로 옳지 않은 것은?

① 겨울철에는 물을 2/3 정도만 채워둔다.
② 녹이 잘 스는 부분은 녹막이 칠을 수시로 해준다.
③ 수중식물 및 어류의 상태를 수시로 점검한다.
④ 물이 새는 곳이 있는지의 여부를 수시로 점검하여 조치한다.

해설
겨울에는 동파를 예방하고 청소와 관리를 위해 연못의 물을 모두 빼는 것이 바람직하다.

정답 | ①

2016년 2회 기출문제

제1과목 조경일반

01

형태는 직선 또는 규칙적인 곡선에 의해 구성되고 축을 형성하며 연못이나 화단 등의 각 부분에도 대칭형이 되는 조경 양식은?

① 자연식
② 풍경식
③ 정형식
④ 절충식

해설

원이나 삼각형 또는 사각형과 같은 기하학적 패턴을 인위적인 질서에 맞춰 대칭적으로 가지런히 배치하는 방식을 정형식이라 한다.

정답 | ③

02

다음 중 정원에 사용되었던 하하(Ha-ha) 기법을 가장 잘 설명한 것은?

① 정원과 외부 사이 수로를 파 경계하는 기법
② 정원과 외부 사이 언덕으로 경계하는 기법
③ 정원과 외부 사이 교목으로 경계하는 기법
④ 정원과 외부 사이 산울타리를 설치하여 경계하는 기법

해설

하하 기법은 영국 자연풍경식 정원에서 정원 경계부가 보이지 않도록 도랑을 파고, 그 속에 옹벽을 설치하여 시각적 장애물 없이 외부를 조망할 수 있도록 하였다.

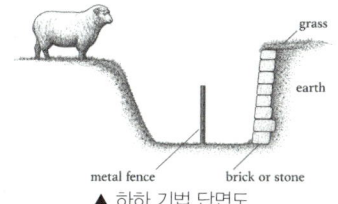
▲ 하하 기법 단면도

정답 | ①

03

다음 고서에서 조경식물에 대한 기록이 다루어지지 않은 것은?

① 고려사
② 악학궤범
③ 양화소록
④ 동국이상국집

해설

악학궤범은 조선 성종 때 편찬된 음악 관련 서적이다.

정답 | ②

04

스페인 정원에 관한 설명으로 틀린 것은?

① 규모가 웅장하다.
② 기하학적인 터 가르기를 한다.
③ 바닥에는 색채 타일을 이용하였다.
④ 안달루시아(Andalusia) 지방에서 발달했다.

해설

스페인 정원은 건물로 둘러싸인 중정 형태로 규모가 웅장하지 않은 대신 매우 섬세하고 화려하다.

정답 | ①

05

다음 중 고산수(枯山水) 수법의 설명으로 알맞은 것은?

① 가난함이나 부족함 속에서도 아름다움을 찾아내어 검소하고 한적한 삶을 표현
② 이끼 낀 정원석에서 고담하고 한아를 느낄 수 있도록 표현
③ 정원의 못을 복잡하게 표현하기 위해 호안을 곡절시켜 심(心)자와 같은 형태의 못을 조성
④ 물이 있어야 할 곳에 물을 사용하지 않고 돌과 모래를 사용해 물을 상징적으로 표현

해설

고산수정원은 일본 무로마찌시대에 유행한 정원형식으로, 물을 사용하지 않고 모래와 자갈만으로 산수를 상징적으로 표현하였다.

정답 | ④

06

경복궁 내 자경전의 꽃담 벽화 문양에 표현되지 않은 식물은?

① 매화 ② 석류
③ 산수유 ④ 국화

해설

자경전 꽃담에는 절개를 상징하는 매화와 국화, 대나무를 비롯하여 다산을 비는 석류와 부귀영화를 의미하는 모란과 복사꽃, 철쭉 등 화목류가 새겨져 있다.

정답 | ③

07

우리나라 부유층의 민가정원에서 유교의 영향으로 부녀자들을 위해 특별히 조성된 부분은?

① 전정 ② 중정
③ 후정 ④ 주정

해설

유교적 도덕관념에 의해 조선시대에는 여성의 외부활동이 크게 제한되어 여성이 거주하는 후정(뒤뜰)에 화계(계단식 화단)를 만들어 감상하였다.

정답 | ③

08

다음 중 고대 이집트의 대표적인 정원수는?

- 강한 직사광선으로 인하여 녹음수로 많이 사용
- 신성시하여 사자(死者)를 이 나무 그늘 아래 쉬게 하는 풍습이 있었음

① 파피루스 ② 버드나무
③ 장미 ④ 시카모어

해설

시카모어(Sycamore)는 무화과의 일종으로, B.C 20세기경 고대 이집트 제12왕조 때 그려진 무덤벽화에 포도와 함께 묘사되어 있을 정도로 고대 이집트인들이 즐겨 심던 대표적인 정원수이다.

정답 | ④

09

다음 중 독일의 풍경식 정원과 가장 관계가 깊은 것은?

① 한정된 공간에서 다양한 변화를 추구
② 동양의 사의(寫意)주의 자연풍경식을 수용
③ 외국에서 도입한 원예식물의 수용
④ 식물생태학, 식물지리학 등의 과학이론의 적용

해설

19세기말 독일의 풍경식 정원은 과학적 지식을 바탕으로 자연경관 재현과 실용성에 비중을 두었다.

정답 | ④

10

다음 중 사적(私的) 정원이 공적(公的) 공원으로 역할 전환의 계기가 된 사례는?

① 에스테장
② 베르사이유궁
③ 켄싱턴 가든
④ 센트럴 파크

해설

미국 뉴욕 센트럴 파크는 개인의 사적 정원(Private garden)이 공적 정원(Public park)으로 영역이 확대되는 계기가 되었다.

정답 | ④

11

주택정원 거실 앞쪽에 위치한 뜰로 옥외생활을 즐길 수 있는 공간은?

① 안뜰
② 앞뜰
③ 뒤뜰
④ 작업뜰

해설

거실과 연결된 가족 중심의 옥외생활 공간을 안뜰이라고 한다.

선지분석

② 앞뜰: 대문에서 현관에 이르는 진입 공간
③ 뒤뜰: 건물 뒤쪽에 위치한 옥외활동 보조 공간
④ 작업뜰: 부엌 및 가사활동과 연결된 생활지원 공간

정답 | ①

12

조경계획 및 설계과정에 있어서 각 공간의 규모, 사용재료, 마감방법을 제시해 주는 단계는?

① 기본구상
② 기본계획
③ 기본설계
④ 실시설계

해설

기본설계란 계획안을 토대로 각 공간의 규모와 형태(사용재료와 마감방법 등)를 구체화하는 단계이다.

관련이론 조경계획 및 설계 단계별 주요 업무

단계	주요 업무
기본구상	현황분석 자료를 토대로 개략적인 개발방향을 설정하고 배치 대안을 모색하는 단계
기본계획	최종안을 토대로 개략적인 계획안을 수립하는 단계
기본설계	계획안을 토대로 각 공간의 규모와 형태(사용재료와 마감방법 등)를 구체화하는 단계
실시설계	실제 공사가 가능한 상세 도면을 작성하는 단계

정답 | ③

13

도시 내부와 외부의 관련이 매우 좋으며 재난 시 시민들의 빠른 대피에 큰 효과를 발휘하는 녹지 형태는?

① 분산식
② 방사식
③ 환상식
④ 평행식

해설

방사식은 도시 중심에서 외곽을 향해 바퀴살 형태로 연결하는 방식이다.

선지분석

① 분산식: 일정한 체계를 갖추지 못하고 도시 내부 이곳저곳의 확보 가능한 용지에 녹지를 조성하는 방식이다.
③ 환상식: 도시 외곽을 고리 모양으로 둘러싸는 방식이다.
④ 평행식: 가로를 중심으로 띠 형태로 조성하는 방식이다.

정답 | ②

14

다음 [보기]의 행위 시 도시공원 및 녹지 등에 관한 법률상의 벌칙 기준은?

> • 위반하여 도시공원에 입장하는 사람으로부터 입장료를 징수한 자
> • 허가를 받지 아니하거나 허가받은 내용을 위반하여 도시공원 또는 녹지에서 시설·건축물 또는 공작물을 설치한 자

① 2년 이하의 징역 또는 3천만원 이하의 벌금
② 1년 이하의 징역 또는 1천만원 이하의 벌금
③ 1년 이하의 징역 또는 5백만원 이하의 벌금
④ 1년 이하의 징역 또는 3천만원 이하의 벌금

해설

위의 사항은 도시공원 및 녹지 등에 관한 법률 제53조에 의해 1년 이하의 징역 또는 1천만원 이하의 벌금에 처한다.

정답 | ②

15

표제란에 대한 설명으로 옳은 것은?

① 도면명은 표제란에 기입하지 않는다.
② 도면 제작에 필요한 지침을 기록한다.
③ 도면번호, 도명, 작성자명, 작성일자 등에 관한 사항을 기입한다.
④ 용지의 긴 쪽 길이를 가로 방향으로 설정할 때 표제란은 왼쪽 아래 구석에 위치한다.

해설

표제란은 도면 오른쪽 혹은 아래쪽에 도면명과 도면번호, 범례와 축척, 작성자 및 작성일자 등을 기록한다.

정답 | ③

제2과목 조경재료

16

먼셀 색체계의 기본색인 5가지 주요 색상으로 바르게 짝지어진 것은?

① 빨강, 노랑, 초록, 파랑, 주황
② 빨강, 노랑, 초록, 파랑, 보라
③ 빨강, 노랑, 초록, 파랑, 청록
④ 빨강, 노랑, 초록, 남색, 주황

해설

먼셀 색체계는 빨강(R), 노랑(Y), 초록(G), 파랑(B), 보라(P) 5색을 기본색으로 하고, 이들을 혼합한 주황(YR), 연두(GY), 청록(BG), 남색(PG), 자주(RP)를 더하여 10색으로 정의하였다.

정답 | ②

17

건설재료의 골재 단면표시 중 잡석을 나타낸 것은?

①  ②
③  ④

해설

②는 잡석의 단면표시를 나타낸다.

선지분석

③ 모래
④ 굵은 골재

정답 | ②

18

대형건물의 외벽 도색을 위한 색채계획을 할 때 사용하는 컬러 샘플(Color sample)은 실제의 색보다 명도나 채도를 낮추어서 사용하는 것이 좋다. 이는 색채의 어떤 현상 때문인가?

① 착시효과　　② 동화현상
③ 대비효과　　④ 면적효과

해설

면적이 커지면 명도와 채도가 높아져 더 밝고 선명하게 보이는 현상을 면적효과라고 한다.

정답 | ④

19

색채와 자연환경에 대한 설명으로 옳지 않은 것은?

① 풍토색은 기후와 토지의 색, 즉 지역의 태양빛, 흙의 색 등을 의미한다.
② 지역색은 그 지역의 특성을 전달하는 색채와 그 지역의 역사, 풍속, 지형, 기후 등의 지방색과 합쳐 표현된다.
③ 지역색은 환경색채계획 등 새로운 분야에서 사용되기 시작한 용어이다.
④ 풍토색은 지역의 건축물, 도로환경, 옥외광고물 등의 특징을 갖고 있다.

해설

- 풍토색: 해당 지역의 자연환경적 특성(기후와 토지의 색, 태양빛, 흙색 등)에 따라 형성되는 고유색으로서 인공물(건축물, 도로환경, 옥외광고물 등)의 색채와는 직접 관련이 없다.
- 지역색: 풍토색과 잘 어울리거나 선호되는 색채로서 해당 지역의 이미지와 관련된 색채이다.

정답 | ④

20

오른손잡이의 선긋기 연습에서 고려해야 할 사항이 아닌 것은?

① 수평선 긋기 방향은 왼쪽에서 오른쪽으로 긋는다.
② 수직선 긋기 방향은 위쪽에서 아래쪽으로 내려 긋는다.
③ 선은 처음부터 끝나는 부분까지 일정한 힘으로 한 번에 긋는다.
④ 선의 연결과 교차부분이 정확하게 되도록 한다.

해설

오른손잡이는 팔을 뻗는 방향과 일치하도록 선을 긋는다. 따라서 수평선을 그을 때는 왼쪽에서 오른쪽으로, 수직선을 그을 때는 아래쪽에서 위쪽으로 긋는 것이 자연스럽다.

정답 | ②

21

다음 중 방부 또는 방충을 목적으로 하는 방법으로 가장 부적합한 것은?

① 표면탄화법　　② 약제도포법
③ 상압주입법　　④ 마모저항법

해설

마모저항법은 목재의 방부처리법에 해당하지 않는다.

관련이론 목재의 방부처리법

구분	내용
표면탄화법	목재 표면을 3~10mm 깊이로 태우는 방법
약제도포법	목재를 충분히 건조한 후 약제를 바르는 방법
상압주입법	80~120℃ 크레오소트 오일에 3~6시간 담근 뒤 다시 차가운 용액에 담가 침투시키는 방법
가압주입법	밀폐된 용기에 방부제를 넣고 7~13kg/cm^{2}로 압력을 가하여 강제로 주입하는 방법
도장법	목재 표면을 방부제와 살균제로 바르는 방법
침투법	목재를 상온에서 CCA, 크레오소트 오일 등에 담가 방부제가 목재 내부로 침투하도록 하는 방법

정답 | ④

22

조경공사의 돌쌓기용 암석을 운반하기에 가장 적합한 재료는?

① 철근 ② 쇠파이프
③ 철망 ④ 와이어로프

해설
와이어로프(Wire rope)는 강철로 만든 철사를 여러 겹 합쳐 꼬아 만든 밧줄이다. 높은 강도와 연성을 갖고 있어 각종 건설장비와 운송장비의 리프트에 사용한다.

정답 | ④

23

다음 [보기]가 설명하는 건설용 재료는?

> • 갈라진 목재 틈을 메우는 정형 실링재이다.
> • 탄성복원력이 적거나 거의 없다.
> • 일정 압력을 받는 새시의 접합부 쿠션 겸 실링재로 사용되었다.

① 프라이머 ② 코킹
③ 퍼티 ④ 석고

해설
퍼티는 탄산석회를 아마인유에 풀어 반죽한 점토 형태의 접착제이다. 갈라진 틈새를 메우거나 움푹 패인 곳을 채우는 용도로 쓴다.

선지분석
① 프라이머: 마감재 시공 전에 바탕면에 도포하여 표면을 매끄럽게 만들어 접착력을 높여주는 밑칠재료이다.
② 코킹: 실리콘, 코킹재와 같은 재료를 사용하여 틈새를 메우는 작업을 말한다.

정답 | ③

24

쇠망치 및 날메로 요철을 대강 따내고, 거친 면을 그대로 두어 부풀린 느낌으로 마무리 하는 것으로 중량감, 자연미를 주는 석재가공법은?

① 혹두기 ② 정다듬
③ 도드락다듬 ④ 잔다듬

해설
석공용 망치(쇠메)로 석재 표면의 돌출 부분만 대강 떼어내는 방법을 혹두기라고 한다.

관련이론 석재가공법

단계	내용
혹두기	석공용 망치(쇠메)로 석재 표면의 돌출 부분만 대강 떼어내는 방법
정다듬	혹두기로 마무리한 석재 표면을 정으로 고르게 다듬는 방법
도드락다듬	정다듬 한 석재 표면을 도드락망치로 1~3회 고르게 다듬는 방법
잔다듬	정다듬이나 도드락다듬 한 석재 표면을 일정 방향으로 나란히 찍어 평탄하게 마무리하는 방법
물갈기	잔다듬 한 석재 표면을 연마기나 숫돌로 매끈하게 갈아내는 방법

정답 | ①

25

건설용 재료의 특징 설명으로 틀린 것은?

① 미장재료 — 구조재의 부족한 요소를 감추고 외벽을 아름답게 나타내 주는 것
② 플라스틱 — 합성수지에 가소제, 채움제, 안정제, 착색제 등을 넣어서 성형한 고분자 물질
③ 역청재료 — 최근에 환경 조형물이나 안내판 등에 널리 이용되고, 입체적인 벽면 구성이나 특수지역의 바닥 포장재로 사용
④ 도장재료 — 구조재의 내식성, 방부성, 내마멸성, 방수성, 방습성 및 강도 등이 높아지고 광택 등 미관을 높여 주는 효과를 얻음

해설
역청은 석유나 석탄, 천연가스를 가공할 때 만들어지는 유기화합물(아스팔트, 타르, 피치 등)로서 방수·방부·포장재로 사용한다.

정답 | ③

26

내부 진동기를 사용하여 콘크리트 다지기를 실시할 때 내부 진동기를 찔러 넣는 간격은 얼마 이하를 표준으로 하는 것이 좋은가?

① 30cm　　② 50cm
③ 80cm　　④ 100cm

해설
내부 진동기를 사용하여 다짐 시 깊이 10cm, 간격 50cm 이하로 삽입한다.

정답 | ②

27

굵은 골재의 절대건조상태의 질량이 1,000g, 표면건조포화상태의 질량이 1,100g, 수중 질량이 650g일 때 흡수율은 몇 %인가?

① 10.0%　　② 28.6%
③ 31.4%　　④ 35.0%

해설
흡수율 산정 공식은 다음과 같다.

$$흡수율 = \frac{표면건조포화상태\ 질량 - 절대건조상태\ 질량}{절대건조상태\ 질량} \times 100(\%)$$

$$= \frac{1,100 - 1,000}{1,000} \times 100 = 10\%$$

정답 | ①

28

시멘트의 강열감량(Ignition loss)에 대한 설명으로 틀린 것은?

① 시멘트 중에 함유된 H_2O와 CO_2의 양이다.
② 클링커와 혼합하는 석고의 결정수량과 거의 같은 양이다.
③ 시멘트에 약 1,000℃의 강한 열을 가했을 때의 시멘트 감량이다.
④ 시멘트가 풍화하면 강열감량이 적어지므로 풍화의 정도를 파악하는 데 사용된다.

해설
시멘트가 풍화하면 강열감량은 증가한다.

관련이론 시멘트 강열감량
시멘트의 풍화 정도를 판정할 수 있는 척도로서 시멘트를 900~1,000℃로 가열했을 때 시멘트 중에 함유된 H_2O와 CO_2 감소에 따라 발생하는 질량 감소량이다.

정답 | ④

29

아스팔트의 물리적 성질과 관련된 설명으로 옳지 않은 것은?

① 아스팔트의 연성을 나타내는 수치를 신도라 한다.
② 침입도는 아스팔트의 컨시스턴시를 임의 관입저항으로 평가하는 방법이다.
③ 아스팔트에는 명확한 융점이 있으며, 온도가 상승하는 데 따라 연화하여 액상이 된다.
④ 아스팔트는 온도에 따른 컨시스턴시의 변화가 매우 크며, 이 변화의 정도를 감온성이라 한다.

해설
아스팔트는 명확한 융점(녹는점)이 없으므로 어느 특정 온도에서 갑자기 액상이 되는 것이 아니고, 온도 상승에 따라 지속적으로 물러져서 액체 상태가 된다.

정답 | ③

30

새끼(볏짚제품)의 용도 설명으로 가장 부적합한 것은?

① 더위에 약한 수목을 보호하기 위해서 줄기에 감는다.
② 옮겨 심는 수목의 뿌리분이 상하지 않도록 감아준다.
③ 강한 햇볕에 줄기가 타는 것을 방지하기 위하여 감아준다.
④ 천공성 해충의 침입을 방지하기 위하여 감아준다.

해설

새끼는 보온성이 좋아 추위에 약한 수목을 보호하기 위해 줄기에 감아준다. 최근에는 새끼 대신 녹화 마대와 녹화 마대줄을 많이 사용한다.

정답 | ①

31

무너짐 쌓기를 한 후 돌과 돌 사이에 식재하는 식물 재료로 가장 적합한 것은?

① 장미
② 회양목
③ 화살나무
④ 꽝꽝나무

해설

돌쌓기 틈새에는 토양이 제한적이므로 키가 작은 소관목(회양목, 철쭉, 진달래 등)과 초화류(꽃잔디, 패랭이꽃 등)가 바람직하다.

정답 | ②

32

다음 중 아황산가스에 강한 수종이 아닌 것은?

① 고로쇠나무
② 가시나무
③ 백합나무
④ 칠엽수

해설

고로쇠나무는 아황산가스에 약한 수종이다.

관련이론 아황산가스에 강한 수종과 약한 수종

- 아황산가스(SO_2)에 강한 대표적 수종: 가시나무, 백합나무, 칠엽수, 화백, 편백, 플라타너스, 사철나무, 은행나무, 양버즘나무 등
- 아황산가스(SO_2)에 약한 대표적 수종: 소나무, 겹벚나무, 단풍나무, 삼나무, 전나무, 산벚나무, 독일가문비, 고로쇠나무 등

정답 | ①

33

단풍나무과(科)에 해당하지 않는 수종은?

① 고로쇠나무
② 복자기
③ 소사나무
④ 신나무

해설

소사나무는 자작나무과에 속한다.

관련이론 단풍나무과의 주요 수종

단풍나무, 네군도단풍, 당단풍, 은단풍, 중국단풍, 복자기, 신나무, 고로쇠나무 등

정답 | ③

34
다음 중 양수에 해당하는 수종은?

① 일본잎갈나무 ② 조록싸리
③ 식나무 ④ 사철나무

해설

일본잎갈나무는 일본이 원산지인 낙엽침엽교목으로서 수직으로 곧게 자라는 극양수이며 낙엽송이라고 부른다.

관련이론 대표적인 양수(陽樹)와 음수(陰樹)

구분	종류
양수	소나무류, 측백, 편백, 화백, 향나무류, 은행나무, 일본잎갈나무(낙엽송), 메타세쿼이아, 배롱나무, 산수유, 무궁화, 박태기나무, 영산홍 등
음수	구상나무, 독일가문비, 잣나무류, 주목, 전나무, 이팝나무, 음나무, 칠엽수, 눈주목, 사철나무, 식나무, 철쭉, 화살나무, 조록싸리 등

정답 | ①

35
다음 중 내염성이 가장 큰 수종은?

① 사철나무 ② 목련
③ 낙엽송 ④ 일본목련

해설

사철나무는 내염성이 강한 반면, 일본목련은 내염성이 약하고, 목련과 낙엽송은 내염성이 보통 수준이다. 따라서 보기 중 내염성이 가장 큰 수종은 사철나무이다.

구분	종류
염분에 강한 수종	해송(곰솔), 섬잣나무, 비자나무, 눈향나무, 아왜나무, 감나무, 계수나무, 목련, 배롱나무, 사철나무, 개나리, 무궁화, 쥐똥나무 등
염분에 약한 수종	전나무, 주목, 측백, 은행나무, 느티나무, 목백합, 일본목련, 회양목, 옥향, 수국 등

정답 | ①

제3과목 조경 시공 및 관리

36
형상수(Topiary)를 만들기에 가장 적합한 수종은?

① 주목 ② 단풍나무
③ 개벚나무 ④ 전나무

해설

형상수는 식물의 잎이나 가지를 자르고 다듬어 동물이나 기하학적인 형태로 만든 것이다. 주목이나 향나무와 같이 잔가지가 많고 맹아력이 강한 수종이 형상수로 주로 이용된다.

정답 | ①

37
화단에 심겨지는 초화류가 갖추어야 할 조건으로 가장 부적합한 것은?

① 가지 수는 적고 큰 꽃이 피어야 한다.
② 바람, 건조 및 병·해충에 강해야 한다.
③ 꽃의 색채가 선명하고, 개화기간이 길어야 한다.
④ 성질이 강건하고 재배와 이식이 비교적 용이해야 한다.

해설

화단용 초화류가 갖춰야 할 조건은 다음과 같다.
• 가지가 많이 갈라지고 작은 꽃이 많이 달려야 한다.
• 모양이 아름답고 키가 가급적 작아야 한다.
• 꽃의 색깔이 선명하고 개화기간이 길어야 한다.
• 바람과 건조, 병해충에 견디는 힘이 강해야 한다.
• 성질이 강건하여 나쁜 환경에서도 잘 자라야 한다.

정답 | ①

38

수종과 그 줄기색(樹皮)의 연결이 틀린 것은?

① 벽오동은 녹색 계통이다.
② 곰솔은 흑갈색 계통이다.
③ 소나무는 적갈색 계통이다.
④ 흰말채나무는 흰색 계통이다.

> 해설

흰말채나무의 수피는 여름에는 청색이었다가 겨울이 될수록 광택이 있는 붉은 빛을 띤다.

정답 | ④

39

귀룽나무(Prunus padus L.)에 대한 특성으로 맞지 않는 것은?

① 원산지는 한국, 일본이다.
② 꽃과 열매는 백색계열이다.
③ Rosaceae과(科) 식물로 분류된다.
④ 생장속도가 빠르고 내공해성이 강하다.

> 해설

귀룽나무는 장미(Rosaceae)과 식물로서 동아시아 일대가 원산지이며 깊은 산속에서 자생한다. 5월에 하얀 꽃이 피고 가을에 검은 열매가 달린다.

정답 | ②

40

능소화(Campsis grandifolia K.Schum.)의 설명으로 틀린 것은?

① 낙엽활엽 덩굴성 식물이다.
② 잎은 어긋나며 뒷면에 털이 있다.
③ 나팔 모양의 꽃은 주홍색으로 화려하다.
④ 동양적인 정원이나 사찰 등의 관상용으로 좋다.

> 해설

능소화는 한여름에 나팔 모양의 주홍색 꽃이 피는 덩굴성 식물로서 한여름 폭염과 무더위를 이겨내고 핀다 하여 능소화(능가할 凌, 하늘 霄, 꽃 花)라 불린다. 잎은 마주 보고 나며 잎 가장자리는 톱니 모양이고 털이 달려 있다.

정답 | ②

41

봄에 향나무의 잎과 줄기에 갈색의 돌기가 형성되고 비가 오면 한천 모양이나 젤리 모양으로 부풀어 오르는 병은?

① 향나무 가지마름병
② 향나무 그을음병
③ 향나무 붉은별무늬병
④ 향나무 녹병

> 해설

향나무 녹병은 봄에 가지와 줄기에 짙은 갈색 돌기가 형성되었다가 비가 오면 수분을 흡수해서 젤리 모양으로 부풀어 잎과 가지를 마르게 하는 병이다.

> 선지분석

① 향나무 가지마름병: 병원균 감염에 의해 향나무 가지와 잎이 적갈색으로 변하여 말라 죽는 병이다.
② 향나무 그을음병: 향나무왕진딧물이 기생하며 수액을 빨아 먹어 향나무의 수세를 저하시키는 병이다.
③ 향나무 붉은별무늬병: 겨울철 향나무류에서 월동하다가 봄철 강우에 겨울 포자가 배나무로 옮겨가 배나무 생육에 큰 피해를 주는 병이다.

정답 | ④

42
잔디의 병해 중 녹병의 방제약으로 옳은 것은?

① 만코제브(수)
② 테부코나졸(유)
③ 에마멕틴벤조에이트(유)
④ 글루포시네이트암모늄(액)

해설
테부코나졸은 골프장의 잔디에 발생하는 곰팡이류와 바이러스류를 방제하는 살균약제이다.

선지분석
① 만코제브: 감자역병 및 상추, 고추 등 채소류 방제약제
③ 에마멕틴벤조에이트: 소나무재선충 방제용 약제
④ 글루포시네이트암모늄: 제초제로 쓰이는 약제

정답 | ②

43
25% A유제 100mL를 0.05%의 살포액으로 만드는 데 소요되는 물의 양(L)으로 가장 가까운 것은? (단, 비중은 1.0이다.)

① 5
② 25
③ 50
④ 100

해설
살포액 제조 시 필요한 물의 양은 다음과 같이 계산한다.

원액 용량 × ($\dfrac{원액 농도}{희석할 농도} - 1$) × 원액 비중

$= 100 × (\dfrac{25}{0.05} - 1) × 1.0 = 49,999$ mL

1,000mL는 1L이므로,
소요되는 물의 양은 49.9L 약 50L이다.

정답 | ③

44
해충의 체(體) 표면에 직접 살포하거나 살포된 물체에 해충이 접촉되어 약제가 체내에 침입하여 독(毒) 작용을 일으키는 약제는?

① 유인제
② 접촉살충제
③ 소화중독제
④ 화학불임제

해설
접촉살충제는 곤충의 몸체 표면을 통해 체내에 들어가 곤충을 죽게 하는 살충제이다.

선지분석
① 유인제: 곤충류가 특정한 화학물질에 감응하여 유인되는 성질을 이용하여 방제하는 약제이다.
③ 소화중독제: 곤충 입을 통해 체내로 흡수되어 중독을 일으켜 죽게 하는 살충제이다.
④ 화학불임제: 곤충의 먹이에 넣어 성체(成體)가 불임이 되게 하는 약제이다.

정답 | ②

45
도시공원 녹지 중 수림지 관리에서 그 필요성이 가장 떨어지는 것은?

① 시비(施肥)
② 하예(下刈)
③ 제벌(除伐)
④ 병충해 방제

해설
시비는 개별 수목 관리에는 유용하나 넓은 면적의 숲 관리에는 부적합하다.

선지분석
① 시비: 식물에 거름을 주는 일
② 하예: 밑풀 베기
③ 제벌: 필요 없는 나무나 나뭇가지를 베어 버리는 일
④ 병충해 방제: 병해와 충해를 예방하거나 제거하는 일

정답 | ①

46
다음 설명에 해당하는 파종 공법은?

- 종자, 비료, 파이버(Fiber), 침식방지제 등 물과 교반하여 펌프로 살포 녹화한다.
- 비탈 기울기가 급하고 토양조건이 열악한 급경사지에 기계와 기구를 사용해서 종자를 파종한다.
- 한랭도가 적고 토양 조건이 어느 정도 양호한 비탈면에 한하여 적용한다.

① 식생매트공 ② 볏짚거적덮기공
③ 종자분사파종공 ④ 지하경뿜어붙이기공

해설

종자분사파종공은 토양 조건이 불량한 급경사지에 파종하기 위해서 종자, 비료, 토양 혹은 섬유질(Fiber) 등을 섞은 물을 고압으로 분사하여 비탈면에 부착하는 공법을 말한다.

정답 | ③

47
장미 검은무늬병은 주로 식물체 어느 부위에 발생하는가?

① 꽃 ② 잎
③ 뿌리 ④ 식물 전체

해설

장미 검은무늬병은 봄부터 잎에 작은 흑갈색 반점이 나타나 노란색으로 변하면서 일찍 잎을 떨어지게 하는 병이다.

정답 | ②

48
진딧물의 방제를 위하여 보호하여야 하는 천적으로 볼 수 없는 것은?

① 무당벌레류 ② 꽃등에류
③ 솔잎벌류 ④ 풀잠자리류

해설

솔잎벌류는 잣나무, 소나무, 곰솔, 일본잎갈나무 등의 잎을 갉아 먹는 해충이다. 무당벌레류, 꽃등에류 및 풀잠자리류는 진딧물을 잡아먹는 포식성(捕食性) 곤충류이다.

정답 | ③

49
수목의 이식 전 세근을 발달시키기 위해 실시하는 작업을 무엇이라 하는가?

① 가식 ② 뿌리돌림
③ 뿌리분 포장 ④ 뿌리외과수술

해설

식물의 세근(잔뿌리)은 물과 영양분을 흡수하는 데 중요한 역할을 한다. 뿌리돌림은 수목 이식 후 활착을 돕기 위해 미리 뿌리의 일부를 잘라 세근이 나오게 하는 작업을 말한다.

정답 | ②

50
수목을 장거리 운반할 때 주의해야 할 사항이 아닌 것은?

① 병충해 방제 ② 수피 손상 방지
③ 분 깨짐 방지 ④ 바람 피해 방지

해설

수목의 장거리 운반 시 이동에 따른 수피 긁힘이나 바람에 의한 손상, 진동에 따른 분 깨짐이 우려된다.

정답 | ①

51

인간이나 기계가 공사 목적물을 만들기 위하여 단위물량당 소요로 하는 노력과 품질을 수량으로 표현한 것을 무엇이라 하는가?

① 할증 ② 품셈
③ 견적 ④ 내역

해설

품셈은 인력이나 기계로 어떤 물체를 만드는 데 필요한 단위당 노력, 능률 및 재료 등을 수량으로 나타낸 것을 말한다.

정답 | ②

52

내구성과 내마멸성이 좋아 일단 파손된 곳은 보수가 어려우므로 시공 때 각별한 주의가 필요하다. 다음과 같은 원로 포장 방법은?

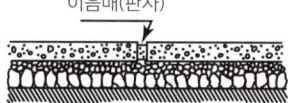

① 마사토 포장 ② 콘크리트 포장
③ 판석 포장 ④ 벽돌 포장

해설

콘크리트 포장은 내구성이 좋고 강도가 뛰어난 반면, 보수나 변형이 어렵다는 단점이 있다.

정답 | ②

53

철근의 피복두께를 유지하는 목적으로 틀린 것은?

① 철근량 절감 ② 내구성능 유지
③ 내화성능 유지 ④ 소요의 구조내력 확보

해설

철근의 피복두께는 철근 표면과 이를 덮는 콘크리트 표면까지의 깊이를 말하며, 내구성과 내화성, 구조내력의 안정성을 확보하는 기준이 된다.

정답 | ①

54

다음 중 건설공사의 마지막으로 행하는 작업은?

① 터닦기 ② 식재공사
③ 콘크리트공사 ④ 급배수 및 호안공

해설

건설공사에서는 일반적으로 기반조성을 위한 토목공사가 선행되고 건축공사가 진행되며, 마무리 공정으로 조경공사를 시행한다.

정답 | ②

55

경사진 지형에서 흙이 무너지는 것을 방지하기 위하여 토양의 안식각을 유지하며 크고 작은 돌을 자연스러운 상태가 되도록 쌓아 올리는 방법은?

① 평석쌓기 ② 견치석쌓기
③ 디딤돌쌓기 ④ 자연석 무너짐쌓기

선지분석

① 평석쌓기: 넓고 평평한 돌을 수직으로 쌓는 것
② 견치석쌓기: 30cm × 30cm × 45cm 크기의 사각뿔 형태로 다듬은 돌을 쌓는 것
③ 디딤돌쌓기: 디딤돌은 보행을 돕기 위해 바닥에 까는 평평한 돌을 말하므로, 디딤돌놓기가 옳은 표현임

관련이론 토양의 안식각

흙을 쌓거나 깎을 때 자연스럽게 흙이 무너져 내리다가 더 이상 무너지지 않고 안정되었을 때의 흙이 이루는 경사면과 수평면 사이의 각을 말한다.

정답 | ④

56
작업현장에서 작업물의 운반작업 시 주의사항으로 옳지 않은 것은?

① 어깨높이보다 높은 위치에서 하물을 들고 운반하여서는 안 된다.
② 운반 시의 시선은 진행방향을 향하고 뒷걸음 운반을 하여서는 안 된다.
③ 무거운 물건을 운반할 때 무게중심이 높은 하물은 인력으로 운반하지 않는다.
④ 단독으로 긴 물건을 어깨에 메고 운반할 때에는 뒤쪽을 위로 올린 상태로 운반한다.

해설
긴 물체는 지면에 끌리거나 위가 들려 다른 물체에 부딪힐 수 있으므로 단독으로 운반하지 않도록 한다.

정답 | ④

57
예불기(예취기) 작업 시 작업자 상호간의 최소 안전거리는 몇 m 이상이 적합한가?

① 4m
② 6m
③ 8m
④ 10m

해설
예취기는 안전사고 예방을 위해 최소 10m 이상 거리를 두어야 한다.

정답 | ④

58
옹벽 자체의 자중으로 토압에 저항하는 옹벽의 종류는?

① L형 옹벽
② 역T형 옹벽
③ 중력식 옹벽
④ 반중력식 옹벽

선지분석
③ 중력식 옹벽: 옹벽 자체의 무게로 토압 등의 외력을 지지하여 자중으로 토압에 저항하는 형식
① L형 옹벽: 캔틸레버 구조를 이용하여 옹벽 자체 무게와 뒤채움한 토사의 무게를 지지하여 안전도를 보강한 옹벽
② 역T형 옹벽: 옹벽의 배면에 기초 슬래브가 일부 돌출한 모양의 옹벽
④ 반중력식 옹벽: 중력식 옹벽의 한 종류로, 옹벽 자체 무게와 벽체 내부에 설치한 보강재를 활용하여 안전성을 유지하는 옹벽

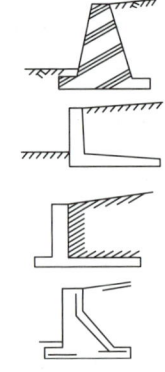

정답 | ③

59
지형도상에서 2점 간의 수평거리가 200m이고, 높이차가 5m라 하면 경사도는 얼마인가?

① 2.5%
② 5.0%
③ 10.0%
④ 50.0%

해설
경사도는 다음과 같이 구할 수 있다.

$$경사도 = \left(\frac{높이}{수평거리}\right) \times 100(\%) = \frac{5}{200} \times 100 = 2.5(\%)$$

정답 | ①

60
옥상녹화 방수 소재에 요구되는 성능 중 가장 거리가 먼 것은?

① 식물의 뿌리에 견디는 내근성
② 시비, 방제 등에 견디는 내약품성
③ 박테리아에 의한 부식에 견디는 성능
④ 색상이 미려하고 미관상 보기 좋은 것

해설
옥상녹화는 방수와 병충해 방제를 위한 기능적 조건을 우선하여야 한다.

정답 | ④

2016년 1회 기출문제

제1과목 조경일반

01
중세 유럽의 조경 형태로 볼 수 없는 것은?
① 과수원 ② 약초원
③ 공중정원 ④ 회랑식 정원

해설
공중정원(Hanging garden)은 B.C 6세기 신바빌론 시대의 네브카드네자르 2세가 왕비 아미티스를 위해 조성한 정원으로 알려져 있으며, 고대 7대 불가사의의 하나이다. B.C 5세기경 이곳을 방문한 고대 그리스의 역사가 헤로도토스가 마치 공중에 매달려 있는 것 같다고 기록하였다.

정답 | ③

02
일본 고산수식 정원의 요소와 상징적인 의미가 바르게 연결된 것은?
① 나무 – 폭포 ② 연못 – 바다
③ 왕모래 – 물 ④ 바위 – 산봉우리

해설
고산수(枯山水) 정원은 물을 사용하지 않고 돌과 모래 등으로 자연풍경을 상징적으로 나타내는 기법이다. 마당에 깐 왕모래는 바다를, 모래 위에 놓은 바위는 섬을 상징한다.

정답 | ③

03
다음 중 중국정원의 양식에 가장 많은 영향을 끼친 사상은?
① 선사상 ② 신선사상
③ 풍수지리사상 ④ 음양오행사상

해설
중국정원 양식은 신선의 세계를 상징적으로 표현하는 사례가 많다.

정답 | ②

04
다음 중 서양식 전각과 서양식 정원이 조성되어 있는 우리나라 궁궐은?
① 경복궁 ② 창덕궁
③ 덕수궁 ④ 경희궁

해설
대한제국의 황궁으로 지었던 덕수궁은 서양 근대 문물을 적극 수용하여 석조전과 석조전 앞 정원은 영국 건축가 하딩(G.R. Harding)에 의해 19세기에 유행하던 신고전주의 양식으로 조성하였다.

정답 | ③

05

고대 로마의 대표적인 별장이 아닌 것은?

① 빌라 투스카니 ② 빌라 감베라이아
③ 빌라 라우렌티아나 ④ 빌라 아드리아누스

해설

빌라 감베라이아(Villa Gamberaia)는 피렌체 근교에 있는 르네상스 정원이다.

정답 | ②

06

미국 식민지 개척을 통한 유럽 각국의 다양한 사유지 중심의 정원 양식이 공공적인 성격으로 전환되는 계기에 영향을 끼친 것은?

① 스토우 정원 ② 보르비콩트 정원
③ 스투어헤드 정원 ④ 버컨헤드 공원

해설

버컨헤드(Birkenhead) 공원은 1847년 영국 공장지대 노동자들을 위해 조성한 최초의 공원이다. 이는 미국 뉴욕의 센트럴파크를 설계한 옴스테드에게 큰 감동과 영감을 주었다.

정답 | ④

07

프랑스 평면기하학식 정원을 확립하는데 가장 큰 기여를 한 사람은?

① 르 노트르 ② 메이너
③ 브리지맨 ④ 비니올라

해설

르 노트르(Andre le Notre)는 17세기 프랑스 평면기하학식 정원 양식을 완성한 조경가이다.

정답 | ①

08

형태와 선이 자유로우며, 자연재료를 사용하여 자연을 모방하거나 축소하여 자연에 가까운 형태로 표현한 정원 양식은?

① 건축식 ② 풍경식
③ 정형식 ④ 규칙식

해설

자연을 본떠 만드는 정원양식을 (자연)풍경식 정원이라 한다.

정답 | ②

09

다음 후원 양식에 대한 설명 중 틀린 것은?

① 한국의 독특한 정원 양식 중 하나이다.
② 괴석이나 세심석 또는 장식을 겸한 굴뚝을 세워 장식하였다.
③ 건물 뒤 경사지를 계단모양으로 만들어 장대석을 앉혀 평지를 만들었다.
④ 경주 동궁과 월지, 교태전 후원의 아미산원, 남원시 광한루 등에서 찾아볼 수 있다.

해설

왕비의 침전인 경복궁 교태전 후원의 화계(花階)는 구릉지를 이용한 대표적인 조선시대 후원 양식이라 할 수 있으나, 평지에 조성한 경주 동궁과 월지 및 남원 광한루는 별도의 후원이 조성되어 있지 않다.

정답 | ④

10

현대 도시환경에서 조경 분야의 역할과 관계가 먼 것은?

① 자연환경의 보호유지
② 자연 훼손지역의 복구
③ 기존 대도시의 광역화 유도
④ 토지의 경제적이고 기능적인 이용 계획

해설

현대 도시환경에서 조경은 대도시의 무분별한 외부 확산을 제어하는 효과가 있다.

정답 | ③

11

다음 설명의 (   ) 안에 들어갈 시설물은?

> 시설지역 내부의 포장지역에도 (   )을/를 이용하여 낙엽성 교목을 식재하면 여름에도 그늘을 만들 수 있다.

① 볼라드(Bollard)
② 펜스(Fence)
③ 벤치(Bench)
④ 수목 보호대(Grating)

해설

포장지역에 수목을 식재하기 위해서는 수목 뿌리 부분을 보호할 수 있는 수목 보호대를 설치해야 한다.
※ 볼라드: 보행지역의 차량 진입을 막기 위해 설치하는 구조물이다.

정답 | ④

12

기존의 레크레이션 기회에 참여 또는 소비하고 있는 수요(需要)를 무엇이라 하는가?

① 표출수요
② 잠재수요
③ 유효수요
④ 유도수요

해설

표출수요는 이미 드러난 수요를 말한다.

정답 | ①

13

주택정원의 시설구분 중 휴게시설에 해당되는 것은?

① 벽천, 폭포
② 미끄럼틀, 조각물
③ 정원등, 잔디등
④ 퍼걸러, 야외탁자

해설

퍼걸러, 야외탁자 등은 휴게용 시설에 해당한다.

정답 | ④

14

조경계획·설계에서 기초적인 자료의 수집과 정리 및 여러 가지 조건의 분석과 통합을 실시하는 단계를 무엇이라 하는가?

① 목표 설정
② 현황분석 및 종합
③ 기본 계획
④ 실시 설계

해설

현황분석 및 종합은 계획·설계 대상지가 가진 자연환경 및 인문, 사회환경과 개발여건을 분석하여 문제점과 잠재력을 파악하고, 이를 토대로 향후 개발 방향을 설정하는 단계이다.

선지분석

① 목표설정: 계획·설계의 범위와 이루고자 하는 목표를 명확히 하는 단계이다.
③ 기본계획: 계획의 대략적인 골격과 배치계획 및 사업계획을 작성하는 단계이다.
④ 실시설계: 공사 시행을 위한 상세설계 단계이다.

정답 | ②

15

다음 채도대비에 관한 설명 중 틀린 것은?

① 무채색끼리는 채도 대비가 일어나지 않는다.
② 채도대비는 명도대비와 같은 방식으로 일어난다.
③ 고채도의 색은 무채색과 함께 배색하면 더 선명해 보인다.
④ 중간색을 그 색과 색상은 동일하고 명도가 밝은 색과 함께 사용하면 훨씬 선명해 보인다.

해설
④는 명도대비에 대한 설명이다.

관련이론 채도대비
채도가 다른 두 색을 인접시켰을 때 서로의 영향을 받아 채도가 높은 색은 더욱 높아 보이고, 채도가 낮은 색은 더욱 낮아 보이는 현상을 말한다.

정답 | ④

제2과목 조경재료

16

좌우로 시선이 제한되어 일정한 지점으로 시선이 모이도록 구성하는 경관 요소는?

① 전망   ② 통경선(Vista)
③ 랜드마크   ④ 질감

해설
다음 사진과 같이 좌우로는 눈높이 이상으로 시선을 가려 관찰자의 시선이 자연스럽게 중심을 향해 집중되도록 구성한 경관유형을 통경선(혹은 초점경관)이라 한다.

정답 | ②

17

조경 시공 재료의 기호 중 벽돌에 해당하는 것은?

①    ②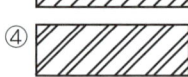
③ 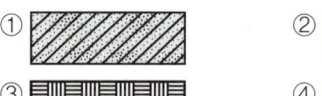   ④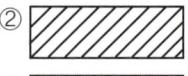

선지분석
① 석재
③ 지반(흙)
④ 금속

정답 | ②

18

다음 중 곡선의 느낌으로 가장 부적합한 것은?

① 온건하다.   ② 부드럽다.
③ 모호하다.   ④ 단호하다.

해설
일반적으로 곡선은 부드럽고 우아하며 모호한 느낌을 주는 반면, 직선은 딱딱하고 권위적이며 단호한 느낌을 준다.

정답 | ④

19

모든 설계에서 가장 기본적인 도면은?

① 입면도   ② 단면도
③ 평면도   ④ 상세도

해설
설계는 평면도를 기준으로 하며 이를 입체적으로 보이기 위해 입면도나 단면도를 그린다. 상세도는 실제 공사를 할 수 있도록 자세히 그린 도면을 말한다.

정답 | ③

20

조경 실시설계 단계 중 용어의 설명이 틀린 것은?

① 시공에 관하여 도면에 표시하기 어려운 사항을 글로 작성한 것을 시방서라고 한다.
② 공사비를 체계적으로 정확한 근거에 의하여 산출한 서류를 내역서라고 한다.
③ 일반관리비는 단위 작업당 소요인원을 구하여 일당 또는 월급여로 곱하여 얻어진다.
④ 공사에 소요되는 자재의 수량, 품 또는 기계 사용량 등을 산출하여 공사에 소요되는 비용을 계산한 것을 적산이라고 한다.

해설

일반관리비는 건설회사의 유지관리를 위해 필요한 본사 경비로서 순공사비에 일정 비율을 곱하여 산정한다.

정답 | ③

21

석재의 성인(成因)에 의한 분류 중 변성암에 해당되는 것은?

① 대리석　　　　② 섬록암
③ 현무암　　　　④ 화강암

해설

변성암은 화성암이나 수성암이 지각변동으로 큰 압력과 열을 받아 광물성분이 변하여 생겨난 암석을 말하는데, 석회암의 변성암인 대리석이 대표적이다.

정답 | ①

22

레미콘 규격이 25 - 210 - 12로 표시되어 있다면 ⓐ - ⓑ - ⓒ 순서대로 의미가 맞는 것은?

	ⓐ	ⓑ	ⓒ
①	슬럼프	골재최대치수	시멘트의 양
②	물시멘트비	압축강도	골재최대치수
③	골재최대치수	압축강도	슬럼프
④	물시멘트비	시멘트의 양	골재최대치수

해설

레미콘 규격은 "굵은 골재의 최대 크기(mm) - 콘크리트 28일째 압축강도(MPa) - 목표 슬럼프값(mm)"으로 나타낸다.

정답 | ③

23

다음 설명에 적합한 열가소성수지는?

> • 강도, 전기절연성, 내약품성이 양호하고 가소재에 의하여 유연고무와 같은 품질이 되며 고온, 저온에 약하다.
> • 바닥용 타일, 시트, 조인트 재료, 파이프, 접착제, 도료 등이 주용도이다.

① 페놀수지　　　　② 염화비닐수지
③ 멜라민수지　　　④ 에폭시수지

해설

합성수지는 열에 약해 쉽게 변형되는 열가소성 수지와 열에 비교적 강한 열경화성 수지로 나눌 수 있다.
• 열가소성 수지: 염화비닐수지, 셀룰로이드, 나일론 등
• 열경화성 수지: 페놀수지, 멜라민수지, 에폭시수지 등

정답 | ②

24
인공 폭포, 수목 보호판을 만드는 데 가장 많이 이용되는 제품은?

① 유리블록제품
② 식생호안블록
③ 콘크리트격자블록
④ 유리섬유강화플라스틱

해설
유리섬유강화플라스틱(GFRP: Glass Fiber Reinforced Plastic)은 유리섬유와 열경화성수지를 결합한 FRP 제품으로서 가볍고 내구성도 좋으며 가공하기 쉬운 장점이 있다. 인공폭포 벽면이나 수목 보호판, 미끄럼대 등 다양한 조경시설물에 사용된다.

정답 | ④

25
알루미나 시멘트의 최대 특징으로 옳은 것은?

① 값이 싸다.
② 조기강도가 크다.
③ 원료가 풍부하다.
④ 타 시멘트와 혼합이 용이하다.

해설
알루미나 시멘트는 내화성이 좋고, 조기강도가 큰 초조강 특수 시멘트이다.

정답 | ②

26
다음 중 목재의 장점에 해당하지 않는 것은?

① 가볍다.
② 무늬가 아름답다.
③ 열전도율이 낮다.
④ 습기를 흡수하면 변형이 잘 된다.

해설
목재는 가볍고 가공이 용이하며 열전도율도 낮고 다양한 무늬를 연출할 수 있는 장점이 있으나, 내화성이 낮고 습기를 흡수하면 쉽게 변형되거나 부패하며 병충해에 약한 단점이 있다.

정답 | ④

27
다음 금속 재료에 대한 설명으로 틀린 것은?

① 저탄소강은 탄소함유량이 0.3% 이하이다.
② 강판, 형강, 봉강 등은 압연식 제조법에 의해 제조된다.
③ 구리에 아연 40%를 첨가하여 제조한 합금을 청동이라고 한다.
④ 강의 제조방법에는 평로법, 전로법, 전기로법, 도가니법 등이 있다.

해설
구리에 아연을 섞은 것을 황동(놋쇠)이라 하며, 구리에 주석을 섞은 것을 청동이라 한다.

정답 | ③

28
다음 조경시설 소재 중 도로 절·성토면의 녹화공사, 해안매립 및 호안공사, 하천제방 및 급류 부위의 법면 보호공사 등에 사용되는 코코넛 열매를 원료로 한 천연섬유 재료는?

① 코이어 메시
② 우드칩
③ 테라소브
④ 그린블록

해설
코이어 메시(Coir mesh)는 열대지방에서 자라는 코코넛 껍질에서 추출한 100% 천연섬유로 짠 그물이다. 토양 보존과 식물성장에 적합한 특성을 보유하고 있어 경사면 침식이나 붕괴 방지를 위한 사면 보호용 녹화 재료로 사용된다.

정답 | ①

29

견치석에 관한 설명 중 옳지 않은 것은?

① 형상은 재두각추체(裁頭角錐體)에 가깝다.
② 접촉면의 길이는 앞면 4변의 제일 짧은 길이의 3배 이상이어야 한다.
③ 접촉면의 폭은 전면 1변의 길이의 1/10 이상이어야 한다.
④ 견치석은 흙막이용 석축이나 비탈면의 돌붙임에 쓰인다.

해설

견치돌의 접촉면 길이는 앞면(30×30cm 미만) 길이의 약 1.5배(45cm 안팎)로 한다.

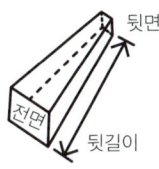
4방락견치돌

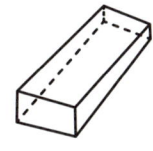
2방락견치돌

※ 재두각추체: 석재의 양면을 잘라낸 각진 뿔 모양이다.

정답 | ②

30

무근콘크리트와 비교한 철근콘크리트의 특성으로 옳은 것은?

① 공사기간이 짧다.
② 유지관리비가 적게 소요된다.
③ 철근 사용의 주목적은 압축강도 보완이다.
④ 가설공사인 거푸집 공사가 필요 없고 시공이 간단하다.

해설

무근콘크리트는 철근이나 철골을 넣지 않고 순수 콘크리트로만 타설한 것을 말하며 철근콘크리트는 콘크리트의 약점인 인장강도를 보강하기 위해 철근을 매립한 것을 말한다.

정답 | ②

31

『Syringa oblata var.dilatata』는 어떤 식물인가?

① 라일락　② 목서
③ 수수꽃다리　④ 쥐똥나무

선지분석

① 라일락: Syringa vulgaris
② 목서: Osmanthus fragrans
④ 쥐똥나무: Ligustrum obtusifolium

정답 | ③

32

다음 중 수관의 형태가 "원추형"인 수종은?

① 전나무　② 실편백
③ 녹나무　④ 산수유

해설

원추형은 원뿔 모양을 말하며 히말라야시다, 낙우송, 메타세쿼이아, 잎갈나무, 전나무 등이 대표적인 원추형 수관을 가진 수종이다.

정답 | ①

33

다음 중 인동덩굴(Lonicera japonica Thunb.)에 대한 설명으로 옳지 않은 것은?

① 반상록 활엽 덩굴성
② 원산지는 한국, 중국, 일본
③ 꽃은 1~2개씩 옆액에 달리며 포는 난형으로 길이는 1~2cm
④ 줄기가 왼쪽으로 감아 올라가며, 소지는 회색으로 가시가 있고 속이 빔

해설

인동덩굴 줄기는 오른쪽으로 감겨 올라간다.

정답 | ④

34

서향(Daphne odora Thunb.)에 대한 설명으로 맞지 않는 것은?

① 꽃은 청색계열이다.
② 성상은 상록활엽관목이다.
③ 뿌리는 천근성이고 내염성이 강하다.
④ 잎은 어긋나기하며 타원형이고, 가장자리가 밋밋하다.

해설
서향의 꽃은 흰색 혹은 홍자색을 띤다.

정답 | ①

35

팥배나무(Sorbus alnifolia K.Koch)의 설명으로 틀린 것은?

① 꽃은 노란색이다.
② 생장속도는 비교적 빠르다.
③ 열매는 조류 유인식물로 좋다.
④ 잎의 가장자리에 이중거치가 있다.

해설
팥배나무의 꽃은 흰색이다.

정답 | ①

제3과목 조경 시공 및 관리

36

골담초(Caragana sinica Rehder)에 대한 설명으로 틀린 것은?

① 콩과(科) 식물이다.
② 꽃은 5월에 피고 단생한다.
③ 생장이 느리고 덩이뿌리로 위로 자란다.
④ 비옥한 사질양토에서 잘 자라고 토박지에서도 잘 자란다.

해설
골담초는 생장이 빠르고 잔뿌리가 길게 자란다.
※ 덩이뿌리: 뿌리가 녹말과 같은 양분을 저장하기 위해 비대해진 것으로 괴근(塊根)이라고도 하며 고구마가 대표적이다.

정답 | ③

37

다음 중 조경수의 이식에 대한 적응이 가장 어려운 수종은?

① 편백
② 미루나무
③ 수양버들
④ 일본잎갈나무

해설
일본잎갈나무는 이식이 어렵다.

관련이론 이식이 어려운 대표적인 수종
- 상록수: 가시나무, 굴거리나무, 다정큼나무, 독일가문비나무, 소나무, 일본잎갈나무, 주목, 태산목, 피라칸사, 후박나무 등
- 낙엽수: 감나무, 느티나무, 목련, 목백합, 자작나무, 칠엽수 등

정답 | ④

38
방풍림(Wind shelter) 조성에 알맞은 수종은?

① 팽나무, 녹나무, 느티나무
② 곰솔, 대나무류, 자작나무
③ 신갈나무, 졸참나무, 향나무
④ 박달나무, 가문비나무, 아까시나무

해설

방풍용 수종은 심근성(深根性)이며 가지가 강하고 지엽이 치밀하여야 한다. 팽나무, 녹나무, 느티나무는 방풍용 수종에 해당한다.

관련이론 방풍용 수종

- 상록수: 가시나무, 곰솔, 녹나무, 독일가문비나무, 소나무, 아왜나무, 잣나무, 주목 등
- 활엽수: 계수나무, 느티나무, 떡갈나무, 버즘나무, 상수리나무, 팽나무 등

정답 | ①

39
조경 수목은 식재기의 위치나 환경조건 등에 따라 적절히 선정하여야 한다. 다음 중 수목의 구비조건으로 가장 거리가 먼 것은?

① 병충해에 대한 저항성이 강해야 한다.
② 다듬기 작업 등 유지관리가 용이해야 한다.
③ 이식이 용이하며, 이식 후에도 잘 자라야 한다.
④ 번식이 힘들고 다량으로 구입이 어려워야 희소성 때문에 가치가 있다.

해설

번식이 힘들고 다량 구입이 힘든 수종은 조경수로 널리 보급되기 어렵다.

정답 | ④

40
미선나무(Abeliophyllum distichum Nakai)의 설명으로 틀린 것은?

① 1속 1종
② 낙엽활엽관목
③ 잎은 어긋나기
④ 물푸레나무과(科)

해설

미선나무는 물푸레나무과에 속하는 한반도 고유종으로서 1속 1종이며 잎은 마주나기로 2줄 달린다.

정답 | ③

41
농약제제의 분류 중 분제(粉劑, Dusts)에 대한 설명으로 틀린 것은?

① 잔효성이 유제에 비해 짧다.
② 작물에 대한 고착성이 우수하다.
③ 유효성분 농도가 1~5% 정도인 것이 많다.
④ 유효성분을 고체증량제와 소량의 보조제를 혼합 분쇄한 미분말을 말한다.

해설

분제(가루 농약)는 저장하기 쉽고 잘 휘발되지 않으며 작업이 간편한 것이 장점이지만 유제(액상 농약)보다 고착성이 불량하여 잔효성이 떨어지고 바람에 날려 환경(대기)오염의 원인이 될 수 있는 것이 단점이다.

정답 | ②

42

다음 중 철쭉, 개나리 등 화목류의 전정시기로 가장 알맞은 것은?

① 가을 낙엽 후 실시한다.
② 꽃이 진 후에 실시한다.
③ 이른 봄 해동 후 바로 실시한다.
④ 시기와 상관없이 실시할 수 있다.

해설
개나리, 철쭉, 산수유 등 봄에 꽃피는 나무들은 꽃이 지고 난 뒤 새로 난 가지에서 꽃눈이 형성되고 이듬해 꽃을 피우므로, 꽃이 진 직후에 전정하여야 한다.

정답 | ②

43

양버즘나무(플라타너스)에 발생된 흰불나방을 구제하고자 할 때 가장 효과가 좋은 약제는?

① 디플루벤주론수화제
② 결정석회황합제
③ 포스파미돈액제
④ 티오파네이트메틸수화제

해설
디플루벤주론(Diflubenzuron)은 흰불나방과 같은 곤충 알의 부화를 억제하는 방제약제로서 인체와 가축에는 무해하여 널리 사용된다.

정답 | ①

44

조경수목에 공급하는 속효성 비료에 대한 설명으로 틀린 것은?

① 대부분의 화학비료가 해당된다.
② 늦가을에서 이른 봄 사이에 준다.
③ 시비 후 5~7일 정도면 바로 비효가 나타난다.
④ 강우가 많은 지역과 잦은 시기에는 유실 정도가 빠르다.

해설
속효성 비료는 4월 하순에서 6월 하순 사이에 시비하며, 동해 방지를 위해 7월 이후에는 시비하지 않는다.

정답 | ②

45

잔디공사 중 떼심기 작업의 주의사항이 아닌 것은?

① 뗏장의 이음새에는 흙을 충분히 채워준다.
② 관수를 충분히 하여 흙과 밀착되도록 한다.
③ 경사면의 시공은 위쪽에서 아래쪽으로 작업한다.
④ 뗏장을 붙인 다음에 롤러 등의 장비로 전압을 실시한다.

해설
경사지의 경우 잔디 뗏장이 흘러내릴 수 있으므로 아래쪽에서부터 시공한다.

정답 | ③

46
다음 설명에 해당하는 것은?

- 나무의 가지에 기생하면 그 부위가 국소적으로 이상비대를 한다.
- 기생 당한 부위의 윗부분은 위축되면서 말라 죽는다.
- 참나무류에 가장 큰 피해를 주며, 팽나무, 물오리나무, 자작나무, 밤나무 등의 활엽수에도 많이 기생한다.

① 새삼 ② 선충
③ 겨우살이 ④ 바이러스

해설
겨우살이는 참나무류와 밤나무, 팽나무 등에 기생한다. 겨우살이가 기생하는 나무는 기생 부위가 국부적으로 이상비대해지며 그 윗부분은 위축되면서 말라 죽는다. 특히 참나무류의 피해가 가장 심하다.

정답 | ③

47
천적을 이용해 해충을 방제하는 방법은?

① 생물적 방제 ② 화학적 방제
③ 물리적 방제 ④ 임업적 방제

해설
천적은 특정 생물을 먹이로 삼는 포식자를 말하는데, 이러한 먹이사슬의 원리를 이용하여 해충을 방제하는 방법을 생물적 방제라고 한다.

정답 | ①

48
곰팡이가 식물에 침입하는 방법은 직접 침입, 자연개구로 침입, 상처 침입으로 구분할 수 있다. 다음 중 직접 침입이 아닌 것은?

① 피목 침입
② 흡기로 침입
③ 세포 간 균사로 침입
④ 흡기를 가진 세포 간 균사로 침입

해설
피목(皮目) 침입은 자연개구 침입에 해당한다.

관련이론 곰팡이 침입
- 직접 침입: 균체가 스스로 표피를 뚫고 피목에 침투해 들어가는 방식
- 자연개구 침입: 피목의 열린 개구부를 통해 침투하는 방식
- 상처 침입: 피목의 표피에 난 상처 부위를 통해 침투하는 방식

정답 | ①

49
비탈면의 잔디를 기계로 깎으려면 비탈면의 경사가 어느 정도보다 완만하여야 하는가?

① 1 : 1보다 완만해야 한다.
② 1 : 2보다 완만해야 한다.
③ 1 : 3보다 완만해야 한다.
④ 경사에 상관없다.

해설
경사를 나타내는 방식 가운데 비례값($1 : x$)으로 표시하는 경우, 1은 수직 높이에 해당하고 x는 수평거리를 의미한다. 이를 환산하면 1 : 1은 100%(45°), 1 : 2는 50%(26.6°), 1 : 3은 33.3%(18.4°) 경사에 해당한다. 잔디기계가 작동할 수 있는 최대 경사는 1 : 3을 넘을 수 없다.

정답 | ③

50
수목 식재 후 물집을 만드는데, 물집의 크기로 가장 적당한 것은?

① 근원지름(직경)의 1배
② 근원지름(직경)의 2배
③ 근원지름(직경)의 3~4배
④ 근원지름(직경)의 5~6배

해설
물집의 크기는 수목의 뿌리분(근원직경의 약 4배)보다 크게 하므로 근원직경의 5~6배가 적당하다.
※ 물집이 지나치게 클 경우 주변으로 물이 새게 되므로 유의한다.

정답 | ④

51
토공사에서 터파기할 양이 100m³, 되메우기 양이 70m³일 때 실질적인 잔토처리량(m³)은? (단, $L=1.1$, $C=0.8$이다.)

① 24
② 30
③ 33
④ 39

해설
잔토처리량＝터파기량－되메우기량
$100-70=30m^3$
하지만 이는 자연상태를 기준으로 한 것이며, 실질적인 잔토처리량은 흐트러진 상태로 부피가 늘어나므로 토량환산계수(L)를 곱한다.
∴ $30\times 1.1=33m^3$

관련이론 토량환산계수
- 흙의 상태: 자연상태, 흐트러진 상태, 다져진 상태
- 자연상태의 토량을 N, 흐트러진 상태의 토량을 S, 다져진 상태의 토량을 H라고 한다면 토량환산계수는 다음과 같다.
    - 흐트러진 상태의 변화율 $L=\dfrac{S(흐트러진\ 상태의\ 토량)}{N(자연상태의\ 토량)}$
    - 다져진 상태의 변화율 $C=\dfrac{H(다져진\ 상태의\ 토량)}{N(자연상태의\ 토량)}$

정답 | ③

52
다음 설명의 (   ) 안에 적합한 것은?

> (   )란 지질 지표면을 이루는 흙으로, 유기물과 토양 미생물이 풍부한 유기물층과 용탈층 등을 포함한 표층 토양을 말한다.

① 표토
② 조류(Algae)
③ 풍적토
④ 충적토

해설
표토(表土)는 자연 지반의 최상부 토층으로서 오랜 풍화작용으로 다량의 유기물을 포함하는 부드러운 층이며, 일반적으로 7~25cm까지 깊이에 해당한다.

정답 | ①

53
조경시설물 유지관리 연간작업계획에 포함되지 않는 작업 내용은?

① 수선, 교체
② 개량, 신설
③ 복구, 방제
④ 제초, 전정

해설
제초와 전정은 조경시설물 유지관리가 아닌 조경식물 유지관리에 해당한다.

정답 | ④

54
건설공사 표준품셈에서 사용되는 기본(표준형) 벽돌의 표준 치수(mm)로 옳은 것은?

① $180\times 80\times 57$
② $190\times 90\times 57$
③ $210\times 90\times 60$
④ $210\times 100\times 60$

해설
표준형 벽돌의 치수는 $190\times 90\times 57$(mm)이고, 기존형 벽돌의 치수는 $210\times 100\times 60$(mm)이다.

정답 | ②

55

다음 설명에 해당하는 공법은?

> (1) 면상의 매트에 종자를 붙여 비탈면에 포설, 부착하여 일시적인 조기녹화를 도모하도록 시공한다.
> (2) 비탈면을 평평하게 끝손질한 후 매꽂이 등을 꽂아주어 떠오르거나 바람에 날리지 않도록 밀착한다.
> (3) 비탈면 상부 0.2m 이상을 흙으로 덮고 단부를 흙속에 묻어 넣어 비탈면 어깨로부터 물의 침투를 방지한다.
> (4) 긴 매트류로 시공할 때에는 비탈면의 위에서 아래로 길게 세로로 깔고 흙쌓기 비탈면을 다지고 붙일 때에는 수평으로 깔며 양단을 0.05m 이상 중첩한다.

① 식생대공
② 식생자루공
③ 식생매트공
④ 종자분사파종공

선지분석
① 식생대공: 종자와 비료 등을 부착한 띠 모양의 직물포나 종이를 수평하게 일정 간격마다 삽입하는 공법으로 인공줄떼 공법이라고도 한다.
② 식생자루공: 종자, 비료, 흙을 혼합하여 자루에 넣고, 경사면의 골 속에 넣어 붙이는 공법으로, 유실이 적고 밀착이 쉽다.
④ 종자분사파종공: 종자, 비료, 흙을 물과 혼합하여 고압으로 비탈면에 뿜어 올리는 공법이다.

정답 | ③

56

수준측량에서 표고(標高: Elevation)라 함은 일반적으로 어느 면(面)으로부터 연직거리를 말하는가?

① 해면(海面)
② 기준면(基準面)
③ 수평면(水平面)
④ 지평면(地平面)

해설
표고는 기준면에서 지표상의 연직(수직)거리를 말하며, 우리나라 표고 측정의 기준면은 인천 앞바다의 평균 해수면이다.

정답 | ②

57

다음 중 콘크리트의 공사에 있어서 거푸집에 작용하는 콘크리트 측압의 증가 요인이 아닌 것은?

① 타설 속도가 빠를수록
② 슬럼프가 클수록
③ 다짐이 많을수록
④ 빈 배합일 경우

해설
빈 배합일수록 측압은 작아진다.

관련이론 콘크리트 측압의 증가 요인
- 타설 높이가 높을수록
- 타설 속도가 빠를수록
- 슬럼프가 클수록
- 온도가 낮을수록
- 부 배합일수록
- 다짐이 과할수록
- 경화속도가 느릴수록
- 시공연도가 좋을수록
- 수평부재보다 수직부재가

정답 | ④

58

다음 중 현장 답사 등과 같은 높은 정확도를 요하지 않는 경우에 간단히 거리를 측정하는 약측정 방법에 해당하지 않는 것은?

① 목측
② 보측
③ 시각법
④ 줄자측정

선지분석
① 목측: 눈대중으로 거리를 측정하는 것
② 보측: 보폭과 걸음수로 거리를 측정하는 것
③ 시각법: 바라보는 시선의 각도를 이용하여 거리를 측정하는 것

정답 | ④

59

다음 [보기]가 설명하는 특징의 건설장비는?

> - 기동성이 뛰어나고, 대형목의 이식과 자연석의 운반, 놓기, 쌓기 등에 가장 많이 사용된다.
> - 기계가 서 있는 지반보다 낮은 곳의 굴착에 좋다.
> - 파는 힘이 강력하고 비교적 경질지반도 적용한다.
> - Drag shovel이라고도 한다.

① 로더(Loader)
② 백호우(Back hoe)
③ 불도저(Bulldozer)
④ 덤프트럭(Dump truck)

해설

흔히 포크레인(Poclain)이라 부르는 건설장비의 정식 명칭은 백호우(Back hoe)이며, 우리말로는 굴착기로 통칭한다.

정답 | ②

60

토양환경을 개선하기 위해 유공관을 지면과 수직으로 뿌리 주변에 세워 토양 내 공기를 공급하여 뿌리호흡을 유도하는데, 유공관의 깊이는 수종, 규격, 식재지역의 토양 상태에 따라 다르게 할 수 있으나, 평균 깊이는 몇 미터 이내로 하는 것이 바람직한가?

① 1m
② 1.5m
③ 2m
④ 3m

해설

토양 내 통기성 향상을 위해 매설하는 유공관은 70~130cm 내외의 깊이로 묻는 것이 일반적이다.

정답 | ①

끝을 맺기를 처음과 같이하면 실패가 없다.
마지막에 이르기까지
처음과 마찬가지로 주의를 기울이면
어떤 일도 해낼 수 있을 것이다.

– 노자

PART '02

기출기반으로 정리한
핵심이론

에듀윌 조경기능사 필기

SUBJECT 01 조경일반	212
SUBJECT 02 조경계획 및 설계	241
SUBJECT 03 조경재료	267
SUBJECT 04 조경시공	300
SUBJECT 05 조경관리	343

SUBJECT 01 조경일반
01 조경개념

KEYWORD 조경이 하는 일, 조경가의 역할, Landscape architecture, 조경계획, 조경설계, 조경시공, 조경관리, 도시공원의 종류, 녹지의 종류, 자연공원의 종류

1 개념

1. 정의

조경을 문자 그대로 해석하면 경관을 만드는 일이라 할 수 있는데, 조경의 개념과 정의는 시대에 따라 다양하게 발전하여 오늘날에는 경관을 아름답게 조성하는 것에 그치지 않고 외부 공간 이용자가 요구하는 용도와 기능은 물론 자연환경 보전과 생태계 복원까지도 포함하고 있다.

(1) 조경헌장(한국조경학회, 2013)

아름답고 유용하고 건강한 환경을 형성하기 위해 인문적, 과학적 지식을 응용하여 토지와 경관을 계획, 설계, 조성, 관리하는 문화적 행위를 말한다.

(2) 미국조경가협회(ASLA)

조경은 자연 및 인공 환경을 계획, 설계, 관리하고 조성하는 일이다.

> **+ TIP** 전문용어로서 조경(Landscape architecture)
>
> 1858년 미국 뉴욕 센트럴파크(Central Park)를 설계한 프레드릭 로 옴스테드(Frederick Law Olmsted)와 캘버트 보(Calvert Vaux)가 스스로를 '조경가(Landscape architect)'라 칭한 데서 비롯된다.
> 그 이전까지 '정원사(Gardener)'라는 표현은 단지 정원을 조성하는 좁은 의미로만 쓰였으나, '조경가'라는 명칭은 건축가가 건축물을 설계하듯이 경관(Landscape)을 종합적·체계적으로 계획하고 조성한다는 보다 포괄적인 개념을 담고 있다.

2. 업무 영역

조경의 업무 영역은 크게 계획분야, 설계분야, 시공 및 소재생산 분야, 관리분야로 나뉜다.

(1) 조경계획

대상지 현황을 정확히 진단하고 문제점과 잠재력을 분석하여 문제점을 해결하고, 잠재력을 발휘할 수 있는 바람직한 여러 가지 대안을 마련하며, 가장 바람직한 해결방안을 제시하는 일련의 과정이다.

(2) 조경설계

계획안을 구체화하는 과정을 말한다. 일반적으로 계획과 설계의 차이를 말할 때, 계획은 수집한 현황 자료를 토대로 최선의 해결책을 찾아내는 합리성이 강조되며, 설계는 구체적이고 현실적인 해결방안을 제시하므로 창의성과 미적 감각이 더 중요하게 작용한다고 볼 수 있다.

(3) 조경시공 및 소재생산
　① 조경시공은 설계도면과 시방서를 토대로 실제 공사를 시행하는 과정을 말한다.
　② 소재생산은 조경공사에 필요한 소재를 생산하는 일을 말한다. 인공소재(퍼걸러, 벤치 등의 휴게시설과 놀이시설 등)와 더불어 생물소재(수목, 화훼류, 잔디 등)가 모두 포함된다.

(4) 조경관리
　완성된 조경공간을 유지하면서 파괴되었거나 손상된 부분을 수리하여 원래의 기능을 발휘할 수 있도록 하는 일을 말한다.

+TIP 조경기술자의 유형과 직무 내용

유형	직무 내용
조경설계기술자	도면 작성 및 컴퓨터 응용설계(CAD), 기본계획 수립, 세부 디자인, 스케치, 물량산출 및 시방서 작성, 시공감리 등
조경시공기술자	조경공사 업무관리, 조경식재공사, 조경시설물공사, 현장설계변경, 적산 및 견적, 조경시설물 및 자재 생산 등
조경관리기술자	조경수목 생산, 병해충 방제, 피해수목 보호처리, 나무의사, 전정 및 시비, 골프장 관리, 각종 조경공간 연중 관리, 공원녹지 관리행정 등

예제 1 조경실시설계기술자의 주요 직무 내용으로 가장 적합한 것은?

① 물량 산출 및 시방서 작성　　② 조경 시설물 및 자재의 생산
③ 식재 공사 시공　　　　　　　④ 전정 및 시비

해설
②, ③은 조경시공기술자의 직무 내용이고, ④는 조경관리기술자의 직무 내용이다.

정답 | ①

예제 2 일반적으로 조경업의 직업진로 중 조경설계기술자의 직무 내용이 아닌 것은?

① 도면제도　　　　　　　　　　② 기본계획수립
③ 시방서 작성　　　　　　　　　④ 시설물공사시공

해설
시설물공사시공은 조경시공기술자의 직무 내용에 해당한다.

정답 | ④

3. 대상

조경의 대상은 아주 좁게는 정원에서부터, 넓게는 도시공원, 국·도립공원, 관광지, 리조트 등 대규모 단지 개발까지 모든 외부 공간을 포함한다. 최근에는 심각한 환경문제와 기후 위기에 대응하기 위해 생태환경 보전, 복원기술 개발 등 다양한 영역으로 확장되고 있다.

(1) 정원

단독 및 공동 주택, 학교와 공공기관, 상업건물 실내·외 정원과 옥상정원, 동·식물원 등

(2) 도시공원과 녹지

① 도시공원의 종류(도시공원 및 녹지 등에 관한 법률 제15조)

구분		정의
국가도시공원		국가가 지정하는 도시공원
생활권 공원	소공원	소규모 토지를 이용하여 도시민의 휴식 및 정서 함양을 도모하기 위하여 설치하는 공원
	어린이공원	어린이의 보건 및 정서생활의 향상에 이바지하기 위하여 설치하는 공원
	근린공원	근린거주자 또는 근린생활권으로 구성된 지역생활권 거주자의 보건·휴양 및 정서생활의 향상에 이바지하기 위하여 설치하는 공원
주제공원	역사공원	도시의 역사적 장소나 시설물, 유적·유물 등을 활용하여 도시민의 휴식·교육을 목적으로 설치하는 공원
	문화공원	도시의 각종 문화적 특징을 활용하여 도시민의 휴식·교육을 목적으로 설치하는 공원
	수변공원	도시의 하천가, 호숫가 등 수변공간을 활용하여 도시민의 여가·휴식을 목적으로 설치하는 공원
	묘지공원	묘지 이용자에게 휴식 등을 제공하기 위하여 일정한 구역에 묘지와 공원시설을 혼합하여 설치하는 공원
	체육공원	주로 운동경기나 야외활동 등 체육활동을 통하여 건전한 신체와 정신을 배양함을 목적으로 설치하는 공원
	도시농업공원	도시민의 정서순화 및 공동체의식 함양을 위해 도시농업을 주된 목적으로 설치하는 공원
	방재공원	지진 등 재난발생 시 도시민 대피 및 구호 거점으로 활용될 수 있도록 설치하는 공원
	기타	특별시·광역시·특별자치시·도·특별자치도 또는 서울특별시·광역시 및 특별자치시를 제외한 인구 50만 이상 대도시의 조례로 정하는 공원

② 녹지의 종류(도시공원 및 녹지 등에 관한 법률 제35조)

구분	정의
완충녹지	대기오염, 소음, 진동, 악취, 그 밖에 이에 준하는 공해와 각종 사고나 자연재해, 그 밖에 이에 준하는 재해 등의 방지를 위하여 설치하는 녹지
경관녹지	도시의 자연적 환경을 보전하거나 이를 개선하고 이미 자연이 훼손된 지역을 복원·개선함으로써 도시경관을 향상시키기 위하여 설치하는 녹지
연결녹지	도시 안의 공원, 하천, 산지 등을 유기적으로 연결하고 도시민에게 산책공간의 역할을 하는 등 여가·휴식을 제공하는 선형(線型)의 녹지

(3) 자연공원(자연공원법 제2조)

구분		정의
국립공원		우리나라의 자연생태계나 자연 및 문화경관을 대표할 만한 지역에 지정한 공원
도립공원	도립공원	도의 자연생태계나 경관을 대표할 만한 지역에 지정한 공원
	광역시립공원	특별시·광역시·특별자치시의 자연생태계나 경관을 대표할 만한 지역에 지정한 공원
군립공원	군립공원	군의 자연생태계나 경관을 대표할 만한 지역에 지정한 공원
	시립공원	시의 자연생태계나 경관을 대표할 만한 지역에 지정한 공원
	구립공원	자치구의 자연생태계나 경관을 대표할 만한 지역에 지정한 공원
	지질공원	지구과학적으로 중요하고 경관이 우수한 지역으로서 이를 보전하고 교육·관광사업 등에 활용하기 위하여 환경부장관이 인증한 공원

(4) 도시기반시설

공원과 녹지, 광장, 공개공지, 어린이놀이터, 고속 및 일반도로, 자전거로, 보행자로 등

(5) 관광휴양시설

주제공원 및 유원지, 리조트, 골프장, 스키장, 야영장, 식물원과 수목원, 자연휴양림 등

(6) 국가유산

궁궐과 왕릉, 종묘, 사적지, 명승지, 천연기념물, 기념물, 민가와 별서, 사찰, 서원 등

(7) 생태계 보존과 복원

생태숲, 생태통로, 자연형 하천과 습지, 동·식물 서식처, 비오톱(Biotope), 비탈면 및 수직 녹화 등

02 조경미

KEYWORD 경관유형, 거시적 경관, 미시적 경관, 경관형성 가변요인, 경관형성 우세원칙

1 경관유형

경관유형은 다양한 관점으로 구분하나, 버턴 리튼(Burton Litton)은 삼림경관 유형을 기본적 경관과 보조적 경관으로 나누어 설명하였고, 이를 확장하여 일반경관에도 적용하고 있다.

1. 기본적(거시적) 경관

구분	정의
전(全)경관, Panoramic Landscape	시야에 장애가 없이 탁 트인 경관
지형경관, Feature Landscape	인상적이고 명확한 형태의 경관 요소를 가진 경관
위요경관, Enclosed Landscape	감싸인 경관(옆으로는 감싸이고 위로는 개방)
초점경관, Focal Landscape	수평 요소가 강하여 시선을 한 점에 몰입시키는 경관

2. 보조적(미시적) 경관

구분	정의
관개경관, 천개경관, Canopied Landscape	위로는 덮여 있고 옆으로는 트인 경관
세부경관, Detail Landscape	경관의 세부 구성요소가 지각되는 경관
일시경관, Ephemeral Landscape	기상 변화 등 여러 요인에 따라 찰나적으로 출현하는 경관

2 경관형성

1. 가변요인

동일한 경관을 달리 보이게 하는 몇 가지 요인들은 다음과 같다.

원인	내용
이동	관찰자의 움직임과 속도에 따른 경관 변화
광선	빛의 종류와 밝기, 위치 등에 따른 경관 변화
기상조건	가시거리와 분위기에 따른 경관 변화

계절	기온 및 일조에 따른 식생변화 등에 따른 경관 변화
거리	관찰자와 대상의 이격 거리에 따른 경관 변화
관찰자 위치	부각과 앙각 등 시점에 따른 경관 변화
시간	장·단기적 시간의 흐름에 따른 경관 변화

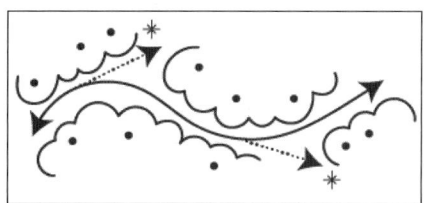

▲ 이동

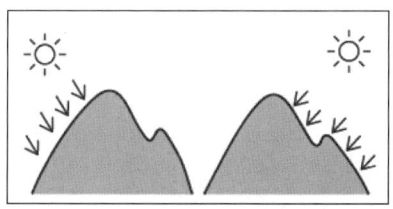

▲ 광선

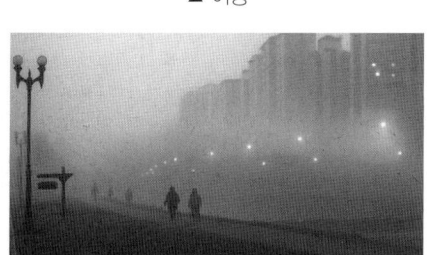

▲ 기상조건

▲ 계절

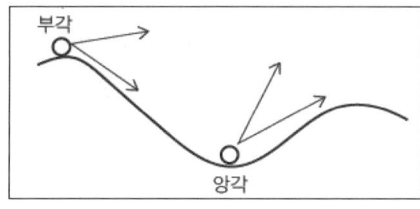

▲ 관찰자의 위치에 따른 경관 변화

▲ 시간(오랜 세월 변화를 겪어온 광화문)

2. 우세원칙

경관을 더욱 돋보이게 할 수 있는 몇 가지 원칙들은 다음과 같다.

원칙	내용
대비	크기, 형태, 색상, 질감, 재료 등의 강한 대비를 통해 대상을 강조함
연속	동일한 형태나 재료의 반복을 통하여 방향성과 질서, 통일감을 유도함
축의 설정	인공적 질서를 강조하여 지향성이 강하고 질서가 있으나 때로는 단조로울 수 있음
집중 또는 수렴	한 지점으로 몰입시켜 강력한 시각적 통일감을 형성하게 함
조형(Enframement)	틀을 통해 바라봄으로써 불필요한 주변 정보를 차단하고 대상을 강조함
대등	동일한 형태를 나란히 배치함으로써 시각적인 균형감을 부여함

▲ 대비효과

▲ 연속효과

▲ 축의 설정

▲ 집중효과

▲ 조형(틀 속에 끼워넣기)효과

▲ 대등효과

03 조경양식

조경일반

KEYWORD 정형식, 자연식, 절충식, 서양 조경양식, 동양 조경양식, 한국 조경양식

1 조경양식

1. 분류

(1) 정형식

주로 유럽과 서아시아 지역에서 발달한 조경양식으로, 시선의 중심에 시각적 목표물을 두고 이를 잇는 강력한 축을 중심으로 대칭적 균형을 추구한다.

① 축과 초점경관(Vista)에 의한 강력한 인위적 질서감을 부여한다.

② 인간의 힘에 의해 자연을 조절하거나 통제하고자 하는 의도를 표현한다.

(2) 자연식(풍경식)

동양의 대표적인 조경양식으로, 자연을 모방하거나 축소하여 자연 그대로의 정원을 만들어낸다. 서양에서는 18세기 영국에서 시작하여 전 유럽에 큰 영향을 주었다.

① 자연풍경의 모방과 재현을 추구한다.

② 자유로운 곡선과 비대칭적 균형을 중시한다.

(3) 절충식

한 장소에 정형식과 자연식의 형태적 특성을 동시에 나타낸다. 즉 실용성을 중시한 정형적인 구성 내에 자연적인 요소를 도입하여 실용성과 자연성을 절충한 양식이다.

① 정형식과 자연식을 자유로이 구사한다.

② 현대 조경의 일반적인 형태이다.

▲ 정형식

▲ 자연식(풍경식)

▲ 절충식

2. 형성요인

(1) 자연적 요인
  ① 기후: 옥외생활 전반을 지배하는 중요 요소이다. 예를 들어, 고온다습한 여름과 한랭한 겨울이 반복되는 동아시아지역과 연중 온난한 지중해 연안이나 사막의 건조기후가 지배하는 중동지역은 기후 조건이 서로 다르므로 정원양식에도 큰 차이가 있다.
  ② 지형·지세: 경관 형성의 기본 골격이 된다. 유럽의 3대 조경양식이라 할 수 있는 이탈리아, 프랑스, 영국의 조경양식이 서로 다른 배경에는 지형·지세가 큰 영향을 미쳤다.
    ㉠ 이탈리아: 국토의 대부분이 산악으로 이루어져, 경사지를 활용한 노단식(露壇式) 정원으로 발달하였다.
    ㉡ 프랑스: 대평원지역을 기반으로 평면기하학식 정원으로 발달하였다.
    ㉢ 영국: 높고 낮은 구릉지와 저습지를 활용하여 자연풍경식 정원으로 발달하였다.
  ③ 기타 자연적 요인: 강수량, 식물분포, 토양, 암석분포 등도 조경양식에 영향을 미친다.

(2) 사회·문화적 요인
  ① 사상과 종교: 한 지역의 조경양식은 그들이 옳다고 믿는 신념 혹은 이상향(유토피아)을 지상에 구현한 것이라 볼 수 있다.
    ㉠ 동양정원: 음양설, 풍수지리, 신선사상 등을 구현하기 위한 정원양식이 발달하였다.
    ㉡ 서양 중세정원: 기독교적 세계관을 지상에 구현하기 위한 정원양식이 발달하였다.
    ㉢ 이슬람정원: 코란의 낙원과 율법을 지상에 구현하기 위한 정원양식이 발달하였다.
  ② 시대정신(예술사조): 다른 예술양식과 마찬가지로 조경양식 역시 시대흐름과 밀접한 관련이 있다.
    ㉠ 17세기 프랑스: 고전주의 예술사조를 반영하여 화려한 바로크 양식을 따랐다.
    ㉡ 18세기 영국: 자연으로 돌아가라고 설파한 계몽주의 사상의 영향과 낭만주의적 사조 및 풍경화의 보급 등으로 인해 자연풍경식 정원이 크게 유행하였다.
  ③ 관습·풍속 등: 사람들의 관습이나 풍속 또한 조경양식에 큰 영향을 미친다.
    ㉠ 대륙적 기질의 중국과 프랑스는 자연을 압도하는 인공적 힘과 지배자의 권위를 추구하였다.
    ㉡ 섬세한 아름다움을 추구하는 일본인들은 고산수(枯山水) 정원이나 축경식(縮景式) 정원이라 부르는 축소지향적 조경양식을 만들어냈다.
    ㉢ 자연적 질서를 존중하는 한국은 인위적 기교를 최소화하고 자연에 순응하는 조경양식을 추구하였다.

(3) 기타 요인
경제적 영향(빈부격차 등), 사회문화적 요인(정치제도, 이념 등), 과학기술의 발달 등도 조경양식에 큰 영향을 미친다.

2 서양 조경양식

1. 고대

(1) 고대 이집트

① 환경: 연평균 강수량이 250mm 이하이고 국토의 절반 이상이 사막이며 무덥고 건조하다. 주기적인 나일강의 범람은 비옥한 토양을 형성하여 일찍부터 농업이 발달하였으며, 이를 바탕으로 찬란한 고대문명을 꽃피웠다. 또한, 종교는 다신교로 사후세계에 관심이 있어 신전, 분묘 등의 건축이 발달하였다.

② 주택정원: 남아 있는 유적은 없으나 무덤 벽화를 통해 추정할 수 있다.
  ㉠ 테베(Thebes)의 정원: 제18왕조 아메노피스(Amenophis) 3세 때 관리를 지낸 이의 무덤 벽화
  ㉡ 델엘아마르나(Del-el-Amarna)의 정원: 아메노피스 4세의 친구인 메리레의 무덤 벽화

③ 핫셉수트(Hatshepsut) 여왕의 장례 신전
  ㉠ 기원전 1,500년경에 조성되었으며, 건축가 세넨무트가 설계한 것으로 알려져 있다.
  ㉡ 나무를 심었던 식재 구덩이는 현존하는 정원 유적 중 가장 오래된 것이다.
  ㉢ 신전 2층에는 수목을 옮기기 위해 뿌리돌림을 하여 배에 싣는 모습이 새겨진 부조가 있다.

▲ 핫셉수트 여왕의 신원

▲ 수목 옮기는 모습을 새긴 부조

▲ 나무 심었던 식재 구덩이

(2) 메소포타미아

① 환경: 한서(寒暑) 차이가 심하고 강수량이 적은 사막기후이지만 티그리스강과 유프라테스강 유역의 비옥한 평야를 중심으로 고대문명이 번성하였다.

② 지구라트(Ziggurat): 각 도시국가의 수호신을 모신 사원으로, 3개의 단으로 구성되어 있으며 꼭대기에는 사원과 신성한 숲을 조성하였다. 구약성서에 기록된 바벨탑의 근거가 되었으리라 여겨진다.

③ 공중정원(Hanging garden): 세계 7대 불가사의 중 하나로, 신바빌로니아 네브카드네자르 2세가 왕비 아미티스를 위해 조성하였다. 이곳을 방문했던 그리스 역사학자 헤로도토스가 "공중에 걸린 것(Hanging) 같다"하여 공중정원이라 불린다.

(3) 고대 그리스

① 환경: 연중 온화하고 쾌청한 지중해성 기후로 인해 다양한 옥외활동을 즐겨왔으며 이러한 기후적 영향으로 토론, 철학이 왕성하여 공공조경이 발달하였다. 또한 일찍부터 해양무역을 통해 부를 축적하여 합리적이고 인간 중심적인 인본주의(Hellenism) 전통을 형성하였다.

② 도시광장(Agora): 신전이나 시장과 같이 사람들이 많이 모이는 곳에 광장이 형성되어, 토론과 각종 행사가 일어나는 시민 생활의 중심이 되었으며 직접 민주주의의 거점이 되었다.

③ 성림(聖林): 신전 주변에 나무를 심어 성스러운 공공 정원의 역할을 하였다. 신과 영웅들을 위한 제사를 지내기도 하였으나 점차 경기장이나 노천극장이 들어서고 올림픽경기를 벌이기도 하였다.

④ 아도니스(Adonis) 정원
  ㉠ 매년 하지(夏至) 무렵 아도니스 축제 때 지붕 위에 아도니스 조각을 올려놓고 그 주변을 장식하던 전통이 있었으며 이를 아도니스 정원이라 하였다.
  ㉡ 지붕이나 창가를 1년 내내 화분으로 가꾸는 발코니 정원 혹은 옥상정원으로 발전하였다.

(4) 고대 로마
  ① 환경: 온화한 지중해성 기후를 바탕으로 라티움(Latium)에서 도시국가로 출발하여 대제국을 건설하였다. 헬레니즘의 전통을 계승하고, 오리엔트문명을 받아들이며 실질적 기질을 중시하였다.
  ② 주택정원: 화산폭발로 묻힌 폼페이의 베티(Vetti)의 집에서 원형이 발굴되었다.
    ㉠ 아트리움(Atrium, 제1중정): 손님을 맞던 공적 공간으로, 장방형 빗물받이를 두었다.
    ㉡ 페리스틸리움(Peristylium, 제2중정): 주랑식(柱廊式) 중정이며, 가족용 사적 공간으로 활용하였다.
    ㉢ 지스터스(Xystus, 후원): 수로 양쪽에 과수와 화단을 두고, 작은 신전과 동물상도 배치하였다.
    ※ 로마 전통 식재방법: 정사각형의 네 귀퉁이와 그 중심에 1그루를 식재하는 5점형 식재 (Quincunx)
  ③ 빌라(Villa)의 발달: 여름 무더위를 피하고 전망을 즐기기 위한 황제와 귀족의 별장이 유행하였다.
    ㉠ Villa rusticana: 부유한 농촌의 전원형 별장이다.
    ㉡ Villa urbana: 매우 장식적인 도시형 별장이다.
    ㉢ Villa hortus: 시민들이 자급자족을 위하여 과일과 채소를 키워 먹던 별장형 정원이다.
    ㉣ Villa Hadrianus: 아드리아누스 황제가 티볼리에 건설한 왕궁 겸 별장형 정원이다.
  ④ 도시광장(Forum): 그리스의 아고라를 계승한 형태로서 아고라는 자연발생적이었으나, 포럼은 지배층이 의도적으로 조성한 공간이며 지배층의 권력을 과시하는 수단이 되기도 하였다.

2. 중세

(1) 기독교 정원
  ① 개요: 서로마 제국이 멸망한 이후부터 르네상스가 부흥하기 시작한 16세기까지의 약 1,000년간 이어진 중세시대에 해당한다. 기독교와 신학이 사회 전반을 지배하였으며 여타 사상과 철학은 이단으로 몰렸고, 이성보다는 신앙, 자유보다는 교회의 권위를 중시하였다.

② 사회 구조: 로마제국의 멸망 이후 유럽은 3개의 사회로 분열되었다. 로마제국의 전통을 부분 이어받은 동로마 제국과 게르만족이 세운 여러 왕국 그리고 7세기경 남부 유럽을 지배한 이슬람 세력이었다.

③ 수도원 정원: 수도사들로 구성된 독립적인 공동사회로서 자급자족을 위해 채소와 과일을 재배하고 환자를 위한 약초와 제단에 바칠 장식용 꽃을 재배하였다. 이탈리아를 중심으로 발달하였다.

㉠ 회랑식 중정: 회랑으로 둘러싸인 □자형 중정을 가로지르는 +자 형태의 원로를 두고, 중심에 수반(水盤)이나 분수를 두어 속죄를 상징하였다.

㉡ 실용적 정원: 자급자족을 위해 채소원과 약초원을 가꾸었다.

④ 성관정원: 중세 후기 봉건제 강화와 잦은 전쟁으로 성곽을 중심으로 한 성관정원이 발달하였으며, 특히 100년 전쟁을 겪었던 프랑스와 영국을 중심으로 발달하였다.

㉠ 초기에는 나무울타리로 구획하였으나, 전쟁이 그치자 성곽 외부로 정원이 확장되었다.

㉡ [장미이야기]라고 하는 장편 시집에 삽화와 함께 묘사되어 있다.

▲ 회랑식 정원

> **+TIP 중세 유럽 정원**
> - 중세 유럽 정원은 실용적 목적을 지닌 수도원 정원과 성관정원으로 나뉜다.
> - 이 시기에는 십자군 전쟁을 통해 다양한 외래 식물이 유입되었으며, 관목을 기하학적 형태로 다듬는 토피어리(Topiary)와 가느다란 화단 경로가 서로 얽혀 마치 매듭처럼 보이는 매듭무늬 화단(Knot garden)이 크게 발달하였다.

(2) 이슬람 정원

① 개요: 7세기경 이슬람교도들은 서쪽으로는 스페인과 아프리카 북부, 동쪽으로는 인도 서북부와 중앙아시아 및 중국 당나라와 접경을 이루는 광대한 사라센 제국을 건설하고 13세기까지 번성하였다.

② 환경: 아라비아 반도의 건조한 초원과 사막에서 살던 아랍인들은 코란의 낙원을 동경하여 차갑고 맑은 샘물과 시원한 그늘을 만들고자 소망하였다.

③ 스페인 무어제국

㉠ 알함브라(Alhambra) 궁전: 그라나다 언덕에 위치하며, 물과 녹음을 주요 소재로 하는 섬세하고 화려한 정원을 조성하였다. 수학적 비례를 이용한 정교함과 정적이고 고요한 분위기가 특징이다. ('Alhambra'는 외래어 표기법에 따르면 '알람브라'가 맞습니다. 그러나 조경기능사 필기시험에서는 '알함브라'로 출제되는 경우가 많아, 본 교재에서는 '알함브라'로 표기하였습니다.)

- 연못의 파티오(Patio): 궁전의 주정(主庭)으로 알베르카(Alberca) 중정이라고도 한다. 벽으로 둘러싸인 네모난 중정 가운데 장방형 연못과 천인화 산울타리를 조성하였다.
- 사자의 파티오(Patio of Lions): 12마리 사자상이 받드는 큰 분수대를 중심으로 4개의 수로가 사방으로 연결되어 있다. 이 4개의 수로는 코란의 이상향인 낙원의 네 강을 상징한다.
- 다라하(Daraxa)의 파티오: 두 자매의 방에 부속된 정원으로, 회양목 산울타리로 여러 개의 화단과 원로를 만들고 분수를 배치하였다.
- 사이프러스(Cypress)의 파티오(레하의 중정): 중정의 네 귀퉁이에 사이프러스를 식재하고, 바닥은 둥근 색자갈로 무늬를 연출하였으며 중앙에 분수대를 배치하였다.

ⓛ 헤네랄리페(Generalife): 알함브라 궁전의 위쪽에 있는 왕들의 피서를 위한 이궁(離宮)이다.
- 수로의 파티오: 중심축에 수로가 흐르고 양쪽에 아치형 분수가 분출되며 수로 양쪽은 협죽도와 화사한 꽃으로 장식하였다.
- 사이프러스의 파티오: 가운데 U자형 수로로 둘러싸인 두 개의 섬으로 구성되며, 섬 안에는 사이프러스가 식재되어 있어 '물의 정원' 또는 '후궁의 중정'이라고도 불린다.

④ 인도 무굴제국
  ㉠ 개요: 16세기 초 인도 중북부 아그라와 캐시미르 지역에 몽골족 후예인 바베르가 침입하여 무굴제국을 건설하였다. 악바르 대제 이후 약 150여년간 전성기를 맞았으나 19세기 말 영국에 의해 멸망하였다.
  ㉡ 환경: 열대우림기후와 캐시미르 고원의 온화하고 비옥한 땅으로 인해 경관요소가 다양하다.
  ㉢ 종교·문화: 힌두교 전통과 이슬람문화가 혼합된 독특한 인도식 이슬람문화가 형성되었다.
  ㉣ 타지마할: 황제 샤자한이 황후 뭄타즈 마할을 추모하여 조성한 묘원(廟園)이다. 높은 담장이 둘러싸고 있으며 흰 대리석 건물의 축을 따라 큰 연못 형태의 수로가 조성되어 있다. 수로는 사방으로 뻗어 낙원의 네 강을 상징하며, 정원을 4등분으로 구획하였다.

▲ 타지마할

3. 근세

(1) 이탈리아 정원(15~17세기)

① 배경과 전개: 르네상스는 중세의 신학적 제약에서 벗어나 고대 그리스·로마 문화의 이상을 되살린 학문·예술 운동으로, 정원양식에도 큰 변화를 가져왔다.

> **+TIP** 시기별 이탈리아 르네상스 운동의 중심지 변동
> - 15세기: 플로렌스를 중심으로 한 토스카나 지방 중심
> - 16세기: 교황청이 있는 로마 및 그 근교의 티볼리 일대 중심
> - 17세기: 북부 이탈리아의 제노바와 베니스 중심

② 르네상스 초기(15세기 초): 플로렌스 지역 피렌체의 메디치 가문이 주도하였다.
  ㉠ 고대 로마시대 별장을 모방한 전원형 별장이 대부분이며, 전체 공간구성은 고대 로마 별장을 따르나 세부시설은 중세적인 영향과 더불어 르네상스의 독특한 스타일이 가미되었다. 이탈리아의 지형상 구릉지를 이용하기 위해 산을 깎아 단을 두었으며, 강한 축을 설정하여 좌우대칭을 이루고 물을 도입하여 분수, 벽천, 소폭포, 연못 등을 연출하였다.
  ㉡ 대표적으로 빌라 피에졸레(Villa Medici Fiesole), 빌라 카레지(Villa Careggi), 빌라 살비아티(Villa Salviati), 빌라 카파지올로(Villa Caffaggiolo) 등이 있다.

③ 르네상스 중기(16세기): 메디치 가문의 쇠퇴 후 교황 율리우스 2세의 학문과 예술의 장려로 로마가 문예부흥의 중심이 되었다. 바티칸궁의 확장과 더불어 정원문화가 급속히 발달하였다.
  ㉠ 건축가 브라만테가 바티칸궁과 교황의 여름별장 벨베데레(Belvedere)의 정원을 설계하면서 직선적인 강한 축과 좌우대칭, 노단(露壇), 총림(잡목이 우거진 숲), 장식화단, 다양한 물 처리기법을 특징으로 하는 이탈리아 노단식 정원의 개념을 완성하였다.
  ㉡ 로마 3대 별장
  - 빌라 데스테(Villa d'Este): 추기경 에스테가 티볼리에 조성한 별장으로 건축과 조경은 리고리오가 담당하였고 수경(水景)은 올리비에리가 담당하였다.
  - 빌라 란테(Villa Lante): 추기경 감바라가 바그나이아 언덕에 조성한 정원으로, 비놀라의 대표작이다. 정원과 카지노가 결합되어 있고, 중앙에 수경 축을 두고 좌우대칭을 이루며 4개의 노단으로 연결되어 있다.
  - 빌라 파르네세(Villa Farnese): 추기경 파르네제가 카프라로라에 조성한 정원으로, 비놀라의 또 다른 대표작이다. 세장(細長)한 부지 형상으로 인해 길게 배치된 4개의 단으로 연결되어 있으며 강한 중심축을 두고 진입부에 제트 분수를 설치하였다.

④ 르네상스 말기(17세기): 북부 이탈리아가 중심으로 부상하였고, 바로크 양식의 영향으로 정원에도 화려한 세부 기교와 곡선이 사용되었다.
   ㉠ 대표적으로 빌라 이졸라 벨라(Villa Isola Bella), 빌라 알도 브란디니(Villa Aldobrandini) 등이 있다.
   ㉡ 빌라 이졸라 벨라: 바로크 정원의 대표작으로 마조레 호수 바위섬에 만들어진 정원이다. 급경사지를 깎고 호수에 기둥을 박아 조성하여 물에 뜬 호화로운 배와 같은 느낌을 준다.

▲ 전형적인 이탈리아 정원의 평면 및 단면

(2) 절대왕권시대 프랑스 평면기하학식 정원(17세기)
① 배경: 평탄하고 비옥한 지형과 연중 온난한 기후를 가지고 있다. 켈트족의 문화적 전통을 이어왔으며, 17세기 절대왕권 국가를 이루면서 유럽의 지배적 위치로 떠올랐다.
② 앙드레 르 노트르(Andre Le Notre): 프랑스의 평면기하학식 정원을 완성한 조경가이다. 그의 정원설계 기법은 이후 유럽 전역과 중국에도 지대한 영향을 미쳤다. 그의 초기 대표작은 보르 비콩트(Vaux-le-Vicomte)이며, 최고의 걸작은 루이 14세의 베르사유 궁전 정원이다.
   ㉠ 보 르 비콩트: 재상 푸케의 소유로, 루이 르 보(건축설계), 샤를르 르 브렁(조각 및 실내장식), 르 노트르(조경)의 협업으로 완성되었다. 경관과 조망을 위주로 한 강력한 축과 엄격한 좌우대칭 배치가 특징이다. 정원의 각 부분들은 다양한 변화 가운데 전체적인 통일을 이루고 있어, 드넓은 대지에 수를 놓은 듯한 느낌을 준다.
   ㉡ 베르사유 궁전: 루이 14세가 왕실 수렵원으로 쓰이던 저습지를 개조해 세계 최대의 궁전을 짓도록 하였다. 100만평에 가까운 300ha의 광대한 면적에 주축과 부축을 설정하여 대지에 태양광선이 펼쳐지듯 방사상(放射狀)으로 분할함으로써 태양왕의 이미지를 구현하였다.

▲ 보 르 비콩트

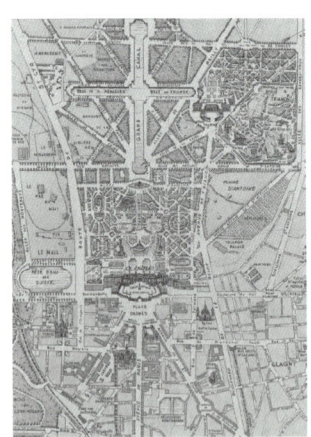
▲ 베르사유 궁전 배치도

▲ 베르사유 궁전 정원

+TIP 루이 14세
태양왕이라 불리며, "짐이 곧 국가다"라는 말로 절대 군주의 권위를 상징했다. 자신의 권위를 과시하기 위해 문학과 예술을 아낌없이 후원하였다.

(3) 낭만주의 시대 영국 자연풍경식 정원(18세기)
    ① 환경: 온난하나 비가 많고 습한 기후이며, 완만한 구릉지와 강과 소하천이 많은 지형적 특징을 보인다. 음습하고 흐린 날로 인해 잔디밭과 볼링 그린(Bowling green)이 성행하였으며 강렬한 색채의 꽃과 원예에 관심이 많았다.
    ② 사회·문화: 계몽주의 사상(로크, 루소 등)의 영향으로 '자연으로의 회귀'를 강조하였으며, 대영제국의 위신에 걸맞은 고유한 정원문화 수립의 욕구가 일었으며, 네덜란드와 중국 풍경화의 영향으로 자연주의 정원이 형성되었다.
    ③ 주요 조경가와 업적
        ㉠ 찰스 브릿지맨(Charles Bridgeman): 스토우(Stowe) 정원에 하하(Ha-Ha)기법을 도입하였다.
        ㉡ 윌리엄 켄트(William Kent): '자연은 직선을 싫어한다'는 말로 유명하다.
        ㉢ 랜슬롯 브라운(Lancelot Brown): 풍경식 정원의 거장으로, 자연지형을 살펴 부지의 특성을 최대로 활용하는 탁월한 감각을 발휘하였다.
        ㉣ 험프리 렙턴(Humphry Repton): Landscape gardener라는 명칭을 처음 사용하였고, 고객에게 정원 부지의 본래 모습과 개조 후 모습을 보여주는 스케치북(Red Book)을 활용하였다.
        ㉤ 윌리엄 체임버스 경(Sir William Chambers): 영국 정원의 단조로움을 개탄하여 브라운을 비판하였으며, 중국 정원을 소개하고 큐가든(Kew garden)에 중국식 건물과 탑을 도입하였다.

+TIP Ha-Ha기법

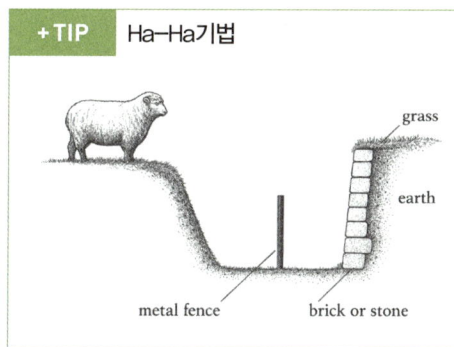

영국 자연풍경식 정원에서 정원의 경계를 드러내지 않으면서도 가축이나 외부인의 침입을 막고 탁 트인 조망을 확보하고자 설치한 함몰형 경계를 말한다. 지면을 따라 도랑을 파고, 안쪽 면은 수직으로 쌓은 석재나 벽돌로 마감하였으며 바깥쪽은 완만한 비탈로 처리하여 담장 없이도 경계 기능을 수행하도록 하였다. 오늘날 동물원에서 관람자들이 맹수들을 안전하게 관람할 수 있도록 맹수 우리의 경계부를 처리하는 데에 적용하고 있다.

    ④ 주요 작품
        ㉠ 스토우 가든(Stowe garden): 브릿지맨과 반브로프가 설계하였고, 켄트와 브라운이 공동으로 개조하였다.
        ㉡ 스투어헤드 가든(Stourhead garden): 켄트와 브릿지맨이 설계하였고, 자연을 배회하는 영웅의 전설을 주제로 연출하였다.

4. 근대

(1) 영국 산업혁명과 공원운동(18세기 후반~19세기 초)

18세기 후반 영국은 해외 식민지 개척을 통해 획득한 자본과 자원을 활용하며 산업혁명이라 불리는 큰 변혁을 이루었다. 사회 전 분야에 걸친 혁명적 변화와 더불어 도시화와 환경문제가 크게 대두하기 시작했고, 정원 문화에도 큰 변화가 일어났다.

① 정원 개방의 전통: 르네상스시대부터 귀족들은 소유한 정원을 과시하기 위하여 때때로 대중에게 공개하는 관습이 있었으며, 영국 왕실 정원(St. James Park, Hyde Park, Green Park, Regent Park 등)도 16세기부터 대중에게 공개되어 왔다.

② 리젠트 파크(Regent Park)
  ㉠ 리젠트 왕자가 소유하던 정원으로, 존 내시의 계획안에 따라 개조하였다.
  ㉡ 일부는 공공 정원으로 개조하고, 나머지는 주거용지로 개발하였다.

③ 버컨헤드 파크(Birkenhead Park)
  ㉠ 시민의 힘으로 건설된 최초의 공원으로, 조셉 팩스턴이 설계하였다.
  ㉡ 전체 부지(약 28만평) 가운데 15만평은 공원으로, 나머지는 택지로 분양하였다.
  ㉢ 택지 분양금으로 공원조성사업비를 충당하여 재정적 성공을 거두었다.
  ㉣ 이를 사례로 영국의 다른 도시에서도 공원조성운동이 확산되었다.

(2) 미국 공원운동의 전개(19세기)

서부개척 시대 이후 동부지역을 중심으로 산업화와 도시화가 진행되면서 선각자들에 의해 공원운동의 중요성이 떠오르기 시작하였다.

> **+TIP 미국 공원 철학의 선구자**
> - 앤드류 잭슨 다우닝: 공원의 사회적·미적 가치를 강조하는 다수의 글을 언론과 출판물에 기고하며 여론 형성에 앞장섰다.
> - 프레데릭 로 옴스테드(Frederick Law Olmsted): 영국 버컨헤드 공원을 답사한 뒤, 그 인상을 Walks & Talks of an American Farmer in England라는 제목의 글로 펴내며 큰 관심을 모았다.

① 센트럴파크(Central Park): 1851년 뉴욕시의회는 시민들의 공원운동 요구를 받아들여 세계 최초로 공원법을 통과시키고, 1853년 센트럴파크 부지를 취득할 법안을 가결하여 뉴욕 중심부에 344ha(약 100만평)의 토지를 확보하였다. 1857년 뉴욕공원위원회는 공원설계를 현상 공모하여 옴스테드(Frederick Law Olmsted)와 보우(Calvert Vaux)가 출품한 Greensward Plan을 당선작으로 선정하였다.

▲ 센트럴파크

   ㉠ 그린스워드 플랜(Greensward Plan)의 주요 특징
- 주변 지역의 변화(인구 증가와 건물의 고층화, 노동자의 수요 증대 등)를 정확히 예측하였다.
- 주변 변화에 대응한 다양한 해결책(입체적인 동선 체계와 자연풍경식 경관 도입, 건강과 위락 및 운동을 위한 다양한 시설 설치, 보트와 스케이팅을 위한 넓은 호수 도입 등)을 제시하였다.

   ㉡ 센트럴파크가 미친 영향
- 거칠고 메마른 도시에 자연을 도입한 모범 사례를 제시하였다.
- 미국 전역은 물론 전 세계에 공원운동을 확산시키는 원동력이 되었다.
- 조경업과 조경가라는 전문 직종이 탄생하는 계기가 되었다.
- 공원녹지체계의 수립과 도시미화운동을 촉발시켰다.
- 1872년 세계 최초로 옐로우스톤(Yellowstone) 국립공원을 지정하는 계기가 되었다.

② 조경가와 주요 작품

   ㉠ 프레데릭 로 옴스테드(Frederick Law Olmsted)
- 현대 조경의 대부로 불린다.
- 캘버트 보(Calvert Vaux)와 함께 센트럴파크를 설계하였다.
- 옴스테드가 설계한 3대 공원: 센트럴파크(Central Park), 프로스펙트파크(Prospect Park), 프랭클린파크(Franklin Park)
- 보스턴 공원계통(Boston Park System)을 수립하였다.
- 시카고 박람회의 설계를 주도하였고, 요세미티(Yosemite) 국립공원을 성사시켰다.

   ㉡ 캘버트 보(Calvert Vaux): 옴스테드가 영국 방문 시 알게 된 영국 건축가로서, 옴스테드와 함께 다수의 공원설계에 참가하였다.

   ㉢ 찰스 엘리엇(Charles Eliot): 워싱턴 지역의 수도권 공원계통을 완성하였으며 하버드대학교 조경학과의 설립을 주도하였다.

③ 시카고 박람회와 도시미화운동: 미대륙 발견 400주년을 기념하여 컬럼비아 세계박람회, 일명 시카고 만국박람회를 개최하면서 많은 변화를 이끌었다.
　㉠ 건축설계는 다니엘 번햄(Daniel Burnham)과 루트(Root), 도시설계는 맥킴(McKim), 조경은 옴스테드(Olmsted)가 담당하였다.
　㉡ 박람회의 성공적 개최를 계기로 미국 전역은 물론 전 세계에 도시미화운동이 확산되었다.
　㉢ 초창기 미국에서 조경의 중요성을 각인시키는 계기가 되었다.

3 동양 조경양식

1. 중국

(1) 개요

① 지리·환경적 배경: 중국의 북쪽과 서쪽은 산악지역이며, 동쪽과 남쪽은 바다와 연결된 대평원이다. 황하 일대는 초기 문명의 발상지로 많은 도읍이 형성되었으나, 토양이 척박하고 연평균 강수량이 약 600mm로 농업 생산력이 낮다. 반면, 양자강일대는 온난 기후와 비옥한 토지, 연평균 강수량 1,100mm 이상으로 농업 생산력이 풍부하고, 명승지가 많은 특징을 보인다.

> **+TIP 황하 유역과 양쯔강 유역**
> - 황하 유역은 인류 최초의 농경 문명이 일찍이 발달하면서 은(殷), 주(周), 한(漢) 등 수많은 왕조의 도읍지가 자리 잡아 왔고, 이를 바탕으로 중국의 정치적 중심지로 기능해 왔다.
> - 양쯔강 유역은 풍부한 수로 교통망과 비옥한 농경지 덕분에 상업과 공업이 활발히 성장하며 경제적 중심지로 발전해 왔다.

② 역사·지역별 정원 유형
　㉠ 황하 상류(서안 일대): 진(秦)나라에서 위진남북조시대를 거쳐 수·당나라까지의 황제정원이 분포한다.
　㉡ 북경 일대: 원나라 도읍 이후 명·청나라의 황제정원이 분포한다.
　㉢ 양자강 하류(상해 일대): 남송(南宋) 이후 풍부한 경제력과 자연환경을 배경으로 민가정원이 발달하였다.
　㉣ 광동성 일대: 지주와 부유한 상인들이 조성한 민가정원이 분포한다.
　㉤ 중국의 4대 정원: 이화원(북경), 열하피서산장(승덕), 졸정원(소주), 유원(소주)
　㉥ 중국 소주의 4대 정원: 졸정원, 유원, 사자림, 창랑정

(2) 고대 정원: 주(周)~당(唐)

① 주(周, 기원전 11세기~기원전 250년): 시경에 주나라 문왕이 연못을 파고 그 흙을 쌓아 올려 영대, 영소, 영유를 조성했다는 기록이 있다.
② 진(秦, 기원전 249년~기원전 207년): 진시황제가 상림원에 아방궁을 조성하였다.
③ 한(漢, 기원전 206년~기원후 220년): 한무제가 상림원의 태액지에 신선이 산다는 봉래, 영주, 방장의 삼신산을 만들었다.

④ 진(晉, 265~420년): 왕희지의 [난정기]에 곡수연을 위해 곡수거를 조성했다고 되어 있으며, 도연명의 안빈낙도 사상이 유행하였다.

⑤ 수(隋, 581~618년): 수양제가 현인궁과 대서원을 만들게 하였다.

⑥ 당(唐, 618~907년)

　㉠ 궁원
　　• 수도 장안의 3대 정원: 서내원, 동내원, 대흥원
　　• 화청지: 현종과 양귀비의 온천지이다.

　㉡ 민간정원
　　• 이덕유의 평천산장: [평천산거계자손기]는 이유덕이 남긴 기록으로, 조선시대 선비에게도 영향을 미쳤다.
　　• 백거이의 정원생활: 일생을 자연과 더불어 정원을 가꾸고 생활한 최초의 조원가(造園家)이자 시인이며, 조선시대 낙향한 선비들이 꿈꾸었던 은둔생활의 본보기가 되었다.

> **+TIP 당나라 문신 이덕유의 평천산거계자손기(平泉山居戒子孫記)**
>
> "후세에 이르러 이 평천장을 팔아먹는 자는 내 자손이 아니다. 평천장의 나무 한 그루, 돌 한 덩이일지라도 남에게 넘겨주는 자는 결코 훌륭한 자제가 아니다. 내 나이가 백세가 지나면 지위와 권세가 사라질 것이므로, 눈물로 간절히 내 뜻을 자손에게 전한다."
>
> 이 글귀는 조선시대에 소쇄원(瀟灑園)을 조영한 양산보도 인용하여, 자신의 후손들에게 동일한 교훈을 남겼다.

(3) 중세 정원: 송(宋)~원(元)

① 송(宋, 960~1279년): 이민족의 침입으로 인해 정치적으로 혼란하였으나 문화적 업적이 뛰어나며, 많은 문인들과 학자들에 의해 유학이 발달하였으며 남송의 주희가 이를 집대성하여 성리학을 완성하였다. 금(金)나라의 침공을 받아 양자강 이남으로 밀려나 남송을 세우고 양자강 일대의 태호, 동정호, 심양호와 같은 큰 호수의 경치 좋은 곳에 별장을 짓고 다수의 민간정원을 조성하였다.

　㉠ 휘종: 문예 군주이나 사치와 풍류를 즐겨 경림원과 만수산을 조영하고 태호석을 즐겨 국고를 탕진함으로써 금나라의 침공을 불러들였다.
　㉡ 이격비의 낙양명원기: 낙양의 유명한 민가정원 20곳을 소개한 기록이다.
　㉢ 구양수의 취옹정기: 한적한 시골의 산수(山水)생활을 묘사한 글이다.
　㉣ 사마광의 독락원기: 낙양에 은거하며 유유자적한 삶을 즐긴 기록이다.
　㉤ 주돈이의 애련설: 성리학의 기초를 닦은 학자이며 국화를 은일자, 모란을 부귀자, 연꽃을 군자라 하여 칭송하였다.
　㉥ 주밀의 오흥원림기: 태호 남쪽 도시 오흥의 유명한 정원 33곳을 소개하였다.

> **+TIP 태호석(太湖石)**
>
> 태호석은 중국 장쑤성 태호에서 채취한 석회암으로, 오랜 수침(水浸)과 풍화 작용을 거치며 수많은 구멍과 기이한 형태를 띠게 되었다. 이러한 독특한 모습을 감상하기 위해 태호석으로 석가산(石假山)을 쌓았다.

② 원(元, 1206~1367년): 몽골이 세운 대제국으로, 북경에 도읍하였으며 활발한 대외교류를 통해 서양과 교역하였고 특히 천문지리가 발달하였다.
　㉠ 북해공원: 금나라가 북경에 만든 태액지에 석가산을 쌓고 티벳식 라마탑을 설치하였다.
　㉡ 북경 만류당: 염희헌이 세운 별장으로, 수백 그루의 버드나무를 식재하였다.
　㉢ 소주 사자림: 불교 사자자리를 본떠 태호석을 겹겹이 쌓아 만든 석가산이 유명하다.

(4) 근세 정원: 명(明)~청(淸)
① 명(明, 1368~1644년): 한족인 주원장이 건국하여 주자학을 국시(國是)로 삼았다. 서양 문물을 받아들여 천주교와 이슬람교가 전파되었으며 지리, 천문, 수학 등 실용학문이 발달하였다.
　㉠ 궁원
　　• 어화원: 자금성 남쪽에 세워진 궁원이다.
　㉡ 민간정원
　　• 졸정원: 소주의 대표적인 민가정원으로 왕헌신이 조성하였다.
　　• 작원: 미만종이 조영한 정원이다.
　㉢ 서적
　　• 계성의 [원야(園冶)]: 계성은 명나라 말에 활약한 조경가로, 정원 이론서인 [원야]를 집필하였다.
　　• 문진형의 [장물지(長物志)]: 주거에 관한 백과사전으로 화목과 수석편에 조경에 관련된 사항이 수록되어 있다.

② 청(淸, 1616~1911년): 여진족이 세운 후금이 국호를 청(淸)으로 변경하고, 북경을 점령하여 중국을 통일하였다. 학문과 예술이 크게 융성하였으나 19세기 후반 서구열강의 침략을 받아 쇠퇴하였으며 민중봉기로 중화민국이 등장하면서 종말을 맞이하였다.
　㉠ 건륭화원: 자금성 내에 있는 5개의 계단으로 이뤄진 정원이다.
　㉡ 서원: 금, 원, 명, 청에 걸쳐 만들어진 정원이며 북해, 중해, 남해로 구성되어 있다.
　㉢ 원명원: 북경 교외에 만들어진 별궁으로 면적 334ha(약 100만평)에 달한다. 이탈리아 건축가 카스틸리오네가 전체 계획과 건축을 담당하였고, 분수는 프랑스 선교사 베누아가 설계하여 동양의 베르사유라고 불릴 만큼 웅장하고 화려함을 자랑하였다. 제2차 아편전쟁에서 영국과 프랑스 연합군에 의해 철저히 파괴되었다.
　㉣ 이화원: 건륭제가 황태후의 회갑을 경축하여 청의원을 조성하였다. 영국과 프랑스 연합군의 침략으로 폐허가 된 것을 서태후가 복구하여 이화원이라 명하였다. 면적은 294ha(약 90만평)에 달하며 강남 지역의 명승지를 재현한 청나라의 대표적 황실정원이다.
　㉤ 피서산장: 내몽골 승덕에 조성한 황제의 여름 별장이며 면적은 564ha(약 170만평)이다.
　㉥ 창랑정: 소주에서 가장 오래된 정원이다.
　㉦ 유원: 졸정원과 함께 소주의 대표적인 정원이다.

2. 일본

(1) 개요

① 환경조건: 일본은 홋카이도, 혼슈, 시코쿠, 규슈와 3,400여 개의 섬으로 구성된 섬나라이고, 강수량이 많고 습도와 기온이 높다. 초기 문화는 백제·신라 등 한반도 도래인에게서 전래된 기술과 양식을 바탕으로 형성되었다.

② 일본 정원양식의 특색: 시대별로 변천을 이루었으며, 초기에는 자연의 재현에서 시작하여 추상화시켜 나아갔고 후기에는 자연 풍경을 축소한 듯한 축경식(縮景式) 정원이 발달하였다.

(2) 고대 정원: 임천중도식(林泉中島式)

① 야마토 시대: 일본 고대국가의 형성 시기이며, 한반도에서 대륙문화가 전파되었다.
  ㉠ 서기 276년: 백제인과 신라인이 건너와 한인지(韓人池)와 백제지(百濟池)를 조성하였다.
  ㉡ 서기 323년: 신라인이 자전제(茨田堤)를 축조하였다.

② 아스카 시대(593~709년): 백제인 노자공이 궁남정에 수미산과 오교를 조성하였다.

③ 나라 시대(710~793년): 백제 멸망 후 유민들이 건너와 일본문화 각 방면에 주도적 역할을 하였다.
  ㉠ 동대사 건축(백제 왕족 행기스님, 고구려인 고려복신), 대불 주조(백제인 국중마려), 대불전 건축(신라인 저명부백세)
  ㉡ 1975년 평성궁에서 S자형 수로가 발견되었다.

④ 헤이안 시대 전기(793~966년): 천황이 교토(헤이안)로 도읍을 옮기고 왕권을 강화하던 시기로, 경치가 좋은 곳에 귀족들이 정원을 만들고 다채로운 문화를 꽃피웠다.

(3) 중세 정원: 침전임천식(寢殿林泉式) 또는 회유임천식(回遊林泉式)

① 헤이안 시대 후기(967~1191년): 당나라 건축을 모방한 침전조 주택과 정원이 유행하였고, 정토계 불교가 자리 잡아 정토정원 양식이 나타난다.
  ㉠ 침전조정원: 남향의 침전을 중심으로 만들어진 정원이다.
  ㉡ 정토정원: 극락정토를 상징하는 사찰정원이다.
  ㉢ [작정기(作庭記)]: 다치바나가 작성한 조원(造園) 지침서이다.

② 가마쿠라 시대(1192~1333년): 미나모토 가문이 막부 체제를 확립한 시기로, 선종과 주자학이 도입되었다.
  ㉠ 극락정토를 상징하는 정토정원이 계속 유행하였다.
  ㉡ 참선을 돕는 선종정원이 발달하였다.
  ㉢ 국사(國師) 칭호를 받은 승려 겸 정원사인 무소오소세키(夢窓疎石)가 활약하였다.

(4) 근세 전기: 고산수(枯山水)정원과 다정(茶庭)
　① 무로마치 시대(1334~1573년): 다도(茶道)가 보급되고 고산수정원이 발달한다.
　　㉠ 정토정원은 이 시기에도 유행하였다.
　　㉡ 고산수정원: 물이나 초목을 사용하지 않고 모래와 돌만으로 풍경을 상징적으로 나타내는 추상적인 정원이며, 용안사 방장정원과 대덕사 대선원 등이 유명하다.

> **+TIP 고산수(枯山水)정원**
> - 바위는 폭포를, 돌은 섬을, 흰 모래는 물결로 여기고, 정원 주변 나무 그림자의 이동을 조수의 변화로 여기며 감상한다.
> - 고산수정원 발달 배경: 참선을 핵심으로 하는 선종(禪宗)의 도입, 먹과 물감만으로 산수를 흑백으로 묘사한 수묵 산수화의 미학, 오랜 내전으로 경제가 피폐해지고 과도한 수목·토목 공사를 하기 어려운 사회적 여건 등이 작용하였다.

　② 모모야마 시대(1576~1615년): 임진왜란 이후 조선인 도자기공을 비롯한 많은 기술자들을 납치하여 차를 마실 도자기를 생산함으로써 다정양식이 유행하는 계기가 되었다.
　　㉠ 다정(茶庭): 깊은 산사에서 조용히 차를 마시며 풍경을 감상하는 느낌의 정원을 말하며, 와비와 사비 이념을 바탕으로 한다.
　　㉡ 다정양식의 대가: 센노리큐와 고보리엔슈

> **+TIP 와비(侘び)와 사비(寂び)**
> - 와비(侘び): 소박하고 검소한 삶의 아름다움을 뜻한다. 넘치지 않는 간소함 속에서 나약함과 결핍, 불만을 초월하여 일상의 꾸밈 없는 정서와 고요한 미를 음미하는 태도이다.
> - 사비(寂び): 세월의 흔적이 깃든 사물에서 우러나오는 고요하고 고상한 아름다움을 의미한다. 특히 이끼 낀 돌이나 낡은 목재처럼 '시간이 만든 표면'에서 느껴지는 단아함과 은은한 멋을 중시한다.

(5) 근세 후기: 원주파 임천식(遠洲派林泉式)과 축경식(縮景式)
　① 에도 시대(1603~1867년): 정권을 장악한 도쿠가와는 도읍을 도쿄(에도)로 옮겨 막부시대를 열었다. 지방 호족인 다이묘는 의무적으로 1년씩 도성에 머물러야 했으므로, 에도에는 호화주택이 늘어나고 호화 사치가 만연하였다. 조선과 국교를 회복하여 조선통신사를 통한 문화 수입을 재개하였다.
　　㉠ 원주파 임천식(遠洲派林泉式): 바닷물이나 강물을 유입하여 조수 간만의 변화를 감상하는 정원 형식이다.
　　㉡ 축경식(縮景式): 자연풍경을 그대로 축소하여 기암절벽이나 폭포, 산, 연못, 탑, 다리와 같은 정원 요소들을 한눈에 감상할 수 있도록 배치한 정원 형식이다.

4 한국 전통 조경양식

1. 고대 — 고조선, 삼국시대, 통일신라

(1) 고조선
  ① 단군조선: 노을왕이 유(囿)를 만들고 짐승을 길렀다.
  ② 기자조선
    ㉠ 의양왕: 궁궐 후원에 청류각을 세워 신하들과 더불어 잔치를 베풀었다.
    ㉡ 천로왕: 구선대를 무늬가 있는 돌로 쌓았다.
    ㉢ 수도왕: 대동강 속에 신산을 쌓아 올려 누대를 만들었다.

(2) 고구려
  ① 동명왕릉 진주지: 가로×세로 100m 내외의 직사각형 연못에 4개의 섬이 발굴되었다.
  ② 안학궁 정원: 안학궁은 천문점성사상에 따라 5성좌위에 맞게 배치되었으며, 남쪽 궁전 서편에 자연곡선형 못과 높이 4m의 인공 동산이 남아 있고 못 속에서 4개의 섬이 발굴되었다.

(3) 백제
  ① 온조왕: 제천단을 쌓아 제사를 지냈다.
  ② 진사왕: 위례성 일대에 못과 가산(假山)을 조성하고 진귀한 새와 기화요초를 키웠다.
  ③ 무왕: 부여 사비성 남쪽에 궁남지를 파고, 봉래·영주·방장의 삼신산을 쌓았다.

(4) 신라
  ① 계림: 김알지의 탄생 설화가 전해지는 숲으로서 신라 왕실의 보호를 받았다.
  ② 동궁과 월지(안압지와 임해전)
    ㉠ 회유임천(回遊林泉)식 정원으로, 문무왕 시기 궁궐 내 못을 파고 산을 쌓아 화초를 심고 진기한 짐승과 새를 길렀다는 기록이 전해진다.
    ㉡ 못 가장자리는 한반도 해안선을 본떴으며 직선과 곡선이 조화롭고 폐쇄감과 개방감이 반복된다.
    ㉢ 신라, 고구려, 백제의 장인들이 참여한 통일과 화합의 상징(호국신앙 반영)이다.
    ㉣ 7세기 동아시아 최고의 정원으로, 일본의 아스카 연못과 나라 평성궁 동지(東池)의 원형이 되었다.
  ③ 포석정의 곡수거: 헌강왕이 포석정 곡수(曲水)에 잔을 띄우고 춤추며 놀았다는 기록이 있다.
  ④ 최치원: 통일신라 말기 어지러운 세상을 등지고 자연에 묻혀 소나무와 대나무를 벗하여 대(臺)와 사(榭)를 짓고 은거하였는데, 이는 후대 조선시대 선비들의 귀감이 되었다.

2. 중세 – 고려

(1) 배경

고려 초기 불교가 융성하였으나 중기 이후 유교가 보급되었다. 해동공자라 불린 최충이 구제학당을 열어 사학의 시초가 되었으며, 원나라를 통해 사라센 계통의 천문, 의학, 역법, 예술 등이 전파되었다. 북송과 원나라로부터 애완동물과 다양한 화초가 도입되었다.

① 궁원
  ㉠ 화원(花園), 지원(池苑), 정자와 격구장이 다수 조성되었다.
  ㉡ 궁궐과 관청의 정원을 담당하는 전문부서로 내원서를 설치하였다.

② 화원
  ㉠ 예종: 궁궐 남쪽과 서쪽에 화원을 설치하였으며, 대(臺)와 사(榭)를 짓고, 송나라 상인을 통해 진귀한 화초와 앵무새, 공작, 황새를 수입하였다.
  ㉡ 혜공왕과 공민왕: 정원을 화려하게 조성하였다.
  ㉢ 원나라의 부마국 시기: 국화, 모란, 산다화, 복숭아, 다매, 서향 등이 전해졌다.

③ 석가산(石假山): 고려 정원의 특징적인 요소로, 괴석(怪石)을 정원시설물로 많이 사용하였다.

④ 격구장: 격구는 젊은 무사나 상류층 청년들의 무예 중 하나이며, 서양의 폴로(Polo) 경기와 유사하다. 특히 의종이 격구를 즐겼으므로 크게 유행하였다.

⑤ 객관 정원: 사신을 맞이하는 영빈관으로, 문종 때 지어진 순천관은 아름다운 정원으로 유명하다.

⑥ 사찰정원: 호국불교로서 조경이 잘된 사찰이 많았다. 춘천 청평사에 있는 문수원은 이자현이 만든 것으로, 방지(方池)가 발견되었으며, 이는 남한 유일의 고려시대 조경 유적이다.

⑦ 민가정원: 송나라의 영향으로 화려한 정원이 많았을 것으로 추측하나 자세한 기록은 없다. 다만, 이규보는 [사륜정기]에 그늘을 찾아 옮겨 다니면서 글을 읽고 술을 마시며 바둑을 두는 이동식 정자인 사륜정(四輪亭)에 관한 기록을 남겼다.

3. 근세 – 조선

(1) 배경

태조 이성계는 한양을 도읍으로 결정하고 신도궁궐조성도감을 설치하여 정도전에게 총책임을 맡겼다. 조선의 국가이념인 성리학을 바탕으로 체제를 정비하고, 성리학적 이념에 따라 검소하고 실용적인 풍토를 확립하였다.

(2) 한양의 도읍

① 풍수지리
  ㉠ 사방의 수호신: 동–청룡(낙산), 서–백호(인왕산), 남–주작(목멱산), 북–현무(백악산)
  ㉡ 배산임수: 백악산(북악산)을 주산(主山), 목멱산(남산)을 안산(案山)으로 하며 관악산을 객산(客山)으로 한다. 객수(客水)인 한강이 한양을 감싸고 북동에서 남서로 흐르며, 명당수(明堂水)인 청계천은 궁궐 앞쪽을 북서에서 남동으로 휘감아 흐르는 형세를 갖추었다.
  ㉢ 객수와 명당수가 동서로 서로 엇갈려 흐르는 태극 형상의 길지(吉地)이며, 경복궁 터는 중심혈에 해당하는 명당 중의 명당에 해당한다.

② 도성계획: [주례고공기(周禮考工記)]에 명시된 국도(國都) 구성원리를 따랐다.
　㉠ 전조후시(前朝後市): 궁궐을 중심으로 앞쪽에 행정관청을 두고 뒤쪽에 시가지를 조성한다.
　㉡ 좌묘우사(左廟右社): 궁궐 왼쪽에 왕실 조상의 사당을 두고 오른쪽에 사직단을 둔다.
　㉢ 전조후침(前朝後寢): 궁궐 앞쪽에 조정을 두고 뒤쪽에 왕실의 거처인 침전을 배치한다.
③ 궁궐 조성 원칙: [주례고공기]의 3문3조(三門三朝) 원칙을 따른다.
　㉠ 궁궐은 전체적으로 3개의 독립된 구역으로 구획한다.
　㉡ 외조(外朝): 관료들이 집무하는 관청 배치구역이다.
　㉢ 치조(治朝): 임금이 신하와 더불어 정치를 논하는 공적 공간으로, 정전(조례를 거행하고 법령을 반포하는 공식적인 행사장)과 편전(중신들과 국정을 논하는 곳)을 둔다.
　㉣ 연조(燕朝): 왕과 왕족들이 생활하는 사적 공간이다.

+TIP 조경 담당 관청의 명칭과 동산바치

시대 구분	관청 명칭
고구려	궁원(宮苑)
고려	내원서(內園署)
조선 초기	동산색(東山色)/상림원(上林院)
조선 세조	장원서(掌苑署)
조선 연산군	원유사(園囿司)

• 동산바치: '동산(庭園)을 바치(奉仕)한다'는 뜻으로, 궁중 및 관청의 원림(園林) 관리·조성·정비를 전담하던 직책이다.

(3) 궁궐 조경
① 경복궁: 조선시대의 대표적인 정궁(正宮)으로, 임진왜란 때 소실되었으나 이후 흥선대원군이 중건하였으며, 일제강점기에 많은 부분이 훼손되고 철거되었다.
　㉠ 경회루: 왕이 신하나 외국 사신을 접대하고 궁중 행사를 진행하던 장소이다. 사각 형태의 연못에 세 개의 섬이 있으며, 가장 큰 섬에 경회루가 있고 나머지 두 섬에는 적송이 식재되어 있다. 원래 연못은 담장으로 둘러싸여 있었다.
　㉡ 아미산: 왕비의 침전인 교태전(交泰殿) 뒤편에 조성된 후원이다. 평지에 인공동산을 쌓고 화목류를 심었으며, 괴석과 세심석을 배치하였다. 십장생이 조각된 아름다운 굴뚝이 있다.
　㉢ 향원정과 향원지: 고종의 침전인 건청궁 인근에 조성한 정원이다. 약 70m×76m의 연못 중앙에 지름 20m의 원형 섬이 있고, 섬과 육지를 잇는 목교(木橋)가 놓여 있다.
　㉣ 자경전 화문담장과 굴뚝: 자경전 담장에는 송죽매국(松竹梅菊), 모란, 두견화 등의 꽃무늬가 장식되어 있으며, 굴뚝에는 십장생, 연, 국화, 대나무 등의 문양이 새겨져 있다. 이 굴뚝은 보물 제811호로 지정되었다.

② 창덕궁: 태종 때 지어진 이궁(離宮)으로, 임진왜란 이후 약 270년간 실질적인 정궁 역할을 했다. 이궁인 만큼 배치가 자유로우며, 특히 후원이 발달되어 있다. 1997년 유네스코 세계문화유산으로 등재되었다.

　㉠ 낙선재 일대: 원래 창경궁에 속한 건물이었으나 일제강점기에 창덕궁으로 편입되었다. 후원에는 화계(花階), 장식담, 굴뚝, 괴석 등이 있으며, 다양한 화목류가 식재된 작은 정원이 있다.

　㉡ 부용정 일대: 방지원도(네모 모양의 연못과 그 안의 원형 섬)를 중심으로 부용정, 영화당, 사정기비각이 배치되어 있다. 북쪽 언덕에는 화계가 조성되어 있으며, 어수문과 주합루로 이어진다.

　㉢ 애련정 일대: 방지와 애련정이 함께 어우러진 공간이다. 인근에는 순조 시대에 효명세자가 왕실 행사를 위해 사대부 가옥을 본떠 지은 연경당이 있다.

　㉣ 관람지 일대: 본시 몇 개의 연못이 연속되어 있었으나 1900년대에 연결된 하나의 연못으로 개조하였다. 주변 풍광이 좋은 곳에 관람정과 존덕정, 승재정, 폄우사가 있다.

　㉤ 옥류천 일대: 후원의 가장 깊숙한 곳으로 자연과 인공요소가 어우러진 공간이다. 바위를 파서 물이 흘러 소폭포를 이루는 인공 수로와 청의정, 소요정, 태극정, 취한정, 농산정 등 다양한 형태의 정자가 분포되어 있다.

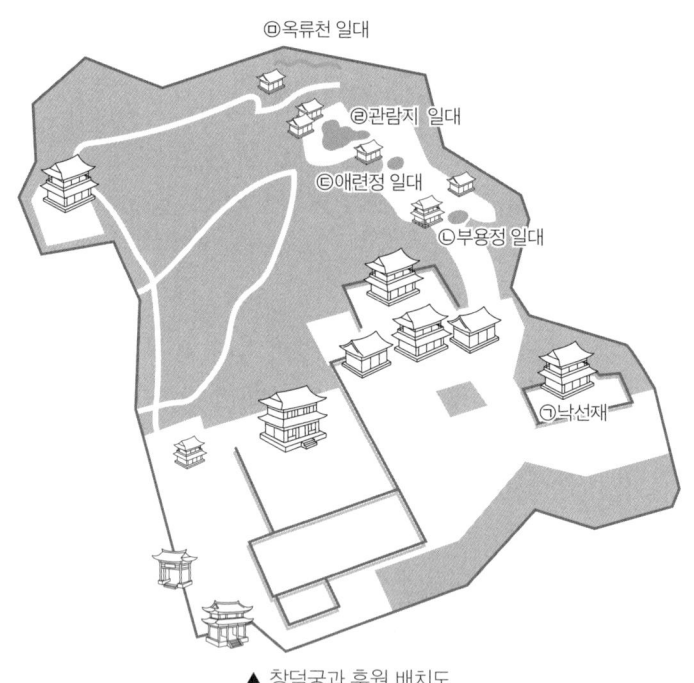

▲ 창덕궁과 후원 배치도

> **+TIP 방지원도(方池圓島)**
>
> 천지인(天地人) 합일의 우주관을 시각화한 구성으로, 다른 문화권에서는 찾아볼 수 없는 고유한 전통 조경양식이다.
> - 방지(네모난 연못): 땅과 음을 상징
> - 원도(둥근 섬): 하늘과 양을 상징
> - 연못 위의 정자: 사람과 중용을 상징

③ 창경궁
  ㉠ 성종 때 지은 이궁으로, 임진왜란과 이괄의 난 때 소실되었으나 재건하였다. 일제강점기에 동식물원을 만들고 창경원으로 격하하였으나, 1986년 고증과 발굴을 통해 복원한 뒤 다시 개방하였다.
  ㉡ 창덕궁과 인접해 있어 별도의 후원 없이 창덕궁 후원과 이어져 있었으며, 통명전 앞에 장방형 방지와 돌난간으로 된 다리, 괴석 등이 배치되어 있다.
④ 덕수궁: 임진왜란 후 선조가 환궁하여 사용했던 궁궐로, 원래는 성종의 형인 월산대군의 사저였다. 광해군이 창덕궁으로 옮긴 뒤 경운궁으로 불렸으며, 오랫동안 방치되었다가 고종이 대한제국을 선포하면서 재건했다. 일제는 헤이그 밀사 사건을 빌미로 고종을 퇴위시키고 이곳에 머물게 하면서 덕수궁으로 개칭하였다. 이후 궁궐의 2/3 이상이 철거되고 매각되었다.
  ㉠ 석조전: 1909년 지어진 서양식 건물로 영국인 브라운이 발의하고 하딩이 설계했다.
  ㉡ 침상원: 석조전 앞에 조성된 서양식 정원으로 좌우대칭의 구성과 중앙 분수대가 특징이다.
⑤ 경희궁: 광해군 때 창건한 궁궐로 본래 명칭은 경덕궁이었으며, 영조 시대에 경희궁으로 개칭하였다. 흥선대원군이 경복궁을 중건할 때 이곳의 전각들을 이전했고, 일제강점기에는 경성중학교(현 서울고등학교) 건립을 명분으로 대부분의 건물을 철거하고 방공호까지 만들었다. 1989년 서울시가 옛 모습을 발굴하여 일부 전각을 복원했다.

> **+TIP 조선의 5대 궁궐**
>
> - 경복궁 → 북궐(北闕)
> - 경희궁(경덕궁) → 서궐(西闕)
> - 창덕궁과 창경궁 → 인접해 있어 함께 동궐(東闕)로 묶임
> - 덕수궁(경운궁)

(4) 민가정원

유교적 가치관의 영향으로 주거공간은 신분, 지위, 성별에 따라 명확히 구분하였으며 본가 외에 별서(別墅)를 지어 운영하는 경우가 많았다.

① 공간 구성
  ㉠ 바깥마당: 풍수에서 주작의 오지(汚地)에 해당하는 방지(方池)를 두었다.
  ㉡ 행랑마당: 행랑채의 작업공간으로, 별도의 조경은 없다.
  ㉢ 안마당: 안주인의 생활공간으로, 건물로 둘러싸인 폐쇄적 구조를 이루며, 후원에는 화계(花階)를 두고 과수 및 화목류를 식재하였다.
  ㉣ 사랑마당: 바깥주인의 공적 공간으로서 방지원도(方池圓島)를 두고 주정(主庭)으로 꾸몄다.
  ㉤ 후원: 구릉지나 계류(溪流) 등 자연지형을 적극적으로 활용한 자연형 정원이 많다.

② 정원 사례
　㉠ 서울: 김조순의 옥호정, 대원군의 석파정, 심상응의 성락원, 윤응렬의 부암정 등
　㉡ 강원: 강릉 오죽헌과 활래정, 선교장 등
　㉢ 충청: 아산 외암리 윤증 고택, 대전 남간정사, 옥류각, 화양동 암서재 등
　㉣ 호남: 화순 임대정, 담양 소쇄원·명옥헌, 강진 다산초당, 해남 녹우당과 보길도 등
　㉤ 영남: 예천 초간정, 봉화 청암정, 영양 서석지, 청도 거연정, 달성 하엽정 등

> **+TIP 별서(別墅)**
> 별서란 본가에서 떨어진 경승지나 전원지에 지은 별장으로, 주로 은둔하여 한가롭게 자연을 감상하기 위해 조성하였다. 상주용 주택이 아니므로 비교적 간소하게 지었으며, 은둔이라는 특성을 살리기 위해 인공적으로 숲을 조성하거나 산책로를 마련하는 경우가 많았다.

(5) 서원(書院) 조경

서원은 조선시대 사설 교육기관으로 강학(講學)과 선현 제향(祭享)을 위해 설립하였다. 또한 지역 도서관, 도덕 교육기관, 지방 사림의 결사 및 집회 공간의 기능도 수행하였다.
① 공간 구조: 강학공간(학문을 강의하고 학습하는 기능)과 제향공간(선현을 모시고 제사를 지내는 공간) 및 관리공간(운영과 생활을 위한 공간)으로 구분한다.
② 특징: 정문 좌우에는 학자를 상징하는 회화나무 또는 은행나무를 식재하고, 내부에는 선비의 절개를 상징하는 매난국죽(梅蘭菊竹)을 식재하는 것이 일반적이다.

(6) 조경식물에 관한 문헌

저자	문헌명	시대	주요 내용
강희안	양화소록	세조	우리나라 최초 원예 전문서
홍만선	산림경제	숙종	화목류 중심의 실용 백과서
서유구	임원경제지	순조	농업, 원예, 과수, 건축, 예법 등을 포괄한 실용적 백과사전

01 조경계획 · 설계 과정

KEYWORD 조경계획, 조경설계, 자원중심형 접근방법, 이용자 중심형 접근방법

1 정의

1. 계획과 설계의 일반 특성

(1) 계획과 설계

계획과 설계는 연결된 일련의 과정으로, 대체로 다음과 같은 경향을 띤다.

① 계획: 대상지가 가진 문제점을 발견하고 이를 해결하려는 합리적·객관적인 해결방안을 제시한다.

② 설계: 문제해결을 위한 창의적·주관적·구체적·감각적인 최종안을 제시한다.

(2) 계획과 설계를 대하는 접근법

구분	내용	도식화
유리상자(Glass-box) 접근법	계획적 사고를 강조하며 합리성을 중시	
암상자 (Black-box) 접근법	설계적 감각을 강조하며 창의성을 중시	
자율적 제어 (Self-organizing system)	상황 변화에 따른 환류(Feed-back)를 반영하여 앞 단계의 결정을 수정하며 진행	

2. 조경설계 일반과정

(1) 조경설계 접근방법

① 자원 중심형 접근방법

㉠ 자연자원의 수용력과 주변 환경요인을 파악하여 도입할 활동의 종류와 시설의 규모를 결정한다.

㉡ 주로 경관이 우수하거나 자연성이 잘 보존된 지역에 적용한다.

㉢ 생태적 수용력을 중시하므로 생태적 접근법 혹은 에너지 절약형 설계에 해당한다.

② 이용자 중심형 접근방법

㉠ 이용자의 행락 활동 유형, 참여율, 행태를 추정하여 도입할 시설의 종류와 수요를 결정하는 방법이다.

㉡ 시설이 요구하는 공간 규모를 토대로 적합한 부지를 선정한다.

㉢ 인공환경이 많은 도시지역의 공원, 휴양지 계획에 주로 적용한다.

ⓔ 활동 프로그램과 공간 및 시설프로그램을 중시하므로 주제공원 접근법 혹은 사회적·행태적 접근법에 해당한다.

　③ 종합적 접근방법: 자원 중심형과 이용자 중심형을 결합한 방식으로, 일반적인 조경설계의 표준적 방법이라 할 수 있다.

(2) 계획 및 설계과정(자연공원 설계의 경우)

단계	내용
목표수립	• 계획 및 설계의 범위(공간적 경계와 내용적·시간적 범위)를 설정 • 달성하고자 하는 목표(과업의 규모, 성격, 내용)를 명확히 함
현황분석	• 주어진 목표를 달성하기 위해 관련된 현황자료를 수집하고 분석하는 과정 　- 대상지의 위치와 세력권(배후지 특성, 교통현황 등) 파악 　- 상위계획 및 법규 검토 　- 자연환경 분석(기후, 지형, 식생, 야생동물 등) 　- 인문사회환경 분석(토지이용, 이용자 특성, 문화유산, 경관 등)
종합	• 현황분석 내용을 종합하여 문제점과 잠재력을 도출 • 적지(適地)분석 및 평가
기본구상	• 분석 결과를 바탕으로 설계 방향과 대안을 모색 　- 이용객 수 산정 　- 도입 활동 및 시설 산정 　- 이용객 행태예측 및 활동프로그램 작성 　- 시설 규모 산정 및 배치 개념 작성 　- 대안 작성 및 평가
기본계획 (Master plan)	• 대안을 선정하여 계획의 윤곽을 정립 　- 토지이용 및 동선체계 　- 시설배치 및 사업시행 계획 작성 　- 개략 공사비 산정 및 투자계획 작성
기본설계	• 기본계획을 구체화하여 각 요소의 성격을 확정 　- 도입 시설의 규모와 형태, 색채 　- 사용 재료와 마감 방법 　- 시각적 특성 등
실시설계	• 공사 시행을 위한 세부설계를 완성 　- 상세설계 및 물량 산출 　- 공사비 및 시방서 작성
시공 및 감리	• 실시설계 도면을 기초로 공사를 시행하며 공사과정을 감독

SUBJECT 02 조경계획 및 설계
02 조경설계기초

KEYWORD 제도용구, 선의 종류와 용도, 도면기호와 표기법, 방위와 축척, 도면 종류, 조경소재의 특성, 수목 성상별 쓰임새, 잔디 및 지피식물 종류와 용도

1 조경제도의 기초

1. 주요 제도용구

(1) 제도판과 제도대
　① 제도판: 제도용지를 부착해 놓고 작업할 수 있는 넓고 평평한 목재판이다. 크기에 따라 특대판, 대판, 중판, 소판 등의 종류가 있다.
　② 제도대: 제도판을 올려놓고 작업 각도와 높이를 편리하게 유지해 주는 받침대이다.

(2) 제도용 자
　① I형자와 T형자는 수평선을 그리는 데 사용하며, 삼각자와 조합하여 수직선과 사선을 그릴 수 있다.
　② 곡선자, 운형자, 자유곡선자 등을 이용하여 곡선을 그릴 수 있다.

(3) 축척자(스케일자)
　삼각기둥 모양의 자로, 각 면에 1/100, 1/200, 1/300, 1/400, 1/500, 1/600의 축척 눈금이 있다.

▲ 탁상형 제도판과 I자　　▲ 삼각자　　▲ 운형자　　▲ 스케일자

(4) 제도용지
　① 켄트지, 도화지, 모조지 등을 사용한다.
　② 투사용지로는 트레이싱지를 사용한다.
　③ 채색용지로는 와이만지, 백아지 등을 사용한다.
　④ 규격: A0에서 A4까지 다양한 규격이 있다.

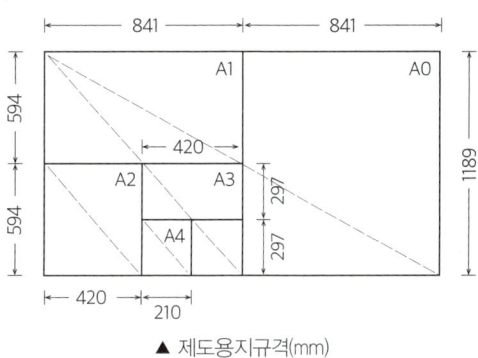

▲ 제도용지규격(mm)

2. 선의 종류와 용도

제도에는 각종 선을 사용하여 다양한 표현을 하는데, 제도에 사용하는 선은 실선, 파선, 점선, 쇄선 등 4종류가 있다.

선의 종류		용도
구분	소구분	
실선 — 굵은 선 0.7~2mm	외형선 파단선	대상물의 보이는 부분, 대상물의 일부를 파단한 경계, 일부를 떼어 낸 경계, 큰 도면의 외곽선, 특별한 그래픽 강조, 건물의 외곽선, 단면선, 식생 등
실선 — 중간선 0.35~1mm	치수선 치수보조선 인출선	치수의 기입, 작은 규모의 단면선, 내부의 단면선, 디자인 요소 등
실선 — 가는 선 0.18~0.5mm	지시선	지시, 기호 등의 표시, 레터링 보조선, 질감, 치수선 등
파선	숨은선	대상물의 보이지 않는 부분의 형태를 표시
점선	움직임선 상상선	
쇄선 1점 쇄선	중심선	도형의 중심 표시
쇄선 1점 쇄선	기준선	경계 등 위치 결정의 근거 표시
쇄선 1점 쇄선	가상선	가공 부분을 이동하는 특정 위치 또는 이동 한계의 위치를 표시
쇄선 2점 쇄선	가상선	실재하지 않지만 참고용으로 표시하는 가상의 외형선 또는 인접 구조물의 외형선을 표시하는 선

3. 도면기호

설계도면에는 각종 재료나 시설물의 실제 형태와 치수를 정확히 표현하는 것이 원칙이나, 불가능한 경우는 다음과 같이 간략히 기호화하여 표기한다.

(1) 조경수목의 표현

① 동일한 수목은 인출선으로 연결하고, 인출선의 끝에 수목 수량, 수종명, 규격을 기입한다.

② 수목 규격

교목	상록수	• 수고(H, 단위 m), 수관폭(W, 단위 m), 근원직경(R, 단위 cm) 작성 • 근원직경을 사용하지 않고 표기하는 경우도 있음 예 소나무: $H6.0 \times W3.0 \times R35$
	낙엽수	일반적: 수고(H, 단위 m)와 근원직경(R, 단위 cm) 작성 예 산수유: $H2.5 \times R8$ 가로수: 수고(H, 단위 m)와 흉고직경(B, 단위 cm) 작성 예 왕벚나무: $H5.0 \times B15$ ※ 지하고(枝下高)가 낮아 흉고직경을 측정하기 어려운 경우 수고(H, 단위 m)와 근원직경 (R, 단위 cm)을 기입
관목		• 수고(H, 단위 m)와 수관폭(W, 단위 m) 작성 • 가지수가 많은 경우 수고(H, 단위 m)와 가지수로 표기 예 자산홍: $H0.3 \times W0.3$
지피·초화류		인치(또는 cm) 사용

③ 수목 수량
  ㉠ 교목: 주(그루)
  ㉡ 관목: 주
  ㉢ 지피류와 초화류: 포트(Pot)나 분얼을 사용하거나 m²를 사용

수목 표기법	수목 규격			
(1-배롱나무 H3.0×R10)	구분	약칭	단위	정의
	수고	H	m	지표면에서 수관의 정상까지의 수직길이
	수관폭	W	m	수관의 직경폭
수목 규격	흉고직경	B	cm	지표면에서 1.2m 부위의 수관직경
	근원직경	R	cm	표면 부위의 수관직경
	수관길이	L	m	수관이 수평으로 생장하는 특성을 가진 조형된 수관의 최대 길이
	성상	규격		
	교목성	수고(m)×흉고직경(cm) 혹은 수고(m)×근원직경(cm)		
	관목성	수고(m)×수관폭(m)		
	만경류	줄기길이(cm)×근원직경(cm)		

(2) 조경재료의 표현

수목 이외에 각종 시설물이나 구조물과 같은 인공재료를 표현하는 방식은 조경도면뿐 아니라 토목이나 건축 도면에서 널리 사용되는 공통된 형식이라 할 수 있다.

표기법	내용	표기법	내용
	지반(흙)		잡석다짐(깬돌)
	지면(흙)		잡석다짐(자갈)
	석재		블록
	금속(대규모)		벽돌(치장용)
	금속(소규모, 형강 철구)		시멘트벽돌
	목재(구조재)		자갈
	목재(다듬은 면)		모래
	콘크리트(무근)		콘크리트(철근, 소규모)
	콘크리트(와이어 메시)		콘크리트(철근, 대규모)

(3) 방위와 축척

① 방위: 화살표를 사용하여 북쪽 방향을 표시한다. 일반적으로 도면 상단을 북쪽으로 설정한다.

② 축척

  ㉠ 도면의 내용이 실제 크기를 얼마나 축소한 것인가를 보여주는 지표이다.

  ㉡ 축척이 1:100 혹은 1/100로 표기되어 있다면 실제 크기를 100분의 1로 축소한 것이다.

  예 도면에서 길이가 1cm이면 실제 길이는 100cm, 즉 1m가 된다.

  ㉢ 축척은 1:100이나 1/100과 같이 숫자로 표시할 수도 있지만, 자가 없을 경우에도 쉽게 알아볼 수 있도록 다음과 같이 막대그래프 형식으로 표현하기도 한다.

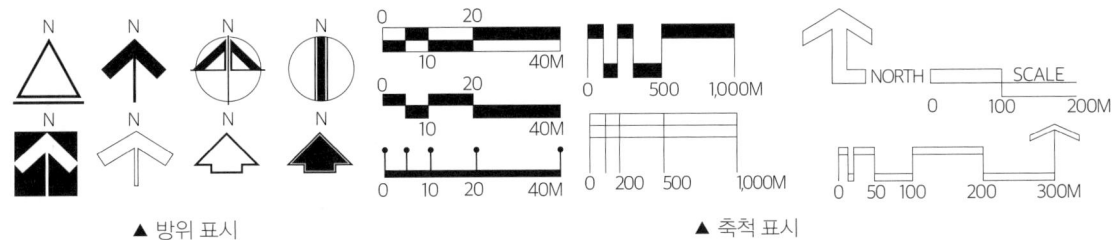

▲ 방위 표시 　　　　　　　　　　　　　　▲ 축척 표시

4. 도면의 종류

(1) 설계도면의 형식과 종류

설계도면은 설계자의 공간적 아이디어를 제도의 기본원칙을 준수하여 2차원의 평면에 표현한 것이다.

① 도면 형식은 일반적으로는 오른쪽 그림과 같이 짙은 윤곽선으로 도면을 분할하여 도면의 내용이 그려질 부분과 내용을 설명하는 표제란으로 구분하여 사용한다.

② 조경설계에서 주로 사용하는 도면의 종류는 평면도와 입면도, 단면도, 상세도 등이 있으며, 완성된 후의 모습을 쉽게 이해할 수 있도록 설계 내용을 입체적으로 표현한 투시도와 스케치 등이 있다.

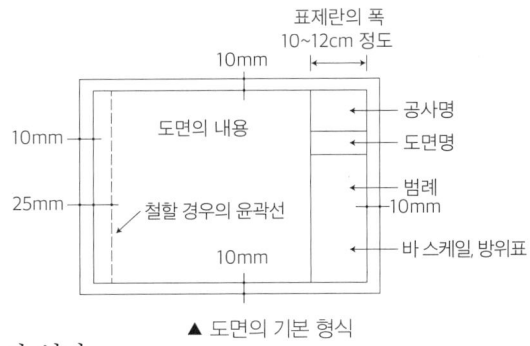

▲ 도면의 기본 형식

(2) 평면도

① 물체를 수평 방향으로 절단하여 바로 위에서 내려다본 것을 가정하여 그린 도면으로, 설계에서 가장 기본이 된다.

② 종류: 식재 평면도, 구조물 평면도, 배치도 등이 있다.

(3) 입면도

① 입면도는 물체의 수직면과 수직적인 구성을 보여주는 도면을 말한다.

② 물체를 보는 방향에 따라 정면도, 배면도, 좌측면도, 우측면도 등으로 세분한다.

(4) 단면도

입면도와 같이 물체의 수직면과 수직적인 구성을 보여주는 도면이나, 입면도는 지상부만을 표현하는 반면, 단면도는 단면선에 걸친 지하부를 함께 표현한다.

(5) 투시도, 조감도

① 투시도: 원근법을 활용하여 3차원적인 입체로 보이도록 그린 도면이다. 소실점을 하나로 두는 1점 투시와 두 개로 두는 2점 투시가 있다.

② 조감도(鳥瞰圖): 새가 하늘에서 아래를 내려다보듯, 높은 곳에서 지상을 내려다본 이미지를 그림으로 나타낸 것을 말한다.

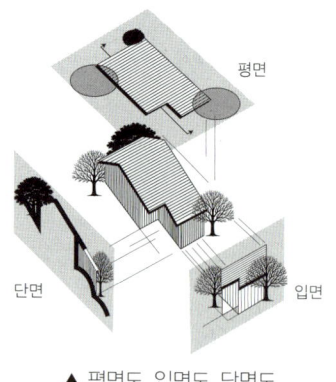
▲ 평면도, 입면도, 단면도

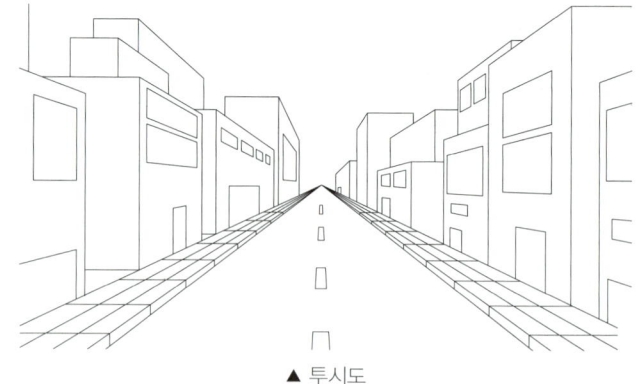
▲ 투시도

2 조경 소재의 이해

1. 물

(1) 경관적 특성

① 조형성: 물 자체는 고유한 색채나 형태가 없으므로, 물을 담는 그릇의 크기, 형태, 질감에 따라 다채로운 연출이 가능하다.

② 반사와 반영: 잔잔한 수면은 빛을 반사하거나 주변 경관을 거울처럼 비춘다.

③ 음향 효과: 흐르는 물소리, 떨어지는 물소리는 주변 소음을 완화한다.

> 예 1m 낙차의 물줄기가 60m 폭으로 떨어질 때 약 75dB의 소음을 발생하므로 50m 거리에서도 들을 수 있고, 이를 통해 웬만한 도시 소음을 흡수할 수 있다.

④ 식재기반: 수생식물을 도입할 수 있는 식재기반으로서의 기능을 가진다.

⑤ 냉각효과: 수면의 기화열이 주변 공기의 온도를 낮추는 효과가 있다.

(2) 물의 이미지와 경관효과

물은 담긴 물(평정수), 흐르는 물(유수), 떨어지는 물(낙수) 그리고 솟구치는 물(분수)의 4가지 형태가 있으며, 이미지와 경관효과는 다음과 같다.

구분	평정수	유수	낙수	분수
이미지	평온, 안정, 명상적, 정적 분위기	움직임과 변화, 무한함, 동적 분위기	역동성, 힘참, 공포와 불안, 경외, 순천	역동성의 극대화, 인간의 의지와 힘, 역천
경관효과	파문과 반사, 반영, 낙조	다양한 청각적 효과와 방향성	청각효과의 극대화, 수직면 형성	수직성, 초점형성, 빛과 청각효과의 다양한 연출
고려사항	담기는 그릇의 형태와 경계부 처리가 중요	수로의 폭과 깊이, 바닥 재질 등이 유량과 관계됨	• 상수, 낙수, 저수로 구성 • 상수 경계부와 저수 바닥 처리가 중요 • 유형: 자유낙수, 방해낙수, 사면낙수	수량과 분수의 세기, 노즐의 형태와 배경처리가 중요

2. 흙

식물생육의 기반이 되며, 특히 암석의 풍화산물과 이를 분해하는 유기물이 섞여 있는 표토는 기후와 생물 작용에 의해 끊임없이 변화한다.

(1) 토양층의 구성

 ① O층(유기물층)
  ㉠ 유기물이 다량 함유되어 있고, 미생물활동이 왕성하여 입단(粒團)구조가 잘 발달되어 있는 매우 비옥한 토양층을 말한다.
  ㉡ 밀집한 식생지이거나 울창한 삼림토양에서 발견할 수 있다.
 ② A층(용탈층)
  ㉠ 부식화된 유기물과 광물질이 섞여 있고, 여러 종류의 미생물이 생육하고 있는 암흑색의 토양층이다.
  ㉡ 일반작물의 뿌리활동이 이뤄지는 구간이다.
 ③ B층(집적층)
  ㉠ 토양 생성작용이 어느 정도 이뤄진 상태이나 유기물이 거의 없다.
  ㉡ 규산염 점토와 철, 알루미늄 등의 산화물(물에 녹은 광물질)이 물과 함께 A층으로부터 용탈되어 축적되는 층을 말한다.
 ④ C층(모재층): 토양 생성작용이 거의 일어나지 않은 토양층이다.
 ⑤ R층(암반층): 암반으로 구성된다.

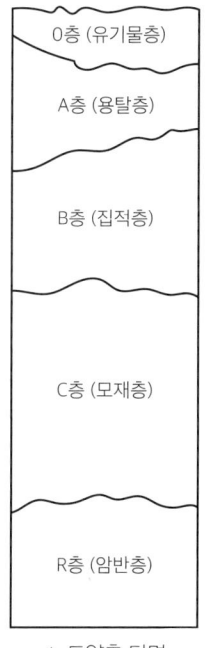

▲ 토양층 단면

(2) 표토: O층과 A층을 포함한 표층 토양으로, 두께는 대략 50~100cm 정도이다. 장기적 생화학 반응의 결과이며, 대체와 재생산이 어려운 희소자원이다.

 ① 물리적, 화학적, 생물학적 특성
  ㉠ 물리적 특성: 입자의 크기, 표면적, 화학성 및 유기물 함량에 따라 결정되며 투수성과 통기성을 좌우하여 식물생육과 뿌리신장에 영향을 미친다.
  ㉡ 화학적 특성: 식물양분을 결정하며 pH에 따라 식물양분 흡수 능력이 결정된다.
  ㉢ 생물학적 특성: 미생물의 작용에 따라 토양 생산력과 비옥도가 결정된다.
 ② 구성: 액상, 기상, 고상으로 구성되며, 구성 비율에 따라 토성이 결정된다.
  ㉠ 액상(토양수, 25%): 식물의 양분 흡수와 증산작용에 필요하다.
  ㉡ 기상(토양공기, 25%): 토양 중의 공극을 채우며, 식물생육과 미생물활동 및 토양의 물리화학적 성질에 영향을 미친다.
  ㉢ 고상(무기물과 유기물)
   • 무기물(45%): 암석의 풍화생성물로부터 유래된 광물질이다.
   • 유기물(5%): 동식물과 미생물의 분해 작용에 의해 형성되며, 탄소와 질소의 비율(C/N Ratio)이 10일 경우 균형상태이다.

(3) 토공사의 종류
    ① 정지(整地)공사: 기존 지면의 피복상태, 경사, 표고 및 기복(起伏)을 조정하는 작업이다.
    ② 연약지반 개량공사: 연약한 지반의 흙을 개량, 치환, 보강하여 구조물을 지탱할 수 있도록 흙의 물리적 특성을 보강하는 작업이다.
    ③ 토양조절공사: 흙의 생물학적·화학적 특성을 변화시켜 식물생육에 적합한 토양조건을 갖도록 하는 작업이다.

3. 식물

(1) 수목 소재의 특성
    ① 생장성: 살아있는 생명으로서 성장하고 변하므로, 설계 시 시공 직후의 단기적 효과와 함께 장기적 효과를 고려해야 하며 개별 수종의 생장 속도에 관한 배려가 필요하다.
    ② 변화성: 계절의 시각효과와 연중변화를 고려해야 하며, 지속적인 유지관리가 필수적이다.
    ③ 적정 생육환경이 필요하므로, 국지적 특성과 지역 이미지를 고려하여 향토수종의 식재가 바람직하다.
    ④ 삭막한 인공환경에 자연을 도입함으로써 인공성을 완화하는 효과가 있다.

(2) 수목 성상에 따른 공간적 용도
    ① 대교목·중교목(20~30m): 외부공간의 기본구조와 골격을 형성한다.
        ㉠ 시각적 우세 요소이므로 좁은 면적에 과다 사용 시 공간을 압도할 수 있다.
        ㉡ 지하고(枝下高)가 3~4.5m(1층 정도)에 달하여 휴게공간으로 활용하기 좋다.
        ㉢ 녹음수로서 여름철 그늘은 주변보다 4℃ 낮다.
    ② 소교목(5m 내외): 설계가의 의도를 구체적으로 표현하고 연출한다.
        ㉠ 공간 면적의 제한으로 대교목을 식재하기 어려운 경우 이를 대신할 수 있다.
        ㉡ 화목류가 많으므로 주요 공간(출입부, 중심부 등)을 장식하며 시선유도 효과가 있다.
    ③ 대관목(3m 내외): 공간을 세분하거나 연결한다.
        ㉠ 수직적 외벽효과: 통로, 차폐, 프라이버시 조절, 배경 형성 등으로 활용한다.
        ㉡ 외부공간에서 벽체와 같은 효과를 연출할 수 있다.
    ④ 관목 및 소관목(1m 내외): 공간을 통일하거나 시각적으로 연결한다.
        ㉠ 시선을 차단하지 않으면서 공간 분할이 가능하다.(물리적 경계로서의 기능보다는 암시적인 경계)
        ㉡ 낮은 벽과 같은 효과를 가진다.
    ⑤ 지피식물(30cm 내외): 외부공간에서 바닥과 같은 효과를 낸다.
        ㉠ 녹색 바닥 역할을 하며 동결방지 및 비사(飛砂)방지 효과를 가진다.
        ㉡ 침식방지 및 진땅방지 등 미기후 완화 효과가 있다.
        ㉢ 다양한 옥외활동이 가능하도록 하며 색채와 질감으로 의도하는 효과를 연출할 수 있다.

(3) 수형에 따른 공간적 효과

수형	공간적 효과	종류	도식
첨두형	수직성 강조, 시선 집중	미류나무, 서양측백, 연필향나무 등	
확산형	수평성 강조, 공간 확장	느티나무, 은행, 수수꽃다리, 눈주목, 눈향 등	
피라미드·원추형	윤곽선이 날카롭고 분명하며 수직성 강조, 정형적·기하학적 양식과 어울림	히말라야시다, 낙우송, 메타세쿼이아, 잎갈나무 등	
자연형·부정형	기형적으로 휘거나 뒤틀려 조각적 인상	소나무, 반송 등	
원주형	수직 벽면 형성, 축과 초점 형성	양버즘나무, 동백, 꽃아그배 등	
구형	반복을 통해 부드러운 느낌 연출, 구릉 혹은 다른 곡선 요소와 조화	반송, 옥향 등	
수지형	시선을 지면으로 끌어내려 물가에 식재	수양버들, 수양벚나무, 실편백 등	

03 조경계획·설계기준

조경계획 및 설계

KEYWORD 주택정원, 도시공원과 녹지, 자연공원, 리조트, 스키장, 골프장, 도로조경, 특수지반 조경

1 주택정원 설계

1. 개요

(1) 기능과 의의
  정원은 주택의 외부공간으로서 주택과 관련한 일상의 다양한 기능을 제공하며 가족 구성원들의 휴식공간으로서의 역할을 담당한다.

(2) 면적
  ① 건축법 및 국토교통부 조경기준: 대지면적 200m² 이상에 건축 시 조경이나 그 밖에 필요한 조치를 해야 한다.
  ② 지방자치단체 건축조례에 따라 의무적으로 조경해야 하는 면적

건축 연면적	조경 면적 비율
1,000m² 미만	대지면적의 5% 이상
1,000m² 이상 2,000m² 미만	대지면적의 10% 이상
2,000m² 이상	대지면적의 15% 이상

> **+TIP 면적 관련 정의**
> - 건축면적: 건물 1층의 바닥면적
> - 건축연면적: 건물 각 층의 바닥면적을 합친 면적
> - 건폐율(대지면적에 대한 건축면적의 비율)=(건축면적÷대지면적)×100(%)
> - 용적률(대지면적에 대한 건축연면적의 비율)=(건축연면적÷대지면적)×100(%)
>
> 예) 대지면적이 500m²이고 건축면적이 100m²인 경우, 건폐율과 건축조례에 따른 조경면적을 계산하시오.
> - 건폐율 = $\frac{100}{500} \times 100(\%) = 20(\%)$
> - 조경면적 = $500 \times 0.05 = 25\text{m}^2$

2. 정원의 기능 및 고려사항

(1) 공공공간(전정, 前庭, 앞뜰)
  ① 용도: 대문에서 현관으로 이어지는 앞뜰을 말한다. 주택의 면적이 넓지 않은 우리나라에서는 이 부분이 양지바른 남향의 주정(主庭)이 되는 경우가 많다.
  ② 고려사항
    ㉠ 차량 진입과 차고 및 노상주차 문제
    ㉡ 담장 내부의 프라이버시 보호
    ㉢ 대문에서의 진입상태와 전정의 필요성 검토
    ㉣ 조명과 포장의 종류, 패턴, 재질 결정
    ㉤ 담장과 대문의 재료, 형태, 크기 결정
    ㉥ 주변과의 조화

(2) 옥외생활공간(주정, 主庭, 안뜰)
  ① 용도: 거실과 연결되어 옥외생활의 주요 무대가 되는 테라스와 잔디밭 등이 있는 사적공간이다.
  ② 고려사항
    ㉠ 취미나 생활방식에 따른 특수정원의 설치
    ㉡ 수목이나 초화류에 대한 취향 및 꽃가루 알레르기 여부
    ㉢ 옥외식사시설(바베큐나 그릴 등) 설치
    ㉣ 녹음의 필요성과 차양방식 및 조명 설치
    ㉤ 테라스, 벤치, 테이블, 파라솔 등의 설치 및 재료, 규격, 수량 등
    ㉥ 정원의 관리방식: 누가 할 것이며, 어느 정도로 할 것인가 등

(3) 서비스공간(후정, 後庭, 작업뜰)
  ① 용도: 부엌 및 세탁실 등 생활지원 공간이다.
  ② 고려사항
    ㉠ 채소밭 또는 온실(혹은 온상)의 설치
    ㉡ 개집, 세탁공간, 건조대, 장독대, 쓰레기통, 가사작업 공간의 설치 여부 등
    ㉢ 정원 장비 보관 및 창고, 운동기구의 설치 여부 등

3. 정원 설계과정

(1) 공간 분할(땅가름)
  대지 내외부 환경 분석 결과를 바탕으로 주택 내부 용도와 관련된 앞뜰, 안뜰, 작업뜰 등 정원의 각 공간을 적절히 분할하여 배분한다.

(2) 동선 연결
  주택의 내부 용도와 분할한 정원의 각 공간 간의 연계성을 고려하여 동선을 연결한다.

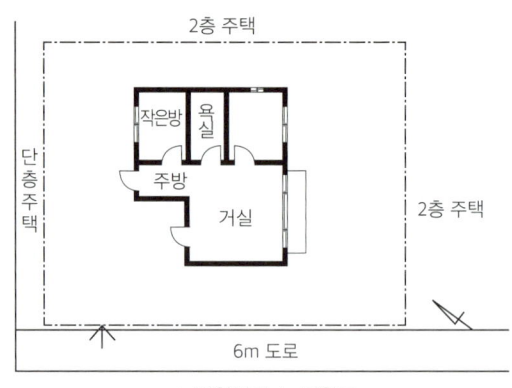
▲ 정원설계 1: 현황도

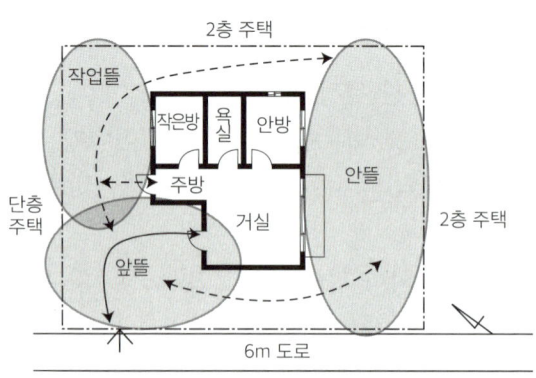
▲ 정원설계 2: 공간 분할 및 동선 연결

(3) 기능식재 도입

각 정원의 용도와 기능 및 계절적 변화를 감안하여 기능식재를 도입한다.

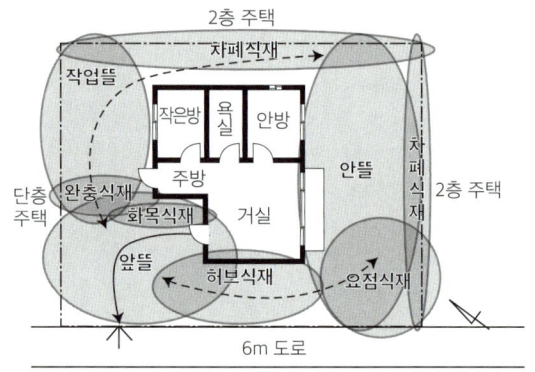
▲ 정원설계 3: 공간 분할 및 기능식재

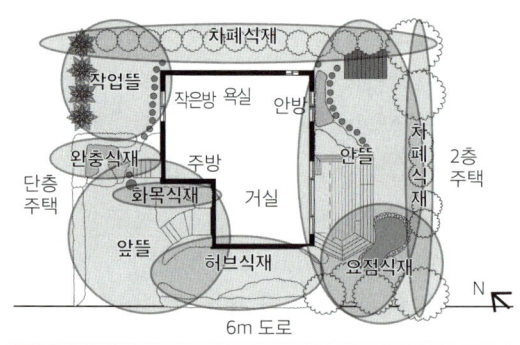
▲ 정원설계 4: 설계도

2 공원·녹지계획

1. 도시공원

(1) 정의(도시공원 및 녹지 등에 관한 법률 제2조)

도시지역에서 도시자연경관을 보호하고 시민의 건강·휴양 및 정서생활을 향상시키는 데에 이바지하기 위하여 설치 또는 지정된 것이다.

(2) 유형(도시공원 및 녹지 등에 관한 법률 제15조)

① 생활권 공원: 도시생활권의 기반이 되는 공원의 성격으로 설치·관리하는 공원

　㉠ 소공원: 소규모 토지를 이용하여 도시민의 휴식 및 정서 함양을 도모하기 위하여 설치하는 공원

　㉡ 어린이공원: 어린이의 보건 및 정서생활의 향상에 이바지하기 위하여 설치하는 공원

　㉢ 근린공원: 근린거주자 또는 근린생활권으로 구성된 지역생활권 거주자의 보건·휴양 및 정서생활의 향상에 이바지하기 위하여 설치하는 공원

② 주제공원: 생활권 공원 외에 다양한 목적으로 설치하는 공원
  ㉠ 역사공원: 도시의 역사적 장소나 시설물, 유적·유물 등을 활용하여 도시민의 휴식·교육을 목적으로 설치하는 공원
  ㉡ 문화공원: 도시의 각종 문화적 특징을 활용하여 도시민의 휴식·교육을 목적으로 설치하는 공원
  ㉢ 수변공원: 도시의 하천가·호숫가 등 수변공간을 활용하여 도시민의 여가·휴식을 목적으로 설치하는 공원
  ㉣ 묘지공원: 묘지 이용자에게 휴식 등을 제공하기 위하여 일정한 구역에 묘지와 공원시설을 혼합하여 설치하는 공원
  ㉤ 체육공원: 주로 운동경기나 야외활동 등 체육활동을 통하여 건전한 신체와 정신을 배양함을 목적으로 설치하는 공원
  ㉥ 도시농업공원: 도시민의 정서순화 및 공동체의식 함양을 위하여 도시농업을 주된 목적으로 설치하는 공원
  ㉦ 방재공원: 지진 등 재난발생 시 도시민 대피 및 구호 거점으로 활용될 수 있도록 설치하는 공원

③ 국가도시공원: 도시공원 중 국가가 지정하는 공원으로서 지정요건은 다음과 같다.
  ㉠ 도시공원 부지: 도시공원 부지 면적이 300만m² 이상이면서, 지방자치단체가 해당 도시공원 부지 전체의 소유권을 확보하였을 것
  ㉡ 운영 및 관리
   • 공원관리청이 직접 해당 도시공원을 관리할 것
   • 해당 도시공원의 관리를 전담하는 조직이 구성되어 있을 것
   • 방문객에 대한 안내·교육을 담당하는 1명 이상의 전문인력을 포함하여 8명 이상의 전담인력이 있을 것
   • 해당 도시공원 운영·관리 등에 관한 사항을 해당 지방자치단체 조례로 정하여 관리하고 있을 것
  ㉢ 공원시설
   • 도로·광장, 조경시설, 휴양시설, 편익시설, 공원관리시설을 포함하여 해당 도시공원의 기능 유지에 필요한 공원시설이 적절한 규모로 설치되어 있을 것
   • 장애인, 노인, 임산부 등 교통약자가 편리하게 이용할 수 있도록 편의시설이 설치되어 있을 것

(3) 공원시설의 종류(도시공원 및 녹지 등에 관한 법률 시행규칙 별표 1)

공원시설	종류
조경시설	관상용 식수대, 잔디밭, 산울타리, 그늘시렁, 못 및 폭포 등
휴양시설	야유회장, 야영장, 경로당, 노인복지관, 수목원
유희시설	시소, 정글짐, 사다리, 순환전차, 궤도, 모험놀이장, 유원시설, 발물놀이터, 뱃놀이터 및 낚시터 등
운동시설	운동시설, 자연체험장

구분	내용
교양시설	도서관, 독서실, 온실, 야외극장, 문화예술회관, 미술관, 과학관, 장애인복지관, 사회복지관, 건강생활지원센터, 청소년수련시설, 학생기숙사, 어린이집, 국공립유치원, 천체 또는 기상관측시설, 기념비, 옛 무덤, 성터, 옛집, 공연장, 전시장, 어린이 교통안전교육장, 재난·재해 안전체험장, 생태학습원, 민속놀이마당 및 정원, 도시민의 교양함양을 위한 시설
편익시설	우체통, 공중전화실, 휴게음식점, 일반음식점, 약국, 수화물예치소, 전망대, 시계탑, 음수장, 제과점, 사진관, 유스호스텔, 선수 전용 숙소, 운동시설 관련 사무실, 대형마트, 쇼핑센터, 농산물 직매장
공원관리시설	창고, 차고, 게시판, 표지, 조명시설, CCTV, 쓰레기처리장, 쓰레기통, 수도, 우물, 태양에너지설비 등
도시농업시설	도시텃밭, 도시농업용 온실, 온상, 퇴비장, 관수 및 급수 시설, 세면장, 농기구 세척장 등
그 밖의 시설	장사시설, 역사 관련 시설, 동물놀이터, 보훈회관, 무인동력비행장치 조종연습장, 국제경기장을 활용하는 공익목적 시설

(4) **도시공원의 면적기준**(도시공원 및 녹지 등에 관한 법률 시행규칙 제4조)
  ① 도시지역 안에 있어서의 기준: 거주 주민 1인당 $6m^2$ 이상
  ② 개발제한구역 및 녹지지역을 제외한 도시지역 안에 있어서의 기준: 거주 주민 1인당 $3m^2$ 이상

(5) **도시공원의 설치 및 규모의 기준과 공원시설의 부지면적**(도시공원 및 녹지 등에 관한 법률 시행규칙 별표 3, 4)

공원 구분			설치기준	유치거리(m)	규모(m²)	공원시설 부지면적(%)
생활권 공원	소공원		제한 없음	제한 없음	제한없음	20 이하
	어린이공원		제한 없음	250 이하	1,500 이상	60 이하
	근린공원	근린생활권	제한 없음	500 이하	10,000 이상	40 이하
		도보권	제한 없음	1,000 이하	30,000 이상	
		도시지역권	기능을 충분히 발휘할 장소	제한 없음	100,000 이상	
		광역권	기능을 충분히 발휘할 장소	제한 없음	1,000,000 이상	
주제 공원	역사공원		제한 없음	제한 없음	제한 없음	제한 없음
	문화공원		제한 없음	제한 없음	제한 없음	제한 없음
	수변공원		친수공간을 조성할 수 있는 곳	제한 없음	제한 없음	40 이하
	묘지공원		정숙한 장소로서 시가화 되지 않을 자연녹지지역	제한 없음	100,000 이상	20 이하
	체육공원		기능을 충분히 발휘할 장소	제한 없음	10,000 이상	50 이하
	도시농업공원		제한 없음	제한 없음	10,000 이상	40 이하
	방재공원		제한 없음	제한 없음	제한 없음	제한 없음
	광역지자체 조례가 정하는 공원		제한 없음	제한 없음	제한 없음	제한 없음

2. 녹지

(1) 정의(도시공원 및 녹지 등에 관한 법률 제2조)

도시지역에서 자연환경을 보전하거나 개선하고, 공해나 재해를 방지함으로써 도시경관의 향상을 도모하기 위하여 도시·군관리계획으로 결정된 것이다.

(2) 유형(도시공원 및 녹지 등에 관한 법률 제35조)

① 완충녹지: 대기오염, 소음, 진동, 악취, 그 밖에 이에 준하는 공해와 각종 사고나 자연재해, 그 밖에 이에 준하는 재해 등의 방지를 위하여 설치하는 녹지

② 경관녹지: 도시의 자연적 환경을 보전하거나 이를 개선하고 이미 자연이 훼손된 지역을 복원·개선함으로써 도시경관을 향상시키기 위하여 설치하는 녹지

③ 연결녹지: 도시 안의 공원, 하천, 산지 등을 유기적으로 연결하고 도시민에게 산책공간의 역할을 하는 등 여가·휴식을 제공하는 선형(線型)의 녹지

(3) 계획 및 설계 기준

① 완충녹지: 해당 지역의 풍향과 지형·지물의 여건을 고려하여 설치면적은 해당 공해 등이 주변 지역에 미치는 영향의 정도에 따라 녹지의 기능을 충분히 발휘할 수 있는 규모로 해야 한다.

② 경관녹지: 해당 지역 주변의 토지이용현황을 고려하여 설치하되, 도시공원과 상충되지 않아야 한다.

③ 연결녹지: 원인 시설이 도로·하천 기타 이와 유사한 다른 시설 등과 접속되어 있어 녹지 기능의 전부 또는 일부를 발휘할 수 있을 경우는 그 접속될 구간에 대하여 녹지를 설치하지 아니할 수 있다.

3. 자연공원

(1) 정의(자연공원법 제2조)

자연공원이란 국립공원·도립공원·군립공원(郡立公園) 및 지질공원을 말한다.

(2) 유형

① 국·도·군립공원 선정기준 등

구분	국립공원	도립공원	군립공원
선정 기준	우리나라의 자연생태계나 자연 및 문화경관을 대표할 만한 지역	시·도의 자연생태계나 자연 및 문화경관을 대표할 만한 지역	시·군·구의 자연생태계나 자연 및 문화경관을 대표할 만한 지역
지정 주체	환경부장관	도지사 또는 특별자치도지사	시장·군수
계획 주체	환경부장관	시·도지사	시장·군수
사업 주체	환경부장관	시·도지사	시장·군수

관리 주체	환경부장관 및 국립공원관리공단	도지사 또는 특별자치도지사	시장·군수
지정 현황 (2025년 2월)	23개소	30개소	28개소

※ 시·도지사는 특별시장 및 광역시장, 특별자치시장과 도지사를 포함한다.
※ 시장·군수는 시장, 군수와 자치구청장을 포함한다.

② 추가된 자연공원 종류
  ㉠ 광역시립공원: 특별시·광역시·특별자치시의 자연생태계나 경관을 대표할 만한 지역으로서 지정된 공원
  ㉡ 시립공원: 시의 자연생태계나 경관을 대표할 만한 지역으로서 지정된 공원
  ㉢ 구립공원: 자치구의 자연생태계나 경관을 대표할 만한 지역으로서 지정된 공원
  ㉣ 지질공원: 지구과학적으로 중요하고 경관이 우수한 지역으로서 이를 보전하고 교육·관광 사업 등에 활용하기 위하여 환경부장관이 인증한 공원

> **+TIP** 한국의 공원법 제정과 최초의 국립공원
> - 우리나라는 1967년 공원법을 제정하였고, 이를 1980년 도시공원법과 자연공원법으로 분리하였다.
> - 우리나라 최초의 국립공원: 지리산 국립공원(1967년)
> - 세계 최초의 국립공원: 미국의 옐로우스톤 국립공원(Yellowstone national park, 1872년)

(3) **자연공원계획의 내용(자연공원법 제2조)**
  ① 공원기본계획: 자연공원을 보전·이용·관리하기 위하여 장기적인 발전방향을 제시하는 종합계획으로서 공원계획과 공원별 보전·관리계획의 지침이 되는 계획을 말한다.
  ② 공원계획: 자연공원을 보전·관리하고 알맞게 이용하도록 하기 위한 용도지구의 결정, 공원시설의 설치, 건축물의 철거·이전, 그 밖의 행위 제한 및 토지 이용 등에 관한 계획을 말한다.
  ③ 공원사업계획: 공원계획에 따라 시행하는 공원사업의 추진을 위한 계획을 말한다.
  ④ 공원시설
    ㉠ 자연공원을 보전·관리 또는 이용하기 위하여 공원계획에 따라 자연공원에 설치하는 시설이다.
    ㉡ 종류: 공공시설(공원관리사무소, 탐방안내소 등), 보호 및 안전시설(사방, 호안, 방화, 방책, 방재시설 등), 휴양 및 편의시설(체육시설, 야영장, 청소년수련시설, 휴게소, 전망대 등), 문화시설(동·식물원, 자연학습장 등), 교통·운수시설(도로, 주차장, 교량, 궤도 등), 상업시설(기념품 판매점, 약국 등), 숙박시설(호텔, 여관 등), 기타 부대시설

(4) 용도지구

① 용도지구의 종류(자연공원법 제18조)

㉠ 공원자연보존지구: 생물다양성이 특히 풍부하거나 자연생태계가 원시성을 가지고 있는 곳, 특별히 보호할 가치가 있는 야생 동식물이 살고 있거나 경관이 특히 아름다운 곳
㉡ 공원자연환경지구: 공원자연보존지구의 완충공간으로 보전할 필요가 있는 지역
㉢ 공원마을지구: 마을이 형성된 지역으로서 주민생활을 유지하는 데에 필요한 지역
㉣ 공원문화유산지구: 지정문화유산 및 천연기념물 등을 보유한 사찰과 전통사찰보존지 중 문화유산 및 자연유산의 보전에 필요하거나 불사(佛事)에 필요한 시설을 설치하고자 하는 지역

3 여가공간 조경계획

1. 리조트

(1) 정의

일상생활권에서 일정 거리 이상 떨어진 쾌적한 환경에 위치하여, 정신적·육체적 스트레스 해소와 정서 함양, 건강 증진 등을 목적으로 머무르는 휴양 장소를 말한다.

(2) 입지조건

① 기본조건

구분	내용
기후	• 피서지형 리조트는 8월 평균기온이 20~24℃가 적합 • 1월 평균기온 6℃ 이상인 임해지역은 연중 쾌적한 리조트 입지로 적합
지형	산악, 고원, 해변, 호숫가 등 경관이 수려한 8~10%의 완만한 경사지가 적합
지세	삼림지와 같이 숲이 우거진 곳이 바람직하며, 못이나 계곡 등 수자원이 있는 지역이 적합
접근성과 용수원	연결도로와 상수도 등 기반시설 확보가 필수적
용지	토지 가격이 저렴하고 대규모 부지 확보가 가능한 곳
주변 토지이용	공업지보다는 농림지가 유리

② 보완조건

구분	내용
적설	연간 100일 정도 적설이 유지되는 지역은 스키리조트에 적합하지만, 폭설지역은 교통이 불리
해류	파도나 조류가 요트, 보트, 수영 등 레저 활동에 지장이 없어야 함
온천	온천수가 풍부하고, 수질이 좋으며, 수온이 높은 곳이 이상적
주변 자원	경승지, 문화유적, 스키장, 골프장, 드라이브 코스 등 다양한 레크리에이션 기회가 인접한 지역이 바람직함

2. 스키장

(1) 입지 및 면적기준

구분	내용
표고(해발고도)	500~1,700m가 적합하며, 면적은 10ha 이상이 바람직
표고차(높이차)	70~300m가 적당하지만, 공식 경기(활강 등)를 위해서는 약 800m의 표고차가 필요
지형	산기슭이나 굴곡이 있는 급사면이 적합(산기슭은 완만한 경사이며, 중복부(중간 부분)부터 산정부(정상)까지는 급경사가 바람직)
사면 방향(향)	북동향 사면이 최적
기후	• 온난하면서도 강설량이 많고, 적설기에는 비가 적으며, 약풍 또는 무풍 지대가 이상적 • 적설기 평균기온은 $-3℃$ 이하가 바람직
적설 기간 및 적설량	• 적설 기간은 최소 90일, 최적 110일 이상 • 적설량은 4cm 이내
강설 일수	• 월 15~20일 • 강설량이 15~20cm인 날이 15일, 50cm 이상인 날이 1~2일 정도
면적	15° 비탈면 기준 1인당 100~150m²를 확보
활강면 폭	• 경사 10° 이하는 6m 이상 • 경사 15° 이하는 20m 이상 • 경사 30° 이하는 40m 이상

3. 골프장

(1) 개요 및 구성

구분	내용
표준코스	18홀, 전장 6,500야드(약 6km)
면적	• 18홀을 기준으로 평탄지에서는 60~80만m²(18~24만평) 소요

홀 구성	• 1~9번 홀을 Out-course, 10~18번 홀을 In-course라 부름
	• 18개 홀의 구성
	  - Short hole(130~250야드, par 3) 4개
	  - Middle hole(300~470야드, par 4) 10개
	  - Long hole(470야드 이상, par 5) 4개

입지조건	• 대도시에서 1~1.5시간 거리 • 경관과 인근의 관광자원이 우수한 곳 • 암반, 왕모래, 점토 등 잔디 생육에 불리한 토양이 없는 곳

(2) 주요 시설

구분	내용
Tee(티)	출발 지점으로, 티 그라운드 면적은 400~500m², 경사 12%가 적당
Fairway(페어웨이)	깎은 잔디로 덮인 주 플레이 구간
Rough(러프)	폭 15~30야드로, 페어웨이 바깥의 거친 풀밭
Hazard(해저드)	벙커, 연못, 하천, 수림 등 경기 난이도를 높이는 장애물
Bunker(벙커)	모래로 이루어진 함정. 면적은 600~900m², 경사는 3% 이하가 적당
Green(그린)	각 홀의 최종 목표 지점으로, 홀이 위치

(3) 설계지침

① 모든 골프 샷의 기술이 발휘될 수 있도록 코스를 설계한다.
② 다양한 클럽을 활용할 수 있도록 코스를 설계한다.
③ 각 홀은 플레이어가 코스 특성을 이해해야 공략이 가능하도록 고도의 기술을 요구하는 구조로 만든다.
④ 최소 면적과 최소 관리비로 최고의 경기력을 발휘할 수 있도록 설계한다.
⑤ 각 홀은 균형감 있게 구성하여 쾌적하고 리드미컬한 경기가 가능하도록 한다.
⑥ 경기 기술이 향상됨에 따라 난이도를 점진적으로 조절할 수 있도록 배치한다.
⑦ 긴장과 여유, 압박감과 안도감이 적절히 교차하도록 설계한다.

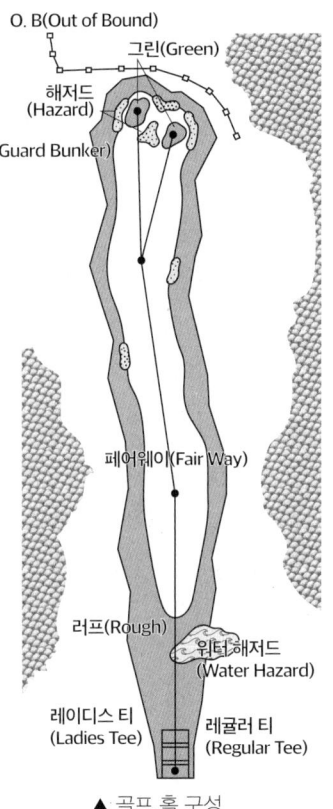

▲ 골프 홀 구성

4 도로조경계획

1. **고속도로변 식재**

   (1) **기능에 따른 식재 유형**

   ① 시선유도식재: 고속 주행 중 운전자가 도로의 선형(선의 형태) 변화를 미리 파악해 안전하게 주행할 수 있도록 시선을 자연스럽게 유도하는 식재이다.
   - ㉠ 곡선부: 곡선 안쪽에는 시야 확보를 위해 식재를 피하고, 곡선 바깥쪽에는 관목을 앞쪽에 심고 교목을 뒤쪽에 심어 심리적 부담을 완화하는 한편, 사고 시 완충 역할을 하도록 한다.
   - ㉡ 철형(凸形)구간: 정상에는 낮은 나무, 정상 아래쪽에는 대교목을 식재한다.
   - ㉢ 요형(凹形)구간: 골짜기 바닥에는 시야 확보를 위해 교목을 열식하지 않는다.

   ② 지표식재: 주행자가 현재 위치를 쉽게 파악할 수 있도록 이정표 역할을 하기 위한 식재이다.

   ③ 차광식재: 반대편 차량의 전조등 빛이나 측면에서 들어오는 빛을 차단해 운전자 시야를 보호하기 위한 식재이다.

   ④ 명암순응식재: 급격한 명암 변화로 인한 사고를 방지하기 위해 주변의 밝고 어두운 정도가 점진적으로 바뀌도록 하는 식재이다.
   - 예 터널 입구 200~300m 구간에 교목을 열식한다.

   ⑤ 완충식재: 사고로 차량이 도로를 이탈했을 때 충격을 완화하기 위한 식재이다.

   ⑥ 임연보호(林緣保護)식재: 삼림지대를 통과하는 도로로 인해 단절된 숲 가장자리를 보호하기 위한 식재이다.

   ⑦ 기타 식재: 진입방지식재, 비탈면보호식재, 방음식재, 방풍식재, 방설식재, 비사방지식재, 차폐식재, 녹음식재, 지피식재 등

   (2) **도로구조에 따른 식재 방식**

   ① 중앙분리대 식재 방식

구분	내용
정형식	동일한 크기와 모양의 나무를 일정 간격으로 식재하는 방식
열식(생울타리법)	나무를 한 줄로 나란히 심어 울타리처럼 만드는 방식
임의식 (Random style)	크기와 종류가 다른 여러 수목을 불규칙하게 식재하는 방식
간막이식 (Louver)	짧은 생울타리를 도로에 수직방향으로 배열하는 방식
무늬식	관목을 기하학적인 무늬로 심어 디자인을 강조한 방식
군식	뚜렷한 구획 없이 다양한 크기의 집단을 자연스럽게 구성하는 방식
평식	관목을 조밀하게 심어 중앙분리대를 빈틈없이 채우고 정돈하는 방식

② 교차로 주변: 지표식재, 시선유도식재, 완충식재, 식재금지구역 등 각 구간별로 기능을 고려해 배치해야 한다.

③ 휴게소 주변: 운전자와 승객의 휴식을 위한 녹음식재, 경관 개선을 위한 수경식재, 토양 보호 및 경관을 위한 지피식재, 위치 안내를 위한 지표식재 등을 필요에 따라 적절히 배치한다.
④ 도로변: 도로 교통의 안전을 위해 수관과 지하고(枝下高)를 건축한계 밖에 둔다.
⑤ 도로변에 적합한 수종
  ㉠ 배기가스와 건조에 강할 것
  ㉡ 해풍, 적설 등 지형·기후 조건에 적합할 것
  ㉢ 대량으로 구입 가능하며 상록수일 것
  ㉣ 잎과 가지가 조밀하게 발달하고, 전정(가지치기)에 잘 견딜 것

2. 가로수 식재

(1) 가로수 정의
도로구역 안 또는 그 주변 지역에 조성·관리하는 수목을 말한다.

(2) 가로수종 선정기준(도시숲 등의 조성 및 관리에 관한 법률 시행령 별표 2)
① 수형이 정돈되어 있을 것
② 발육이 양호할 것
③ 가지와 잎이 치밀하게 발달했을 것
④ 병해충의 피해가 없을 것
⑤ 재배수인 경우 활착이 쉽도록 미리 옮겨 심었거나 뿌리돌림을 실시하여 잔뿌리가 잘 발달했을 것
⑥ 충분한 크기의 분을 떠서 재배수를 옮겨 심을 수 있을 것
⑦ 가로수 수고(나무높이)와 지하고(수관 이하의 가지가 없는 나무줄기의 길이)가 운전자와 보행자의 통행에 지장이 없을 것
⑧ 교목성(큰키나무류) 가로수를 심는 경우에는 묘목의 직경이 6cm 이상일 것

(3) 가로수 식재 금지구역(도시숲 등의 조성 및 관리에 관한 법률 시행령 별표 2)
① 도로의 갓길
② 도로표지가 가려지는 지역
③ 신호등 등 도로안전시설의 시계(視界)를 차단하는 지역
④ 농작물 피해 우려 지역
⑤ 교차로의 교통섬 내부. 다만, 운전자의 시계를 확보할 수 있도록 수관폭·수고·지하고를 유지할 수 있는 경우는 제외
⑥ 교목성 가로수를 심는 경우 해당 지역의 상층에 전기·통신시설이 있어 가로수의 정상적인 생육에 지장이 발생할 우려가 있는 지역

5 특수지반 조경계획

1. 임해매립지 조경계획

(1) 임해매립지의 특성

① 환경조건: 임해매립지는 과거 바다였던 지역을 인공적으로 조성한 부지이기 때문에 식물의 생육에 불리한 여러 조건을 가지고 있다.

② 매립재료와 문제점
  ㉠ 매립재료: 해저의 모래, 해감, 배후지의 산흙, 건설 현장의 흙, 도시 쓰레기 등 다양한 재료가 혼합되어 있다.
  ㉡ 문제점
   • 불투수성 재료로 인해 물이 고여 정체수가 생기고, 통기성이 나쁘다.
   • 매립재료의 분해 과정에서 가스와 열이 발생하며, 지반 침하가 일어날 수 있다.
   • 염분 함유도가 높다.(해풍, 파도, 염분이 많은 지하수, 준설토 등)
   • 해안 바람으로 표층의 미세 토양이 이동하기 쉽다.

③ 환경 개선방안
  ㉠ 염분을 줄이고, 토양의 화학적 성질을 개선하는 것이 우선되어야 한다.(식물 생육에 영향을 주는 염분 농도: 수목 0.05%, 채소류 0.04%, 잔디 0.1% 이상)
  ㉡ 지하수위 조절 및 탈염: 염분이 많은 지하수가 상승하지 않도록 관리하고, 토양의 투수성을 높여 강우나 인공 배수를 통한 제염을 촉진한다.
  ㉢ 표면증발 억제: 표면증발을 억제하여 표토에 염분이 축적되는 것을 방지한다.(멀칭 등 활용)
  ㉣ 토양 성분 개선: 인산과 아연이 부족하기 쉽고, 유황 성분이 과다한 경우가 많으므로 비료 시비 등으로 이를 보완해야 한다.

(2) 식재계획

① 일반과정: 토양 조건 개선 → 식재지반 조성 → 식재 방침 및 수종 결정 → 공간별 식재계획

② 해안식재요령
  ㉠ 수종 선정기준
   • 내염성(염분에 강함), 내조성(바닷물에 강함), 내공해성(공해에 강함)
   • 맹아력(새싹이 나는 힘)이 강하고 이식이 용이할 것
   • 척박한 환경에서도 견디고, 생장 속도가 빠를 것
   • 비사(모래바람) 방지에도 효과적인 수종 선택
  ㉡ 수림대(樹林帶) 조성법
   • 바닷물이 직접 닿는 곳에는 내조성이 강한 지피식물을 심고, 해풍을 고려해 임관선(수림의 가장자리 높이)을 조절한다. ($Y=\sqrt{x}$의 포물선 형태로 배치)
   • 이식한 나무가 자리 잡을 때까지 바람막이를 설치하고, 밀식(좁게 심기)하여 활착률을 높인다.

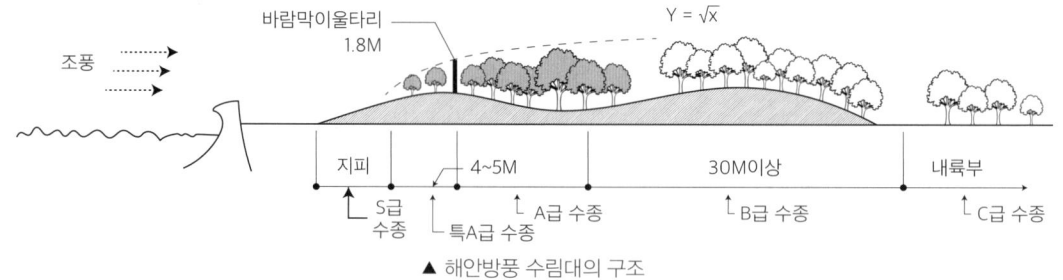

▲ 해안방풍 수림대의 구조

ⓒ 해안수림대 조성용 수종
- S급(바닷물에 직접 노출): 버뮤다그래스, 잔디, 칡, 조릿대류, 맥문동, 플록스 등
- 특A급(바닷바람에 직접 노출되는 전방숲): 눈향나무(상록침엽관목), 다정큼나무, 돈나무(상록활엽관목), 유카(상록다년생), 섬쥐똥나무(낙엽활엽관목), 줄가시나무(낙엽활엽), 흑송(상록침엽) 등
- A급(특A급 뒤쪽의 전방숲): 사철나무, 위성류, 유엽도 등
- B급(후방숲): 비교적 내조성이 큰 수종들로 구성

2. 인공지반 조경계획

(1) 인공지반의 특성

① 식재환경

ㄱ 두꺼운 구조물로 인해 지하수와 차단되어 있고, 토층 두께가 한정되어 유효 토양수분이 부족하다.

ㄴ 열전도율이 높아 지온 변동 폭이 크고, 미생물 활동이 제약을 받는다.

ㄷ 방수층 설치로 배수가 잘 되지만, 양분 유실이 많아 식물 생육에 불리하다.

② 구조적인 제약: 식재 토양 및 수목의 무게를 견딜 수 있어야 하며, 누수 방지를 위한 방수 설비가 필수적이다.

(2) 식재지반 조성

① 토성(土性) 개량 및 경량화: 다공질 토양개량재를 혼합한다.

② 최소 토양층 확보

ㄱ 생존 최소 깊이(cm): 잔디 15, 소관목 30, 대관목 45, 천근성 교목 60, 심근성 교목 90

ㄴ 생육 최소 깊이(cm): 잔디 30, 소관목 45, 대관목 60, 천근성 교목 90, 심근성 교목 150

③ 방수층 조성: 방수층 위에 10~20cm 두께의 굵은 화산모래나 탄재 찌꺼기를 깔고, 그 위에 왕모래, 다시 거친 모래(약 5cm)를 올린 후, 경량재를 혼합한 토양을 덮는다.

④ 관수설비: 식물 증발산량을 고려해 주기적인 관수체계를 확립한다.

SUBJECT 03 조경재료

01 식물재료

KEYWORD 조경수목, 성상별 분류, 지피식물, 잔디 종류, 화목류

1 정의

1. 조경수목

(1) 정의

조경수목은 조경 공간에서 설계가의 구체적인 의도를 표현하기 위해 이용하는 모든 식물재료 가운데 초화류와 지피식물을 제외한 목본류를 말한다. 식물소재로서 수목은 그 고유한 성상(성질과 상태), 형태, 관상 가치, 용도는 물론, 생명소재로서 단기적 변화와 장기적 변화를 함께 고려하여야 한다.

(2) 분류

① 성상에 따른 분류

㉠ 교목, 관목, 만경목
- 교목: 지상부에서 줄기가 하나로 뻗어 올라와 줄기와 가지가 명확히 구분되고 키가 큰 나무이다.
- 관목: 뿌리부에서 줄기가 여러 갈래로 나와 줄기와 가지의 구분이 명확하지 않은 키가 작은 나무이다.
- 만경목: 등나무나 담쟁이덩굴처럼 스스로 서지 못하고 다른 물체를 감아 오르거나 부착하여 개체를 지탱하는 덩굴성 수목이다.

㉡ 상록수, 낙엽수
- 상록수: 사계절 내내 잎이 떨어지지 않아 늘 푸르름을 유지한다. 시각적으로 보기 흉한 것을 가리거나 겨울철 찬 바람을 막는 방풍 혹은 소음을 차단하는 방음용으로 활용할 수 있다.
- 낙엽수: 일반적으로 봄에는 신록, 여름에는 짙은 녹음, 가을에는 단풍과 열매를 제공하고, 겨울에는 잎이 떨어져 사계절의 변화감을 제공한다. 수종마다 고유한 꽃, 잎, 열매, 단풍, 향기 등 다양한 특징을 가지고 있어 쓰임새가 다양하다.

㉢ 성상 분류에 따른 주요 수종

분류	주요 수종
상록 교목	가시나무, 곰솔, 독일가문비, 동백나무, 먼나무, 서양측백, 섬잣나무, 소나무, 아왜나무, 잣나무, 전나무, 주목, 태산목, 향나무, 후박나무 등
상록 관목	광나무, 꽝꽝나무, 남천, 눈향나무, 다정큼나무, 돈나무, 목서, 사철나무, 식나무, 옥향나무, 치자나무, 피라칸사, 협죽도, 호랑가시나무, 회양목 등

낙엽 교목	가중나무, 감나무, 꽃사과, 낙우송, 느티나무, 대추나무, 마가목, 매화나무, 메타세쿼이아, 모과나무, 백목련, 복자기, 산사나무, 산수유, 아까시나무, 이팝나무, 은행나무, 일본목련, 자귀나무, 자작나무, 청단풍, 층층나무, 회화나무 등
낙엽 관목	개나리, 개쉬땅나무, 나무수국, 낙상홍, 무궁화, 미선나무, 보리수나무, 병꽃나무, 생강나무, 앵두나무, 좀작살나무, 쥐똥나무, 진달래, 탱자나무, 해당화, 화살나무, 황매화, 흰말채나무 등

② 감상적 가치에 따른 분류
  ㉠ 꽃이 아름다운 나무: 설계 의도를 구체적으로 표현하는 귀중한 자원이므로 주요 수종별 개화 시기와 특성에 관한 이해는 조경설계를 위한 기본이 된다.

구분	꽃눈 형성 시기	개화 시기	특성
봄꽃	전년도 6~8월	이듬해 봄	기온이 높고, 충분한 일조량이 필요함
여름꽃	같은 해 봄~초여름	초여름 ~ 가을	같은 해 자란 가지에서 꽃이 핌
가을꽃	같은 해 여름	가을	같은 해 자란 가지에서 꽃이 핌
겨울꽃	같은 해 여름	겨울(주로 남부 수종)	같은 해 자란 가지에서 꽃이 핌

  ㉡ 열매가 아름다운 나무: 열매는 주로 가을에 달리지만, 열매가 지나치게 많이 달리면 이듬해 개화 및 결실이 부실해지므로 꽃이 진 직후나 어린 열매가 형성되는 시기에 열매를 적당량 솎아내는 것이 바람직하다.
  예) 감나무, 감탕나무, 낙상홍, 대추나무, 마가목, 모과나무, 산수유, 살구나무, 석류나무, 생강나무, 오미자, 자두나무, 탱자나무, 피라칸사 등

+TIP 주요 수종의 꽃색 및 열매색

개화시기	색	꽃	열매
봄	적색	겹벚나무, 동백나무, 명자나무, 박태기나무, 진달래, 철쭉, 홍매 등	—
	백색	백매, 백목련, 백철쭉, 산사나무, 수수꽃다리, 왕벚나무 등	—
	황색	개나리, 산수유, 생강나무, 풍년화, 황매 등	—
	자색	등나무, 수수꽃다리, 자목련 등	—
여름	적색	모란, 무궁화, 배롱나무, 석류나무, 자귀나무, 장미, 협죽도 등	—
	백색	말발도리, 백정화, 불두화, 산딸나무, 층층나무 등	—
	황색	능소화, 장미, 황매, 황철쭉 등	—
	자색	멀구슬나무, 모란, 무궁화, 수국, 정향나무 등	—

가을	적색	무궁화, 부용, 싸리 등	낙상홍, 사철나무 등
	백색	무궁화, 백정화, 은목서, 호랑가시나무 등	—
	황색	금목서 등	피라칸사 등
	자색	싸리 등	개머루, 누리장나무, 작살나무 등
겨울	적색	—	개머루, 남천, 식나무, 자금우, 피라칸사 등
	백색	팔손이나무 등	남천 등
	황색	—	남천, 식나무 등

ⓒ 단풍이 아름다운 나무: 일조량이 줄고 기온이 낮아지면 안토시아닌(Anthocyanin)이 형성되어 잎이 붉은색으로 변하거나 혹은 카로틴(Carotene)이나 크산토필(Xanthophyll) 색소가 드러나 잎이 노란색이나 주황색으로 변한다. 단풍이 아름답기 위해서는 건조한 날씨가 지속되고 차가운 기온이 유지되어야 한다. 단풍 시기는 지역이나 해발 표고 등 지형적 조건에 따라 차이가 있으나 우리나라에서는 10월에서 11월 중순까지 절정에 달한다.
  • 주요 수종의 단풍색

단풍색	주요 수종
다홍색	감나무, 담쟁이덩굴, 단풍나무류, 마가목, 붉나무, 산딸나무, 옻나무, 화살나무 등
황색	갈참나무, 계수나무, 고로쇠나무, 느티나무, 메타세쿼이아, 배롱나무, 백합나무, 벽오동, 일본잎갈나무, 은행나무, 자작나무, 칠엽수 등

ⓔ 수피가 아름다운 나무: 일반적으로 적갈색이거나 흑갈색의 수피를 띠지만 독특한 수피를 가진 나무도 다수 있다.
  • 흰색 수피: 백송, 자작나무
  • 백색과 청록색 수피: 양버즘나무
  • 녹색 수피; 벽오동, 식나무
  • 코르크층이 발달된 수피: 황벽나무
③ 이용목적에 따른 분류: 조경수목은 수종의 특성에 따라 다양한 용도로 사용된다.
  ㉠ 경관 조성용 수목

요구조건	꽃, 열매, 잎, 수형이 독특하여 독립수나 군식(群植) 형태로 아름다운 경관을 형성할 수 있어야 한다.
주요 수종	• 교목류: 꽃사과, 단풍나무, 동백나무, 모과나무, 목련, 배롱나무, 산수유, 소나무, 왕벚나무, 은행나무, 자귀나무, 자작나무, 주목 등 • 관목류: 개나리, 낙상홍, 명자나무, 무궁화, 병꽃나무, 수국, 수수꽃다리, 옥향, 장미, 조팝나무, 진달래, 철쭉류, 피라칸사 등

ⓛ 녹음 조성용 수목

요구조건	여름철 강한 햇빛을 차단할 수 있도록 잎이 크고 수관폭이 넓어야 하며, 지하고가 높아 인간 활동에 방해가 되지 않아야 하고, 겨울에는 잎이 떨어져 햇빛을 가리지 않는 낙엽교목이 바람직하다.
주요 수종	느릅나무, 느티나무, 칠엽수, 팽나무, 회화나무 등

ⓒ 가로수용 수목

요구조건	• 태양열을 차단하고 그늘을 제공하여 쾌적한 보행환경을 제공할 수 있어야 한다. • 매연과 분진을 흡착하고 유독성 가스를 흡수하여 대기를 정화할 수 있어야 한다. • 교통소음을 감소시키는 가로환경 개선효과가 있어야 한다. • 수형과 잎 모양 및 색깔이 아름답고, 척박한 토양에서도 생육 가능해야 한다. • 병충해 및 공해에 강하며, 전정 등 관리가 용이해야 한다.
주요 수종	가중나무, 느티나무, 메타세쿼이아, 벚나무, 양버즘나무, 은행나무, 이팝나무, 칠엽수, 회화나무 등

ⓔ 산울타리 및 차폐용 수목

요구조건	• 수목을 이용해 낮은 담장 역할을 할 수 있어야 한다. • 차폐용 수목은 시각적으로 가려야 할 곳을 가리는 역할을 할 수 있어야 한다. • 주로 상록수로서 가지와 잎이 치밀해야 하며, 아랫가지가 강인해야 한다. • 맹아력이 강하고 불량한 환경조건에도 잘 견딜 수 있어야 하며, 외관이 아름다운 것이 좋다.
주요 수종	개나리, 명자나무, 무궁화, 사철나무, 쥐똥나무, 측백나무, 탱자나무, 피라칸사, 회양목 등

ⓜ 방음용 수목

요구조건	지엽이 치밀한 상록 교목으로, 지하고가 낮고 배기가스에 강해야 한다.
주요 수종	개나리, 구실잣밤나무, 녹나무, 동백나무, 사철나무, 식나무, 아왜나무, 히말라야시다 등

ⓑ 방풍용 수목

요구조건	바람을 막거나 약화시킬 목적으로 식재하는 수종으로, 강한 바람에 견딜 수 있도록 심근성이면서 줄기와 가지가 강인하고 지엽이 치밀한 상록수가 바람직하다.
주요 수종	가시나무, 구실잣밤나무, 녹나무, 느티나무, 동백나무, 무궁화, 사철나무, 삼나무, 소나무, 아왜나무, 오리나무, 은행나무, 전나무, 편백, 화백, 후박나무 등

④ 생육 특성에 따른 분류
  ㉠ 생육온도에 따른 구분(산림대): 온도는 식물의 분포상을 결정한다. 식물생육에 필요한 온도 조건은 위도, 고도, 향(向) 등에 따라 달라지므로 유사 온도 조건에 적응한 식물분포를 산림대(산림식물대)라고 하며, 우리나라의 산림대는 난대림, 온대림, 한대림으로 구분한다.

산림대 구분	특징 및 주요 수종
난대림	• 분포: 남해안 일대와 제주도 인근(연평균기온 14℃ 이상) • 가시나무류(가시나무, 붉가시나무, 참가시나무), 굴거리나무, 섬쥐똥나무, 잣밤나무, 후박나무 등 상록활엽수
온대림	• 분포: 우리 국토의 85%(남부, 중부, 북부로 세분) • 서어나무, 신갈나무, 잣나무 등
한대림	• 분포: 중부 이남 고산지대 및 북부 개마고원 일대 • 잎갈나무, 자작나무, 전나무, 종비나무 등

  ㉡ 호광성(好光性)에 따른 구분: 나무의 종류에 따라 빛(光, 광)의 요구량이 다르다.

호광성 구분	특징 및 주요 수종
양수	• 생육에 필요한 빛의 요구량이 많음 • 가이즈까향나무, 가중나무, 감나무, 눈향나무, 능소화, 모과나무, 무궁화, 배롱나무, 백목련, 서양측백, 석류나무, 소나무, 일본잎갈나무, 은행나무, 장미, 철쭉류, 측백, 편백, 포플러류, 화백, 향나무, 호랑가시나무 등
음수	• 생육에 필요한 빛의 요구량이 적음 • 개비자나무, 구상나무, 금송, 눈주목, 녹나무, 독일가문비, 맥문동, 반송, 복자기, 사철나무, 산딸나무, 섬잣나무, 아왜나무, 음나무, 이팝나무, 잣나무, 전나무, 조릿대, 주목, 칠엽수, 팔손이나무, 화살나무 등
중용수	• 생육에 필요한 빛의 요구량이 보통 정도 • 가시나무, 개나리, 계수나무, 곰솔, 느티나무, 단풍나무, 담쟁이덩굴, 동백나무, 목서류, 벚나무류, 산사나무, 삼나무, 섬잣나무, 수국, 아카시나무, 층층나무, 팽나무, 피라칸사, 회양목, 회화나무, 흰말채나무 등

ⓒ 뿌리 발달에 따른 구분: 토양 깊이는 식물생육과 밀접한 관련이 있다. 특히 옥상이나 지하 구조물과 같은 인공지반 위에 식재할 경우는 식물의 생육에 필요한 최소 토양 깊이를 확보해야 한다.

구분	주요 수종
심근성 수종	곰솔, 느티나무, 동백나무, 백목련, 백합나무, 상수리나무, 소나무, 일본목련, 은행나무, 전나무, 주목, 칠엽수 등
천근성 수종	독일가문비, 매화나무, 버드나무, 아카시나무, 일본잎갈나무, 자작나무, 편백, 포플러류, 현사시나무 등

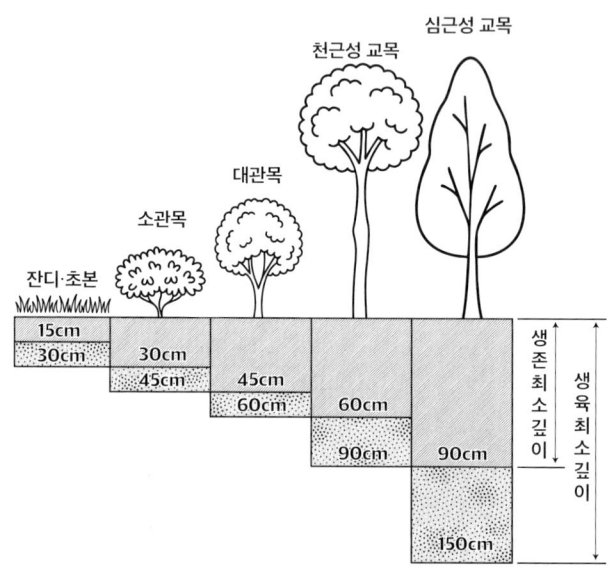
▲ 수목식재상 필요로 하는 최소 토양층의 깊이

ⓔ 생장 속도에 따른 구분: 수목의 생장 속도는 수종에 따라 다르며, 동일 수종일지라도 여건에 따라 달라진다.

생장 속도 구분	특징 및 주요 수종
양수 (생장이 빠른 수종)	• 빨리 자라는 이점이 있으나, 대체로 수형이 단정하지 못하고 바람에 약하다. • 가이즈까향나무, 가중나무, 개나리, 계수나무, 곰솔, 동백나무, 무궁화, 맥문동, 배롱나무, 산수유, 장미, 쥐똥나무, 태산목, 측백, 팔손이, 편백, 피라칸사, 화백, 향나무, 흰말채나무 등
음수 (생장이 느린 수종)	• 성장에 시간이 걸리지만, 수형이 거의 일정하며 바람에 강하다. • 감나무, 구상나무, 금송, 단풍나무류, 모과나무, 반송, 백송, 산사나무, 섬잣나무, 전나무, 잣나무, 칠엽수, 능소화, 등나무, 백당나무, 진달래, 철쭉류, 호랑가시나무, 화살나무, 회양목 등

ⓗ 이식 적응성에 따른 구분: 나무를 옮겨 심는 것을 이식이라 한다. 이식 시 뿌리의 일부가 잘려 나가 수목의 지상부와 지하부의 생리 균형이 깨지기 쉬우므로, 이식하기 1~2년 전에 미리 뿌리돌림을 실시하여 잔뿌리를 발달시켜 활착률을 높여야 한다.

이식 적응성 구분	주요 수종
쉬운 수종	가이즈까향나무, 개나리, 단풍나무류, 독일가문비나무, 모과나무, 목련, 무궁화, 배롱나무, 서양측백, 섬잣나무, 이팝나무, 잣나무, 주목, 칠엽수, 측백, 팽나무, 편백, 향나무, 화백, 화살나무, 회화나무 등
어려운 수종	가중나무, 감나무, 구상나무, 낙우송, 만병초, 목백합, 박태기나무, 소나무, 생강나무, 아카시나무, 오동나무, 일본목련, 자목련, 자작나무, 전나무, 철쭉류, 태산목, 탱자나무 등

(3) 조경수목 규격

조경수목은 그 형태가 다양하여 정형화된 규격으로 통일하기 어렵지만, 일반적으로 수고, 수관폭, 흉고직경, 근원직경, 지하고 등으로 표시한다. 동일한 규격의 수목일지라도 자연 상태에서 굴취한 것과 인공 재배된 것의 형태에 차이가 있을 수 있으므로, 현장에서 필요한 규격과 형태를 점검할 필요가 있다.

① 수고(H): 지표면에서 수관(나뭇가지와 잎이 펼쳐진 윗부분) 상단까지의 수직 높이를 뜻한다.

② 수관폭(W): 나무에서 가지와 잎이 달린 줄기 윗부분을 수관이라 하며 수관폭은 그 너비를 뜻한다.

③ 흉고직경(B): 나무줄기의 굵기를 표시하는 것으로, 지표면으로부터 1.2m 높이(성인 가슴 높이)에 해당하는 지점에서의 줄기 지름을 뜻한다.

④ 근원직경(R): 지면과 접하는 나무줄기의 가장 아랫쪽 지름을 뜻한다. 일반적으로 지하고가 낮아 가슴높이 밑에서 줄기가 여러 갈래로 갈라지는 경우 흉고직경을 측정하기 어려우므로 근원직경으로 표시한다.

⑤ 지하고(BH): 지면에서 가장 아래쪽 가지까지의 높이를 말한다.

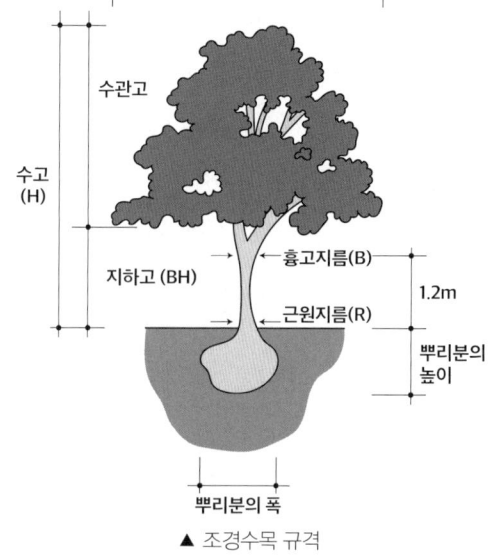

▲ 조경수목 규격

2. 지피식물

(1) 기능과 효과

지표면을 촘촘히 덮어 토양을 보호하고, 주변 환경을 쾌적하게 조성하는 역할을 한다.

① 비사(飛砂)·진땅 방지: 흙먼지 날림과 배수불량으로 인한 진땅을 막는다.

② 침식과 동토 방지: 발달된 근계(땅속으로 뻗은 뿌리의 갈래)로 토양 입자를 단단히 묶어 토양 침식을 예방하고, 겨울철 지표면 동결을 완화한다.

③ 미기후 완화: 햇볕을 흡수하고 수분을 증발시켜 주변 기온을 낮춰 도시 열섬현상을 완화한다.

④ 레크리에이션 이용 및 푸르름의 심미적 효과(Green foundation): 녹색 기반을 제공하여 쾌적한 야외활동이 가능하도록 하고, 심리적·정서적 안정감을 제공한다.

(2) 지피식물 도입 조건

① 초장(식물의 높이) 30cm 이하인 다년생의 상록성이어야 한다.

② 속성이면서 번식력이 왕성해야 한다.

③ 답압(밟기)에 강해야 한다.

④ 지하경(땅속 줄기)이나 포복경(가는 줄기)으로 치밀하게 지표를 덮을 수 있어야 한다.

⑤ 잎과 꽃이 아름답고 가시나 악취 또는 분비물이 없어야 한다.

(3) 주요 지피식물

① 잔디: 잔디로 사용되는 초종(草種)은 크게 한국형 잔디(Zoysia grass)와 서양 잔디로 구분한다.

㉠ 한국형 잔디: 우리나라를 비롯한 동북아시아 일대에 자생해 온 고유종이다.

특징		• 고대로부터 한국, 중국, 일본 등 동북아시아 지역에서 사용되어 오던 여러 종류의 잔디군을 말한다. • 온지성 잔디로, 여름에는 잘 자라나 추운 지방에서는 잘 자라지 못한다(난지형). 5~9월까지 푸른 기간을 유지하고 10~4월까지 휴면기간에도 잔디로 사용할 수 있다. • 완전 포복형으로 지하경이 왕성하게 뻗어 옆으로 기는 성질이 강하므로 깎아주지 않아도 15cm 이하가 유지된다. • 답압(밟기)에 가장 강하며 병충해가 거의 없고 공해에 강하다.
세분	들잔디 (Zoysia japonica)	• 양지에서 자라나는 다년생 잔디로, 줄기가 옆으로 길게 뻗고 마디에서 뿌리가 나온다. • 각종 환경에 적응력이 강하고 토양 응집능력이 강하다. • 공항, 골프장의 러프(Rough), 제방, 묘소, 공원, 경기장, 경사면 녹화 및 조경용 초지 등에 이용된다.
	금잔디 (Zoysia matrella) (고려 잔디)	• 대전 이남 지역에서 자생하고, 경기도 지방까지 월동이 가능하다. • 밀도가 높고 뗏장 형성 능력도 강한 고운 잔디로, 관상가치가 높아 조경용으로 많이 사용된다. • 내한성이 약하며, 예취 후에는 색이 균일하지 못한 곳이 발생하기도 한다. • 정원·공원·경기장의 잔디, 경사면 녹화, 골프장의 그린(Green)·페어웨이(Fairway) 등에 이용된다.

	비단잔디 (Zoysia tenuifolia) (비로드 잔디)	• 중부 이남 서해안에서 자생하며, 다년생의 아름답고 섬세한 잔디이다. • 뿌리가 아주 작고, 뿌리줄기가 옆으로 뻗으며, 잎 가장자리에는 털이 있다. • 일반적으로 예취하지 않는 잔디로서 유지된다. • 잔디가 연약하고, 내한성이 약하여 대전 이남 지역의 정원용으로 권장된다.

ⓒ 서양 잔디: 미국에서 목초로 사용하던 품종이 개발되어 전 세계로 보급되었다.

세분	버뮤다 그래스 (Bermuda grass)	• 난지형 잔디로, 5~9월까지 약 5개월간 푸르다. • 불완전 포복경으로, 포복경 생장이 빠르지만 내한성이 약하다. • 15~50cm까지 자라므로 자주 깎아야 하며, 재생력이 강하고 병충해가 적다.
	벤트 그래스 (Bent grass)	• 한지형 잔디로, 서늘할 때에 생육이 왕성하며, 한국에서는 3~12월까지 약 10개월간 푸른 상태를 유지한다. • 불완전 포복형으로, 잎의 너비는 2~3mm, 잎의 길이는 20~30cm이며 출수 개화하면 키가 50~60cm까지 자란다. • 답압(밟기)에 약하지만 재생력이 강해서 답압에 의한 피해는 크지 않으며 병충해에 가장 약하다. • 잔디 중 품질이 가장 우수하여 골프장 그린에 주로 이용된다.
	켄터키 블루 그래스 (Kentucky blue grass, 왕포아풀)	• 한지형 잔디로, 회복력이 뛰어나 널리 이용하는 서양 잔디의 대표적인 종이다. • 골프장의 티(Tee), 페어웨이에 주로 식재하며, 정원과 공원 등에서 널리 사용한다.
	롤(Roll)잔디	• 한지형 잔디로, 겨울철에도 푸른 색을 유지하며, 한국 잔디에 비해 잎의 질감이 매우 부드럽다. • 이식 후 활착(뿌리내림)이 매우 빠르며, 식재 후 단시간 내에 이용할 수 있다. • 한국 잔디에 비해 많은 관리가 요구된다. • 정원, 각종 조경공간, 특히 모래 기반의 축구장이나 골프장 등 답압이 심한 곳에서도 활용할 수 있다.

ⓒ 잔디 식재기법

이음매 붙이기	전면 붙이기
어긋나게 붙이기	줄 붙이기

+TIP	이음매 너비에 따른 잔디 소요량

이음매 붙이기를 할 때, 이음매 간격을 다음과 같이 띄면 잔디 소요량을 줄일 수 있다.

이음매 간격(cm)	잔디 소요량(%, 잔디 식재 면적 대비)
4	70.0
5	64.7
6	60.0

② 기타 지피식물

▲ 맥문동　　▲ 사사　　▲ 복수초　　▲ 돌나물(세덤)

▲ 옥잠화　　▲ 꽃잔디　　▲ 패랭이　　▲ 벌개미취

3. 초화류

(1) 구분

초화류란 아름다운 꽃을 피우는 풀을 의미하며, 꽃과 향기뿐만 아니라 잎, 열매 등 다양한 관상적 가치를 지닌 조경 소재이다. 초화류는 재배 특성에 따라 다음과 같이 구분할 수 있다.

구분	특징 및 종류
한해살이 (1·2년생)	• 봄 또는 가을에 파종하여 가을 혹은 이듬해 봄에 개화하여 씨앗을 남긴 뒤 시든다. • 봄 파종: 과꽃, 마리골드, 맨드라미, 백일홍, 봉숭아, 분꽃, 샐비어, 봉숭아, 채송화 등 • 가을 파종: 금어초, 금잔화, 안개초, 패랭이꽃, 팬지, 페튜니아 등
여러해살이 (다년생)	• 2년 이상 생존하며 해마다 꽃을 피운다. • 국화, 꽃창포, 도라지꽃, 베고니아, 부용, 아스파라거스, 옥잠화, 제라늄, 카네이션 등
알뿌리(구근류)	• 다년생 초화류의 일종으로, 일부 잎, 줄기, 뿌리가 비대해져 알뿌리 형태로 변형된 것이다. 추위에 견디는 정도에 따라 심는 시기가 다르다. • 봄 파종(내한성 약함): 꽃무릇, 글라디올러스, 다알리아, 아마릴리스, 칸나 등 • 가을 파종(내한성 강함): 수선화, 백합(나리), 아네모네, 아이리스, 히아신스, 크로커스 등
수생 초화류	물밑 흙 속에 뿌리를 내리고 수면 위에 꽃과 잎을 피우는 수생식물이다. • 얕은 물: 가시연, 어리연, 수련, 남개연 등 • 깊은 물: 애기마름, 마름 등 • 물가형: 창포류(진흙 속에 뿌리를 두고 물 밖에서 꽃 피움)

(2) 조건

조경에 적합한 초화류는 다음과 같은 조건을 갖추는 것이 유리하다.

① 꽃 모양이 아름답고 키는 작을수록 좋다.
② 꽃과 가지가 풍부하게 달려야 한다.
③ 꽃 색깔이 선명하고 개화 기간이 길어야 한다.
④ 건조, 바람, 병해충 등에 강해야 한다.
⑤ 환경 적응력이 뛰어나야 한다.

SUBJECT 03

조경재료
02 인공재료

KEYWORD 건설재료, 목재, 석재, 금속재, 시멘트, 콘크리트, 점토, 벽돌, 합성수지, 도장재, 미장재

1 개요

1. 건설재료의 발달

(1) 전통 건설재료의 특징

건설재료는 각 지역의 자연환경(기후, 풍토 등)과 기술 진보에 따라 다양하게 발달해 왔다.
① 이집트·앗시리아: 모래와 진흙으로 만든 벽돌
② 그리스·로마: 대리석이 풍부하여 석재 중심 건축
③ 한국: 기와와 초가집 발달
④ 일본: 목조건축 발달

(2) 건설재료의 혁신

산업혁명 이후 건설재료와 기술은 큰 변화를 겪었다.
① 근대적 시멘트가 발명되었다. (1824년, 영국 벽돌공 조셉 애스프딘(Joseph Aspdin))
② 철근콘크리트가 개발되었다. (1867년, 프랑스 정원사 조셉 모니에(Joseph Monier))
③ 제강 기술과 소다 유리의 발명으로 철강과 유리의 대량 생산이 가능해졌다.
④ 그 외 목재, 석재, 플라스틱 등도 꾸준히 개발 및 개량되었다.

(3) 조경 분야에서의 활용

최근 조경공간에서 조경시설물의 공사와 조경 관련 토목공사의 비중은 날로 증가하고 있다. 따라서 시멘트, 목재, 석재 등 건축·토목과 공통으로 사용하는 인공재료의 특성을 이해하고 현장에 적절히 적용해야 한다.

2. 건설재료의 분류와 특성

(1) 성능 및 기능에 따른 분류

분류	종류
구조재료	철재, 목재, 콘크리트 등
마감재료	타일, 벽돌, 석재, 금속판, 보드류, 목재 및 합판
차단재료	• 방수·방습용: 아스팔트, 실링제 등 • 단열·보온용: 섬유판, 글래스울 등 • 방음·흡음용: 유리, 보드, 금속패널 등

채광재료	유리, 아크릴수지 등
방화 및 내화재료	로크울, 규산칼슘 등
방사선 차폐재료	콘크리트, 납 등

(2) 용도에 따른 건설재료의 요구 조건

구분	요구 조건
구조재료	• 강도, 내화성, 내구성이 높아야 함 • 균일한 재질, 가공이 쉬워야 함 • 가볍고, 큰 재료를 쉽게 구할 수 있어야 함
마무리재료	• 지붕재료: 가볍고 방수, 방습, 방화, 내화성이 강하며, 열전도율이 작아야 함 • 벽·천정: 열전도율이 작고 외관이 아름다우며, 흡음성, 내화성, 내구성이 뛰어나야 함 • 바닥·마감재: 탄력 있고 마모 및 미끄럼이 적으며, 청소가 쉬워야 함

※ 본 교재는 인공재료를 성능과 기능에 따라 구조재료와 마감재료 등으로 구분하여 요약한다.

2 구조재료

1. 목재

(1) 분류와 특징

목재는 자연 소재로서 친환경적이며, 조경에서는 벤치, 퍼걸러, 정자, 놀이시설, 데크 등의 구조재와 마감재로 널리 사용된다.

① 분류

구분	특성		대표 수종
성상별	외장수	침엽수	소나무, 전나무, 삼나무, 솔송나무, 노송나무, 적송, 해송, 잣나무, 낙엽송 등
		활엽수	밤나무, 참나무류, 느티나무, 오동나무, 단풍나무, 박달나무 등
	내장수		대나무, 종려나무, 야자나무 등
재질별	연재		주로 침엽수(전나무, 가문비나무 등)
	경재		주로 활엽수(벚나무, 단풍나무, 자작나무, 계수나무 등)
용도별	구조재		주로 침엽수(소나무, 낙엽송, 잣나무, 전나무, 해송, 편백, 나왕, 미송 등)
	장식재		적송, 낙엽송, 단풍나무, 오동나무, 참나무류, 티크, 나왕, 마호가니 등

② 장단점

장점	단점
• 가볍고 가공이 용이함 • 외관이 다양하고 우아함 • 종류가 많고 감촉이 좋음 • 비중에 비해 강도가 큼 • 열전도율과 열팽창율이 낮음 • 산성약품과 염분에 강함	• 착화점이 낮아 불에 약함 • 흡수성이 크며, 변형하기 쉬움 • 습기에 약해 썩기 쉬움 • 충해 및 풍화로 내구성 저하

(2) 목재 조직

구분	특성
심재	• 나무 중심부에 가까운 부분으로, 죽은 세포로 이루어져 있다. • 강도와 내구성 뛰어나고 이용 가치가 크다.
변재	• 목재 겉껍질에 가까운 부분으로, 살아 있는 세포로 이루어져 수분의 이동과 저장에 관여한다. • 심재에 비해 흡수성이 커서 건조에 따른 수축·변형이 심하다. • 내구성이 약하고, 충해를 받기 쉬워 이용 가치가 적다.

▲ 심재와 변재

(3) 목재 비중

① 목재 비중은 수종, 수령, 부위, 생육조건 등에 따라 다르며, 비중이 높을수록 강도가 크다.
② 주요 목재 기건 비중

수종	기건 비중
오동나무	0.31
삼나무	0.37
소나무	0.53
느티나무	0.74
떡갈나무	0.82

※ 기건(旣乾): 공기 중의 습도와 평형이 될 때까지 건조한 상태

(4) 목재 건조

① 목적
  ㉠ 수축과 균열을 예방한다.
  ㉡ 강도와 내구성을 향상한다.
  ㉢ 부패와 충해를 예방한다.

② 건조방법

구분	종류
자연건조법	공기건조법, 침수법
인공건조법	자비법, 증기법, 공기가열건조법, 훈연법

㉠ 공기건조법: 목재를 쌓아 자연 상태에서 완전히 건조시키는 방법이다. 비용이 적게 들고 간단하며 특별한 기술이 필요하지 않는 것이 장점이지만, 넓은 장소와 충분한 시간이 필요하고 햇빛에 의해 변색이나 균열이 생기기 쉬운 단점이 있다.

㉡ 침수법: 목재를 3~4주 물속에 담가 수액을 유출시킨 뒤 공기 중에서 건조하는 방법이다. 공기건조법의 시간 단축을 위해 보조적으로 활용한다.

㉢ 자비법: 가마솥에 목재를 넣고 삶아 수액을 빼낸 뒤 공기건조 하는 방법이다. 침수법보다 시간을 단축할 수 있지만 가마 크기에 제한이 있고 강도가 다소 떨어지고 광택이 줄어드는 단점이 있다.

㉣ 증기법: 밀폐된 용기 속에 목재를 넣고 수증기로 수액을 빼내는 방법이다. 찌는 것보다 시간이 적게 들지만 시설비가 많이 소요된다.

㉤ 공기가열건조법: 실내에서 공기를 가열하여 그 열기로 건조하는 방법이다. 건조가 빠르고 건조 정도를 자유로이 조정할 수 있으며 변형도 적은 장점이 있으나 시설비가 많이 소요된다.

㉥ 훈연법: 짚이나 톱밥을 태운 연기를 건조실로 보내어 건조하는 방법이다. 휘거나 갈라지는 경우가 적고 시설비도 적게 들지만, 목재가 까맣게 그을리는 단점이 있다.

+TIP 목재의 함수율

목재 내에 함유하고 있는 수분을 백분율로 나타낸 값을 말한다.

$$함수율 = \frac{W_1 - W_2}{W_2} \times 100(\%)$$

여기서, W_1: 건조 전 목재의 중량, W_2: 완전히 건조 후 목재의 중량

(5) 목재 강도

① 목재 강도는 수종, 건조 정도, 외력 방향 등에 따라 차이가 있으나, 일반적으로 침엽수보다 활엽수가 강도가 크다.

② 압축강도(350~650kg/cm²): 밤나무<오동나무<삼나무<소나무<떡갈나무<젓나무<느티나무<벚나무<단풍나무<낙엽송<참나무류 순으로 크다.

③ 휨강도(500~1,200kg/cm²): 삼나무<밤나무<오동나무<소나무<떡갈나무<젓나무<낙엽송<느티나무<벚나무<단풍나무<참나무 순으로 크다.

(6) 목재 보존법

① 방부·방충법: 목재의 부패와 벌레 침투를 막기 위한 방법이다.

종류	설명
일광직사	30시간 이상 햇볕을 쬐어 자외선의 살균력으로 소독한다.
침지법	물속에 담가 공기를 차단하여 균류의 발생을 억제한다.
표면 탄화	목재 표면을 태워 탄화시킴으로써 수분을 없애 부패와 충해를 방지한다.
표면 피복	금속판이나 옻, 페인트, 니스 등의 도료로 표면을 피복하여 공기를 차단함으로써 방습과 방수가 되며, 부패균이나 해충의 침입을 방지한다.
약제 처리	약제를 칠하거나 가압, 주입 또는 약제에 담가두어 부패와 충해를 방지한다.
콜타르	도포용으로 사용한다. 방부력이 약하고 검은색으로, 사용이 제한된다.
크레오소트	• 방부력, 내습성이 좋고, 침투성이 우수하여 깊이 주입할 수 있다. • 흑갈색으로, 미관을 고려하지 않는 외부에 주로 사용한다. • 페인트로 덧칠을 할 수 없고, 악취가 나므로 실내에는 적합하지 않다.
페놀	무색이고 방부력이 가장 우수하며, 페인트로 덧칠을 할 수 있는 것이 장점이나, 가격이 비싸다.

② 방화법: 연소를 막을 수는 없지만, 연소 시간을 지연시킬 수 있는 방법이다.

종류	설명
도포법	• 불연성 도료를 칠하여 방화막을 만들어 불꽃의 직접 접촉을 막는 동시에 가연성 가스의 발산을 막는다. • 불연성 도료로는 방화페인트, 규산나트륨 등을 사용한다.
방화재 사용	• 방화재를 목재에 주입시켜 인화점을 높인다. • 방화재에는 인산암모늄, 황산암모늄, 탄산칼륨, 탄산나트륨, 붕사 등을 사용한다.
기타	불연재이면서 단열성이 큰 시멘트 모르타르, 벽돌 등으로 목재 표면을 둘러싼다.

(7) 목재 가공품

① 합판: 얇은 판을 1장씩 섬유방향에 직교하도록 홀수 장으로 겹쳐 붙인 것을 말한다.
  ㉠ 판재에 비해 균질하다.
  ㉡ 단판(1장의 얇은 판)을 직교해 붙인 것이므로 쉽게 갈라지지 않고 방향에 따른 강도 차이가 적다.
  ㉢ 단판은 얇아서 건조가 빠르고 뒤틀림이 없으므로, 팽창·수축을 방지할 수 있다.
  ㉣ 단판을 합판 양 표면에 사용하면 무늬가 우수한 판을 값싸게 만들 수 있다.
  ㉤ 너비가 큰 판을 얻을 수 있고 쉽게 곡면판으로 만들 수 있다.

② 집성목재: 두께 1.5~5cm의 판자 여러 장을 섬유방향으로 겹쳐 접착시킨 것이다. 구조재는 물론 계단, 디딤판 등의 장식용으로도 사용한다.

③ 인조목재: 톱밥, 대팻밥, 나무 부스러기 등을 고열·고압으로 뭉쳐 목재섬유를 고착시킨 단단한 판이다.

④ 마루판류: 무늬가 아름다운 참나무류, 나왕, 미송, 벚나무 등을 가공한 것을 말한다. 정자 바닥, 평상, 야외 데크에 주로 사용한다.

2. 석재

(1) 일반 특성

① 개요: 석재는 지구 생성과 함께 자연적으로 만들어진 재료로서 내구성이 뛰어나며, 조경에서는 자연석과 일정한 크기로 절단한 가공석 모두를 사용한다.
  ㉠ 자연석: 경관용, 석조용, 축석용 등에 활용
  ㉡ 가공석: 보도 포장, 계단, 석재 구조물 등에 사용

② 장단점

구분	내용
장점	㉠ 불연성(불에 타지 않음), 압축강도 우수 ㉡ 내수성(물에 강함), 내구성, 내화학성(화학물질에 강함), 내마모성 우수 ㉢ 외관이 장중하고 치밀하며, 광택이 뛰어남
단점	㉠ 압축강도는 크나 인장강도가 낮아 장대석의 확보가 어려우므로 구조재로 부적합 ㉡ 비중이 크고 가공성이 떨어짐 ㉢ 고온 시 균열·파손(예 화강석) 및 분해(예 석회암, 대리석) 우려

(2) 성인(생성 원인)에 따른 분류

① 화성암: 화산 작용에 의해 마그마가 냉각·응고하여 생성된 것이다. 응고된 위치에 따라 조직이 달라진다.
  ㉠ 심성암: 마그마가 지하 깊은 곳에서 서서히 냉각되면서 굳어진 것으로, 결정 입자가 크다.
  ㉡ 화산암: 마그마가 지표에 유출되거나 지표 가까운 곳에서 굳은 것으로, 결정 입자가 작다.
  ㉢ 반심성암 또는 맥암: 심성암과 화산암의 중간 정도에서 굳은 것을 말한다.

② 수성암: 기존 암석의 풍화·분쇄물이나 물에 용해된 광물질 혹은 동식물 등이 물속에 잠기거나 지상에 퇴적 후 오랜 세월 지열·지압을 받아 굳은 것이다. 연질이 비교적 약하고 풍화나 변색의 우려가 있으나 불에 강한 것(석회암 제외)이 특징이다.

③ 변성암: 화성암이나 수성암이 지각 변동으로 인하여 큰 압력과 열을 받아 광물 성분에 변질이 생긴 것이다. 생성 원인에 따라 화성암계와 수성암계로 나뉜다.

성인에 따른 분류		암질에 따른 종류		건설 재료별 명칭
화성암	심성암	화강암 섬록암 반려암		화강암
	화산암	안산암	휘석 안산암 각섬 안산암 운모 안산암 석영 안산암	안산암
		석영 조면암		부석
수성암	퇴적암	이판암 점판암		점판암
		사암 역암		사암
		응회암	사질 응회암 각력질 응회암	응회암
	유기암	석회암		석회석
	침적암	석고		석고
변성암	수성암계	대리석		대리석
	화성암계	사문암		사문암

(3) 형상에 따른 분류

구분	설명	용도
잡석, 호박돌	• 잡석: 지름 20cm 정도의 부정형 막돌 • 호박돌(둥근 돌, 둥근 잡석): 지름 20~30cm 정도의 둥글넓적한 돌	기초부의 다짐, 바닥 콘크리트 지정 등
간사, 견치돌	간사: 면 길이 20~30cm의 네모난 막돌	간단한 돌쌓기
	견치돌: 채석장에서 네모뿔 형태로 만든 것	흙막이나 방축 등 석축쌓기
각석(장대석)	단면 30~60cm × 길이 60~150cm	디딤돌, 계단석, 경계석, 전통 연못의 석축 등
사고석(사괴석)	15~25cm 각진 돌	한식 건물 벽체, 돌담 등
판석, 구들장	판석: 두께 15~20cm × 길이 60~90cm	바닥깔기, 붙임돌 등
	구들장: 두께 6cm × 길이 40~69cm	구들 설치 등

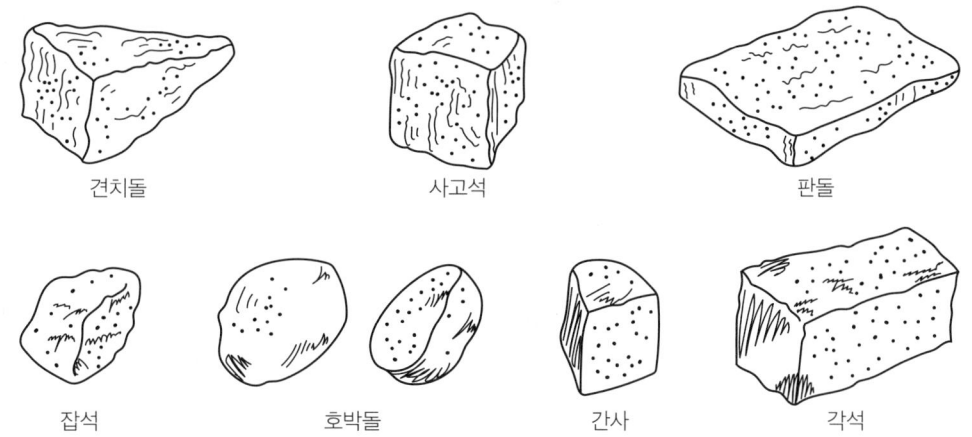

▲ 각종 석재의 형상

(4) 석재가공과 용구

석재는 다듬는 방식과 사용하는 도구에 따라 다음과 같이 다양한 방법이 있다.

① 손다듬기
  ㉠ 혹두기(메다듬): 소메나 망치로 돌의 면을 대강 다듬는 방법이다.
  ㉡ 정다듬: 혹두기한 면을 정으로 곱게 쪼아 표면에 미세하고 조밀한 흔적을 내어 평탄하고 거친 면으로 만드는 방법이다.
  ㉢ 도드락다듬: 거친 정다듬한 면을 도드락망치로 더욱 평탄하게 다듬는 방법이다.
  ㉣ 잔다듬: 정다듬한 면을 양날망치로 평행방향으로 치밀하고 곱게 쪼아 표면을 다듬는 방법이다.
  ㉤ 물갈기: 화강암이나 대리석처럼 치밀한 석재의 표면을 갈아서 광택을 낸다. 잔다듬한 면에 금강모래를 곱게 뿌려 철판이나 숫돌 등으로 물을 주며 문지르고, 헝겊에 산화주석을 묻히고 문질러서 광택을 내는 방법이다.

② 화염가공(젯트버너 처리): 고온의 불꽃으로 독특한 가공면을 형성하는 방법이다.

③ 연마가공: 연마제를 사용하여 재료 표면을 매끄럽게 하는 가공법이다.
  ㉠ 거친갈기(초벌갈기): #60 철사나 금강모래를 사용하여 표면을 매끄럽게 가는 방법이다.
  ㉡ 재벌갈기: 인조 숫돌을 사용하여 연마 처리하는 방법이다.
  ㉢ 정벌갈기(본갈기): 인조 숫돌 또는 천연 숫돌을 사용하여 연마 처리하는 방법이다.
  ㉣ 광내기(정갈기): 광택 가루나 산화주석으로 마감하는 방법이다.

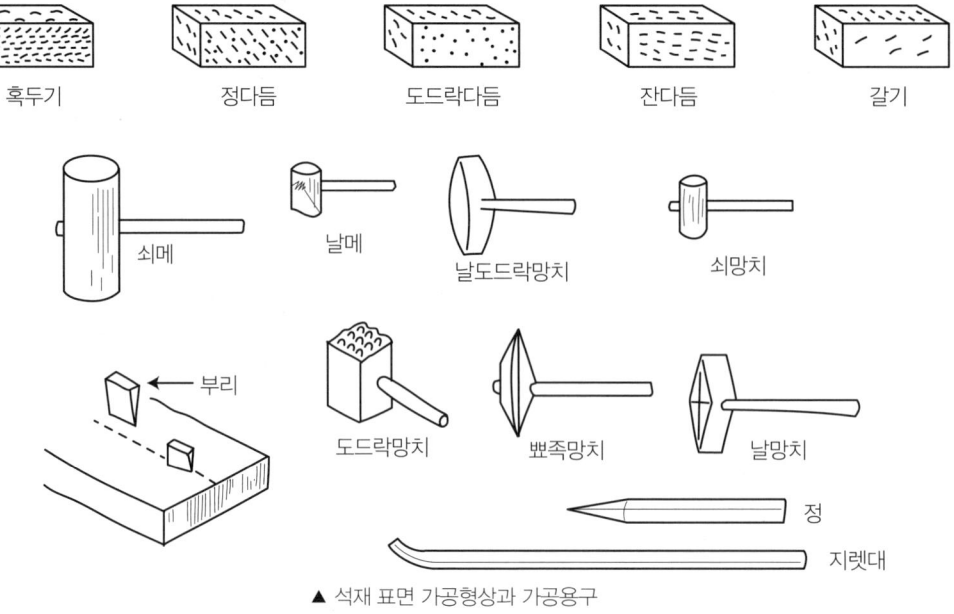

▲ 석재 표면 가공형상과 가공용구

3. 금속재료

(1) 개요

금속재료는 건설공사에서 구조재와 장식재로 널리 사용되며, 일반적으로 철금속과 비철금속으로 나뉜다.

장점	단점
• 고유의 광택 • 강도가 크고, 대량 생산이 가능 • 전성과 연성이 뛰어나 다양한 형태로 가공 가능	• 녹, 부식 및 비중(무게)이 커서 사용범위가 제한 • 가공설비와 제작비용이 많이 소요

※ 전성(두드리거나 눌러서 얇게 펴지는 성질), 연성(외력을 받아도 끊어지지 않고 늘어나는 성질)

(2) 철금속

철(Fe) 이외 소량의 탄소, 망간, 규소 및 불순물로서 인(P)과 유황(S) 등을 함유하고 있으며, 탄소 함량에 따라 다음과 같이 구분한다.

※ 탄소량이 적을수록 연질이고 신장률(늘어나는 성질)은 커지지만 강도는 작아진다.

분류	탄소 함량	특징
순철 또는 연철(Iron)	0.04% 이하	연질, 가공·단련이 쉬움
강(Steel)	0.04~1.7%	주조성이 좋고 담금질 효과가 있음
주철(Cast iron)	1.7% 이상	주조성이 좋고 무름
기타	• 탄소강: 철과 탄소가 주성분으로, 건설재료로 많이 사용 • 합금강: 탄소 이외 니켈, 몰리브덴 등의 합금원소를 첨가	

+TIP	열처리 관련 용어

용어	정의
불림	강을 800~1,000℃로 가열한 후 공기 중에서 냉각시키는 열처리법
풀림	강을 800~1,000℃로 가열하여 소정의 시간까지 유지한 후에 로(爐) 내부에서 천천히 냉각시키는 열처리법
담금질	강을 충분히 가열한 후 물이나 기름 속에서 급속 냉각시켜 강도와 경도를 높이는 열처리법
뜨임	담금질을 한 강에 인성을 주기 위하여 변태점 이하의 적당한 온도(200~600℃)에서 가열한 다음 공기 중에서 천천히 냉각시키는 열처리법

(3) 비철금속

철 및 철을 주성분으로 하는 합금(철강재료) 이외의 모든 금속을 말한다.

종류	특징 및 용도
구리	• 전기 및 열전도도가 우수하고, 내부 부식이 적음 • 색상이 아름다우며, 가공이 용이
황동(놋쇠)	• 구리 + 아연(약 45%) 합금 • 구리보다 단단하고, 주조 및 가공이 용이하며, 내식성이 우수 • 창호철물에 사용
청동	• 구리 + 주석(4~12%) 합금 • 황동보다 내식성이 우수하며 주조가 용이 • 아름다운 청록색으로, 장식·공예용으로 사용
알루미늄	• 전기 및 열전도율이 높고, 가공이 용이 • 무게에 비해 강도가 크고, 내식성 우수(산화막 형성) • 산 및 알칼리에 약하고, 100℃ 이상에서 강도가 현저히 저하됨 • 지붕재, 창호재, 샷시, 울타리, 난간 등에 사용
주석	• 청백색의 광택, 내식성이 우수 • 산소, 이산화탄소의 영향을 거의 받지 않고, 산에 강함 • 인체에 무해하여 식기, 통조림 제조에 사용 • 단독 사용은 드물고, 구리와 섞어 청동을 만들어 납땜의 원료로 사용
납	• 비중이 크고, 부드러움 • 열전도율이 작고 온도 변화에 따른 신축이 크며 가공이 용이 • 탄산납의 피막으로 내부를 보호 • 내산성이 크지만 알칼리에 침식됨 • 송수관, 가스관 등에 사용
아연	• 주조성, 강도, 연성, 내식성이 우수 • 수산화물 피막을 형성하여 내부를 보호 • 단독 사용보다는 합금재료, 도금재료로 사용
니켈	• 청백색 광택, 내식성이 커서 공기와 습기에 강함 • 단독 사용 시 도금하여 장식용으로 사용하며 주로 합금으로 사용
양은	• 구리 + 니켈 + 아연 합금 • 은색 광택, 내산·내알칼리성 • 문짝, 전기기구 등에 사용

4. 시멘트

(1) 개요

시멘트는 석회석과 점토 등을 혼합하여 고온에서 구운 뒤 가루로 만든 결합제이다. 주로 포틀랜드 시멘트, 혼합 시멘트, 특수 시멘트로 나뉘며, 일반적으로 시멘트라고 하면 보통 포틀랜드 시멘트를 의미한다.

(2) 특성

구분	내용
수화반응	시멘트가 물과 결합해 화학반응을 일으키며 굳어지는 과정을 말한다.
응결	수화반응에 의해 유동성과 점성을 상실하고 굳어지는 현상을 말한다.
경화	응결 후에 강도가 점차 증가하는 현상으로, 수화작용에 의해 지속된다.
양생	적절한 수분과 온도를 유지해 응결과 경화가 완전히 이루어지도록 관리하는 것을 말한다.
풍화	시멘트가 공기 중의 수분과 수화반응을 일으켜 수산화칼슘을 생성하고, 이는 다시 이산화탄소와 반응하여 탄산칼슘을 생성하는 현상을 말한다. 풍화된 시멘트는 응결이 늦어지고, 강도가 저하되므로 사용하지 않는다.

(3) 주요 시멘트 종류

시멘트는 화합물의 결합상태나 함유물에 따라 다음과 같이 나눌 수 있다.

구분	종류	용도
포틀랜드 시멘트	보통 포틀랜드 시멘트	일반 콘크리트 공사용. 우리나라에서 생산되는 시멘트의 90% 차지
	조강 포틀랜드 시멘트	• 재령(재료가 굳어가는 시간) 8일만에 보통 시멘트의 재령 28일 강도에 도달 • 조기에 강도를 확보해야 하는 경우 사용 • 공사 기간 단축 가능. 겨울철 공사에 적합 • 수화열이 높고 수축이 크므로 단면이 큰 매스 콘크리트에는 부적합
	중용열 포틀랜드 시멘트	• 수화열이 작고, 장기 강도가 큼 • 댐, 터널, 도로포장공사에 사용
	저열 포틀랜드 시멘트	• 수화열을 최소화 • 댐, 매스 콘크리트 공사에 사용
	내황산염 포틀랜드 시멘트	• 내화학성, 내구성 향상 • 하수, 배수, 해양공사에 사용
	백색 포틀랜드 시멘트	• 철분, 마그네시아가 적은 백색점토와 석회석을 원료로 함 • 소성연료는 중유를 사용 • 장식용이나 도장, 채광, 인조대리석 제조에 적합

혼합 시멘트	고로슬래그 시멘트	• 용광로에서 선철 제조 시 나온 광석 찌꺼기를 석고와 함께 시멘트에 섞은 것 • 내열성과 내구성이 크고 수밀성이 양호 • 해수 및 화학적 저항성이 큼 • 수화열이 적어 매스콘크리트에 적합
	실리카 시멘트	• 수화열이 적고, 장기강도가 큼 • 화학적 저항성이 큼 • 미장 모르타르용으로 적합
	플라이애시 시멘트	• 장기강도가 크고, 건조수축이 작음 • 수화열이 적어 매스콘크리트에 적합 • 화학적 저항성이 크고, 수밀성이 우수
특수 시멘트	알루미나 시멘트	• 알루민산 석회가 주광물 • 조기강도가 매우 크고, 해수 및 화학적 저항성이 큼 • 긴급공사, 해안공사, 동절기 공사에 적합

※ 조경공사에서는 포틀랜드 계열 시멘트를 주로 사용한다.

5. 콘크리트

(1) 정의

① 콘크리트란 시멘트, 골재(잔골재·굵은골재), 물 그리고 필요에 따라 혼화재료를 섞은 혼합물 또는 그 경화물을 말한다.

㉠ 시멘트 + 물 → 시멘트풀　　　　　㉡ 시멘트풀 + 잔골재 → 모르타르

② 좋은 콘크리트의 3가지 조건: 강도, 내구성, 경제성

(2) 장점

① 크기나 형태에 제한 없이 다양한 구조물을 제작할 수 있다.
② 다른 재료보다 압축강도가 크고, 필요한 강도를 쉽게 확보할 수 있다.
③ 내구성, 차음성(소리를 차단하는 성질), 내화성(불에 견디는 성질), 내진성(지진에 견디는 성질)이 우수하다.
④ 강알칼리성으로, 철강재의 녹 방지에 효과적이다.
⑤ 시공 시 특별한 숙련 기술이 필요하지 않다.
⑥ 비교적 저렴하고 유지비가 거의 들지 않아 경제적이다.

(3) 단점

① 자체 무게가 무겁다.
② 압축강도에 비해 인장강도, 휨강도(구부러짐에 대한 저항력)가 작다.
③ 건조 시 수축되어 균열이 생기기 쉽다.
④ 재생할 수 없어 수리나 철거가 어렵다.
⑤ 경화(굳는 과정)에 시간이 걸려 시공 기간이 길어진다.
⑥ 제조 공정상 품질 유지가 어려운 경우가 많다.

(4) 굳지 않은 콘크리트의 성질

구분	내용
반죽질기 (Consistency)	• 물의 양에 따른 콘크리트의 유동성(흐름성) 정도 • 반죽의 되고 진 정도
시공연도 (Workability)	• 반죽질기에 따른 작업 난이도와 재료분리에 저항하는 정도 • 콘크리트의 시공성을 나타내며, 내구성과 품질에 영향을 미침
가소성 (Plasticity)	거푸집에 쉽게 채워지고, 거푸집 제거 시 형태를 유지하면서 쉽게 허물어지지 않는 성질
마감성 (Finishability)	굵은 골재의 최대치수, 잔골재율, 잔골재의 입도, 반죽질기 등에 따르는 마무리하기 쉬운 정도
블리딩 (Bleeding)	• 콘크리트 타설 후 물이 위로 솟아오르는 현상 • 블리딩이 심하면 강도와 내구성이 저하되므로 혼화재를 사용하거나 수량 조절이 필요 ※ 물과 함께 올라오는 회백색 물질을 레이턴스(Laitance)라고 함

(5) 굳은 콘크리트의 성질

① 압축강도: 외부의 압축력에 견디는 정도를 말한다. 콘크리트 압축강도는 물시멘트비(W/C), 시멘트의 종류, 배합비, 양생 조건, 공기량, 혼화재 등의 영향을 받는다.

② 내구성: 콘크리트가 굳은 후 외부 손상에 대한 저항성을 나타내며 압축강도와 밀접한 관련이 있다.

(6) 콘크리트 배합

① 배합비: 콘크리트를 만드는 데 필요한 시멘트, 잔골재, 굵은 골재의 혼합비율을 말한다.

② 배합비에 따른 용도

시멘트 : 잔골재 : 굵은 골재	용도
1 : 2 : 4	큰 압축력의 철근콘크리트
1 : 3 : 6	무근 콘크리트 타설
1 : 4 : 8	하중이 거의 없는 곳

+ TIP 벽돌쌓기용 모르타르 배합비

시멘트 : 잔골재	용도
1 : 1	치장줄눈용
1 : 2	아치용
1 : 3	조적용

> **+TIP 물시멘트비(W/C)**
>
> 시멘트 무게에 대한 물 무게의 비율(%)로, 콘크리트 강도에 영향을 주며 물시멘트비가 클수록 강도는 낮아진다.
>
> $$물시멘트비(W/C) = \frac{물의\ 중량}{시멘트의\ 중량} \times 100(\%)$$

(7) 배합비 표시법

구분	내용
무게 배합	콘크리트 1m³ 배합 시 소요되는 각 재료를 무게로 표시
절대 용적 배합	콘크리트 1m³ 배합 시 소요되는 각 재료를 절대 용적(부피)으로 표시
표준계량 용적 배합	콘크리트 1m³ 배합 시 소요되는 각 재료를 표준계량 용적으로 표시 (시멘트는 1,500kg을 1m³로 계산)
현장계량 용적 배합	콘크리트 1m³ 배합 시 소요되는 시멘트는 포대 수, 골재는 현장에서 계량한 용적으로 표시

(8) 주요 혼화재료

혼화재료란 콘크리트의 성능 개선 또는 특별한 품질을 부여하기 위한 첨가제를 말한다.

① 혼화제: 시멘트 중량의 1% 이하로, 배합설계 시 용적을 고려하지 않는다.

종류	특성
AE제(공기연행제)	• 작업성능(워커빌리티)이나 동결융해 저항성능의 향상 • 강도 저하의 우려
(응결) 촉진제	조기 강도를 확보
(응결) 지연제	운반 거리가 먼 레미콘이나 무더운 여름철 콘크리트의 시공에 사용
감수제	• 감수효과와 강도의 증가 • 내구성 및 워커빌리티를 향상

② 혼화재: 시멘트 중량의 5% 이상으로, 배합설계 시 용적을 고려한다.

종류	특성
고로슬래그	수밀성 향상, 혼합 및 분산성이 우수, 철근부식 억제 효과
실리카흄	고강도 콘크리트 제조용으로 사용
플라이애시	• 비중이 작고, 입자는 구형이며 조직이 매끄러워 단위수량을 감소시킴 • 이산화규소 함유율이 많은 비결정질 재료 • 재료분리 감소 • 고강도 콘크리트 제조용으로 사용
포졸란	• 실리카질 물질을 주성분으로 하며 시멘트의 수화에 의한 수산화칼슘과 상온에서 서서히 반응하여 불용성의 화합물을 만듦 • 시공연도를 좋게 하고 블리딩과 재료분리 현상을 저감시킴 • 발열량이 적고, 수밀성이 크며, 화학저항성이 커짐

(9) 콘크리트 슬럼프(Slump)시험
　① 콘크리트의 반죽질기(Consistency)를 측정하는 시험으로, 콘크리트 치기작업의 난이도(시공성)를 판단할 수 있다.
　② 측정 순서: 시료 채취 → 콘(Cone)에 채우기 → 다지기 → 상단 고르기 → 콘 벗기기 → 슬럼프 값 측정
　③ 슬럼프값: 원뿔 모양의 틀에 콘크리트를 채우고 다진 뒤 틀을 들어 올린 후 내려앉은 길이이다.
　④ 현장 반입 시 필수 시험 항목이다.

▲ 슬럼프 시험

3 마감재료

1. 점토 및 벽돌

(1) 점토의 성질
　① 개요: 점토는 암석이 오랜 시간 동안 풍화·분해되어 생긴 0.01mm 이하의 미세입자 또는 분말 형태의 규산염(규소를 주성분으로 하는 화합물)을 주성분으로 하는 흙 모양의 혼합체이다.
　　㉠ 습윤 상태에서는 가소성(모양을 자유롭게 바꿀 수 있는 성질)을 띄고, 건조 상태에서는 강성(단단한 성질)을 가지며, 고온에서 구우면 단단해져 물에 젖어도 흐무러지지 않는다.
　　㉡ 아름다운 색이나 광택을 지닌 것은 간막이나 소규모 구조물에도 사용하고, 내화재, 지붕재, 설비재, 장식 및 마감재로 활용된다.
　② 구성 성분: 주성분은 규산(50~70%)과 알루미나(15~36%)이며, 그 밖에 산화철, 산화칼슘, 산화마그네슘, 산화칼륨, 산화나트륨 등을 포함한다.

(2) 점토 제품

① 분류 및 특성

분류	소성 온도(℃)	특징	용도
토기	800~1,000	• 흙을 사용 • 불투명한 회색·갈색 • 흡수성 크고 깨지기 쉬움	기와, 벽돌, 토관 등
석기	1,000~1,300	• 양질의 점토를 사용 • 유약칠 가능 • 흡수성 거의 없음, 강도·경도 큼 • 바탕은 불투명하고 색이 있으며, 두드리면 맑은 소리가 남	바닥 타일, 경질기와, 도관 등
도기	1,100~1,250	• 도토(도기용 점토)를 사용 • 백색 또는 불투명 바탕 • 흡수성을 막기 위해 유약 처리가 필요	타일, 위생도기 등
자기	1,250~1,435	• 도토 또는 자토(자기용 점토)를 사용 • 투명한 백색 바탕 • 흡수성 거의 없고, 강도와 경도가 가장 큼 • 투명한 유약을 칠해 구움	자기질 타일 등

② 종류

㉠ 벽돌: 고대 이집트와 바빌론에서는 햇볕에 말려 구운 천일건조 벽돌을 사용하였고, 로마시대에는 소성벽돌이 보급되어 아치(Arch), 볼트(Vault), 돔(Dome) 등 다양한 벽돌구조가 발달하였다. 한국과 중국에서는 전(磚)이라고 부르는 흑색 소성벽돌을 사용하여 수원성과 만리장성 등을 축조하였다.

• 보통벽돌: KS L 4201에서 길이 190×너비 90×두께 57mm를 표준크기로 규정하고, 줄눈 두께는 가로·세로 각 10mm로 한다.
• 이형벽돌: 특수 용도에 사용하기 위하여 처음부터 특정 형태로 만들어져 나오는 벽돌을 말한다.
• 특수벽돌

구분	특징
공동벽돌	• 속이 빈 구조 • 구멍 수에 따라 1~4공형
다공질벽돌	• 점토에 톱밥 등 유기질 가루를 혼합하여 성형·소성한 것 • 가볍고, 단열 및 방음성이 있으나 강도가 약함
내화벽돌	용광로, 가마, 굴뚝 등 높은 온도를 필요로 하는 장소에 쓰이는 벽돌

+TIP 벽돌 마름질

온장(전체 벽돌)을 기본으로 하지만, 용도에 따라 절단 가공하여 사용할 수 있다.

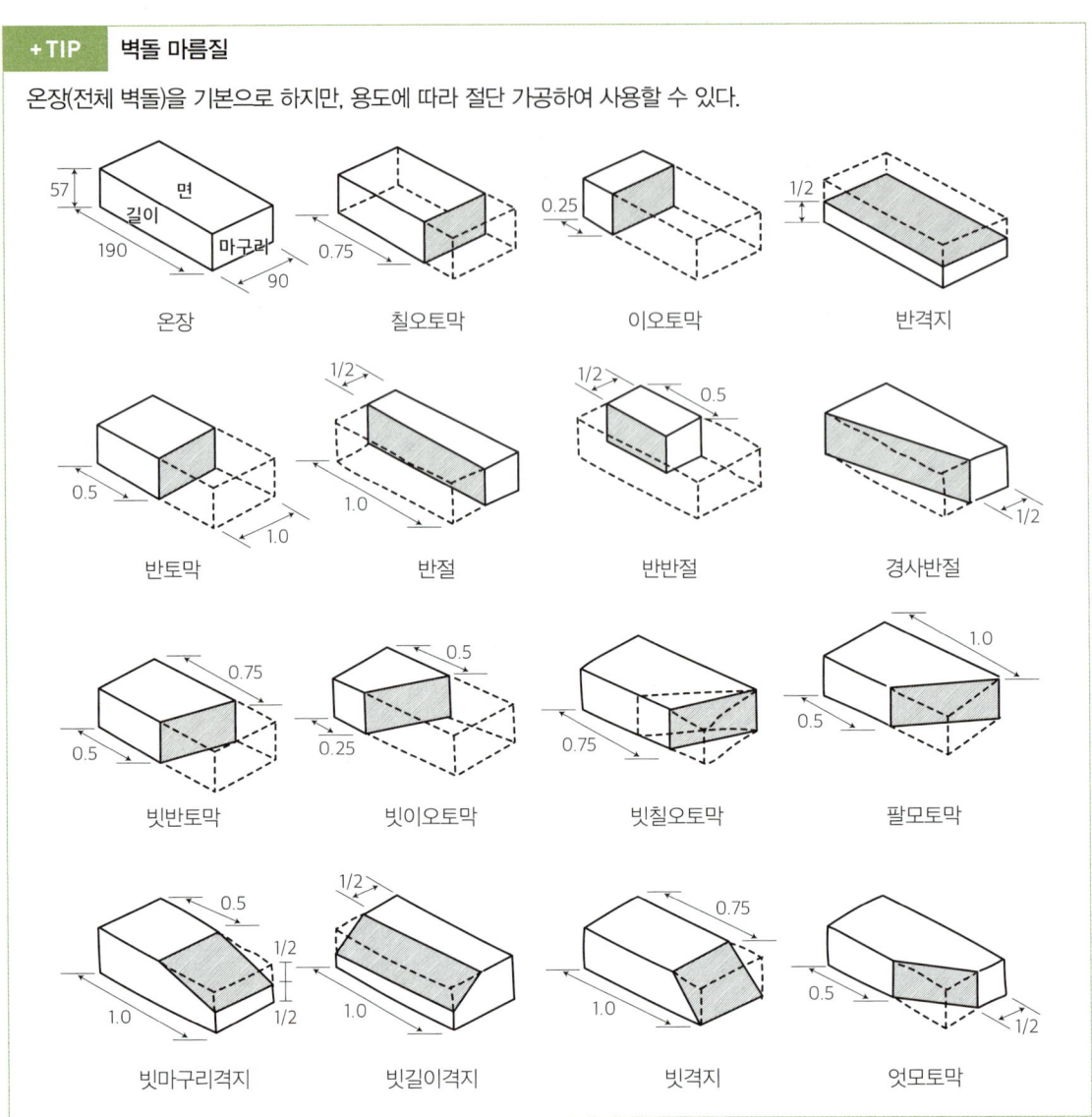

ⓒ 타일: 양질의 점토에 장석, 규석, 석회석 등의 가루를 배합하여 성형하고 유약 처리 후 1,100~1,400℃로 소성한 제품이다.

종류	• 재료의 질: 자기질, 석기질, 도기질 • 용도: 내장타일, 외장타일, 바닥타일, 모자이크타일 등
특징	• 내수성, 방화성, 내마모성, 청결성 우수 • 질감, 색조 등이 다양 • 건축, 조경의 마무리 재료로 활용

+TIP **백화(白華)현상**

타일 뒷면에 침투한 물이 모르타르의 석회를 용해해 수산화석회를 생성하고, 이것이 벽의 외부로 표출되어 공기 중의 이산화탄소와 반응해 석회석이 되면서 타일 표면에 흰 얼룩이 생기는 현상이다.

　ⓒ 테라코타: 자토(磁土)를 반죽해 조각 틀에 넣고 소성한 속이 빈 대형 점토제품으로, 석재 조각물 대용으로 사용한다.
　② 토관: 질 낮은 점토를 1,000℃ 이하에서 소성하여 만든 관이다. 유약을 칠한 것을 오지토관이라 하고 배수용, 하수도용으로 사용한다.
　◎ 도관: 양질의 점토에 유약을 칠해 1,000℃ 이상에서 구워낸 관이다. 흡수성이 낮고 강도가 높아 급수용 및 케이블용으로 사용한다.
　⊎ 위생도기: 욕조, 세면기, 대소변기, 세척기 등 화장실용 기구에 사용한다.

2. 합성수지

(1) 개요

플라스틱은 열이나 압력으로 성형할 수 있는 고분자 화합물로, 천연수지와 합성수지를 포함한다. 특히 합성수지는 가볍고 단단하며 성형과 착색이 자유롭고 내수성, 접착성, 절연성이 뛰어나다. 반면, 변형이나 변색이 잘 일어나고 내열성, 내후성, 내마모성이 다소 떨어진다.

① 플라스틱(Plastic): 특정 온도 범위에서 가소성(Plasticity, 쉽게 변형되고 원래 상태로 돌아오지 않는 성질)을 유지하는 고분자 화합물이다.
② 합성수지(Synthetic resins): 석탄, 석유, 유지, 녹말, 섬유소, 고무 등을 원료로 인공적으로 합성한 고분자 화합물이다. 가소성이 풍부해 일반적으로 플라스틱과 동일한 의미로 사용된다.

(2) 장단점

① 장점
　㉠ 낮은 비중과 높은 강도: 비중은 0.9~2.0으로 목재보다는 무겁지만 철이나 콘크리트보다 가볍다. 단위 무게당 강도는 2.2로 매우 높다.
　㉡ 뛰어난 가공성: 저온에서도 가공이 가능하고 치수나 형태에 제약 없이 성형이 용이하며 절단이나 천공(구멍 뚫기)이 쉽다.
　㉢ 내수성과 내투습성: 우수하여 방수용 피막재로 적합하다.
　㉣ 내약품성: 산, 알칼리, 염류, 가스 등에 저항성이 강하다.
　㉤ 자유로운 착색과 높은 투명도: 기본적으로 투명하거나 백색으로, 염료나 안료를 첨가해 다양한 색상 구현이 가능하다.
　㉥ 접착성: 플라스틱 간 또는 다른 재료와의 접착이 용이하다.
　㉦ 전기절연성: 양호하여 절연재료로 사용한다.

② 단점
  ㉠ 강도와 탄성계수 부족: 압축강도 외의 다른 강도와 탄성은 약해 부러지거나 변형되기 쉽다. 강도 보강을 위해 섬유를 혼합한 강화 플라스틱을 사용하기도 한다.
  ㉡ 낮은 내열성과 내후성: 열가소성 수지는 60~80℃, 열경화성 수지는 130~200℃에서 연화되며, 자외선에 의해 열화현상을 일으키고, 햇빛이나 빗물에 의해 변색될 수 있다.
  ㉢ 열에 의한 팽창과 수축: 열에 의한 변형이 크고, 열팽창계수가 온도변화에 따라 달라진다.
  ㉣ 약한 내마모성과 표면강도: 플라스틱보다 경도가 강한 재료에 쉽게 마모되며, 날카로운 물체에 긁히기 쉽고 흠집이 난 부분은 오염에 취약하다.
  ㉤ 배합 방식에 따라 종류가 매우 다양하여 각 제품의 특성 파악이 쉽지 않다.

(3) 종류

구분	내용
열가소성 수지 (Thermoplastic resin)	• 열을 가하면 연화되거나 녹았다가 식으면 다시 굳는 수지(반복 가능) • 2차 성형이 가능하고 투광성이 뛰어나며, 주로 마감재로 사용됨 • 강도와 연화점이 낮아 구조재로는 부적합 • 종류: 염화비닐수지, 아크릴수지, 폴리스티렌수지, 폴리에틸렌수지 등
열경화성 수지 (Thermosetting resin)	• 열을 가한 후 굳으면 다시 연화되지 않는 수지 • 내후성이 우수하고, 강도와 열경화점이 높음 • 유리섬유 등과 혼합해 구조적 약점 보강 가능 • 가격이 비싸고 성형이 어려움 • 종류: 페놀수지, 요소수지, 멜라민수지, 실리콘수지, 에폭시수지, 우레탄수지 등
섬유소계 수지 (Cellulosic resin)	식물성 고분자인 섬유소(Cellulose)를 질산·초산 등으로 화학 처리해 만든 것으로, 반합성 플라스틱에 해당함

① 주요 열가소성 수지

종류	특성	용도
염화비닐수지	• 강도, 전기절연성, 내약품성이 양호 • 가소재에 의해 유연고무와 같은 품질이 되며 고온, 저온에 약함	바닥용 타일, 시트, 조인트 재료, 파이프, 접착제, 도료, 비닐포, 비닐망, 튜브, 물받이통
아크릴수지	• 투명도가 높아 유기유리라고도 함 • 착색이 자유롭고 내충격 강도가 큼	채광판, 도어판, 칸막이벽

② 주요 열경화성 수지

종류	특성	용도
페놀수지	• 내산성, 전기 절연성, 내약품성, 내수성이 우수 • 내알칼리성이 약함	내수합판, 접착제
요소수지	경질이고 내수성이 약함	합판 접착제, 성형재료, 가구 마감재
멜라민수지	요소수지와 같으나 경도가 큼	식기류, 마감재
실리콘수지	내수성, 내열성, 내후성, 전기 절연성이 우수	방수제, 도료, 접착제
에폭시수지	접착력이 매우 우수	접착제
우레탄수지	탄력성, 내마모성, 내충격성, 접착성이 우수	도료, 접착제, 단열재

3. 도장 재료

(1) 개요

도장 재료는 물체 표면에 칠하여 부식을 방지하고 표면을 보호하며, 광택, 색채, 무늬를 더해 미관을 높이는 재료이다.

(2) 종류 및 특성

① 페인트: 도료 전반을 지칭하나, 좁게는 유성 도료를 의미한다.

㉠ 유성 페인트
- 아마인유 등의 건성유에 안료와 건조제, 용제를 혼합한 전통 도료이다.
- 값이 싸고 밀착성·내후성이 좋으나, 건조가 느리고 경도·광택·내화학성이 낮음

㉡ 수성 페인트: 물을 용제로 하는 도료로서 다음의 3가지 종류가 있다.
- 광물성 가루 + 안료 + 수용성 물질: 값이 저렴하지만 내수성이 나쁘고 쉽게 벗겨진다. 천장, 거실, 사무실 등 습기가 없는 곳에 사용한다.
- 시멘트질 수성 페인트: 내수성과 접착력이 우수하여 실내외를 가리지 않고 널리 사용한다.
- 에멀션(Emulsion)형: 건성유, 아크릴산 등과 유화제를 혼합한 것으로, 광택이 없는 도막을 형성한다. 실내외에 널리 사용하며 특히 시멘트 모르타르나 콘크리트 바탕에 도장하기 좋다.

㉢ 수지성 페인트
- 합성수지(염화비닐수지, 초산비닐수지, 요소수지, 멜라민수지 등)와 휘발성 용제를 주원료로 하는 도료이다.
- 내산성, 내알칼리성, 광택, 건조성이 우수하다.
- 콘크리트, 녹막이 및 방수용으로 사용한다.

ⓔ 특수 유성페인트
- 녹막이페인트: 금속 표면의 녹 방지용으로 사용한다.
- 알루미늄페인트: 광선이나 열선을 반사하고 열을 차단하는 효과가 있어 항공기, 난방기구 및 내열·방수·녹막이 도장에 널리 사용한다.
- 에나멜페인트: 유성니스에 안료를 혼합한 것으로, 색이 선명하고 광택이 좋다.

② 니스: 유성페인트에 안료 대신 수지를 전색제에 혼합한 도료로, 바니시(Varnish)라고 한다.
  ㉠ 휘발성 니스: 천연수지 또는 합성수지를 용제에 녹인 것으로, 광택이 있고 값이 저렴하다. 건축물, 차량, 가구 등의 실내와 목재 도장에 주로 사용한다.
  ㉡ 천연수지성 니스: 래커라고도 하며, 원료는 래크벌레의 분비물을 녹인 것이다. 착색하지 않을 곳 또는 목재에 주로 도포한다.
  ㉢ 합성수지성 니스: 역청물질이나 합성수지를 휘발성 용제에 녹인 것으로, 역청질 니스를 흑니스, 합성수지 니스를 라카(Lacquer)라고 한다. 건조가 빠르므로 주로 스프레이로 사용한다.
  ㉣ 유성 니스: 코펄(Copal)과 페놀수지 등을 건성유와 함께 280℃로 가열 처리한 것에 용제를 녹인 것이다. 광택이 있고 투명하며 단단한 도막을 만들지만, 내화학성이 나쁘고 시간이 변하면 누렇게 변색되는 단점이 있다.

③ 옻: 옻나무에서 추출한 분비물이다. 내산성·내구성·내열성·전기절연성이 우수하지만, 직사일광에 약하고 내알칼리성이 부족하다. 장식용 칠에 주로 사용한다.

④ 감즙: 감의 타닌 성분이 굳으면 내구성·방수성이 생긴다.

⑤ 퍼티: 유지 혹은 수지와 탄산칼슘, 연백, 티탄백 등의 충전재를 혼합하여 만든 것이다. 창유리를 끼울 때 주로 사용하며 도장공사의 바탕을 고르는 데에도 사용한다.

⑥ 유성 코킹재: 천연 혹은 합성된 유지·수지와 석면·탄산칼슘 등을 혼합하여 만든 것으로, 샛시 주위의 균열 보수와 줄눈 등의 틈을 메우는 데에 사용한다.

⑦ 합성수지 코킹재: 폴리술파이드, 실리콘, 폴리우레탄 등의 합성수지에 충전제와 경화제를 혼합하여 만든 것이다. 유성 코킹재와 같은 용도로 쓰이나 접착성과 탄성이 더 우수하다.

4. 미장재료

(1) 개요

미장재료는 건축물의 내외벽, 바닥, 천장 등에 적당한 두께로 발라서 미관을 좋게 하고 보온, 방습, 방음, 내화, 내마모(마모에 견딤) 등의 기능을 부여하는 재료이다. 도장재료와의 차이점은 도장재료는 얇게 칠하는 반면, 미장재료는 일정한 두께로 바른다는 점이다.

(2) 시멘트 모르타르

시멘트를 고결재로 하고 모래를 골재로 하여, 이를 혼합하고 물 반죽하여 쓰는 미장재료이다. 다른 재료보다 내구성과 강도가 크며 가장 널리 쓰이고 있다.

종류	주요 성분 및 특징	용도
일반 시멘트 모르타르	포틀랜드 시멘트와 가는 모래를 혼합하여 반죽한 것	• 벽돌·블록·돌 쌓기 • 벽 및 바닥의 타일·석판 부착용 바탕 처리 • 페인트 및 벽지 바탕 처리
방수 시멘트 모르타르	시멘트 모르타르에 방수제인 염화칼슘이나 물유리·규산질 광물가루 등을 섞어 만든 것	외벽의 간단한 방수공사
경량 시멘트 모르타르	시멘트 모르타르의 골재에 비중이 작은 모래를 쓰거나 발포제를 혼합하여 가볍게 한 것	보온성, 흡음성
백색 시멘트 모르타르	백색 포틀랜드 시멘트를 사용한 것으로, 안료를 섞어 다양한 색채를 띠게 할 수 있음	• 백색 타일의 줄눈 • 인조석 바름

(3) 기타 미장재료

종류	특징 및 용도
마그네시아 시멘트	• 산화마그네슘(MgO) + 염화마그네슘($MgCl_2$) 수용액을 혼합해 경화 • 바닥 미장에 사용
벽토	• 논흙 또는 밭흙 + 모래(제점제, 끈적임 방지) + 짚여물(결합제) + 물로 반죽한 것 • 벽체 마감에 사용
석회	• 천연 석회나 조개껍질을 구워 만든 것 • 석회석의 주성분인 탄산칼슘($CaCO_3$)을 900~1,300℃ 정도로 가열하면 산화칼슘(CaO)을 주성분으로 하는 생석회가 생성 • 미장재로 사용
회반죽	• 소석회 + 모래 + 해초 + 여물 등을 혼합한 미장재료 • 연약하지만 내수성이 큼 • 목조·콘크리트블록·벽돌바탕에 사용
석고	• 위생도기나 테라코타 등의 원형 제조에 사용 • 석고플라스터, 석고판, 석고타일, 석고블록, 석고벽돌, 석고시멘트 등의 제조에 사용

SUBJECT 04 조경시공

01 시공계획

KEYWORD 건설산업, 공사발주, 계약, 입찰방식, 공사원가, 공사관리, 공정표

1 건설공사와 계약

1. 건설산업

(1) 정의

건설산업은 서비스업의 한 분야로, 그 종류와 면허 기준 및 건설공사의 도급(계약에 따라 일정 금액으로 공사를 맡기는 일)과 시공 기술 관리 등에 관한 사항은 건설산업기본법에 규정되어 있다.

(2) 종류

건설산업은 다음 두 가지로 구분하며, 각 업종별로 기술 능력, 자본금, 시설, 장비 등의 요건을 갖춘 뒤 국토교통부장관에게 신청하고 등록하여야 한다.

① 건설업: 건설공사를 하는 업을 말한다.
② 건설용역업: 건설공사에 관한 조사·설계·감리·사업관리·유지관리 등 건설공사와 관련된 용역을 하는 업을 말한다.

(3) 건설업의 종류

① 종합건설업: 종합적인 계획·관리 및 조정에 따라 시설물을 시공하는 건설업(토목공사업, 건축공사업, 토목건축공사업, 산업·환경설비공사업, 조경공사업의 5종)
② 전문건설업: 시설물의 일부 또는 전문분야에 관한 공사를 시공하는 건설업(조경식재·시설물공사업을 포함한 15개 업종)

2. 건설공사의 발주와 입찰

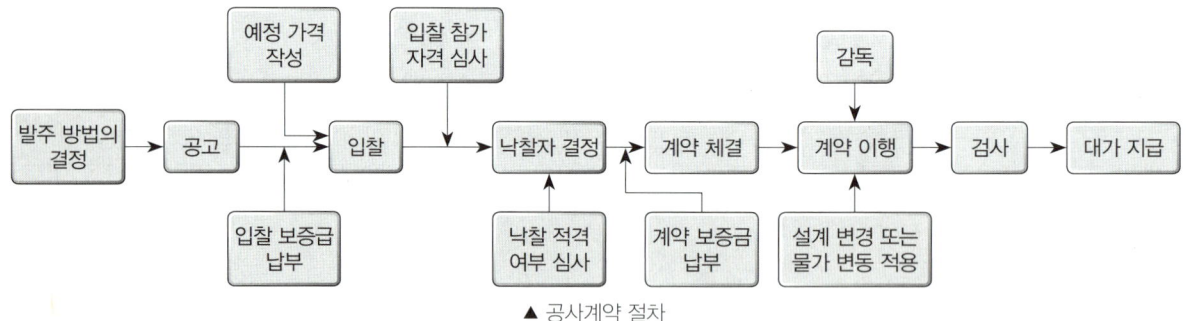

▲ 공사계약 절차

(1) 공사계약의 성립

건설공사는 공사계약 체결에 따라 업무가 개시된다. 공사계약은 발주자(발주를 요청하는 자)와 수급인(도급을 수행하는 자)이 서로의 의사표시를 합의함으로써 성립하며, 정부 발주 공사인 경우 <국가를 당사자로 하는 계약에 관한 법률> 규정에 따른다.

(2) 공사발주 방법

① 직영방식: 발주자가 직접 계획하여 자신의 책임 아래 자재 구매를 비롯해 근로자 고용과 가설재(임시 구조물) 및 시공 장비 등을 동원해 공사를 수행(공사계약 불필요)하는 방식이다.
  ㉠ 장점: 입찰, 계약, 감독 등 복잡한 절차와 경쟁에 따른 폐단을 막고 공사비를 절감할 수 있다.
  ㉡ 단점: 경험과 전문성 부족으로 공사 지연의 우려가 있다.

② 도급방식(도급계약): 발주자가 건설업자(도급자)와 계약을 체결하고, 도급자는 설계도서대로 일정 기간 안에 공사를 완성하는 방식이다.
  ㉠ 일괄도급: 전체 공사를 하나의 도급자에게 일괄 발주
  ㉡ 공동도급: 2인 이상이 공동으로 도급받는 방식
  ㉢ 분할도급: 전체 공사를 공정별, 공구별 등 여러 가지 유형으로 나누어 발주

> **+TIP** 공사발주 관련 주요 용어
> - 발주: 공사계약을 위해 주문을 내는 것
> - 도급: 건설업자가 소정 금액과 기일 내에 건설공사의 완성을 약정하는 계약
> - 발주자: 건설공사를 건설업자에게 도급을 주는 자("갑")
> - 수급인: 발주자로부터 건설공사의 도급을 받은 건설업자("을")
> - 원도급(원청): 수급인이 발주자로부터 직접 도급받는 것
> - 하도급(하청): 수급인이 받은 공사의 일부 또는 전부를 제3의 건설업자와 계약하는 것

(3) 시공자 선정방법(입찰방식)

① 경쟁입찰: 발주자가 도급 희망자를 모집하고, 경쟁을 통해 가장 유리한 조건(최저가 등)을 제시하는 도급자를 낙찰자로 선정하는 방식이다.
  ㉠ 일반경쟁입찰: 관보, 신문, 게시 등을 통해 일정 자격을 가진 불특정 다수를 입찰에 참가하도록 하고 가장 유리한 조건을 제시한 자를 선정하여 계약을 체결하는 방식이다.
    - 장점: (발주자)공사비 절감, (도급자)기회 균등 제공
    - 단점: 낙찰자의 신용이나 기술 능력이 불확실하여 부실 시공이 우려됨
  ㉡ 지명경쟁입찰: 자금력·신용 등을 통해 몇 개의 적격 후보를 지명하고 입찰방법에 의해 낙찰자를 선정하여 계약을 체결하는 방식이다.
    - 장점: 자격 미달자 배제 가능
    - 단점: 담합이나 특혜 시비의 우려가 있음
  ㉢ 제한경쟁입찰: 대형공사나 첨단공법이 필요한 사업(예정가 50억 원 이상 대규모 공사 중 첨단공법이 필요한 14개 공종)에 적합한 방식으로, 일반경쟁입찰과 지명경쟁입찰의 장점을 절충한 형태이다.

ⓔ 제한적 평균가 낙찰제(부찰제): 예정가의 85% 이상으로 응찰한 자(낙찰적격자)가 1인일 경우 그를 낙찰자로 하고, 2인 이상인 경우 낙찰적격자의 평균가 바로 아래 금액으로 응찰한 자를 낙찰자로 선정하는 방식이다. 최저가로 인한 과도한 경쟁과 덤핑을 방지하는 동시에 유리한 가격 조건 확보가 가능하다.

ⓜ 대안입찰: 원안 설계와 함께 대체 가능한 공종에 대해 입찰자의 능력에 따라 대안을 제출할 수 있도록 허용하는 입찰방식이다.

ⓗ 설계·시공 일괄입찰(Turn-key 방식): 설계부터 시공, 감리까지 일체를 포함한 입찰방식이다. 응찰자는 발주자가 제시하는 공사의 기본계획 및 지침에 따라 그 공사의 설계서와 기타 시공에 필요한 도서를 작성하여 입찰서류와 함께 제출하여 심사를 받는다.

② 수의(隨意)계약: 경쟁입찰이 불가능하거나 특수한 사정으로 부득이할 경우 발주자가 적합한 자를 임의로 지정하여 입찰시키는 방식이다.

㉠ 특명입찰: 특정인을 도급자로 지정하여 계약을 체결하는 방식이다.
㉡ 견적내기: 특정 2~3인을 지정하여 견적서를 제출하게 하고 그중 도급자를 선정하는 방식이다.

3. 공사원가 산정

(1) 공사비 구성 항목

공사비는 크게 재료비·노무비·경비 3부분으로 구성되는데, 이들을 순공사원가라 한다. 여기에 일반관리비와 이윤 및 세금을 더하면 총공사원가가 된다. 공사비 작성은 기획재정부의 <국가를 당사자로 하는 계약에 관한 법률>과 <국가회계기준에 관한 규칙>, 국토교통부 <건설공사 표준품셈> 및 대한건설협회 고시 <노임단가기준>에 따른다.

(2) 공사비 구성

총공사원가	순공사원가	• 재료비: 시공에 필요한 자재 구입비 • 노무비: 현장 근로자 인건비 • 경비: 재료비, 노무비를 제외한 기타 비용
	• 일반관리비: 기업 운영을 위한 사무실 관리비, 인건비 등 • 이윤: 시공업체의 이익 • 세금: 부가가치세, 지방세 등	

① 순공사원가: 재료비 + 노무비 + 경비
② 총공사원가: 재료비 + 노무비 + 경비 + 일반관리비 + 이윤 + 세금

③ 경비: 재료비와 노무비를 제외한 기타 비용으로서 23가지 항목으로 구성되며, 기업 유지를 위해 지출되는 일반관리비와는 구분한다.

• 전력비·수도광열비	• 운반비	• 기계경비
• 가설비	• 특허권 사용료	• 기술료
• 품질관리비	• 안전관리비	• 보험료
• 외주가공비	• 지급임차료	• 보관비
• 연구개발비	• 복리후생비	• 소모품비
• 여비·교통비·통신비	• 세금·공과금	• 폐기물처리비
• 도서·인쇄비	• 지급수수료	• 환경보전비
• 보상비	• 기타 법정비용	

(3) **수량 산출**

수량 산출은 시공현장에서 소요되는 재료의 물량을 집계하는 것으로, 적산 업무의 첫 단계이자 총공사비 산정에서 가장 중요한 과정이다. 정확한 수량 산출을 위해서는 설계도에 그려진 설계 내용의 구조적인 이해가 요구된다.

① 설계수량: 실시설계 및 상세도에 표시된 재질 및 치수로 산출한 수량이다.
② 계획수량: 도면에는 없지만 현장 조건에 따라 시공계획 수립 시 소요되는 수량이다.
③ 소요수량: 설계수량과 계획수량에 운반, 저장, 가공 및 시공과정에서 발생하는 예상 손실량(할증)을 더한 수량이다.

> **+TIP 할증**
> • 재료 할증: 할증률은 재료와 공종에 따라 다르며, 품셈에 정해진 값을 적용한다.
> • 노임 할증: 근로기준법과 산업안전보건법 규정에 따라 적용한다.
>   − 기준 근로시간: 1일 8시간·주 40시간 기준
>   − 휴게시간: 4시간 근무 시 30분, 8시간 근무 시 1시간 이상 제공
>   − 야간(오후 10시~오전 6시) 및 휴일 근무 시 통상임금의 50% 이상 할증
>   − 지하 및 유해·위험작업: 1일 6시간·주 34시간 기준, 시간 외 근무 시 통상노임의 50% 이상 할증
> • 품의 할증: 특수 근로조건의 경우 작업능률을 감안하여 할증률을 적용한다.
>   − 야간작업 및 군 작전지역 내 작업: 최대 20% 가산
>   − 본토에서 타견해야 하는 섬, 하루 20회 이상 이착륙하는 공항, 도로 개설이 불가능한 산악지구: 최대 50% 가산
>   − 고소(高所)작업 할증
>   − 열차 통과에 따라 작업이 중단되는 경우, 열차 통과 빈도에 따라 할증

재료		할증률(%)	재료		할증률(%)
조경수목		10	블록	시멘트블록	4
				경계블록	3
				호안블록	5
잔디		10	기와		5
목재	각재	5	원형철근		5
	판재	10			
합판	일반용	3	이형철근		3
	수장용	5			
도료		2	강판		10
벽돌	붉은벽돌	3	강관, 소형형강, 봉강, 평강, 대강, 각 파이프, 리벳, 일반볼트		5
	내화벽돌	3			
	시멘트벽돌	5			
원석(마름돌용)		30	대형형강		7
석재판붙임용재	정형돌	10	레미콘	무근구조물	2
	부정형돌	30		철근·철골구조물	1

▲ 재료별 할증률

2 공사관리

1. 공사관리

(1) 개요

건설공사는 계약서에 정해진 공기(공사 기간) 내에 설계도서에 따른 품질을 갖추어 완성해야 한다. 이때 공사 품질을 유지하면서 계약 조건을 충족하고, 효율적이며 경제적인 시공을 위해 전체 공정을 계획·관리하는 기능이 필요하며, 이를 공사관리라 한다.

(2) 주요 내용

공사관리의 핵심 항목은 예산·회계관리(원가관리), 품질관리, 공정관리, 자재관리, 노무관리, 안전관리이다. 이 가운데 원가관리·품질관리·공정관리는 서로 밀접히 연관되어 있어 한 부분을 강화하면 다른 부분이 약화될 수 있으므로 공사관리 3대 목표라고 한다.

2. 공정표

(1) 개요

전체 공정을 공기 내에 완료하기 위해 각 부분 공사의 시공 순서와 기간을 도식화한 도구를 공정표라 하며, 대표적으로 횡선식 공정표(Bar chart), 기성고 공정곡선, 네트워크 공정표(Network chart)가 있다.

(2) 공정표 종류

① 횡선식 공정표

㉠ 정의: 제1차 세계대전 중 미 육군의 무기 생산 효율화를 위해 Henry L. Gantt가 고안한 차트를 개량한 것으로, 가장 일반적인 공정표이다.

㉡ 작성 방법
- 전체 공사의 모든 부분 공사를 세로축에 나열한다.
- 이용 가능한 공기를 가로축에 표시한다.
- 각 부분 공사의 소요 기간을 산정한다.
- 공기 내에 전체 공사를 완성할 수 있도록 각 부분 공사의 소요되는 공기를 도표 위에 모두 표시한다.

㉢ 특성
- 장점: 작성이 쉽고 이해하기 편리하며 전체 상황을 한눈에 파악할 수 있다.
- 단점: 세부 공정 간 상호 관계를 파악하기 어려워 복합 공정이나 대형 공사에는 부적합하다.

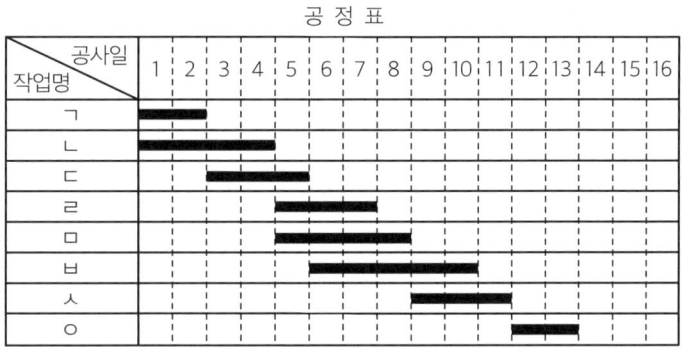

▲ 횡선식 공정표

② 기성고 공정곡선

㉠ 정의: 횡선식 공정표만으로는 공정 변화나 진도를 파악하기 어려워, 매일의 공사 실적을 누계 곡선 형태로 표시해 예정선과 실행선을 비교하는 방법이다.

㉡ 작성 방법
- 횡선식 공정표를 우선 작성한다.
- 각 부분 공사의 예정 공정곡선을 작성한다.(가로축: 공사 기간, 세로축: 공사비 또는 전체 공사량 대비 비율(%))
- 부분 공사 곡선을 합산해 전체 공정 예정 곡선을 작성한다.
- 매일 실제 공사 실적을 합산해 실행 곡선을 작성하고 계획선과 비교한다.

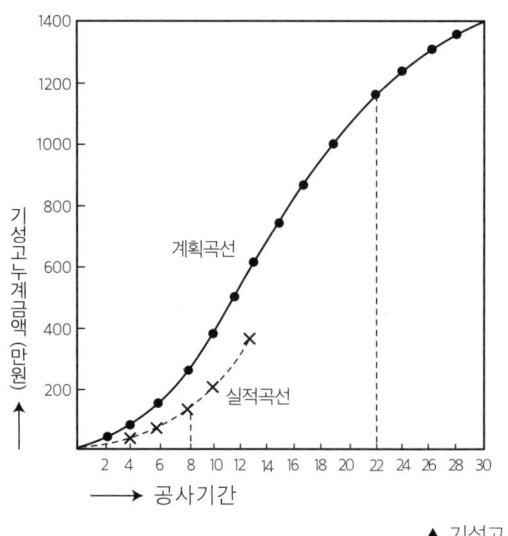
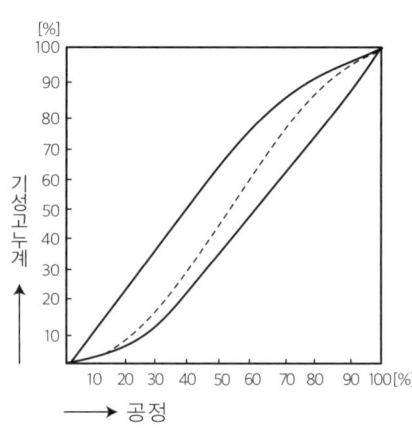

▲ 기성고 공정곡선

ⓒ 특성
- 초기에는 작업 준비 때문에 진척도가 낮다가, 중간 단계에 급격히 증가하고, 마무리 단계에서 다시 완만해지는 S자 곡선을 그리는 것이 일반적이다.
- 계획선 상하로 허용 한계선(바나나 곡선)을 그려 안전 구역 내에 실행선이 있도록 관리해야 한다. 위의 오른쪽 그림을 예로 들면, 전체 일정의 30% 시점에서 허용 진척률은 11~38%이며, 실제 진척률이 11% 이하로 떨어지거나 38%를 초과하면 공사 진행에 문제가 있으므로 즉각적인 대응이 필요하다.

③ 네트워크 공정표
  ㉠ 정의: 작업 공정을 원(○)과 화살표(→)로 연결해 망형(Network)으로 나타낸 도표로, 1957년 듀폰사에서 플랜트 공정 계획에 사용한 CPM(Critical Path Method)과 1958년 미 해군의 폴라리스 핵잠수함 개발에 적용한 PERT(Program Evaluation and Review Technique)를 통칭한다.
  ㉡ 특성
   - 장점: 프로젝트의 전체 및 부분 파악이 용이하며, 공사 통제 기능이 좋다. 또한 문제점의 사전 예측이 용이하며, 일정 변화에 탄력적으로 대체할 수 있다.
   - 단점: 표시상 제약으로 작업의 세분화 정도에는 한계가 있고 작성이 복잡하여, 경험이 적은 사람은 이용하기 어렵다.

> **+ TIP** 횡선식 공정표와 네트워크 공정표 비교

주안점 \ 구분	횡선식 공정표	네트워크 공정표(CPM/PERT)
형태	막대에 의한 진도관리	Network에 의한 종합관리
작업 선후관계	파악하기 어려움	명확하게 파악됨
중점관리	공기에 영향을 주는 작업의 발견이 어려움	공기와 관련된 중점작업을 최장경로(Critical Path)에 의해 발견
탄력성	일정의 변화에 손쉽게 대응하기 어려움	CP 및 여유공정을 파악하여 수시로 일정을 변경할 수 있고 전산화 용이
예측기능	문제점의 사전예측 불가능	정확한 일정과 자원배분에 의해 예측 가능
통제기능	미약	CP와 여유공정에 의해 공사통제 가능
최적안의 선택	최적안의 선택기능 없음	비용과 관련된 최적안 선택 가능

예) 도로공사 공정표

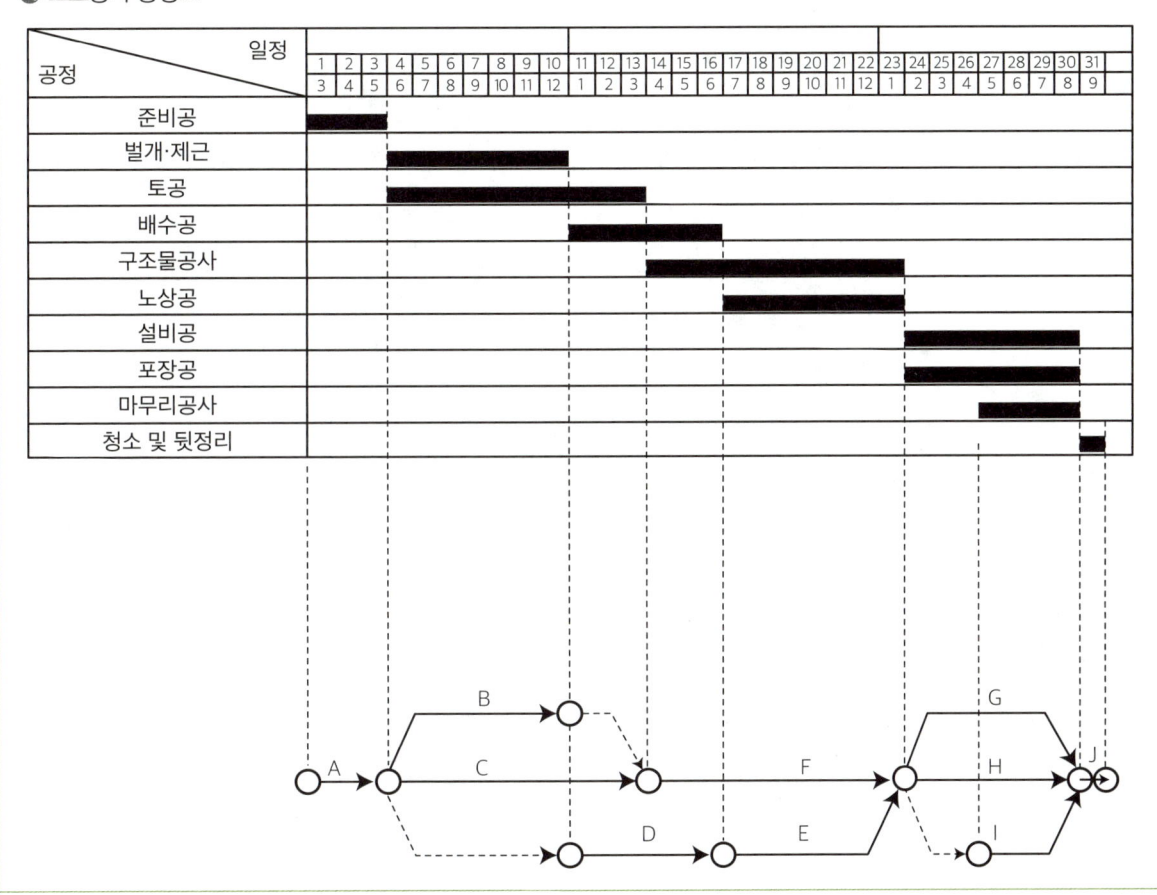

SUBJECT 04

조경시공
02 조경시설물공사

KEYWORD 토공사, 비탈면 안정공사, 포장공사, 기계시공, 평판측량, 자연석공사, 가공석 쌓기, 디딤돌, 징검돌, 조적공사, 콘크리트공사, 조경시설물공사

1 기반공사

1. 토공사

(1) 정의

토공사는 흙을 대상으로 하는 공사로, 크게 정지공사, 토양개량공사, 연약지반 개량공사로 구분할 수 있다. 본 교재에서는 정지공사와 관련된 흙의 이동 및 제거 과정을 다룬다.

(2) 정지(整地)공사

지반을 설계 도면의 계획고(지반 높이)에 맞추기 위해 흙을 깎아내는 절토작업과 흙을 쌓아 올리는 성토작업을 말한다.

① 절·성토 균형: 가능한 한 절토량과 성토량을 균형 있게 맞춰 환경적 변화를 최소화하며 경제성을 고려해야 한다.

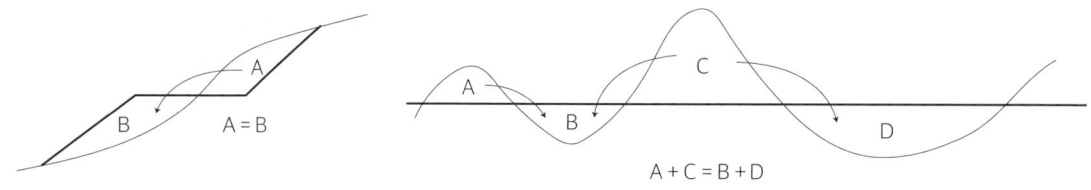

▲ 절·성토 균형의 예

② 토공사 안정과 안식각: 흙 자체 무게와 외부 압력으로 인해 비탈면이 붕괴되지 않도록, 최종 비탈면 경사를 흙의 안식각 이하로 유지해야 한다.

> **+TIP 안식각(安息角)**
>
> 흙을 높이 쌓으면 중력에 의해 흙이 미끄러져 내려와 경사면을 이루며 안정하게 되는데, 이때 경사면이 지면과 이루는 각도를 안식각(휴식각)이라고 한다.
>
>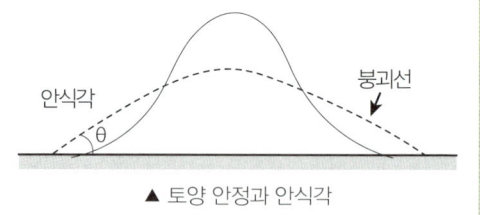
>
> ▲ 토양 안정과 안식각

③ 비탈면 경사 표시: 각도(°)나 백분율(수평 거리에 대한 수직 높이 비율) 외에 1 : 1 또는 1 : 1.5 와 같이 표현하며, 수직 높이를 1로 했을 때 수평 거리를 비율로 나타내고 1할 혹은 1할 5푼 등 으로 읽는다.

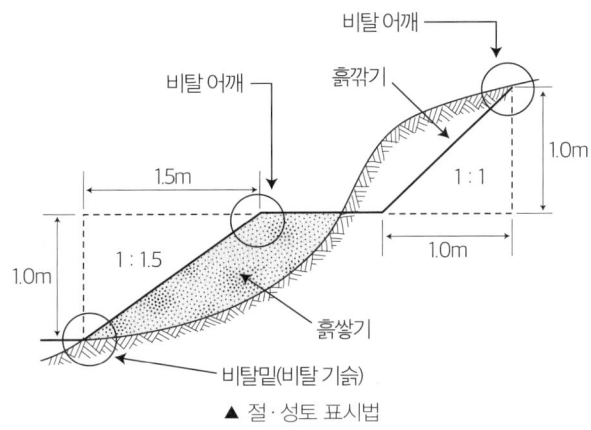

▲ 절·성토 표시법

(3) 절토(흙깎기)
① 기존 지반을 낮추거나 연못 조성 혹은 식재용 구덩이를 파는 등의 작업을 말한다.
② 가급적 안식각 이내로 하며, 보통 토질의 흙깎기 비탈면 경사는 약 1 : 1로 작업하며, 다음 그림 과 같은 순서로 작업한다.

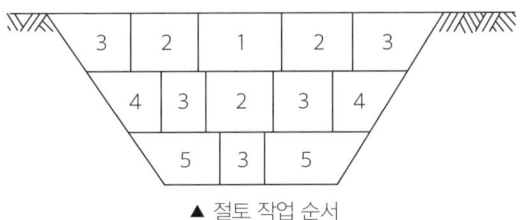

▲ 절토 작업 순서

(4) 성토(흙쌓기)
① 흙쌓기에 사용하는 흙은 충분히 다져서 붕괴를 방지할 수 있어야 하므로 보통 30~60cm 간격 으로 다진다. 과도한 다짐은 배수 불량을 초래할 수 있으므로 주의해야 한다.
② 설계 도면의 계획고를 유지하기 위해서는 여성토(더쌓기)를 실시하며, 흙쌓기 경사는 1 : 1.5로 한다.

(5) 마운딩(Mounding, 가산, 조산, 축산)
① 경관에 변화를 주거나, 방음·방풍·방설 효과를 위해 작은 둔덕을 쌓는 작업을 말한다.
② 흙쌓기 방법을 사용하며, 수목 식재와 병행 시 뿌리 활착에 방해되지 않도록 과도한 다짐을 피 한다.

2. 비탈면 안정공사

(1) 개요

① 비탈면은 인위적 성토비탈면·절토비탈면, 자연 경사면으로 나눌 수 있다. 비탈면 안정공사는 이러한 비탈면의 토사 유출, 붕괴, 암석 붕괴, 세굴(洗掘), 표면 침식 등을 방지하고, 경관적 가치를 높일 수 있다.

② 안정공사에는 식생 공법과 인공 구조물 공법이 있는데, 본 교재에서는 식생 공법을 다룬다.

(2) 파종 공법

공법		특징
직파공법		• 나지(흙이 드러난 땅) 비탈면을 정리한 후 종자를 직접 파종하여 지표식생을 조성하는 방법으로, 강우에 의한 유실의 우려가 크다. • 인공 사면보다는 자연 황폐지에 적합하다.
종자 뿜어올리기 공법	모르타르건	• 종자·비료·토양 등에 물을 섞어 곤죽 상태로 만든 후 압축 공기로 사면에 뿜어 부착하는 방법이다. • 절토면에 적합하고 높은 사면과 급경사에도 시공 가능하다.
	펌프기계파종기	• 종자·비료·섬유질 등을 물과 혼합하여 펌프를 사용하여 압력수로 사면에 살포하는 방법이다. • 낮은 사면, 완만한 경사에 적합하다.
식생매트공법		종자·비료 등이 부착된 매트로 사면 전체를 피복하여 발아·녹화하는 방법으로 연중 시공이 가능하다.
식생띠공법(인공줄떼공법)		종자·비료 등이 부착된 띠 모양 직물포나 종이를 일정 간격으로 삽입하는 방법으로 기존 줄떼공법보다 피복 효과가 빠르다.

(3) 식재공법

공법	특징
평떼붙임	• 평떼(30cm×30cm)를 채취해 사면 전면에 부착 후 떼꽂이로 고정하고 널판지로 다지는 방법이다. • 절·성토비탈면 모두 사용되며, 시공과 동시에 보호효과가 있어서 침식되기 쉬운 토질에 적합하다.
줄떼다지기	• 성토면 다지기 후 떼(30cm×10cm)를 수평으로 심고 다지는 방법이다. • 절토 사면의 착생에도 유리하다.
띠떼심기	• 경사면에 수평 골을 파고 흙이 묻은 떼를 골 속에 넣어 다지는 방법이다. • 급경사나 연암층에도 사용할 수 있다.
풀포기 심기	다발을 이루는 초화류를 사면에 옮겨 심는 방법으로, 조기 피복이 가능하다.
식재	• 어린 수목·초목을 비탈면에 직접 식재하는 방법이다. • 초기 피복효과가 초화류에 비해 떨어지지만 뿌리가 깊어 사면 붕괴 방지에 장기적으로 매우 우수하다.

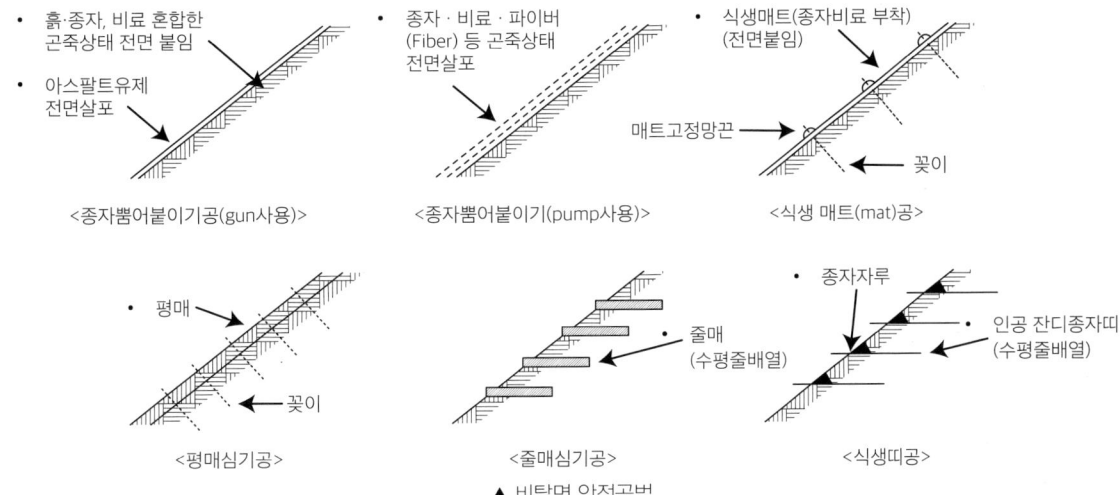

▲ 비탈면 안정공법

3. 포장공사

(1) 개요

포장은 자연재료나 인공재료를 사용하여 내구성 있는 지표면을 조성하는 공사로, 옥외 공간의 기능·용도·미적 분위기를 결정하는 주요 요소이며 다음 사항에 유의해야 한다.

① 포장재료의 선택은 전체 옥외 공간과 조화를 이루는 기능적·시각적 요소를 우선적으로 고려한다.
② 조경용 포장은 차량용 도로에 비해 하중에 대한 요구가 낮으므로, 구조적인 측면보다는 표면처리(색채, 질감, 패턴)에 중점을 둔다.

(2) 종류

종류	특징 및 용도
아스팔트 콘크리트 포장	강성(剛性) 포장 방식으로, 주로 차량용 도로에 쓰이나 보도, 자전거도로, 광장, 주차장 등에도 널리 사용한다.
아스콘 포장	아스팔트 유제에 석회, 쇄석, 잔골재를 혼합하여 제조한 것으로, 표면 처리가 우수하나 기층 형성이 어렵다.
시멘트 콘크리트 포장	아스콘에 비해 시공이 간편하고 경제적이나, 표면 및 이음매 처리 작업이 까다롭다.
투수성 포장	• 아스팔트 유제에 다공질 재료를 혼합해 표면수가 통과할 수 있도록 한 포장이다. • 가로수에 수분 공급이 가능하고 포장면 결빙 방지 효과가 있다. • 표면 질감이 좋고 자유로이 색을 넣을 수 있어 시각적 효과가 우수하여 공원도로, 주차장, 자전거로 등에 적합하다.
벽돌 포장	친근감 있는 질감과 색채로 다양한 시각 효과를 구현할 수 있으며, 미끄럼 방지용 표면 처리에도 용이하다.
콘크리트 보도블록 포장	• 시멘트 콘크리트보다 질감이 우수하고 시공이 용이하여 대규모 보도 포장에 적합하다. • 지반이 불안정할 경우나 지하 매설물 보수 및 교체에 편리하다. • 콘크리트 블록 표면의 다양한 패턴, 무늬, 색채를 적용하여 시각 효과를 높일 수 있다.

소형고압블록 포장 (Interlocking paver)	• 고압으로 성형된 소형 콘크리트 블록이 서로 맞물려 하중을 분산시키는 포장이다. • 구조적으로 견고하며 색채, 질감, 패턴 구성이 우수하다. • 지하 매설물 보수 및 교체 시에도 포장 해체와 재포장이 쉽고, 연약지반 시공이 용이하며, 유지관리비가 적다.
타일 포장	• 크기, 형태, 색채가 다양하며, 좁은 면적의 강조나 청결 유지 구역에 적합하다. • 표면이 미끄러워 겨울철 미끄럼 방지를 위해 야외용은 요철형 표면 처리를 권장한다. • 모자이크 패턴으로 흥미롭고 변화감 있는 공간 연출이 가능하다.
호박돌 및 조약돌 포장	질감이 우수하고 보행 촉감이 독특하여 정원이나 공원 산책로 등 조경용 포장에 많이 사용한다.
자연석 판석 포장	• 석재의 가공법에 따라 다양한 질감, 패턴 구성이 용이하여 시각적 효과가 우수하다. • 공원 산책로, 정원의 진입 공간에 주로 사용한다.

+TIP 주요 포장 단면 예시

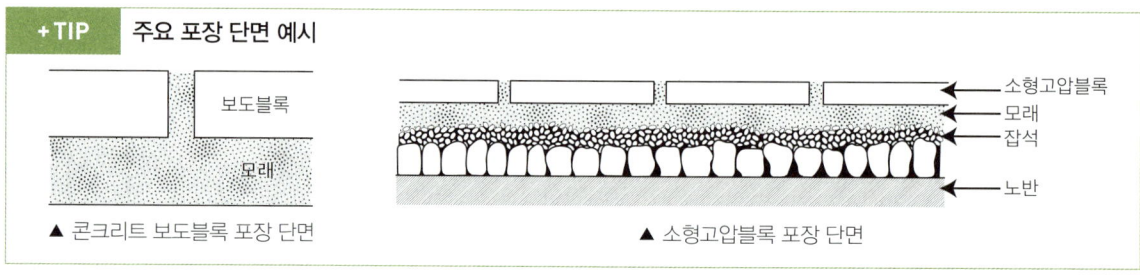

▲ 콘크리트 보도블록 포장 단면   ▲ 소형고압블록 포장 단면

2 건설기계와 평판측량

1. 건설기계

(1) 개요

우리나라 건설공사는 경제 성장과 함께 공사의 대형화·다양화가 이루어지면서 시공 능력 향상, 품질 관리, 공사비 절감을 위해 현장에 기계 장비 도입이 보편화되고 있다. 조경공사에서도 인력에 의존한 작업이 한계에 이르러 기계화 시공이 보편화되고 있다.

① 기계시공 장점
  ㉠ 공사 대형화에 대응
  ㉡ 공기 단축
  ㉢ 공사 단가 절감
  ㉣ 공사 품질 향상
  ㉤ 난이도가 있는 공사에 대응
  ㉥ 노동력 절감 및 안전성 확보

② 건설기계 분류: 크게 굴착·싣기·운반·고르기·다짐 기계로 나뉜다.

(2) 굴착기계

① 구분

기능별	주행장치별
• 트랙터 계열(불도저, 트랙터셔블 등) • 셔블 계열(백호, 파워셔블, 드래그 라인, 클램쉘 등)	• 휠형(바퀴식) • 크롤러형(무한궤도식)

② 주요 기계

㉠ 불도저(Bulldozer)
- 앞면의 배토판(흙을 밀어내는 판)으로 단거리의 흙 깎기·운반·고르기 작업에 적합
- 경제적 작업 범위: 50m(대형 모델은 최대 100m)
- 올라가는 경사에서는 능률이 떨어지고, 내려가는 경사에서는 능률이 매우 높음

㉡ 파워셔블(Power shovel)
- 디퍼(Dipper)가 아래에서 위로 긁어 올려 흙을 깎음 → 기계 위치보다 높은 곳의 굴착에 적합
- 굳은 점토·경질 흙의 굴착 및 돌·자갈의 쌓거나 싣는 작업에 효과적

㉢ 백호(Backhoe, 드래그 셔블, Drag shovel)
- 버킷(Bucket)을 내린 뒤 앞쪽으로 긁어 올려 흙을 깎음 → 기계 위치보다 낮은 곳의 굴착에 적합
- 굳은 지반은 물론 수중 작업에도 사용

㉣ 드래그 라인(Dragline)
- 긴 붐(Boom) 끝에 와이어로프로 버킷을 매달아 끌어당기면서 굴착
- 높은 위치에서 깊은 곳까지 넓은 범위의 작업이 가능하며, 연약지반 또는 수중 굴착작업에도 적합

㉤ 클램쉘(Clamshell): 붐 끝에 버킷을 매달아 수직으로 떨어뜨리고 흙을 퍼 올리는 기계

▲ 불도저　　　　　　　▲ 파워셔블　　　　　　　▲ 백호

▲ 드래그 라인

▲ 클램쉘

  (3) 싣기 기계
    ① 크롤러 로더(Crawler loader, 무한궤도식 로더): 무한궤도로 안정성이 있으며 굴착력이 좋고, 연약지반 흙 굴착 및 적재에 적합하다.
    ② 휠 로더(Wheel loader, 바퀴식 로더): 고무 바퀴로 기동성이 우수하지만, 굴착력은 크롤러 로더보다 약하다.
  (4) 운반기계
    ① 덤프트럭(Dump truck, 자재 수송용 트럭): 토사를 운반하는 중요한 장비로, 적재함을 기울여 자동으로 하역할 수 있다. 일반적으로 8~15t, 대형은 50t까지 적재할 수 있다.
    ② 크레인(Crane): 중량물을 수직으로 오르내리는 기계이다. 대형목, 자연석의 적재, 운반, 쌓기, 놓기 등에 주로 사용되며 특수기구를 부착하여 파쇄작업도 가능하다. 트럭 적재식 모델로 기동성을 확보할 수 있다.
    ③ 권양기(Winch): 낮은 곳에서 높은 곳으로 물건을 끌어올릴 때 사용하는 기계이다. 수동식과 동력식이 있으며, 옥상정원 공사 시 배양토나 수목 운반에 적합하다.
  (5) 고르기 기계
    운동장·광장 등 넓은 대지를 평탄하게 고르는 데 사용하는 기계로, 스캐리파이어(Scarifier), 스크래퍼(Scraper), 모터 그레이더(Motor grader), 불도저 등이 있다.
  (6) 다지기 기계
    진동·충격을 통해 지면을 다져 포장공사에 광범위하게 사용하는 기계로, 롤러(Roller), 컴팩터(Compactor) 등이 있다.

2. 평판측량

  (1) 설계측량과 시공측량
    건설 현장에서 경계를 확정하고 구조물의 치수, 크기, 각도, 방향 등 설계도면에 따른 정밀 시공을 하기 위해서는 정확한 측량이 필요하며, 측량 목적에 따라 다음 2가지로 구분한다.
    ① 설계측량: 공사 예정지에 대한 기준점측량, 수준측량, 지형현황측량, 노선측량(중심선, 종단, 횡단), 용지경계측량, 지장물조사 등을 실시하고, 지형도, 종·횡단면도, 지장물도를 작성하여 설계에 필요한 기초자료를 제공한다.

② **시공측량**: 설계측량의 결과대로 공사가 진행되는지 확인하기 위해 현장에서 확인하는 측량을 말한다.

※ 본 교재에서는 조경기능사가 반드시 알아야 할 평판측량만을 간략히 다룬다.

(2) 평판측량

현장에서 평면도를 직접 작성할 수 있는 간편한 측량 방법으로, 골조측량(구조물의 뼈대 측량)과 세부측량에 응용할 수 있지만 높은 정밀도를 기대할 수 없다.

① 평판측량 기구

종류	특징 및 용도
앨리데이드(Alidade)	평판 위에서 시준선을 그리거나, 시준선의 방향을 측정하거나, 도판의 수평을 맞추는 데에 이용하는 평판측량의 기본 도구이다.
평판(平板)	합판으로 만든 작업대로, 도면 작성과 앨리데이드, 나침반, 구심기 등을 올려놓는다. 항상 수평을 유지해야 하며, 이를 정치라고 한다.
삼각대	평판을 지지하는 세 개의 다리이다. 볼트와 너트로 평판과 결합하고, 삼각대 조절로 평판을 정치한다.
구심기와 추	• 측점의 위치를 고정하기 위해 사용하는 기구이다. • 구심기 한쪽 끝은 평판에 부착된 도면의 도상점에 고정하고 다른 쪽 끝은 지면의 측점을 표시하는데, 도상점과 지상의 측점은 정확히 일치해야 한다.
나침반(Compass)	도면상의 방위를 표시한다. 평판 이동 시 방위 확인을 통해 도면 방향을 일치시킨다.
폴(Pole)·줄자	• 폴: 흰색·붉은색 가로띠가 있는 긴 막대이다.(시준방향을 지시하고 앨리데이드의 시준사와 일치시켜 목표물을 정확히 시준한다.) • 줄자: 20m·50m 길이로, 측점과 목표물 간의 거리를 재는 측정 도구이다.

> **+TIP 시준선**
>
> 시준은 사람이 눈으로 후시준판의 시준공(목표물을 볼 수 있도록 뚫린 작은 구멍)을 통해 보이는 전시준판의 시준사(시선을 표시하는 가는 실)와 목표물을 정확히 일치시키는 작업을 말하며, 시준선은 이때 형성되는 눈길의 방향을 뜻한다.

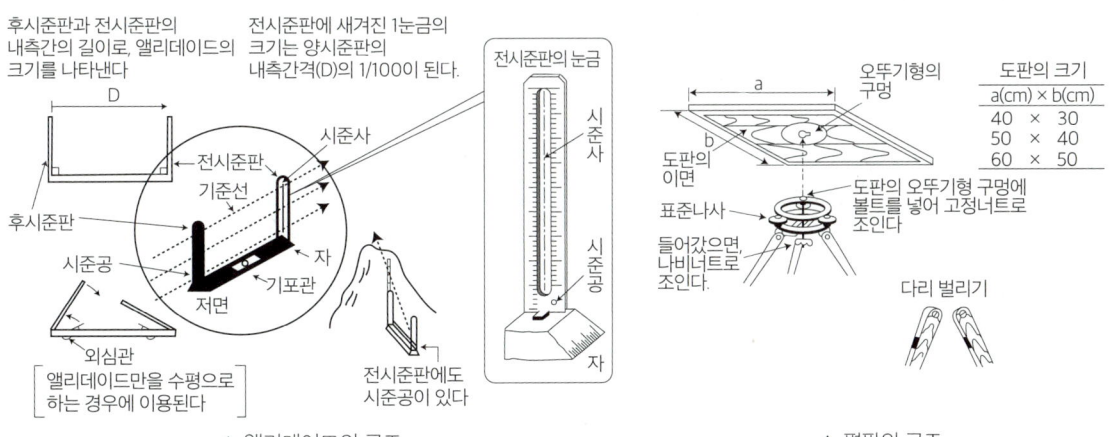

▲ 앨리데이드의 구조   ▲ 평판의 구조

② 평판측량의 특징: 정밀도가 크게 요구되지 않는 현장에서는 작업 능률이 높고 즉시 확인이 가능한 평판측량이 매우 유용하다.
  ㉠ 장점
  - 작업 능률 우수: 야장(현장기록장)이 불필요하여 내업(사무실 작업) 생략이 가능하므로 빠른 시간 내에 작업 수행이 가능하다.
  - 과실 방지: 현장 측량결과를 바로 도면으로 그려내므로 결측(측량을 빠트림) 없이 현지 보정이 가능하다.
  - 다양한 측량 응용: 간단한 기구만으로 거리, 각도, 수준, 면적, 토량, 지형, 노선측량 등에 사용할 수 있다.
  ㉡ 단점
  - 낮은 정밀도: 도해법에 의한 측량이므로 수치에 의한 측량보다 오차가 크다.
  - 기상 영향이 큼: 평판 위에서 모든 작업이 이루어지므로 다른 측량법에 비해 기후의 영향을 쉽게 받으며 야간 측량이 불가능하다.
  - 범위 제한: 도판의 크기 및 앨리데이드의 길이에 의해 측량 면적에 제약을 받으므로 광범위한 면적의 측량에 부적합하다.

③ 평판의 표정(標定): 평판을 측점 상에 설치하면서 도판을 수평으로 하여(정치 定置 혹은 정준 定準), 도상점과 지상점을 일치시키며(치심 置心 혹은 구심 求心), 도판을 일정한 방향으로 똑바로 놓는(정위 定位 혹은 표정 標定) 작업을 말한다.
  ㉠ 정치(정준): 삼각대를 이용하여 앨리데이드의 기포가 수직·수평방향으로 모두 중심에 위치하도록 조정하는 작업이다.
  ㉡ 치심(구심): 도상점과 지상 측점을 일치시키는 것으로, 정밀을 요하지 않는 경우 눈으로 맞추고, 정밀을 요하는 경우 구심기와 구심추를 사용하여 맞춘다.
  ㉢ 정위(표정): 정밀을 요하지 않는 경우 나침반의 자침으로 방향을 일치시키고, 정밀을 요하는 경우 이동 전의 지점에 폴대를 세우고 이동한 지점에서 앨리데이드를 이용하여 폴대를 시준하여 맞춘다.

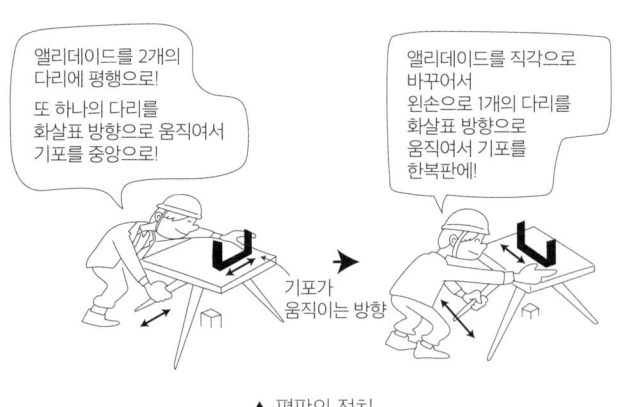

▲ 평판의 정치

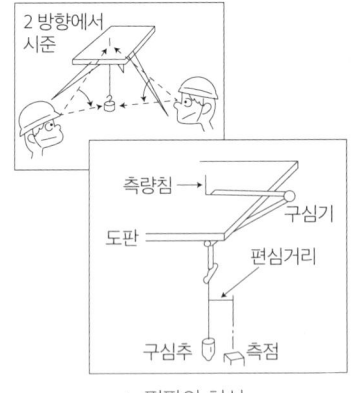

▲ 평판의 치심

④ 평판측량 방법
  ㉠ 방사법(放射法): 측량하고자 하는 각 지점을 모두 시준할 수 있는 중심점에 평판을 설치하고, 각 지점에 폴대를 세워 시준하여 거리를 재 각 지점의 위치를 확정한 뒤, 각 지점들을 연결하여 도면을 완성하는 방법이다.
  ㉡ 도선법(導線法, Traverse법): 각 지점을 한꺼번에 시준할 수 없을 때 평판과 폴대를 옮겨가며 전체 골조를 완성하는 방법이다.
  ㉢ 방사도선법(放射導線法): 방사법과 도선법을 결합한 방법이다.
  ㉣ 교회법(交會法): 이미 알고 있는 몇 개의 지점에서 시준하여 미지의 점을 결정하는 방법이다.

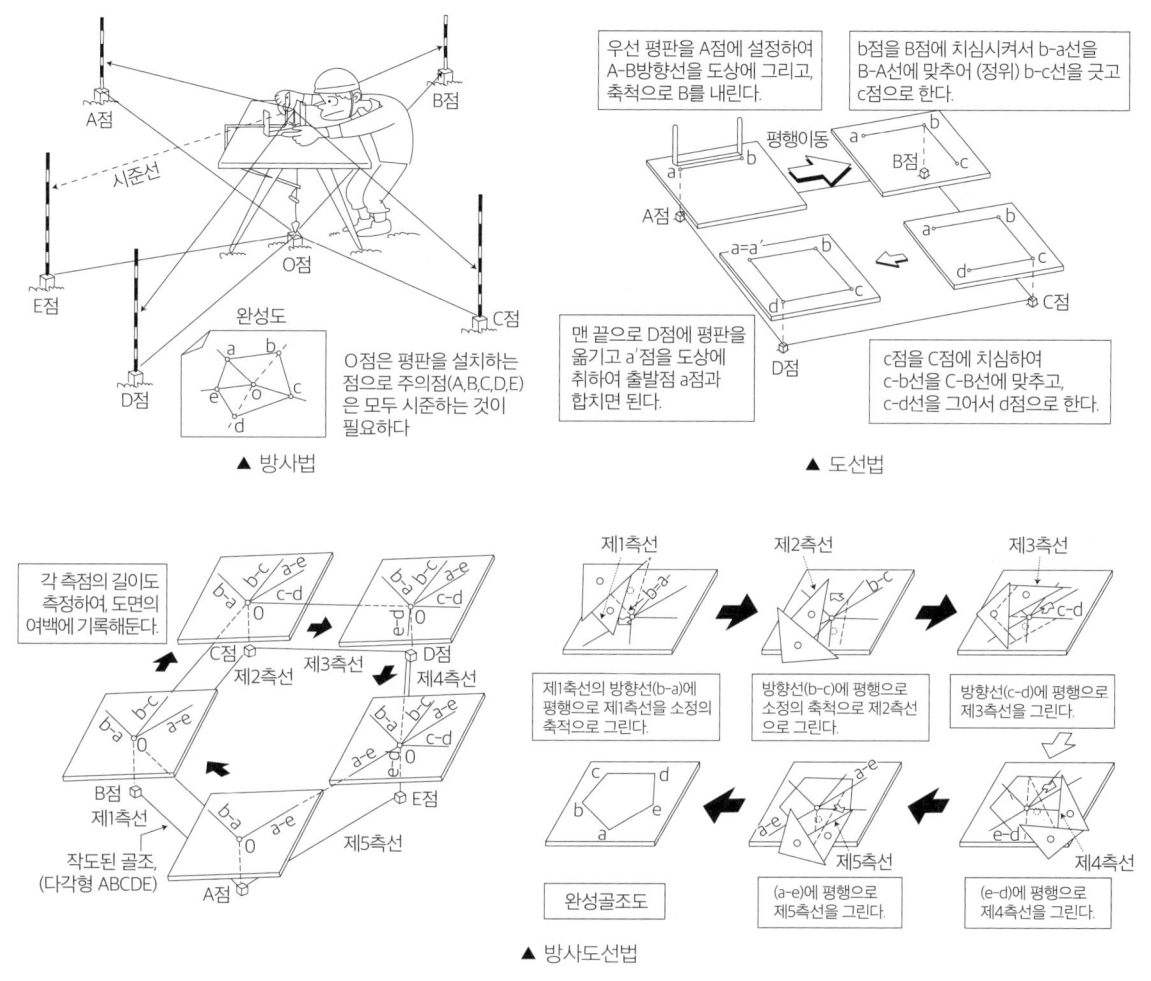

▲ 방사법

▲ 도선법

▲ 방사도선법

3 소재별 조경공사

1. 자연석 공사

(1) 개요

자연석 쌓기는 비탈면 보호, 연못 호안(연못 가장자리) 처리, 경계부 마무리 등 기능적 목적과 시각적 완화 효과를 동시에 제공한다. 주변 자연환경과 조화되도록 자연석을 선택해야 하며, 산비탈에는 산돌(산에서 채취한 돌)을, 물가에는 강돌(하천에서 채취한 돌)이나 바닷돌을 사용하는 것이 바람직하다.

(2) 자연석 쌓기 방법

① 자연석 무너짐 쌓기: 흙과 암석이 자연스럽게 무너져 내려 쌓인 듯한 안정감을 주는 방식이다. 크고 작은 자연석을 섞어 배치하되, 보기 좋은 면을 밖으로 향하게 한다.

  ㉠ 기초석: 맨 아래(또는 맨앞) 놓이는 안정감 있는 큰 돌로, 지표면을 20~30cm 파낸 후 단단히 다지고 주변에 흙을 채워 고정한다.

  ㉡ 중간석: 기초석 뒤에 맞닿아 견고하게 쌓는데, 경사가 완만하거나 높이가 낮은 곳에서는 메쌓기를 하며, 뒷부분에 굄돌(상부 무게를 버텨내기 위해 사용하는 받침돌)이나 사춤돌(돌 사이 빈틈을 메우기 위해 끼워 넣는 작은 돌)을 넣어 다진다.

  ㉢ 상석: 비교적 작은 돌을 써서 윗면을 고루 평평하게 하거나 자연스러운 높낮이를 갖도록 한다.

  ㉣ 돌틈식재(돌 사이에 식물을 심는 방법): 돌 사이 맞물리는 틈에 관목, 고사리, 야생초, 화훼류 등을 심어 틈을 채움으로써 자연스러운 생육 모습을 연출한다. 이때 거름 성분이 풍부한 토양을 채워 준다.

  ㉤ 자연석은 매우 무거우므로 안전사고에 특히 유의하여야 하며, 100kg 이상인 것은 체인블록(Chain block)이나 레커(Wrecker), 크레인(Crane) 등을 이용한다.

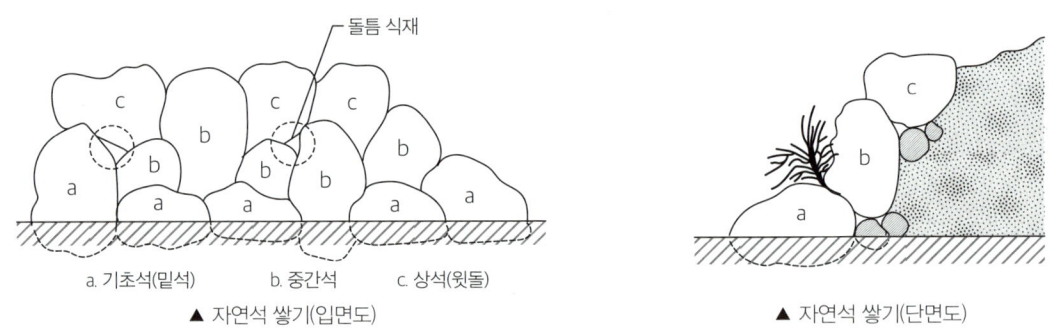

▲ 자연석 쌓기(입면도)　　　　▲ 자연석 쌓기(단면도)

② 둥근돌 바로쌓기

  ㉠ 둥근 형태의 자연석을 바로 세워 쌓는 방법으로, 모양이 가지런하여 연못 호안 등에 주로 사용한다.

  ㉡ 무너짐 쌓기와 시공법은 같으나, 일률적인 모양을 피하기 위해 돌의 높이를 다양하게 배치하거나 요소요소에 큰 돌을 배치하여 리듬감과 변화감을 준다.

③ 호박돌 쌓기: 하천에서 굴러다니는 지름 20~30cm 내외의 둥근 돌인 호박돌을 이용하며, 자연스러운 멋과 부드러움을 나타내기에 적합하다.
  ㉠ 돌 선택: 깨지지 않고 표면이 깨끗하며 크기가 비슷한 것을 사용한다.
  ㉡ 시공: 찰쌓기를 적용하며 뒷길이가 긴 돌을 쓰되, 굄돌을 적절히 사용해야 한다.
  ㉢ 돌끼리 +자 형태의 줄눈이 생기지 않도록 어긋나게 쌓는다.
  ㉣ 쌓는 도중 모르타르가 돌 표면에 묻어나지 않도록 주의하고 굳기 전에 깨끗이 제거한다.

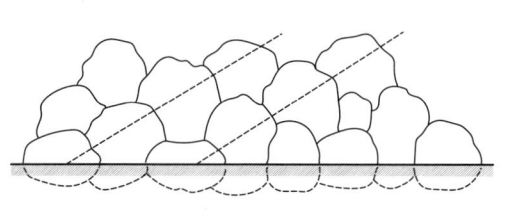
▲ 둥근돌 바로쌓기

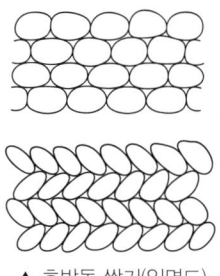

▲ 호박돌 쌓기(입면도)

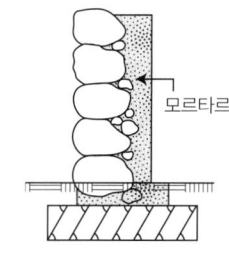
▲ 호박돌 쌓기(단면도)

2. 가공석 쌓기

(1) 가공석

원석을 일정한 모양으로 다듬은 돌을 말한다.

(2) 메쌓기

① 콘크리트나 모르타르를 사용하지 않고 돌만으로 쌓는 방식이다.

② 장점: 쌓기 뒤쪽 물 빠짐이 좋아 토압(흙의 압력)에 의한 붕괴 위험이 낮다.

③ 단점: 찰쌓기에 비해 견고함이 떨어져 쌓을 수 있는 높이에 제한이 있다.

(3) 찰쌓기

① 뒷채움에 콘크리트를 사용하고, 줄눈에 모르타르를 사용하여 쌓는 방식이다.

② 장점: 구조가 견고하다.

③ 단점: 뒷면에 채워진 콘크리트와 모르타르로 인해 배수가 잘되지 않으므로, 앞면 2~3m²마다 직경 2~5cm의 대나무 또는 파이프 배수 구멍을 설치해야 한다.

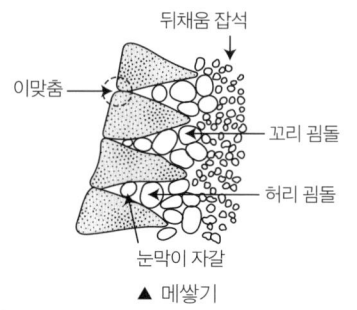
▲ 메쌓기

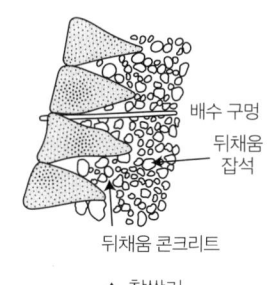
▲ 찰쌓기

(4) 마름돌 쌓기

① 일정한 규격으로 다듬어진 마름돌(주로 견치돌)을 사용한다.

② 쌓기 후 미관이 자연스럽지 못하므로 주로 시각적인 중요도가 낮은 곳에 설치한다.

③ 마름돌 쌓기에는 켜쌓기와 골쌓기를 주로 사용한다.

　㉠ 조경공사: 미관상 나은 켜쌓기를 사용한다.

　㉡ 토목공사: 골쌓기를 사용한다.

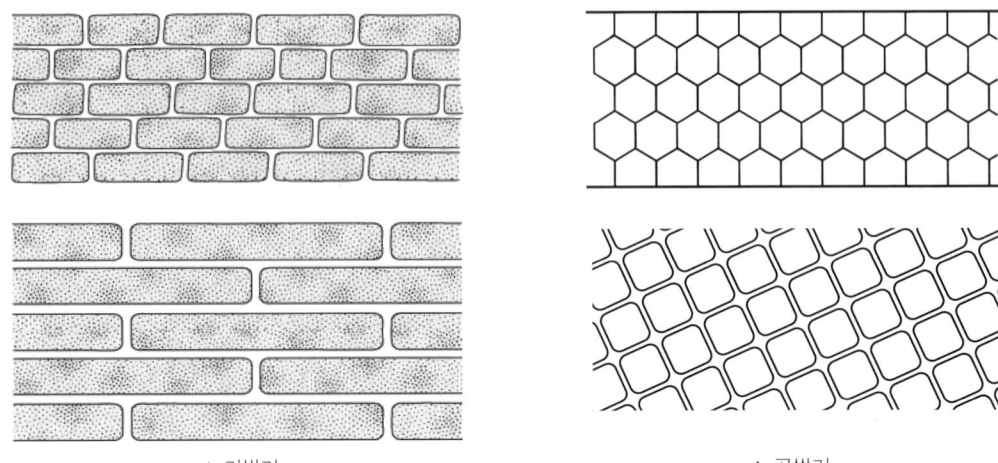

▲ 켜쌓기　　　　　　　　　　　▲ 골쌓기

(5) 돌쌓기 고려사항

① 안전성

　㉠ 줄눈은 통줄눈(줄눈이 계속 이어지는)이 되지 않도록 한다.

　㉡ 큰 돌을 아래쪽에 놓아 안정성을 확보한다.

　㉢ 수성암과 같이 결이 있는 돌은 결이 하중 방향에 수직이 되도록 배치하여 안전성을 높인다.

　㉣ 쌓기 후 돌 앉힘의 안전성을 검토하고, 뒷채움을 꼼꼼히 한다.

② 시공성

　㉠ 찰쌓기 시 모르타르를 돌 사이에 충분히 넣고, 모르타르가 적절히 경화될 수 있도록 수분 관리를 철저히 한다.

　㉡ 줄눈 두께는 9~12mm, 모르타르 배합비(시멘트 : 모래)는 1 : 2~1 : 3(중요 부위는 1 : 1)으로 한다.

　㉢ 하루에 쌓는 높이는 1.2m 이하로 제한한다.

3. 디딤돌과 징검돌 놓기

동선 흐름을 편리하게 하고, 지피식물(Ground cover plants)을 보호하며, 지표 경관을 아름답게 장식하기 위해 돌을 배열하는 것을 말한다. 땅 위에 설치하는 것을 디딤돌 놓기, 연못이나 계류와 같은 물속에 설치하는 것을 징검돌 놓기라고 한다.

(1) 디딤돌 놓기

디딤돌은 한 변의 길이가 최소 30cm 이상인 넓고 편평한 돌을 사용한다. 주로 자연석을 사용하고 가공석 또는 통나무를 사용하기도 한다.

① 시작점·끝점·분기점에는 지름 약 50cm의 큰 돌을 배치한다.
② 양발 사이의 간격(약 15cm)을 고려해 돌을 직선이 아닌 약간씩 어긋나게 배치하고, 크고 작은 돌을 섞어 안정감을 부여한다.
③ 디딤돌 상판은 평편해야 하고, 중앙이 약간 볼록한 형태가 좋으며, 가장자리는 자연스러운 곡선을 이루는 것이 이상적이다. 이러한 돌은 산석보다 강석이 많으며, 흰색 강석은 잔디와 시각적 대비를 이루므로 아름답게 느껴진다.
④ 돌과 돌 사이 중심 거리는 보폭 기준으로 약 35cm 정도가 적합하다. 다만 큰 돌의 경우 돌 사이 간격이 거의 없으므로 8~10cm 정도 떨어지게 하여도 무방하다.
⑤ 돌의 좁은 면이 보행 방향을 향하도록 두고, 지면보다 3~6cm 높게 설치한다. 디딤돌이 흔들리지 않도록 돌의 두께만큼 파내고 다진 뒤 안정되게 놓는다.
⑥ 흔들림이 있을 때는 굄돌을 받치고 주위의 흙을 메워 다진다. 필요시 콘크리트나 모르타르로 기초를 견고히 할 수 있다.

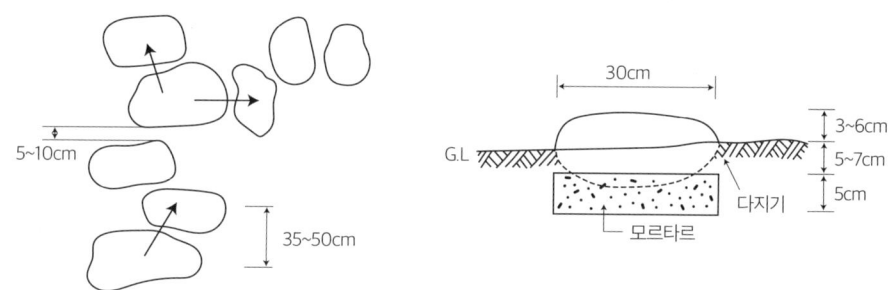

▲ 디딤돌 놓기

(2) 징검돌 놓기

디딤돌보다 크고 두꺼운 돌이 필요하다.

① 징검돌은 흐르는 물이 잘 보이도록 돌 사이 거리를 15~20cm 정도로 배치한다.
② 물 위로 노출되는 높이는 10~15cm 정도가 적당하다.
③ 보행 시 흔들리지 않도록 모르타르나 콘크리트로 바닥과 징검돌을 단단히 고정한다.

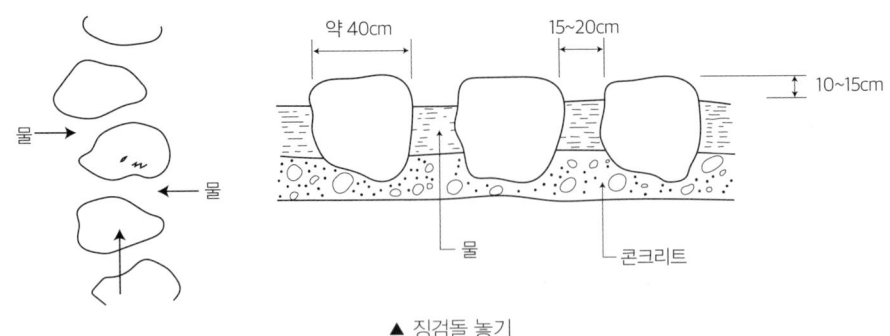

▲ 징검돌 놓기

4. 조적공사

(1) 개요

조적공사는 벽돌(보통벽돌, 시멘트벽돌, 내화벽돌, 특수소성벽돌(특수한 성형 과정을 거친 벽돌))을 쌓거나 콘크리트 블록을 쌓는 등 이와 유사한 모든 공사를 말한다.

(2) 줄눈과 쌓기 두께

① 줄눈: 벽돌을 쌓을 때 가로와 세로에 생기는 이음줄을 말한다.
  ㉠ 통줄눈: 하중을 받으면 쉽게 무너질 우려가 있으므로 피해야 한다.
  ㉡ 막힌 줄눈: 위아래 세로줄눈을 어긋나게 쌓은 것으로, 하중이 고르게 분산되어 안정성이 높다.
  ㉢ 치장줄눈: 벽돌을 쌓은 뒤 장식용으로 다듬은 여러 가지 형태의 줄눈이다.

② 벽돌쌓기 두께: 치수로 나타내기도 하지만, 보통 벽돌 한 장의 길이를 단위로 나타낸다.
  ㉠ 벽돌 한 장 규격
  표준형 벽돌 190(길이)×90(두께·폭)×57(높이)mm

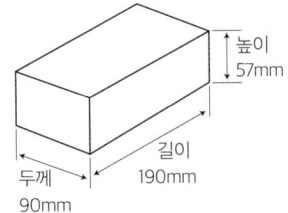

▲ 표준형 벽돌 규격

  ㉡ 벽돌쌓기 두께

형태				
쌓기 종류	0.5B(반장)	1.0B(한 장)	1.5B(한 장 반)	2.0B(두 장)
벽체 두께	9cm	19cm	19+1+9=29cm	19+1+19=39cm

※ 1cm=줄눈 두께

(3) **벽돌쌓기 방법**
  ① 마구리쌓기: 벽돌의 짧은 면(마구리면)을 보이게 쌓는 방식으로, 원형 굴뚝이나 사일로(Silo) 등을 쌓을 때 쓰이며, 벽 두께 1.0B 이상 쌓기에 사용된다.
  ② 길이쌓기: 벽돌의 긴 면이 보이게 쌓는 방식으로, 0.5B 두께의 간막이벽에 주로 쓰인다.

▲ 마구리쌓기

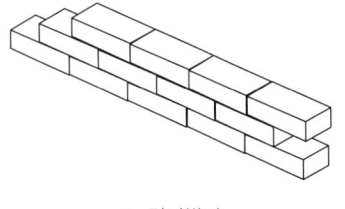
▲ 길이쌓기

  ③ 옆세워쌓기: 벽돌을 옆으로 세워 쌓는 방식이다.
  ④ 세워쌓기: 벽돌을 길이로 세워 쌓는 방식이다.

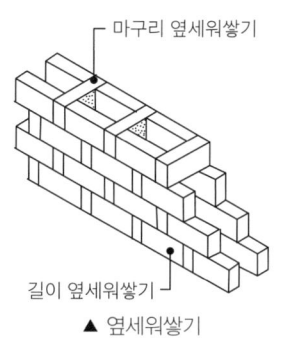
▲ 옆세워쌓기

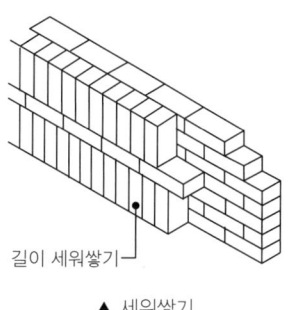
▲ 세워쌓기

  ⑤ 영국식 쌓기: 한 단은 마구리쌓기, 다음 단은 길이쌓기, 모서리에 이오토막을 사용하는 방식이다.
  ⑥ 네덜란드식 쌓기: 영국식과 같으나 모서리에 칠오토막을 사용하는 방식이다.
  ⑦ 프랑스식 쌓기: 매 단마다 길이와 마구리쌓기를 번갈아 시행하는 방식이다.
  ⑧ 미국식 쌓기: 5단은 길이쌓기, 한 단은 마구리쌓기로 쌓아 올리는 방식이다.

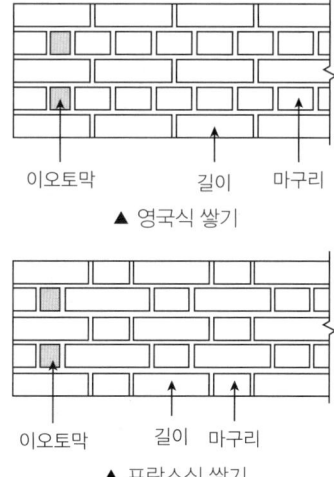
▲ 영국식 쌓기

▲ 프랑스식 쌓기

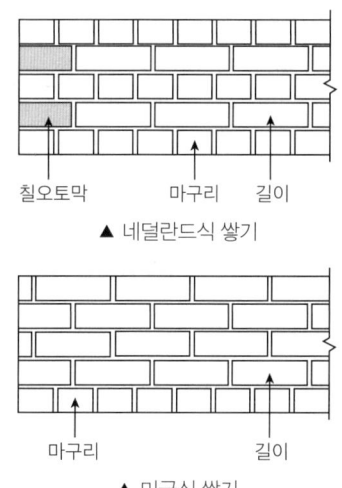
▲ 네덜란드식 쌓기

▲ 미국식 쌓기

(4) 시공방법과 순서

벽돌을 쌓기 전에 쌓을 높이를 표시하는 규준틀을 만들어 5단마다 심줄을 그어 높이를 표시한 뒤, 다음 순서에 따라 쌓아 올린다.

① 벽돌에 묻은 흙·먼지를 제거한 뒤 물에 10분 이상 담가 충분히 적신다.
② 벽돌 양쪽 측면에 모르타르를 발라 붙인다.
③ 벽돌 밑면 전체에 모르타르가 밀착되도록 충분히 바른다.
④ 제자리에 놓고 흙손 자루로 2~3회 가볍게 두드려 밀착시킨다.
⑤ 한 번에 쌓는 높이는 1.2m 이하로 제한하고, 12시간 이상 경과한 후에 다시 쌓는다.
⑥ 모르타르는 배합 후 1시간 이내에 사용하며, 보통 시멘트 : 모래 비율은 1 : 2~1 : 3으로, 중요한 부분의 치장줄눈은 1 : 1로 한다.

(5) 시공 시 유의사항

① 벽돌은 품질 검사에 합격한 것만 사용하며, 물에 미리 적시면 모르타르와 잘 부착되어 시공이 용이하다.
② 벽돌은 균일한 높이로 수평을 유지하며 쌓고, 접합면 전체에 모르타르가 빈틈없이 채워지도록 한다.
③ 모르타르가 굳기 전에 줄눈을 1cm 깊이로 파내야 다음 줄눈 모르타르를 넣기 좋으므로 가로·세로줄눈의 너비는 1cm를 표준으로 한다.
④ 하루에 쌓는 벽돌 높이는 최대 1.5m(약 20켜) 이하이며, 1.2m(약 17켜)가 적당하다.
⑤ 하중을 받는 부분의 줄눈은 반드시 서로 어긋나게 배치해야 한다.
⑥ 치장벽면에서는 벽돌쌓기 후에 벽면에 묻은 모르타르를 청소하고, 치장줄눈 파기를 시행한 뒤 바로 치장줄눈을 넣는다.
⑦ 벽돌쌓기가 끝나면 가마니 등으로 덮고 물을 뿌려 양생(굳히기)하며, 직사광선을 피한다.

5. 콘크리트 공사

(1) 개요

콘크리트는 시멘트, 골재(잔골재·굵은 골재), 물 그리고 필요에 따라 혼화재료를 섞어 만든 것을 말한다.

① 시멘트풀(Cement paste): 시멘트 + 물
② 모르타르(Mortar): 시멘트풀 + 잔골재
③ 콘크리트의 용적 구성: 골재 약 70%, 시멘트풀 약 30%

(2) 콘크리트 재료

재료	설명
시멘트	포대당 40kg(약 $0.026m^3$), $1m^3$당 무게 약 1,500kg
골재	• 잔골재(모래): 5mm 체에 전체 중량의 90% 이상이 통과하는 골재 • 굵은 골재(자갈): 5mm 체에 전체 중량의 90% 이상이 남는 골재
물	유해 물질이 없는 음용 가능한 깨끗한 물
혼화재료	특수한 용도나 강도를 얻기 위해 사용하는 재료로서 응결·경화 촉진제, 방동·방한제, 수화발열 억제제, 시멘트 착색 안료제, 방수제, AE제 등

(3) 콘크리트 공사 순서

① 콘크리트 배합: 구성 재료의 작업성(Workability), 내구성, 설계강도에 맞춰 가장 경제적인 배합비를 선정하여 혼합한다.

② 배합방식

구분	설명
용적배합	부피비로 계량(시멘트 : 잔골재 : 굵은 골재=1 : 2 : 4, 1 : 3 : 6 등)
중량배합	무게비로 계량
복식배합	골재는 부피(L), 시멘트는 무게(kg)로 계량 (시멘트 $1m^3$당 1,500kg)

③ 배합설계
  ㉠ 시방배합: 시방서 혹은 기술자가 지시하는 배합으로, 실험실에서 시험을 실시하여 결정한다.
  ㉡ 현장배합: 시방배합을 재료의 상태와 계량방법 등 현장 조건에 맞게 수정하는 것을 말한다.
  ㉢ 표준배합: 표준규격으로 명시된 물-시멘트비, 슬럼프(Slump)값, 골재량 등을 기준으로 한 배합이다.

④ 비비기(혼합): 재료의 혼합이 균일하도록 충분히 비벼야 하지만, 과도하게 비빌 경우 작업성이 나빠지고 재료분리가 일어나 강도가 떨어질 수 있다.
  ㉠ 인력비비기(삽 비비기): 소규모나 중요도가 낮은 공사에 한정한다.
  ㉡ 기계비비기: 중력믹서, 연속믹서, 배치(Batch)믹서 등 여러 종류의 믹서를 사용하여 비비는 것이다.

⑤ 운반: 비빈 콘크리트는 재료분리, 손실, 강도 저하 등을 막기 위해 신속히 운반한다. 운반 중 재료분리가 심할 경우 다시 비벼 균질한 상태를 유지하도록 해야 한다.
  ㉠ 소량, 단거리: 버킷(Bucket), 손수레
  ㉡ 다량: 콘크리트 펌프, 벨트콘베이어, 슈트(Chute) 등

⑥ 치기: 거푸집에 콘크리트를 부어 넣는 작업이다.
  ㉠ 거푸집이 좁은 경우 고무슈트를 단 깔대기를 사용한다.
  ㉡ 표준 타설 속도: 1~1.5m/30분

⑦ 다지기: 타설한 콘크리트의 내부 공극을 없애기 위한 작업으로, 봉이나 진동으로 충분히 다져서 콘크리트가 철근 주변과 거푸집 구석구석에 흘러 들어가도록 한다.
  ㉠ 다지기를 실시할 때 50cm 이하 간격으로 진동기를 찔러 넣는다.
  ㉡ 콘크리트 강도와 수밀성, 내구성 증진에 영향을 미친다.
⑧ 보양: 콘크리트 응결과 경화가 완전히 이루어지도록 보호하고, 온도와 습도를 유지하여 콘크리트가 소정의 강도를 확보하도록 하는 일련의 과정이다. 습윤·보양 온도는 보통 20℃ 전후가 적당하다.

(4) 레미콘(Remicon; Ready Mixed Concrete)

① 정의: 레미콘은 굳지 않은 상태의 콘크리트로서 제조설비를 갖춘 공장에서 요구하는 규격에 따라 수시로 현장에 배달하는 콘크리트를 말한다.
② 용도: 재료 보관과 혼합이 어려운 협소한 현장, 소량 작업, 기초·지하·긴급 공사로 가설공사를 할 시간적 여유가 없을 경우, 균질한 콘크리트를 요구할 경우에 사용한다.
③ 장점: 가설비, 기계손료, 인건비, 동력비 등의 경비를 절감할 수 있다.

▲ 레미콘 트럭

(5) 거푸집(Form)

콘크리트 구조물의 형상과 치수를 유지하기 위해 설치하는 가설 재료이다.
① 거푸집은 일반적으로 내수(성) 합판을 사용한다.
② 격리재(Seperator, 세퍼레이터): 거푸집 상호간의 간격을 일정하게 유지시키는 부속재료이다.
③ 박리제: 콘크리트가 굳은 후 거푸집 판을 콘크리트 면에서 잘 떨어지게 하기 위해 거푸집 판에 처리하는 것이다.

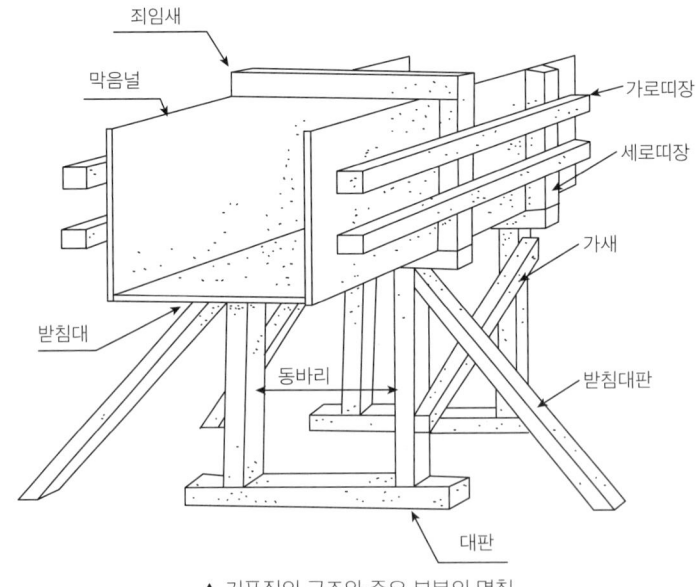
▲ 거푸집의 구조와 주요 부분의 명칭

> **+TIP** 거푸집에 작용하는 콘크리트의 측압 증가 요인
> - 타설 높이가 높을수록
> - 타설 속도가 빠를수록
> - 슬럼프가 클수록
> - 온도가 낮을수록
> - 부배합일수록
> - 다짐이 과할수록
> - 경화속도가 느릴수록
> - 시공연도가 좋을수록
> - 수평부재보다 수직부재가

4 조경시설물공사

1. 개요

(1) 조경시설물의 성격
① 조경시설물이란 옥외 공간을 이용하는 사람들에게 안전과 편의, 쾌적함을 제공하고, 특정 행동을 유도·조절하기 위해 설치하는 모든 형태의 시설물을 말한다.
② 생활 수준과 시민 의식이 높아짐에 따라 조경시설물에 대한 일반인의 기대도 높아져 왔으므로, 재료와 디자인에 대한 요구가 점점 다양해지고 있다.

(2) 조경시설물 계획 및 설치 시 고려 사항
조경시설물이 제 기능을 다하도록 하기 위해서는 계획·설계·제작·시공 전 과정에서 다음 사항을 꼼꼼히 검토해야 한다.
① 기능 충족: 각 시설물은 고유한 목적과 기능이 있으므로, 이용자의 특성과 행동 습관(행태), 시설물 종류 및 수량, 설치 위치 등을 세심하게 분석하여 그 기능을 충분히 발휘할 수 있게 해야 한다.
② 경관 조화: 시설물이 놓이는 공간의 경관 특성을 고려하여, 주변 환경과 어울리는 형태와 재료를 선택한다.
③ 형태: 각 시설물은 인간척도에 맞는 규모와 형태로 개발해야 하며, 설치 목적에 맞는 개성미를 갖추어야 한다. 또한 다양한 시설물이 모일 때 형태와 색채가 조화롭게 어울리도록 한다.
④ 실용성·경제성·시공 효율성: 지역의 기후, 지형 등 물리적 조건에 맞게 설치 위치를 정하고, 이용자의 파손 행위나 화재 위험에 대비한 유지·관리 방안을 함께 고려해야 한다. 또한 합리적인 재료와 제작 방법을 고려하여 시공 효율을 높여야 한다.

2. 휴게시설

(1) 개요

휴게시설은 이용자의 휴식을 돕기 위해 설치하는 시설로, 대표적으로 벤치, 퍼걸러(정자 형태의 격자 구조물), 야외탁자 등이 있다. 이와 같은 시설은 장시간 사용되므로 쓰레기통, 가로등 같은 편의시설과 함께 복합적으로 배치하는 것이 좋다.

(2) 벤치

① 기능: 앉았을 때 편안함을 제공하고, 주변 경관과 조화를 이루며, 내구성이 좋아야 한다.

② 재료: 청소와 관리가 용이한 목재, 콘크리트, 플라스틱 재질이 사용되나, 주로 온도 변화에 민감하지 않고 촉감이 좋은 목재를 많이 이용한다.

③ 구조 및 치수: 인체 구조와 체위에 맞게 만들어져야 한다.

항목	권장 크기
좌면(앉은면) 높이	35~40cm
좌면 너비	40cm
좌면 길이	1인용(45~50cm), 2인용(100~120cm), 3~5인용(약 200cm)
등받이 각도	105~110°
다리 재료	콘크리트·철재(선호), 목재(방부처리 필수)

④ 배치 및 관리

㉠ 음지, 습지, 급경사지, 바람받이, 지반 불량 지역을 피해서 설치한다.

㉡ 벤치 사이 간격은 쓰레기통이나 동선을 고려해 최소 90cm 이상 확보한다.

㉢ 설치 방향은 전체 경관 계획과 보안성 및 통행을 함께 검토하여 결정한다.

⑤ 설계와 시공 시 주의사항

㉠ 좌면 재질은 콘크리트나 철재일 경우 온도 변화, 먼지, 건조 등의 문제로 불편할 수 있으므로 목재가 바람직하다.

㉡ 기초는 잡석 다짐을 10cm 하며, 다리는 땅속에 최소 20cm 묻어야 한다.

㉢ 지면과 접촉되는 부분은 부패 방지를 위해 모르타르로 감싸거나 방부제를 도포해야 한다.

(3) 야외탁자

① 배치 및 관리
㉠ 음지, 습지, 먼지 날림, 바람받이를 피해 수평 지반에 설치한다.
㉡ 차분한 느낌이 드는 장소가 적합하므로 동선을 고려하여 위치를 정한다.
㉢ 주변에 녹음수(그늘 제공용 나무)를 식재하고 화장실이나 비를 피할 수 있는 대피소를 마련한다.

② 구조 및 치수
㉠ 유지관리가 쉬운 구조여야 한다.
㉡ 탁자 높이: 70cm, 의자 높이: 35cm, 탁자와 의자의 간격: 최소 35cm
㉢ 탁자 판 너비: 앉은 상태에서 중앙까지 손이 닿는 거리로 설정

(4) 퍼걸러(Pergola)

① 기능 및 재료: 휴식공간 내에 설치하여 태양광선을 차단하는 시설로, 천장에 덩굴식물을 올려 그늘을 만들고, 경관의 초점 역할을 한다.

② 구조 및 치수
㉠ 천장 높이: 2.2~2.5m, 기둥 간격: 1.9~2.7m
㉡ 보 간격: 40~60cm, 외부로 돌출된 보 길이: 최소 30cm
㉢ 기둥 재료: 각재, 다듬은 돌(25~40cm), 벽돌·콘크리트(판석이나 타일 부착)

▲ 퍼걸러

3. 운동시설

(1) 개요

운동시설은 국민 건강 증진을 목적으로 설치하는 체육 시설로, 유·소년부터 청·장년·노년층에 이르기까지 모든 연령층이 함께 사용할 수 있는 시설이다.

(2) 운동시설의 목표 기능

유연성과 평형성, 적응성 유지와 순발력 향상 및 근력과 지구력 향상을 기하고자 한다.

(3) 체련단련을 위한 운동시설

턱걸이와 팔굽혀펴기, 다리올리기, 가슴펴기 등의 운동은 철봉과 평행봉 등 최소한의 시설로도 가능하다.

4. 놀이시설

(1) 개요
놀이시설은 어린이의 신체·정신 발달과 협동심, 창의력, 모험심을 기르기 위해 설치하는 시설이다. 단일 기능만으로는 쉽게 싫증을 느끼므로, 여러 가지 복합적인 기능을 결합해야 하며, 어른이 예측하지 못하는 변형 놀이와 돌출 행동을 고려해 안전한 구조로 시공해야 한다.

(2) 그네
① 배치·관리: 요동 폭이 크므로 놀이터의 중앙, 집단 놀이 공간, 통행이 많은 곳은 피해서 배치한다.
② 안전 대책: 그네 앞뒤로 줄 길이의 3/2 이상 떨어진 곳에 인지책(접근 차단용 울타리)을 설치한다.
③ 바닥 재료: 발바닥 마찰로 바닥이 패어 물이 고일 수 있으므로, 발을 구르는 자리는 잡석을 깔아 배수하고, 패인 자리는 모래를 깐다.
④ 설계·시공 시 주의사항
   ㉠ 발판 소재: 견질(堅質)한 참나무류가 좋으나 폐타이어를 활용하기도 한다.
   ㉡ 발판 높이 및 두께: 지면에서 높이 30~40cm, 두께 3cm로 하되, 모서리를 둥글게 처리한다.
   ㉢ 발판과 줄 연결부: 파손되기 쉬우므로 단단하고 안정된 구조를 갖추어야 한다.
   ㉣ 지주와 보: 지름 50~70mm 철재 파이프나 강철봉을 사용하며, 지주는 기초콘크리트에 묻어 고정하되 상부가 지표면 위로 노출되지 않도록 하며, 보는 중간에 잇지 않는다.
   ㉤ 그네줄: 체인일 때는 연결고리가 일정해야 하고, 줄 상단 베어링이 좌우로 흔들리지 않도록 하며, 마모 시 교체할 수 있도록 한다.
   ㉥ 유아용: 안전 의자식 그네 또는 안전 그네를 설치한다.

(3) 미끄럼틀
① 배치·관리: 미끄러져 내려올 때 움직임 범위(보통 50~130cm, 뜀박질 시 180~250cm)를 고려해 주변 시설과 간섭 없게 배치한다.
② 설치 방향: 여름철 직사광과 겨울철 그늘이 생기는 남북 방향은 피한다.
③ 설계·시공 시 주의사항
   ㉠ 미끄럼면 각도: 표준 30~33°, 콘크리트면은 활강 능률을 위해 35°를 권장한다.
   ㉡ 계단: 70° 내외의 각도, 양쪽에 손잡이를 설치한다.
   ㉢ 미끄럼면 너비: 약 40cm, 양쪽 가장자리에 높이 15cm 정도 손잡이 날개(발 제동 역할)를 설치한다.
   ㉣ 착지부: 미끄럼면 끝부분은 40~60cm 정도를 수평으로 하고, 끝단이 지표보다 15~20cm 정도 높게 하여 활강을 멈추며 자연스럽게 발이 땅에 닿도록 한다.
   ㉤ 미끄럼면이 목재일 경우 목재 결은 활주 방향으로 맞춘다.

(4) 모래밭
   ① 배치·관리: 밝고 깨끗한 환경을 유지하고, 최소 하루에 5~6시간 정도 햇볕이 들도록 하며, 여름철 그늘을 위한 낙엽활엽수를 식재한다.
   ② 설계·시공 시 주의사항
      ㉠ 면적: 4~5명의 어린이가 동시에 놀 수 있도록 최소 7.5~8m^2가 필요하며, 30~50m^2의 독립 시설로 설치하는 것이 바람직하다.
      ㉡ 둘레: 지표에서 15~20cm 정도 높인다.
      ㉢ 깊이: 모래 깊이는 30~40cm 정도가 적당하다.
      ㉣ 배수: 빗물이 빠지도록 밑바닥에 배수공 또는 잡석을 설치한다.

(5) 철봉
   ① 높이: 6세 이하는 80~100cm, 6세 이상은 130cm까지 가능하다.
   ② 기초: 지표면에서 최소 1m 이상 깊이 묻어 고정한다.

(6) 시소
   ① 철재와 목재 접합부는 방부제를 도포하고 접착한다.
   ② 지지대와 연결부분의 회전이 원활하도록 제작한다.
   ③ 좌판이 지면에 닿는 부분에는 폐타이어를 부착하여 충격을 줄인다.

(7) 복합시설
   ① 여러 가지 놀이 기능을 결합해 연속적인 놀이가 가능하도록 설계한다.
   ② 일반적으로 미끄럼틀, 흔들다리, 사다리, 고정다리, 기어오름대, 줄타기, 놀이집 등이 복합된 형태가 많다.
   ③ 최근은 어린이의 창의력과 협동심, 모험심을 키우며 도구 사용에 대한 이해를 돕기 위해 폐자재를 활용하여 어린이들이 직접 형태를 만들 수 있는 모험놀이터(Adventure playground) 혹은 D.I.Y 제품이 각광받고 있다.

(8) 기타 시설
   ① 회전 놀이 기구는 마찰 부위에 항상 기름칠을 할 수 있도록 한다.
   ② 수직·수평부재의 연결부위는 용접 후 요철이 없도록 연마하고, 수평부재는 서로 평행되게 고정한다.

5. 편익시설

(1) 개요

편익시설은 옥외공간에서 활동하는 이용자들이 편리하고 쾌적하게 환경을 이용할 수 있도록 설치하는 시설로서 휴지통, 음수전(음수대), 공중전화박스, 시계탑 등이 있다.

(2) 휴지통

① 배치 및 관리
  ㉠ 사람들이 많이 모이는 장소, 주요 출입구, 휴식 공간에 집중 배치한다.
  ㉡ 안내판이나 벤치를 활용해 이용객을 유도한다.
  ㉢ 큰 휴지통 몇 개보다 작은 휴지통을 좁은 간격으로 많이 배치하는 것이 효율적이다.(벤치 2~4개마다 1개 또는 산책로 기준 20~60m 간격마다 1개, 통행이 많은 곳은 수량을 늘림)
  ㉣ 폭이 넓은 보도에서는 보행 방향 오른쪽에 설치한다.

② 색채 및 내부 구조
  ㉠ 청결감이 드는 색상으로 주변 경관과 어울려야 한다.
  ㉡ 내부는 수거하기 편리한 구조로 제작한다.

③ 설계·시공 시 주의사항
  ㉠ 외부 충격에 강한 내구성이 있는 재료를 사용하고, 견고한 구조를 갖추어야 한다.
  ㉡ 내용물이 쏟아지지 않도록 안정적인 고정 방식을 적용한다.
  ㉢ 녹슬거나 오염되지 않도록 바닥에 배수 구멍을 설치한다.

④ 치수
  ㉠ 쓰레기를 넣기 쉬운 높이: 지상 60~80cm, 지름 50~60cm
  ㉡ 재떨이 설치 시 높이: 입식 70~100cm, 좌식 50~60cm

(3) 음수전(음수대)

① 설치 위치
  ㉠ 양지바른 곳에 설치한다.
  ㉡ 그늘지고 습한 장소, 바람이 맴도는 곳, 화장실, 휴지통 주변은 피한다.
  ㉢ 악취 발생 구역과 거리를 둔다.

② 설계·시공 시 주의사항
  ㉠ 사용 후 흐른 물은 신속히 배수되어야 한다.
  ㉡ 받침 접시는 약 2% 경사를 유지하여 단시간 내에 완전 배수가 가능해야 한다.
  ㉢ 겨울철 동파방지 조치가 필요하다.

▲ 음수전

③ 재질 및 유지 관리
  ㉠ 위생적이고 내구력이 강하며, 청소·수리가 쉬운 재료를 사용한다.
  ㉡ 그늘진 곳에 설치할 경우 물 끊임이 좋고 청결한 느낌의 재료를 사용한다.

④ 높이
  ㉠ 수도꼭지가 위로 향한 경우: 60~80cm
  ㉡ 수도꼭지가 아래로 향한 경우: 70~95cm
  ㉢ 어린이를 위한 발돋움대 등이 필요하다.

6. 관리시설

(1) 개요

공원이나 시설물의 이용을 통제하기 위해 설치하는 관리소(관리사무소)와 화장실, 소각장 등을 포함한다.

(2) 관리소

① 공원이나 시설물의 주요 출입구 부근에 위치하여 이용 안내, 경비, 매표, 방송(공공 안내 방송), 상황 관리 등의 기능을 수행한다.

② 규모는 공원의 성격에 따라 천차만별이나 일반적으로 안내실, 숙직실, 미아보호실, 화장실, 방송실, 상황실, 창고, 매표소 등을 포함한다.

(3) 화장실

① 배치: 보행자 동선과 주변 경관을 고려해 사람이 많이 모이는 광장이나 입구 부근에 배치한다.

② 구성
  ㉠ 면적: 표준 $25m^2$, 1인당 $3.3m^2$
  ㉡ 기본 구조: 여성용 변기 5개, 남성용 변기 2개, 남성용 소변기 3개
  ㉢ 세면대와 소규모 창고를 확보하고, 겨울철 동파와 결빙에 대비해 난방시설을 설치한다.
      ※ 소요 개수와 규모는 이용자수에 따라 조정한다.

③ 위생·안전 관리
  ㉠ 습기가 차면 청결 유지가 어려우므로 충분한 배수 시설을 갖춘다.
  ㉡ 남여 출입 동선을 구분하고, 관리 편의를 위해 관리소와 병행 설치하는 것이 좋다.

④ 디자인·소재·환기·채광
  ㉠ 디자인은 단순·명쾌해야 하고, 경량 소재를 사용해 마감을 산뜻하게 한다.
  ㉡ 전체 환기와 채광이 원활하도록 설계한다.
  ㉢ 구석진 곳이 생기지 않도록 하여 청결을 유지한다.

7. 기타시설

(1) 계단

① 계단 설계 기준
  ㉠ 계단 경사는 최대 30~35°가 넘지 않도록 한다.
  ㉡ 발판 높이는 15cm, 발판 폭은 30~35cm를 표준으로 한다.
  ㉢ 발판 높이(h)와 발판 폭(w)의 관계: $2h+w=60~65cm$

② 계단참 설치
　　㉠ 경사면이 길어 계단 수가 많을 때는 10~12계단마다 계단참을 설치한다.
　　㉡ 방향이 바뀌는 곳에 계단참을 설치한다.
　　㉢ 계단 높이가 2m를 넘을 경우 2m 이내마다 계단의 유효 폭 이상의 폭으로 너비 120cm 이상인 참을 설치한다.(조경설계기준 KDS 34 50 50 조경동선시설 4.8.2 구조 (3))
③ 설계·시공 시 주의사항
　　㉠ 재료는 주변 환경(자연·도시)과의 조화를 고려해 결정한다.
　　㉡ 발판은 미끄럼 방지 처리하고, 뒤쪽으로 약간 경사를 주어 빗물이 고이지 않도록 한다.
　　㉢ 계단 양쪽 끝은 경계석으로 막고, 안전을 위해 난간을 설치한다.
　　㉣ 보통 한 걸음씩 딛기를 원칙으로 하나, 경사가 완만할 경우에는 두세 걸음씩 딛기도 가능하다.

(2) 경사로(Ramp)
　① 설치기준
　　㉠ 경사도 1 : 8을 넘지 않도록 한다.
　　㉡ 경사로의 직선 및 굴절 부분의 유효너비는 [장애인·노인·임산부 등의 편의증진보장에 관한 법률]이 정하는 기준에 적합하여야 한다.
　② 설계·시공 시 주의사항
　　㉠ 경사로 유효폭은 1.2m 이상으로 한다. (규정에 따른 예외 적용 시 0.9m까지 완화 가능)
　　㉡ 경사로의 시작과 끝, 굴절 부분 및 참에는 1.5m×1.5m 이상의 활동공간을 확보하여야 한다.
　　㉢ 경사로 높이에 따른 난간이나 참의 설치, 경사로 너비에 따른 중간난간 설치기준은 계단의 설치기준에 따른다.

(3) 경계시설
　① 개요: 출입 통제 및 경계 표시를 위해 설치하는 시설로서 문, 울타리, 담장, 볼라드(Bollard, 차단 기둥), 인지책(사람의 통행을 막는 울타리) 등이 있다.
　② 주요 종류
　　㉠ 문
　　　• 출입 통제나 장식용으로 설치하므로, 출입구를 명확히 해야 한다.
　　　• 설치 위치: 안전하고 편리한 장소에 설치하되 교통수단과 도로의 종류, 이용자 흐름, 시설물과의 관계 등을 고려하여 결정한다.
　　㉡ 울타리
　　　• 경계 표시, 위험 방지와 통행 제한 또는 유도의 목적으로 설치한다.
　　　• 디자인 및 재료가 주변 경관과 조화를 이루고 위치, 구조, 높이 등 기능적인 조건도 만족해야 한다.
　　　• 높이: 1.8~2.1m(침입 방지용), 0.6~1.0m(출입 통제용)

ⓒ 볼라드(Bollard)
- 보행자와 차량을 분리하거나 가로 장치물의 기능으로 설치한다.
- 높이 30~70cm, 차도 경계부에서 2m 정도 간격으로 설치한다.
- 식별성을 높이기 위해 바닥 포장재료와는 대비되는 밝은 색 계통을 사용한다.

ⓓ 도로변 공원 경계시설
- 투시형 담장을 설치해 최소한의 보안을 유지한다.
- 담장 주변에 수벽(나무벽)을 조성하여 시각적 차폐 및 도로 소음 저감을 도모한다.

▲ 볼라드

(4) 조명시설

① 목적: 야간 안전과 보안성을 강화하며 야간 경관의 향상을 위해 설치한다.
② 배치 및 밝기 기준
  ㉠ 주요 동선, 광장, 출입구, 교차점, 분수, 벽천, 조각물, 잔디밭 등 경관이 아름다운 곳에 설치한다.
  ㉡ 정원 및 공원의 조도는 0.5~1.0lux가 적당하다.
③ 조명효과를 높이기 위해서는 설치장소에 적합한 광원을 선택하여야 한다.

광원 종류	장점	단점
백열등	• 깜빡임(어른거림) 없음 • 부드럽고 따뜻한 느낌으로, 휴식공간에 알맞음	열효율 낮음
형광등	열효율이 높고, 빛 확산 우수	• 광색이 차가운 느낌 • 저온 시 효율 저하(추운 지방은 옥외 설치에 부적합)
고압 수은등	열효율 매우 높음, 강한 조명 효과	차가운 빛, 곤충 유인
나트륨등	• 따뜻한 오렌지색이며 열효율이 높음 • 투시성이 우수하여 산악지대나 터널 등의 조명에 적합	—

SUBJECT 04 조경시공
03 조경식재공사

KEYWORD 조경식재, 뿌리돌림, 분뜨기, 굴취와 운반, 수목지주

1. 개요

(1) 조경식재

조경수목(조경용 나무)과 초화류(꽃과 풀)를 심어 사람들에게 심미적, 정서적 안정감을 제공하고, 식물이 가진 기능을 활용하여 사람들의 생활에 필요한 여러 가지 용도와 기능을 발휘하게 하는 한편, 아름답고 생태적으로 건강한 환경을 만들고자 하는 데 의의가 있다.

① 살아 있는 생명체인 수목을 다루므로, 나무가 잘 자라기 위해 필요한 온도·광선·수분 등 기후 환경과 토양 환경을 이해하고, 그 조건을 적절히 갖춰 주어야 한다.

② 식재 과정은 이식(나무를 옮겨 심는 일) 계획 수립부터 굴취(뿌리째 뽑아내기)·운반·식재·사후 관리까지의 전 과정을 포함한다.

(2) 조경식재공사업(건설산업기본법 시행령 별표 1)

조경식재공사란 조경수목·잔디 및 초화류 등을 식재하거나 유지·관리하는 공사를 말하며, 세부 공사는 다음과 같다.

① 조경수목·잔디·지피식물(땅을 덮는 식물)·초화류 등의 식재공사 및 토양개량공사

② 종자 뿜어붙이기공사(씨앗을 분사해 뿌리는 공법) 등 특수식재공사 및 유지·관리공사

③ 조경식물의 수세(나무의 생육력) 회복공사 및 유지·관리공사 등

2. 이식계획

(1) 사전조사 및 이식계획

① 사전조사: 이식할 수목의 생육 상태와 환경을 확인하고, 필요한 사전 조치를 계획하며, 이식 장소의 현황을 조사해 작업 여건을 파악한다.

  ㉠ 생육 조건 검토: 대상 수목의 토양 조건·기온·습도·일조량(음양) 등 미기후와 임상(주변 숲의 형태), 입지 조건을 검토해 이식 방법·위치·관리 방법 등을 결정한다.

  ㉡ 수세 조사: 수령(나무 나이), 병충해 피해, 뿌리 발달 상태를 살펴 작업량과 난이도를 판단한다.

  ㉢ 작업 조건 검토: 이식 시기, 운반 거리 및 방법 등을 검토해 작업 일정을 정한다.

  ㉣ 이식 계획 수립: 수목의 활착률을 높이기 위해 이식 시기와 뿌리돌림·굴취·운반 등 전 과정의 관리와 필요한 인력 및 장비 조달 계획을 수립한다.

(2) 이식 시기: 수목 활착(정착) 가능 시기는 나무의 종류와 상태에 따라 다르다.
  ① 낙엽수: 휴면기로 접어들어 수분 증산량이 적은 가을 또는 이른 봄이 적기이다.
  ② 상록 침엽수: 3월 중순~4월 중순, 9월 하순이 안전하다.
  ③ 육묘장에 옮겨 심어 잔뿌리가 발달한 수목 또는 화분(분)에 심어 재배한 수목은 극한 기온(한여름·한겨울)만 피하면 연중 이식이 가능하다.

3. 뿌리돌림

(1) 목적

이식력이 약한 나무는 바로 뽑아 옮기면 뿌리 활동이 원활하지 못해 고사할 수 있으므로 이식 1~2년 전부터 뿌리를 단계적으로 잘라 잔뿌리를 발생시키는 방법이다. 또한 오래된 나무나 쇠약해진 나무의 세력을 회복하는 데에도 사용한다.

(2) 대상
  ① 노거수(오래된 큰 나무)
  ② 신근(새로 자란 뿌리) 발생이 나쁜 수종
  ③ 이식 경험이 적은 외래 수종이나 귀중한 나무

(3) 시기 및 크기
  ① 시기: 이식하기 1~2년 전부터 시작(최소 6개월 전에 실시)
  ② 뿌리분 크기: 근원직경의 3~5배(표준: 4배)

▲ 뿌리돌림

(4) 작업순서
  ① 뿌리분 크기를 정하고 흙을 파낸다.
  ② 드러난 뿌리는 모두 잘라 내고 칼로 다듬는다.
  ③ 나무가 쓰러지지 않도록 3~4개 방향으로 곧은 뿌리를 한 가닥씩 남긴 뒤 15cm 폭으로 환상박피(뿌리를 감싼 껍질을 벗겨냄)한다.
  ④ 파낸 흙을 다시 채우고 다진다.
  ⑤ 흙 위에 퇴비를 뿌리고 물을 충분히 준다.
  ⑥ 지상부의 가지와 잎을 적당히 솎아 지상부와 지하부의 수분·영양 균형을 맞춘다.(뿌리돌림 시 많은 뿌리가 절단되어 영양과 수분의 수급 균형이 깨지기 때문이다.)

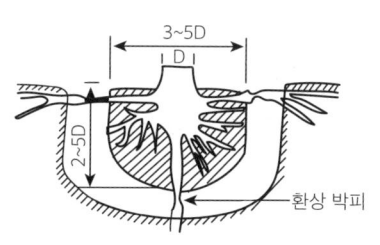

▲ 뿌리돌림 단면도

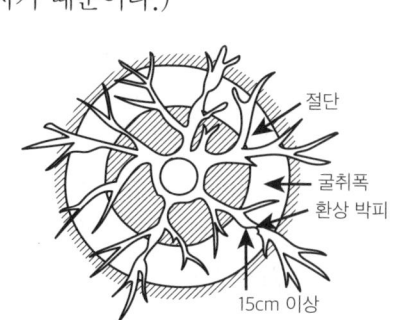

▲ 뿌리돌림 평면도

> **+TIP** 뿌리돌림 절차
>
> 뿌리분 크기 결정 → 뿌리분 주위 단근 및 환상박피 → 객토 및 흙다지기 → 복토 및 퇴비 주기 → 관수 및 가지와 잎 속아내기

4. 분뜨기

(1) 뿌리분

   뿌리돌림을 마친 뒤 흙과 뿌리가 함께 뭉쳐진 원뿔 모양의 덩어리를 뿌리분이라 한다.

(2) 뿌리분의 종류

종류	접시분	조개분	보통분
모양 (d: 뿌리 근원직경)	4d, 4d/2	4d, 4d/2, 2d	4d, 4d/2, d
적합 수종	천근성 수종: 플라타너스, 은행나무, 벚나무, 단풍나무, 향나무, 측백나무 등	심근성수종: 소나무, 전나무, 목백합, 자목련, 참나무, 낙우송 등	기타 일반 수종

(3) 뿌리분 크기 결정방법

① 지름＝근원직경(나무 줄기 아랫부분 지름)의 4배

② 깊이＝잔뿌리 밀도가 급격히 줄어드는 깊이까지

③ 뿌리분 지름 간이 계산: $A = 24 + (N-3)d$

   ※ 여기서 A: 뿌리분 지름(cm), N: 근원직경(cm), d: 상수(상록수 4, 낙엽수 5)

(4) 가지 및 주변 정리

① 작업 전에 고사한 가지, 쇠약한 가지, 밀생한 가지를 미리 잘라 낸다.

② 불필요한 가지가 많으면 작업이 어려우므로 묶어서 정리한다.

③ 뿌리분 주변의 잡초와 오물을 제거한 뒤, 뿌리분 크기를 표시하고, 굴착기나 삽 또는 곡갱이 등으로 수직으로 파내려 간다.

(5) 분감기

   뿌리분이 운반 중 부서지지 않도록 전체를 거적이나 마대에 감싸 끈으로 묶는 작업이다.

① 뿌리분 크기보다 30cm 이상 넓게 구덩이를 파서 작업 공간을 확보한다.

② 흙을 뿌리분 깊이까지 파낸 뒤(또는 부스러지기 쉬운 토양에서는 절반 정도 파낸 후) 거적(혹은 녹화마대)으로 측면을 감싼다.

③ 끈으로 뿌리분 측면을 위에서 아래로 감아 내려가며 허리감기를 한다.

④ 땅속 곧은 뿌리만 남긴 채 뿌리분 밑부분 흙을 조금씩 파내고 밑면과 윗면을 3줄, 4줄, 5줄 감기를 한다.
⑤ 마지막으로 남은 곧은 뿌리를 잘라내는데, 이때 수목이 넘어가지 않도록 주의해야 한다.

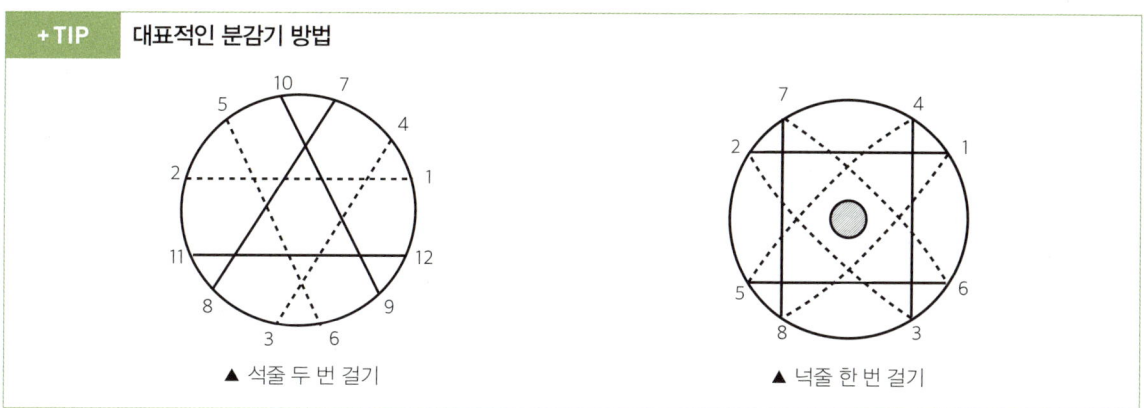

+TIP 대표적인 분감기 방법

▲ 석줄 두 번 걸기   ▲ 넉줄 한 번 걸기

5. 굴취 및 운반

(1) 굴취(堀取)

뿌리분을 파내는 작업을 말하며, 뿌리감기 굴취법과 나근(맨뿌리) 굴취법이 있다.

① 뿌리감기 굴취법
  ㉠ 뿌리 주위 흙을 붙인 채로 거적이나 녹화마대로 감싸 뿌리분을 형성한 뒤 파내는 방법이다.
  ㉡ 대부분의 교목과 상록관목, 이식력이 약한 수목, 희귀 수종, 부적기(비추천 시기) 이식에 적용한다.

② 나근 굴취법
  ㉠ 바깥쪽 뿌리를 절단한 뒤 맨뿌리 상태로 파내는 방법이다.
  ㉡ 절단 부위를 최소화하고, 파낸 직후 즉시 젖은 거적이나 막대, 이끼류 등으로 감싸 건조를 방지해야 한다.
  ㉢ 관목, 묘목, 낙엽수(낙엽기 이식 시) 이식에 적용한다.

(2) 들어 올리기

① 굴취 후에는 굴착기, 레커, 크레인 등을 이용해 들어 올린 뒤 트럭에 실어 반출한다.
② 장비 조작 시 수목과 뿌리분이 손상되지 않도록 하고, 안전사고에 각별히 주의한다.

(3) 운반

① 작은 수목 또는 가까운 거리는 리어카나 경운기 등으로 인력 운반할 수 있으나, 대형 수목 또는 장거리 운반 시에는 트럭이나 트레일러를 사용한다.
② 운반 중 가지·잎·뿌리분이 손상되지 않도록 단단히 결박하여야 한다.

6. 식재

(1) 식재지반 조성

① 토양 물성: 토양 구조, 토양 성분, 양분, 산도(pH) 등 수목 생육에 적합한 환경을 만든다.

② 토심(토양 깊이): 수목 생육에 충분한 토심을 확보해야 한다.

③ 비탈면 식재

　㉠ 경사면: 교목(1 : 3보다 완만하게), 관목(1 : 2보다 완만하게)

　㉡ 비탈면 잔디깎기: 경사 1 : 3 이하 권장

+TIP 식물의 생존 및 생육 토심

식물의 종류	생존 최소 토심(cm)			생육 최소 토심(cm)		배수층의 두께
	인공토	자연토	혼합토(인공토 50% 기준)	토양 등급 중급 이상	토양 등급 상급 이상	
잔디, 초화류	10	[15]	13	[30]	25	10
소관목	[20]	30	25	45	40	15
대관목	30	[45]	38	60	50	20
천근성 교목	40	60	50	90	70	30
심근성 교목	60	90	75	150	100	30

※ [ ] 안의 숫자가 기출문제에서 답으로 출제되었고, 특히 잔디의 생육 최소 토심 30cm가 가장 많이 출제되었다.
※ '생존'은 마지 못해 근근이 살아 있는 상태를 뜻하고, '생육'은 제대로 성장할 수 있는 상태를 뜻한다.

(2) 식재 순서

① 식재 준비

　㉠ 공정표·시공 도면·시방서를 검토한다.

　㉡ 수목 및 양생제 반입 여부를 확인한다.

　㉢ 식재지를 사전 조사하여 시공 가능 여부를 확인한다.

　㉣ 설계 도면상의 수목 배치, 규격, 지하 매설물 존재 여부 등을 확인한 후 식재 위치를 결정한다.

② 구덩이 파기: 식재할 구덩이의 토질, 경도, 배수성을 확인하고, 뿌리분 크기의 1.5배 이상으로 굴착한 뒤 불순물을 제거한다.

(3) 심기

① 운반된 수목의 불필요한 가지를 전정한다.

② 뿌리분 상태 및 식재 토양을 확인한다.

③ 완숙 유기질 거름을 부드러운 흙과 섞어 구덩이 바닥에 깔고, 얇은 흙층으로 덮어 가운데를 볼록하게 조성한다.

④ 수목이 이식 전 있던 깊이와 방향에 맞춰 구덩이에 놓는다.(경우에 따라서는 경관상 수형을 고려하여 방향을 잡기도 한다.)

⑤ 뿌리분 주변을 표토·부식질이 풍부한 토양으로 채우되, 2/3~3/4 정도 채운 뒤 물을 충분히 주고, 나무 막대기로 쑤셔(죽쑤기) 뿌리분과 흙이 밀착되도록 하며 기포를 제거한다.
⑥ 물이 스며든 후 나머지 흙을 덮고, 물집을 만든 뒤 추가 관수 및 멀칭(Mulching)을 실시한다.

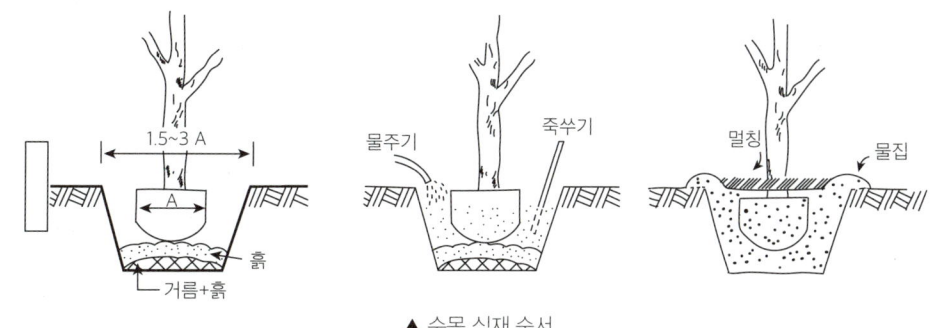
▲ 수목 식재 순서

(4) 지주 세우기
① 목적: 식재 후 바람이나 외부 하중으로 인한 수목의 흔들림 및 전도를 방지하고 활착을 촉진한다.
② 재료: 목재(방부 처리), 철재 파이프, 철선, 와이어 로프 등 다양한 소재가 사용된다.
③ 설치 요령
  ㉠ 지주가 수피(나무껍질)를 손상하지 않도록 거적이나 마대 등으로 감싸서 보호한다.
  ㉡ 지주를 땅속 깊이 고정하여 흔들림을 최소화한다.(지주목의 아래는 뾰족하게 깎아서 땅속으로 30~50cm 깊이로 박는다.)
  ㉢ 수목의 수형, 크기, 풍향, 입지 조건 등을 고려하여 견고하면서도 미관을 해치지 않는 재료와 형식을 선정한다.
    ※ 녹화테이프: 수목 식재 후 지주목 설치 시에 필요한 완충재료로서 작업능률이 뛰어나고 통기성과 내구성이 뛰어난 환경 친화적인 재료이며, 상열(겨울철에 나무 줄기에서 발생하는 수직 균열 현상)을 막기 위해 사용한다.

+TIP 수목 지주 종류

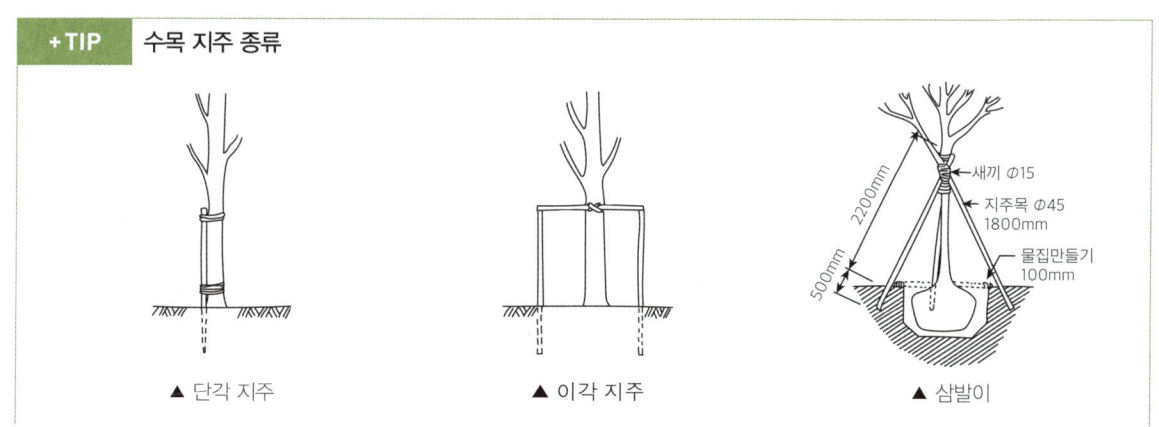
▲ 단각 지주   ▲ 이각 지주   ▲ 삼발이

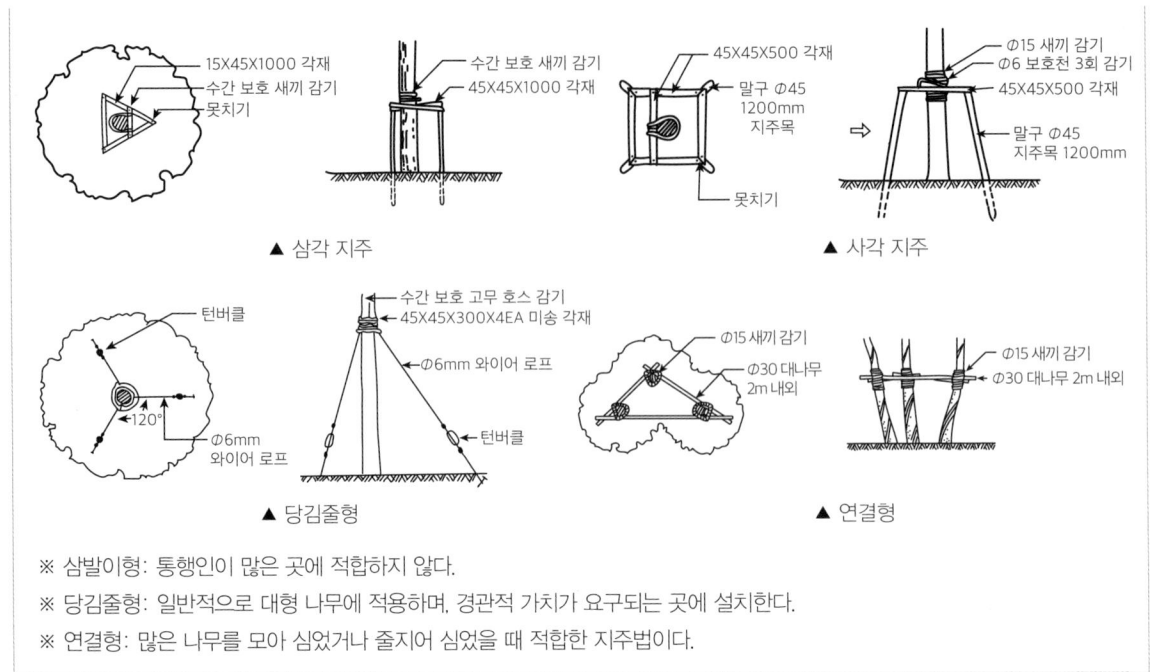

※ 삼발이형: 통행인이 많은 곳에 적합하지 않다.
※ 당김줄형: 일반적으로 대형 나무에 적용하며, 경관적 가치가 요구되는 곳에 설치한다.
※ 연결형: 많은 나무를 모아 심었거나 줄지어 심었을 때 적합한 지주법이다.

7. 식재 후 조치

수목을 이식한 후 안전하게 활착(뿌리 내림 및 자리 잡음)을 돕기 위해 다음과 같은 조치를 취한다.

조치	특징
가지 솎기	식재 과정에서 손상된 가지나 잎, 밀생한 가지 등을 다시 솎아내어 수분 증산 면적을 감소시킬 필요가 있다. 이 경우 전체 수형이 상하지 않게 해야 한다.
수피 감기	• 수분 증발 억제, 병해충 침입 방지, 강한 일사와 건조 피해 방지를 위해 실시한다. • 껍질이 얇고 매끈한 단풍나무, 느티나무, 벚나무 등의 활엽수에 필요하다. • 소나무 등 침엽수의 경우 새끼를 감고 그 위에 진흙을 발라 주며, 진흙이 갈라지면 그 틈을 다시 채워 주어야 한다.
멀칭 (Mulching)	• 뿌리분 주위에 자갈, 분쇄목, 짚, 비닐 등을 5~10cm 두께로 덮어 주는 작업이다. • 토양 경화 방지 및 습도 유지, 잡초 발생 방지, 적당한 지온(땅속 온도) 유지, 비료 분해 촉진 등의 효과를 볼 수 있다.
약제 살포	• 수분 증산 억제제 및 영양제를 공급하여 수세를 회복시킨다. • 상태가 좋지 않은 수목에는 차광시설(그늘막) 설치 후 수간주사로 영양제를 공급한다.
뒷정리	식재공사의 모든 과정이 끝나면 쓰레기나 잔여물 등을 깨끗이 청소하고 제거한다.

SUBJECT 05 조경관리

01 조경관리계획

KEYWORD 조경관리계획, 유지관리, 운영관리, 이용관리, 연간관리계획, 안전관리

1. 목적

조경관리의 목적은 조경공간에 도입된 수목과 시설물을 이용자가 안전하고 편리하게 이용할 수 있도록 유지 및 보수하는 한편, 이용자의 요구에 효율적으로 대응하고자 하는 데 있다.

2. 내용과 범위

조경관리계획은 크게 유지관리, 운영관리, 이용관리로 구분한다.

구분	정의
유지관리	• 도입된 수목과 시설물이 본래 성능을 발휘할 수 있도록 점검·보수하여 양질의 서비스를 제공하는 일 • 좁은 의미의 조경관리란 유지관리를 의미함
운영관리	합리적인 관리를 위해 조직을 구성하고 업무를 분담하여 효율적으로 기능을 수행하도록 하는 일
이용관리	이용자의 행동과 선호를 조사 및 분석하여 적절한 프로그램을 개발하고 운영함으로써 편리한 이용을 도모하고 만족도를 높이는 일

> **+TIP 조경관리계획 대표 문제**
>
> **예제** 일반적인 조경관리에 해당되지 않는 것은?
>
> ① 운영관리   ② 유지관리
> ③ 이용관리   ④ 생산관리
>
> **해설**
> 생산관리는 조경관리계획에 해당하지 않는다.
>
> 정답 | ④

3. 연간관리계획

(1) 개요

효율적인 조경관리를 위해 연중 수행할 작업 종류와 내용을 시기별 혹은 반복 정도에 따라 구분하여 공간 특성에 맞게 배분한 계획이다.

(2) 작업 종류

구분	내용
정기 작업	연중 주기적으로 반복 예 청소, 점검, 수목 전정(가지치기), 병해충 방제, 거름주기, 페인트칠 등
부정기 작업	필요에 따라 수시로 실시 예 고사목 제거 및 보식(심은 식물이 죽거나 상한 자리에 보충하여 심는 것), 시설물 보수 등
임시 작업	기상 재해 등 돌발 상황에 대응 예 태풍, 홍수 피해 복구

(3) 작업 계획 수립

작업 중요성과 난이도에 따라 우선순위를 정하고 계획단계에서부터 예산을 수립하여야 한다. 관리 계획 수립 절차는 일반적으로 다음과 같다.

> 관리 목표 및 방식 결정 → 관리 계획 수립 → 관리 조직 구성 → 업무 배분 및 협조 체계 구축 → 관리 업무 수행 → 업무 평가

(4) 작업 시기 및 내용

① 조경수목: 계절에 따라 변화가 다양하여 시기별로 작업 내용이 다르고, 어떤 경우에는 일시에 집중적인 작업을 필요로 하는 경우도 있으므로 이를 감안하여 계획을 수립해야 한다.
　　예 낙엽수와 상록수의 전정 시기가 다름
　　예 제초 작업, 병해충 방제, 거름주기, 월동 관리와 같은 작업은 일정 시기에 실시해야 함

② 잔디 및 초화류: 잔디깎기, 제초, 거름주기, 뗏밥 넣기, 보식, 병해충 방제 등 구체적인 작업 내용이 포함되어야 하며, 초화류는 연중 감상할 수 있는 화단을 유지할 수 있도록 계획을 세워야 한다.

③ 조경시설물: 안전사고 예방은 물론 수명 유지 및 온전한 기능을 발휘할 수 있도록 장·단기 관리 계획을 수립하고, 정기적인 작업과 비정기적인 작업으로 나누어 점검과 관리를 지속해야 한다.
　　예 수선, 교체, 개량, 신설, 복구, 방제 등

SUBJECT 05 조경관리

02 운영 및 이용관리

KEYWORD 운영관리, 이용관리, 안전관리

1. 운영관리

(1) 의의

조경관리 담당업무를 효과적으로 수행하기 위해 체계를 갖추는 일을 말하며, 관리 방식은 크게 직영방식와 위탁방식으로 나눌 수 있다.

(2) 운영관리 체제 수립

조경 공간의 다양성과 사회 변화에 대응할 수 있도록 적절한 규모의 관리 조직을 구성해야 하며, 이를 위해서는 필요한 인원과 예산 확보가 필수적이다.

구분	직영방식	위탁방식
대상업무	• 신속 대응이 필요한 업무 • 연속적으로 수행하기 어려운 업무 • 진척 상황이 명확하지 않은 업무 • 금액이 적고 간단한 업무 • 일상적으로 이뤄지는 업무	• 장기간 지속되는 단순 업무 • 전문지식이나 기능, 자격이 요구되는 업무 • 대규모·자재가 많이 필요한 업무 • 자체 설비로 대응이 어려운 업무 • 내부 인력만으로 감당하기 힘든 업무
장점	• 책임 소재가 분명 • 즉각적인 대응 가능 • 관리 실태 파악이 수월 • 상황 변화에 유연하게 대처 가능 • 이용자에게 양질의 서비스 제공 가능 • 애착심을 가지므로 관리효율이 높음	• 규모가 큰 시설의 관리에 적합 • 전문가를 합리적으로 이용 가능 • 번잡한 노무관리가 필요하지 않고 업무 단순화 가능 • 전문자격자의 양질 서비스 가능 • 장기적으로 비용 절감 및 안정성 확보
단점	• 관성에 따른 업무 소홀의 위험 • 인사 배치 전환이 어려움 • 인건비가 많이 듦 • 인사적체 발생	• 책임 소재나 권한의 범위가 불명확 • 전문 업체 활용이 충분치 않을 우려

2. 이용관리

(1) 의의

이용자가 조경 공간을 목적에 맞게 이용하도록 돕고, 이용자에게 다양한 프로그램과 서비스를 제공하고자 하는 활동을 말한다.

(2) 이용관리 목표와 내용
  ① 대상지 보전: 관리 가능한 범위 내에서 이용할 수 있도록 이용자를 안내하고 계도한다.
  ② 이용편익 제공: 이용자가 편리하게 공간을 이용할 수 있도록 지원한다.
  ③ 예시: 이용 안내·홍보, 행사 기획·운영, 주민 참여 프로그램, 안전 관리 등

(3) 이용조사
조경 공간에서 이용자의 이용실태를 정확히 파악하고자 실시한다.
  ① 이용자 수요 예측(시간·요일·월·계절·연간 등)
  ② 이용 행태 분석
  ③ 이용자의 의식·심리 조사

(4) 이용지도
프로그램 정보나 금지 행위 혹은 주의 사항을 전달하여 이용자가 안전하고 편리하게 이용할 수 있도록 돕는다.

목적	내용
공원녹지 보전	조례 등에서 금지되어 있는 행위
안전·쾌적한 이용	• 위험한 행위의 금지 및 주의 촉구 • 특수 시설 혹은 위험을 수반하는 시설에 대한 올바른 이용방법 지도
레크리에이션 활동	• 이용 안내 • 레크리에이션 활동에 대한 상담 및 지도

(5) 주민참여
지역 주민이 의사결정과정에 참여하여 관리주체와 의견을 조정하는 과정을 말한다.
  ① 개념: 최초에는 저항형·요구형 참여로부터 시작하여 토의형·협력형·해결형 참여로 발전하였다.
  ② 대표적 사례
    ㉠ 영국 내셔널 트러스트 운동(National Trust): 변호사인 로버트 헌터 등 3인이 제창하여 자연과 역사적 환경을 보전하기 위해 시작하였으며, 시민의 힘에 의한 국토보전과 관리에 의의를 둔다.
    ㉡ 일본 풍치보전회: 1964년 가마쿠라 역사경관 보전을 위해 설립한 민간조직으로, 1966년 고도보전법 제정을 이끌어냈다.
  ③ 주민참여 효과
    ㉠ 연대감 형성 및 상호 신뢰를 도모한다.
    ㉡ 공중도덕 및 공공 애호 정신을 함양시킨다.
    ㉢ 단체 간 친목 도모 및 주민과 행정 간의 신뢰를 형성한다.
    ㉣ 노인 건강 증진 및 안전한 시설 이용을 촉진한다.

④ 주민참여 조건
  ㉠ 주민들에게 부담이 되지 않도록 사업 규모가 너무 크거나 지나치게 전문적이지 않아야 한다.
  ㉡ 참여 결과에 대한 실질적 효과가 예상되어야 한다.
  ㉢ 주민의 자발적 참여와 협력이 전제되어야 한다.
  ㉣ 주민참여에 대한 이해 조정과 공평심이 확보되어야 한다.
⑤ 주민참여 과정
  ㉠ 미참여 단계(치료 및 조작)
  ㉡ 형식적 참여 단계(정보 제공 및 상담과 유화)
  ㉢ 시민권력 단계(파트너십 형성 및 권한 이양과 자치 관리)
⑥ 주민참여 활동내용
  ㉠ 청소 및 제초
  ㉡ 병충해 방제, 관수 및 시비
  ㉢ 화단 식재
  ㉣ 어린이 놀이 지도 및 놀이기구 점검
  ㉤ 금지행위 및 위험행위 안내
  ㉥ 각종 이벤트 및 행사 개최
  ㉦ 규칙 제정 및 제안 참여

3. 안전관리

조경 공간은 불특정 다수의 사람들이 이용하므로 다양한 안전사고가 발생할 수 있다. 사고를 네 가지 유형으로 구분하여 각각에 대해 사전 점검 및 예방 조치를 마련해야 한다.

(1) **설치 하자에 의한 사고**
  ① 시설의 구조·재질·배치가 이용 목적에 적합한지 미리 검토한다.
  ② 설치 후에도 이용 방법·빈도 등 이용 상황을 관찰하여 문제를 발견하면 즉시 개선·보강한다.

(2) **관리 하자에 의한 사고**
  ① 주기적으로 시설 노후, 파손, 주변 붕괴, 낙하 위험, 위험물 방치 등을 확인하여 사고를 방지한다.
  ② 이상 징후가 보이면 즉시 조치할 수 있는 운영 체계를 갖춘다.
  ③ 재료의 내구연한과 부식·마모 기준을 정해 점검 포인트로 활용한다.

(3) **이용자 및 주최자 부주의에 의한 사고**

  이용자나 주최자의 부주의로 동일 사고가 반복될 경우, 시설을 개선하거나 안내판을 설치해 주의를 환기시켜야 한다.

(4) **자연재해에 의한 사고**
  ① 폭우 대비 : 배수시설이나 배수관 혹은 축대나 옹벽 등 무너지기 쉬운 시설에 대해 미리 점검하여 침수나 붕괴에 대비하여야 한다. 특히 장마철이 시작되기 전 사전점검은 필수이다.
  ② 강풍 대비 : 식재한 지 얼마 되지 않은 나무는 지주를 세워 대비하고, 강한 바람에 날릴 위험이 있는 시설물은 미리 조치를 취해야 한다.

조경관리
03 조경수목관리

KEYWORD 전정, 관수, 시비, 비료성분, 복합비료, 줄기감기, 분덮기, 병충해, 잡초방제, 연중관리

1 조경수목 전정

1. 용어 정리

용어	설명
정자(整姿, Trimming)	나무 전체 모양을 일정한 양식에 따라 다듬는 것
정지(整枝, Training)	수형(나무 전체 모습)을 유지하기 위해 줄기나 가지 생장을 조절하여 목적에 맞는 모양을 만드는 기초 작업
전정(剪定, Pruning)	관상, 개화(꽃이 핌), 결실(열매 맺음), 생육 상태 조절 등 목적에 따라 가지나 줄기 일부를 잘라내어 조경수목의 건전한 발육을 돕는 것

2. 목적

(1) **미관상 목적**
① 불필요한 가지나 줄기를 잘라내어 건강한 생육을 돕고, 나무 고유의 아름다움을 높인다.
② 균형이 맞지 않는 수형을 정리하여 조형미를 개선한다.

(2) **실용적 목적**
① 방화, 방풍, 방음, 차폐, 시선 유도, 녹음 제공 등 기능적 역할을 수행한다.
② 가로수 정리로 통풍을 조절하거나 태풍에 의한 쓰러짐 사고를 방지한다.
③ 수목 크기를 조절해 한정된 공간에서도 주변 경관과 조화를 이룰 수 있도록 한다.

(3) **생리적 목적**
① 병충해, 풍해(바람 피해), 설해(눈 피해) 등에 대비해 지엽(가지와 잎)이 너무 빽빽하게 자라지 않도록 한다.
② 쇠약한 가지를 제거해 새로운 가지가 돋게 함으로써 수목의 활력을 높인다.
③ 도장지(삐죽 자라는 가지)나 허약한 가지를 잘라내어 생장을 조절하고, 개화와 결실을 촉진한다.
④ 이식 후 수목 생육을 돕고 뿌리 활착(흙에 잘 적응하여 자리 잡음)을 촉진한다.

3. 방법

(1) 기본 고려사항

① 주변 환경과 조화를 도모한다.
② 수목 생리(생장 과정)와 생태(환경과의 관계)에 대한 이해를 기반으로 한다.
③ 나무 전체 모양을 고르게 하여 세력을 균질하게 하고, 수목의 아름다움을 유지할 수 있도록 한다.

(2) 일반적 원칙

원칙	내용
무성하게 자란 가지 제거	일조와 통풍 상태를 개선하여 병충해를 예방한다.
지나치게 길게 자란 가지 제거	수형(나무 모양)을 어지럽히는 긴 가지를 조절하여 고른 생육을 유도한다. (눈의 윗부분을 자르되, 윗가지는 짧게 남기고 아랫가지는 길게 남긴다.)
주지(중심가지) 하나만 남기기	나무의 영양과 힘이 분산되지 않도록 중심 가지는 유지한다.
평행지(서로 평행하게 자라는 가지) 제거	평행지는 단조롭고 아래쪽 가지의 햇빛을 차단하므로 제거한다.
도장지(영양만 집중되어 연약하게 길게 자란 가지) 제거	조직이 약해 수형을 어지럽히므로 제거한다.
역지(반대 방향으로 자라는 가지)·수하지(처진 가지)·난지(어지럽게 자란 가지) 제거	수형을 어지럽히고 일조와 통풍에 장애가 되므로 제거한다.
같은 위치·같은 방향 가지 피하기	변화가 적어지고 가지의 힘이 약해지므로 이를 피한다.
뿌리 자람 방향에 따른 가지 유도	뿌리 발육상태에 따라 가지의 자람이 달라지므로 뿌리 자람의 방향을 고려하여 가지를 조절한다.
기타 불필요한 가지 제거	고사지(죽은 가지), 병지(병든 가지), 허약한 가지, 교차지(줄기와 교차된 가지), 밑둥 곁가지 등은 모두 제거한다.

4. 수종별 전정시기

계절	전정 대상 수종 예시
봄	상록활엽수, 침엽수, 생울타리용 수종, 과수, 봄·여름 개화수
여름	낙엽활엽수(단풍류, 자작나무 등), 일반 수종
가을	일부 활엽수·침엽수, 생울타리
겨울	일반 수목의 교차지, 내향지(안쪽으로 자라는 가지), 역지 등
전정 제외 수종	• 침엽수: 독일가문비, 금송, 히말라야시다 등 • 상록활엽수: 동백, 치자, 굴거리, 녹나무, 태산목, 팔손이, 남천, 다정큼나무 등 • 낙엽활엽수: 느티나무, 팽나무, 회화나무, 참나무류 등

2 조경수목 관수 및 시비

1. 관수(물 주기) 방식

(1) 침수식

수간(나무 줄기) 주변에 도랑을 파고 유수(流水)나 호스, 스프링클러, 급수차 등을 이용해 물을 공급한 뒤 측방에서 천천히 스며들게 하는 방법이다.

(2) 도랑식

관수하려는 수목 주위에 도랑을 연결하여 물이 흐르게 함으로써, 도랑의 경사와 유속에 따라 고르게 흡수되도록 하는 방법이다.

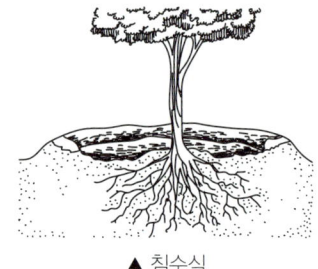

▲ 침수식

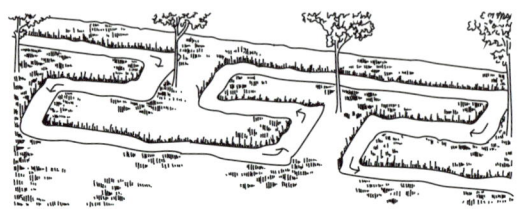

▲ 도랑식

(3) 스프링클러

식물의 수분 요구량, 토양 흡수력, 수압 및 풍향 등을 종합적으로 고려하여 기계 장비로 물을 고르게 분사하는 방법이다.

> **+TIP 관수의 효과**
> - 토양 중의 양분을 용해하고 흡수하여 신진대사를 원활하게 한다.
> - 증산작용으로 인한 잎의 온도 상승을 막고 식물체 온도를 유지한다.
> - 토양 건조를 막고 생육환경을 형성하여 나무 생장을 촉진한다.
> - 지표와 공중의 습도가 높아져 증산량이 감소한다.

2. 시비(비료 주기) 방식

(1) 표토시비법

표토(토양의 겉표면)에 비료를 직접 뿌려주는 방법이다. 작업이 간단해 빠르게 시비할 수 있으나, 비나 바람에 의해 비료가 쉽게 유실되므로 토양 내부로의 이동 속도가 느린 양분 공급에는 부적합하다.

(2) 토양 내 시비법

땅을 갈거나 구덩이를 파고 비료를 토양 내부에 넣는 방법이다. 물에 잘 녹지 않는 비료를 효과적으로 공급할 수 있으며, 토양 수분이 적당할 때 작업해야 답압(땅이 다져짐)을 방지할 수 있다. (구덩이 깊이 25~30cm, 간격 0.6~1.0m, 100m^2당 100~275개 권장)

(3) 엽면시비법

비료를 물에 희석해 잎에 분무하는 방법으로, 미량 원소 결핍 시 효과가 빠르며 뿌리 발육이 불량한 지역에서 효과적이다. 일반적으로 물 100L에 비료 60~120mL를 희석해 사용하며, 비나 바람이 강한 날에는 유실의 우려가 있으므로 실시하지 않는다.

(4) 수간주사법

수피(나무 껍질)에 드릴로 작은 구멍을 뚫어 비료액을 주입한 뒤 밀봉하는 방법이다. 인력과 시간이 많이 소요되므로 다른 방법의 적용이 어려울 때 사용하며, 폐기된 링거병 등을 이용하면 편리하게 약제를 주입할 수 있다.

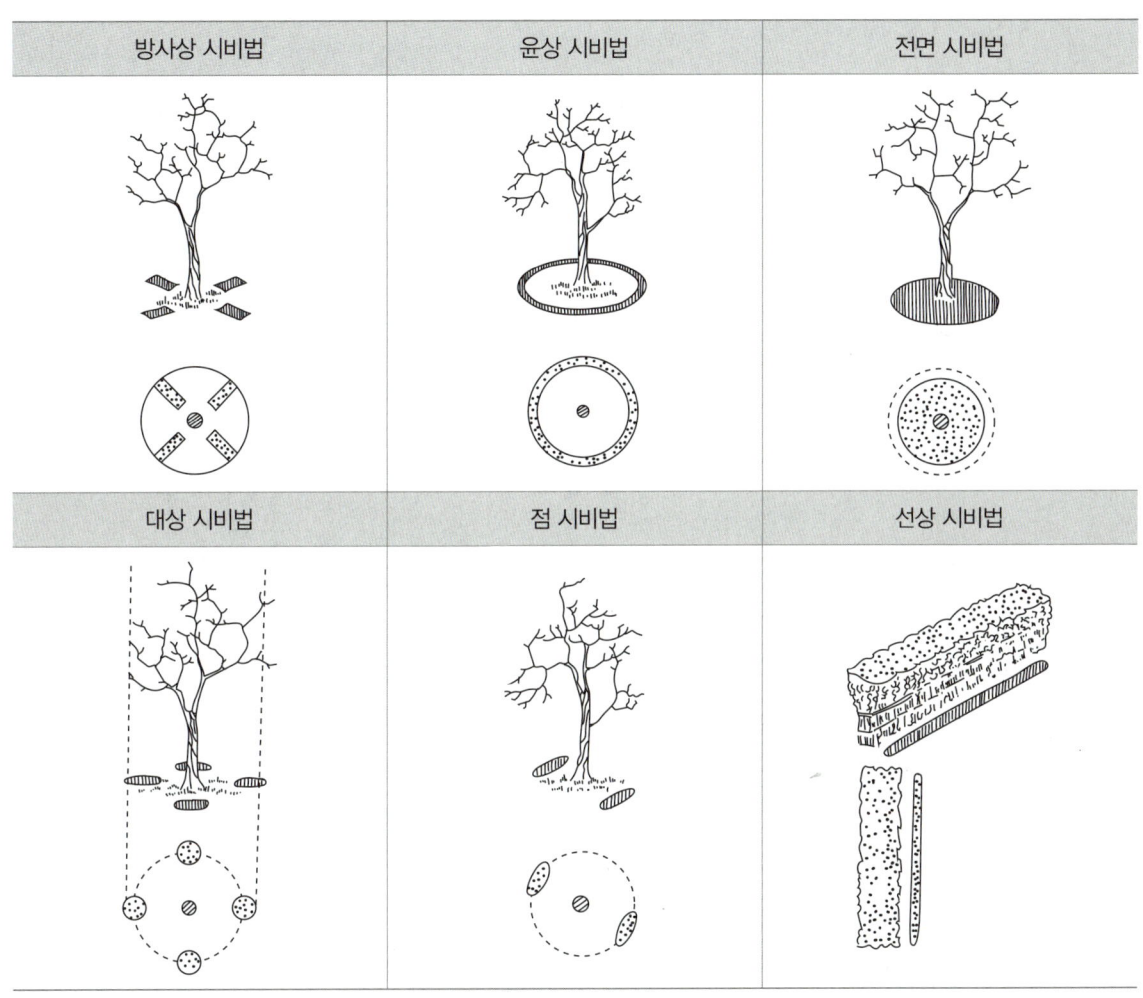

▲ 여러 가지 토양 내 시비법

+TIP 선상 시비법

생울타리처럼 수목이 대상(띠 모양)으로 군식되었을 때는 선상(선 모양) 시비법이 가장 적당하다.

(5) 비료 성분

① 다량원소와 미량원소: 비료에는 식물 생장에 필요한 원소들이 들어 있으며, 필요한 양에 따라 다음 두 종류로 나뉜다.

분류	원소(화학기호)
다량원소	질소(N), 인산(P), 칼륨(K), 칼슘(Ca), 탄소(C), 수소(H), 산소(O), 마그네슘(Mg), 황(S) ※ 비료의 3요소: N, P, K
미량원소	철(Fe), 염소(Cl), 망간(Mn), 아연(Zn), 붕소(B), 몰리브덴(Mo), 구리(Cu), 니켈(Ni)

② 주요 원소별 역할과 결핍 증상

원소	역할	결핍 혹은 과잉 시 증상
질소(N)	광합성 촉진으로 잎·줄기 생장에 도움	• 부족 시 생장 위축, 조기 성숙 • 과다 시 수세가 약해지고 성숙 지연
인산(P)	세포 분열 촉진, 꽃·열매·뿌리 발달 관여	• 부족 시 꽃·열매 품질 저하 • 과다 시 조기 성숙으로 수확량 감소
칼륨(K)	꽃·열매의 향기·색 조절	황화(노랗게 변함)현상 발생
칼슘(Ca)	단백질 합성 관여	생장점 파괴로 갈색 변색
철(Fe)	산소 운반 및 엽록소 생성 촉매	잎이 노랗게 변함
황(S)	호흡 작용 및 콩과식물의 근류(뿌리혹) 형성	단백질 합성 지연, 침엽수 잎 끝부분이 황색이나 적색으로 변함
붕소(B)	개화·결실 관여	잎 변색, 착화 어려움, 뿌리 생장 저하

③ 복합비료 표시법: 복합비료는 질소(N), 인산(P), 칼륨(K)을 혼합한 비료이며, '21−17−17'이라 표기하면 비료 1포대(20kg) 속에 순수 질소 함량이 21%, 인산과 칼륨이 각각 17%씩 들어 있다는 뜻이다.

3. 줄기 감기와 분 덮기

(1) 줄기 감기

햇볕에 의한 수피(나무 껍질) 그을림과 수분 증발을 막고, 병충해를 예방하기 위해 실시한다.

방법	설명
진흙 바르기	줄기에 새끼줄을 감고, 흙에 여물과 물을 섞어 반죽한 진흙을 발라준다.
종이 감기	잉크와 광물성 성분으로 인해 방충 효과를 얻을 수 있다. ◉ 신문지
볏짚 감기	소나무 외 수종에 대해 이엉(볏짚을 엮어 만든 덮개)으로 줄기를 보호한다.

(2) 분 덮기

제초한 풀을 뿌리분에 쌓고 가마니 등으로 덮어 여름에는 건조 예방과 동시에 잡초가 자라지 못하게 하고, 가을에는 낙엽을 덮어 냉해(서리 피해)를 방지한다.

3 병충해 방제

1. 개요

(1) 병해(病害)

수목에 발생하는 병해는 크게 전염성 병해와 비전염성 병해로 나눈다.
① 전염성 병해: 곰팡이, 세균, 바이러스, 파이토플라스마 등 미생물이나 선충, 원생동물 등이 옮겨 다니며 발생하는 생물적 원인에 의한 병해이다.
② 비전염성 병해: 대기오염, 토양오염, 염해(소금 피해), 연해(연기 피해) 등 환경적 요인으로 발생하는 병해이다.
※ 본 교재에서는 전염성 병해에 대해서만 다룬다.

(2) 충해(蟲害)

해충이 나무에 구멍을 내거나 잎을 갉아 먹는 등 다양한 피해를 일으킬 때 충해라고 한다.
① 식엽 해충: 잎을 갉아 먹는 해충
② 흡즙 해충: 수액이나 즙을 빨아 먹는 해충
③ 천공 해충: 잎에 구멍을 뚫는 해충
④ 충영 형성 해충: 조직에 충영(벌레혹)을 만드는 해충
⑤ 종실 해충: 열매나 씨를 해치는 해충

2. 수목 병해

(1) 전염성 병해의 원인에 따른 구분

원인	대표 병명
곰팡이 (진균의 일종)	점무늬병, 흰가루병, 그을음병, 떡병, 가지마름병, 시들음병, 잎마름병, 잎떨림병, 뿌리썩음병, 녹병 등 대부분의 수목 병해
세균 (박테리아)	뿌리혹병, 세균성 궤양병, 불마름병 등
바이러스	포플러 모자이크병, 느릅나무 얼룩반점병 등
파이토플라스마	대추나무 및 오동나무 빗자루병, 오갈병 등
선충	소나무 재선충에 의한 소나무 시들음병 및 뿌리혹선충 등
기생성 종자식물	새삼, 겨우살이, 칡 등

(2) 발병 부위에 따른 분류

부위	대표 병명
줄기	줄기마름병, 가지마름병, 암종병
잎·꽃·열매	흰가루병, 탄저병, 회색곰팡이병, 적성병, 녹병, 균핵병, 갈색무늬병
나무 전체	흰비단병, 시들음병, 세균성 연부병, 바이러스 모자이크병
뿌리	흰빛날개무늬병, 자주빛날개무늬병, 뿌리썩음병, 근두암종병

(3) 예방 및 구제방안

① 예방법: 병해를 막는 방법은 크게 두 가지로, 외부로부터의 감염을 막는 것과 수목 개체의 건강성을 강화하여 내병성을 길러주는 것이다.

외부 감염 방지	내병성 강화
• 식물검역 강화 • 종자와 토양 소독 • 묘포장(묘목을 기르는 곳) 위생관리 강화 등	• 병에 강한 품종 선택 및 보급 • 건강한 개체를 무성번식으로 생산 • 비료를 주고 토양 상태를 개선하여 수목의 건강성 강화(비배관리)

② 구제 및 치료
  ㉠ 살균제 사용(곰팡이에 의한 병해)
  ㉡ 항생제 사용(박테리아, 파이토플라스마에 의한 병해)
  ㉢ 약품 사용(바이러스에 의한 병해)
  ㉣ 수간주사를 투여하거나 환부를 도려내는 외과적 수술 등

(4) 조경수목에 나타나는 주요 병해

① 주요 병해와 방제법

병명	피해 수종	증상	방제법
잎마름병	곰솔, 소나무, 잣나무, 주목, 측백나무 등	봄에 잎 윗부분에 띠 모양의 황색 반점이 생긴 뒤 갈색으로 변하며 반점이 합쳐짐	• 병든 묘목은 발생 초기에 제거 • 5월 하순부터 8월까지 2주 간격으로 구리제(구리 살균제) 살포
잣나무 털녹병	잣나무	4월 하순경 줄기에 흰색 또는 황백색의 주머니가 생기고, 6월 하순 이후 수피가 파열됨 ※ 중간기주: 까치밥나무	수고의 1/3까지 가지치기 후 묘포장에서 8월 하순부터 2~3회 구리제 살포
흰가루병	감나무, 느티나무, 물푸레나무, 밤나무, 배롱나무, 장미, 참나무류 등	식물의 잎이나 줄기에 백색 점무늬가 생기고 점차 퍼져서 흰 곰팡이 모양이 형성됨	• 봄에 새눈이 나오기 전 석회유황합제 1~2회 살포 • 여름에 수화제(만코지, 지오판, 벤노밀)를 2주 간격으로 살포

병명	기주식물	병징	방제법
향나무 녹병	노간주나무, 향나무 등	잎과 줄기에 갈색의 돌기가 형성되고 비가 오면 한천 모양이나 젤리 모양으로 부풀어 오름	• 4~5월과 7월에 10일 간격으로 수화제(만코지, 폴리옥신) 살포 • 중간 기주인 모과나무, 배나무적성병을 함께 방제
그을음병	대나무, 배롱나무, 사철나무, 수수꽃다리, 쥐똥나무 등	• 잎과 줄기에 그을음이 부착됨 • 깍지벌레·진딧물의 배설물에서 발생	• 흡즙성 해충을 제거하고 통풍과 채광을 확보 • 수화제(만코지, 지오판) 살포
부란병	꽃아그배나무, 사과나무 등	나무껍질이 갈색으로 부풀어 오르고 쉽게 벗겨지며 알코올 냄새가 남	• 환부를 칼로 도려내 70% 알코올로 소독 후 도포제를 바름 • 겨울철에 8-8식 보르도액 살포하고 동해와 피소 피해를 방지
탄저병	감나무, 대추나무, 동백나무, 사철나무, 오동나무, 호두나무 등	5~6월경 잎맥, 잎자루, 어린 줄기에 담갈색 점무늬가 생김	• 병든 잎은 소각하고 해충을 구제하며 비배관리를 철저히 함 • 6~9월에 수화제(베노밀, 지오판) 4~5회 살포
빗자루병	대나무, 대추나무, 벚나무류, 오동나무, 전나무, 쥐똥나무 등	• 연약한 가지와 잎에 침입하여 잎이 작아지고 담황록색으로 변함 • 대나무는 마디 수가 증가하고, 바늘 모양의 소엽이 발생	• 발병 초기 옥시테트라사이클린을 수간주입 • 병든 부위 제거 및 소각 • 꽃이 진 뒤 보르도액 또는 만코지 수화제 2~3회 살포
갈색무늬병	느티나무, 배롱나무, 아카시아, 오리나무, 자작나무, 참나무류, 포플러류 등	• 7월 상순부터 늦가을까지 잎에 갈색 무늬가 생기고, 병든 잎은 8월 중순 무렵에 일찍 떨어짐 • 지면과 가까운 잎에서 발생함	• 병든 잎은 수시로 제거 • 발생 초기 수화제(만네브, 벤노밀) 2주 간격으로 살포
적성병	명자나무, 모과나무, 배나무, 산사나무 등	6~7월 잎과 열매에 노락색 작은 반점이 생겨 갈색으로 확대되고, 잎 뒷면에 담갈색 긴 털이 형성	4월 중순부터 6월까지 수화제(만코지, 폴리옥신) 10일 간격으로 살포
떡병	진달래, 철쭉류	• 잎이 흰 떡처럼 변형됨 • 5월부터 잎과 꽃눈이 비대해짐	• 병든 부분 제거 후 소각 • 발병 초기에 동수화제 3~4회 살포
세균성 구멍병	벚나무, 살구나무, 자두나무 등	• 5~6월경 발생하여 8~9월에 피해가 심해짐 • 잎에 둥근 갈색 점무늬가 생긴 후 환부 탈락으로 구멍이 생김	• 병든 잎은 모아 소각 • 잎 전개 시 4-4식 보르도액 살포 • 개화 후 퍼메이트, 다이센 M-45 2회 살포

> **+ TIP 세계 3대 수목병**
> 잣나무 털녹병, 느릅나무 시들음병, 밤나무 줄기마름병

② 자주 출제되는 주요 병해

▲ 흰가루병　　　　▲ 향나무 녹병　　　　▲ 그을음병

▲ 탄저병　　　　▲ 빗자루병　　　　▲ 갈색무늬병

3. 수목 충해

(1) 구분

① 피해 부위와 해충 종류에 따른 구분

구분	해충명	피해 수종	피해 징후	방제법
즙을 빨아먹는 해충 (흡즙성 해충)	응애류	꽃아그배나무, 벚나무, 소나무, 전나무, 과수류	잎 뒷면에 숨어 뾰족한 입으로 즙을 빨아 노란 반점이 생겨 황화현상 발생	• 4월 중순부터 살비제(테디온, 디코폴 유제)를 잎 뒷면에 7~10일 간격으로 2~3회 살포 • 천적인 무당벌레나 풀잠자리를 보호 • 토양 침투성 살충제를 주변 토양에 주입
	깍지벌레류	물푸레나무, 배롱나무, 벚나무, 소나무	잎·가지에 붙어 즙을 빨아 잎이 황변하고 2차적으로 그을음병 발생	• 휴면기(12월~4월 사이)에 기계유제 25배액을 1주 간격으로 2~3회 살포 • 4월부터 메티온 40% 유제 1,000배액을 1주 간격으로 2~3회 살포 • 토양 침투성 살충제 주입

	진딧물류	무궁화, 벚나무, 소나무, 아까시나무, 장미, 포플러류 등	잎·가지에 붙어 즙을 빨아 황화현상 및 그을음병 발생	• 4월 하순~5월 초 발생 초기 마라톤 50% 유제, 아세트수화제, 메타 25% 유제, 피리다벤 50% 수화제 1,000배액 살포 • 그 외 진딧물용 농약 및 토양 침투성 살충제 주입
잎을 갉아먹는 해충 (식엽성 해충)	미국흰불나방	단풍나무, 벚나무, 아까시나무, 양버즘나무, 오동나무, 포플러류, 호두나무 등	잎·가지에 거미줄 모양 집을 치고 유충이 갉아먹으며, 어느 정도 자라면 각기 흩어져 추가 피해 발생	• 5~10월 유충기에 디프록스 50% 1,000배액 살포 • 집단 유충 채취 후 소각 • 8월 중순경 피해 수간에 짚·거적 유인 후 소각
	회양목명나방	회양목	유충이 가지에 거미줄 집을 짓고 잎을 갉아 먹으며 6월과 8월, 연 2~3회 피해 발생	• 가해 초기에 메프·갈탑 수화제 2회 살포 • Bt제 생물농약도 유효
구멍을 뚫는 해충 (천공성 해충)	하늘소	측백나무, 향나무	유충이 줄기의 부름켜 부위를 갉아 먹으며, 주로 생육이 약해진 나무가 대상임	• 피해 가지는 10~2월 절단 후 소각 • 봄 성충이 수피에 산란할 때 메프 50% 유제 1,000배액 2~3회 살포
	소나무좀	소나무류	유충이 쇠약한 나무나 벌채목에 구멍을 뚫어 가해하며, 성충은 신초 (새로 난 가지)에 구멍을 뚫음	• 쇠약목 조기 제거 • 피해목 벌채 후 소각 • 천적 이용

② 자주 출제되는 주요 해충

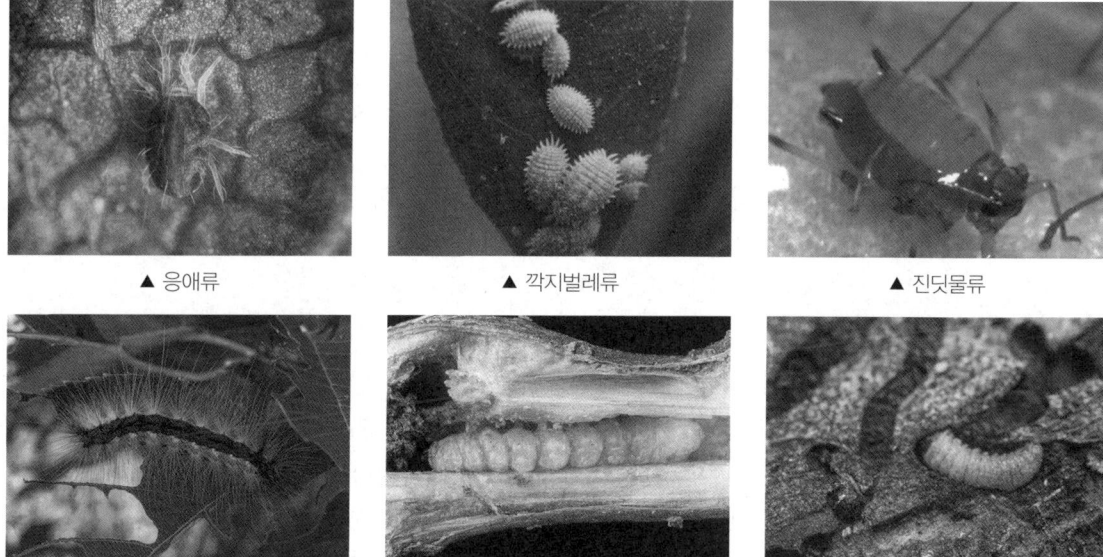

▲ 응애류   ▲ 깍지벌레류   ▲ 진딧물류

▲ 미국흰불나방 유충   ▲ 하늘소 유충   ▲ 소나무좀 유충

(2) 예방 및 구제 방안
① 예방책: 병해와 마찬가지로, 외부에서 해충이 들어오는 것을 막기 위해 식물검역을 철저히 하고 해충에 강한 수종을 보급한다. 또한 한 종류의 해충이 집중적으로 공격하지 못하도록 여러 가지 다른 수종을 섞어 심는 방식을 적용하고 적절한 시비와 관수, 전정을 통해 수목의 활력을 높이면 피해를 줄일 수 있다. 피해를 입은 경우에는 화학적 방제(살충제)와 생물적 방제(천적)를 병행한다.
② 화학적 방제: 약제의 용도와 작용 방식을 잘 이해하고 사용하여 환경에 미치는 영향을 최소화해야 하며, 주요 약제와 특징은 다음과 같다.

약제 종류	특징
살충제	• 식물에 해가 되는 곤충을 포함한 절지동물을 제거하는 화학물질로, 상표 색은 녹색이다. • 소화중독제: 해충이 먹는 잎이나 줄기에 뿌려 해충의 소화기관 내에서 독성을 발현한다. • 접촉성: 해충의 몸에 직접 닿아 독성이 작용한다. • 침투이행성: 식물 조직 내부에 침투해 해충이 잎을 빨거나 갉으면 해충 체내로 독성이 퍼진다. • 생물농약: 병균이나 바이러스를 이용한다.
살균제	• 곰팡이나 병균을 구제하는 약제로, 상표 색은 분홍색이다. • 직접 살균제(식물 내 침입을 막거나 침입한 병균을 죽이는 용도), 종자소독제, 토양소독제, 과실방부제 등이 있다.
살비제	• 응애류에만 작용하는 약제이다. • 응애류는 짧은 시간에 급증하므로, 성충과 유충은 물론 알까지 구제하도록 잔류효과가 길어야 한다.
살선충제	토양 내 뿌리에 기생하는 선충을 방제하는 약제이다.
제초제	• 식물 내 수분을 마르게 하여 고사시키는 약제로, 토양의 미생물까지 죽일 수 있어 토양 황폐화의 위험이 있다. • 잔류 농약이 빗물에 씻겨 하천에 유입될 경우 또 다른 피해를 입히므로 신중히 사용한다.
식물생장 조절제	• 상표 색은 청색이다. • 생장촉진제: 발근 촉진용이다. • 생장억제제: 성장, 맹아, 개화, 결실을 억제한다.

③ 생물적 방제: 먹이사슬을 이용해 해충의 천적을 이용하는 방법이다.
  ㉠ 나비목 해충: 고치벌·맵시벌 등을 이용한다.
  ㉡ 진딧물: 풀잠자리류, 꽃등에류, 무당벌레류를 이용한다.
  ㉢ 이밖에 방사선 처리로 수컷 해충의 생식능력을 상실시켜 번식을 줄이는 방법도 유효하다.
④ 약제 안전 사용법: 약제 사용 시 인체와 환경에 대한 피해를 줄이기 위해 다음 사항에 주의한다.
  ㉠ 적기 사용: 병충해의 생활 주기에 맞춰 최소 횟수로 최대 효과를 낼 수 있는 시기에 살포한다.
  ㉡ 적합한 약제 선택: 발생한 병충해에 맞는 약제를 골라 농도와 횟수를 줄인다.
  ㉢ 저항성 방지: 동일한 약제를 반복 사용하지 않고, 적용 가능한 다른 종류의 약제를 번갈아 사용한다.

ⓔ 살포 방법
- 제초제는 깔때기 노즐을 사용해 낮게 분사하여 다른 식물에 닿지 않도록 한다.
- 바람을 등지고 작업하며, 피부 노출을 막기 위해 마스크·장갑·보호복을 착용한다.

ⓜ 작업 제한
- 컨디션이 좋지 않을 때는 작업을 피하고, 장시간 단독 작업은 금한다.
- 작업 중 음식 섭취를 금한다.

ⓗ 사후 관리
- 작업 후에는 노출 부위를 비누로 씻고 옷을 갈아입는다.
- 남은 약제는 다른 약제와 혼합하지 않고, 다른 약제와 혼동하지 않도록 따로 표시해 관리한다.
- 전용 보관상자에 넣고, 어둡고 서늘한 곳에 보관한다.

ⓢ 응급 조치: 중독 증상이 의심되면 즉시 작업을 중단하고 의료기관에서 진찰을 받는다.

4 잡초 방제

1. 개요

(1) 정의

잡초는 인간에 의해 재배되지 않았거나 이용 가치가 낮아 피해를 주는 식물로, 시대 및 환경에 따라 유용성이 발견되기도 하므로 일괄적인 정의가 어렵다. 일반적으로 식물의 생애 주기에 따라 일년생 잡초와 다년생 잡초로 구분한다.

(2) 잡초의 공통 특성
① 생육환경에 대해 적응성이 크다.
② 토양을 가리지 않으며 흡비력(비료 성분을 흡수하거나 흡착시키는 힘)이 좋다.
③ 밀생하는 성질이 있어 한 곳에 무리 지어 자란다.
④ 주로 광(光)발아성으로 지상으로 올라온 후에 발아할 수 있다.
⑤ 번식력과 재생력이 강하다.

(3) 잡초 피해
① 양분과 수분을 빼앗아 수목 생장을 저해한다.
② 바람을 막아 증산작용을 방해한다.
③ 태양광을 차단하여 수목의 광합성을 방해한다.
④ 병해충의 서식처나 월동장소가 된다.
⑤ 조경 공간의 미관을 해친다.

(4) 분류(일년생 잡초와 다년생 잡초)

구분	특성

일년생 잡초	• 1년 이내에 생애 주기가 끝나며 주로 종자(씨앗)로 번식한다. 많은 종자를 생산하므로 잡초 방제의 주 대상이 된다.
	• 하계 일년생
	  - 봄에 발아하여 여름 동안 성장하고 가을에 결실한 다음 말라 죽는다.
	  - 바랭이, 피, 쇠비름, 명아주 등
	• 동계 일년생
	  - 늦여름부터 초겨울 사이에 발아하여 겨울을 보낸 후 이듬해 봄에 생장하고 봄부터 여름에 걸쳐 개화, 결실하고 말라 죽는다.
	  - 뚝새풀, 냉이 등

다년생 잡초	• 2년생 잡초와 그 이상 생육하는 다년생 잡초로 나눈다. • 다년생 잡초는 종자번식도 가능하나 대부분 영양기관에 의해 번식한다. • 2년생: 야생 당근 • 다년생: 민들레, 질경이, 갈대, 쑥, 애기수영, 올방개, 가래 등

2. 방제 방법

잡초 방제는 조경식물과의 경쟁을 최소화하도록 경쟁이 가장 심한 시기인 발아기(싹이 트는 시기)로부터 생육 초기 단계에 집중 실시한다.

방제 방법	설명	장점	단점
인력 방제	사람이 손으로 뽑거나 낫으로 베어 제거하는 방식으로, 어린 시기에 적합	토양오염이나 환경 피해 없음	시간, 노력, 경비 과다 소요
제초제 방제	제초제를 사용하여 잡초를 제거하는 화학적 방식	효과가 크고, 오래 지속되며, 범위가 넓고, 간편하여 시간, 노력, 경비가 적게 듦	사람이나 가축 피해 우려, 환경오염, 조경식물에 피해 주의

> **+TIP 부적절한 잡초 방제**
> 잔디밭에서 잡초를 제거하기 위해 비선택성 제초제를 사용할 경우, 잡초뿐 아니라 잔디까지 손상될 수 있으므로 각별한 주의가 필요하다.

5 조경수목 연중관리

1. 1월 – 동절기 관리 준비

주요 작업	방법
• 추위에 약한 수목 보호 • 낙엽 및 낙지(부러져 떨어진 가지) 정리 • 소나무 재선충병 방제 수간주사 실시	• 줄기와 뿌리 주변에 보온재를 둘러 동해를 예방한다. • 낙엽·낙지는 병해충 서식지가 되므로 정기적으로 치워 토양 통기성을 높이고 질병을 예방한다. • 소나무에는 재선충병 예방을 위해 수간주사를 실시한다.

2. 2월 – 전정과 초기 영양 공급

주요 작업	방법
• 수목 전정(가지치기) • 인산·무기영양소 시비(비료 주기)	• 세포 분열이 활발해지는 시기이므로 불필요한 가지를 잘라 새로운 성장을 촉진한다. • 전정을 통해 통풍을 개선하고 해충 서식을 줄인다. • 뿌리 발달을 돕기 위해 인산 등 무기영양소(식물에 필요한 무기 물질)를 공급하여 영양 결핍을 예방한다.

3. 3월 – 병충해 방제 및 전정

주요 작업	방법
• 봄꽃이 피는 수목 전정 • 병충해 방제 • 잡초 제거 및 관수(물 주기) 실시 • 월동피복(겨울용 덮개) 제거	• 봄에 꽃이 피는 수목은 꽃이 진 뒤 전정하여 햇빛이 나무 전체에 골고루 닿게 한다. • 초기 병충해 예방을 위해 방제하고, 잡초를 제거해 영양분을 충분히 흡수하게 돕는다. • 봄 가뭄에 대비해 충분히 물을 주고, 월동 피복을 벗겨 성장을 촉진한다.

4. 4월 – 생장 점검과 가지 솎기

주요 작업	방법
• 생장 상태 점검 • 가지 솎기(간벌) • 병충해 방제 • 시비 실시(비료 주기)	• 빽빽한 가지를 솎아 통풍이 잘 되도록 하고 햇빛 공급을 극대화한다. • 병해충을 방제하고, 추가적인 비료를 공급하여 건강한 성장을 돕는다.

5. 5월 - 소나무 전정 및 영양 공급

주요 작업	방법
• 소나무 전정 • 병충해 방제 • 관수(물 주기) 실시	• 성장 속도가 빠른 시기이므로, 수형(나무 모양) 유지와 균형 잡힌 성장을 위해 전정을 실시한다. • 병충해 발생이 늘어나므로 지속적인 방제를 실시한다. • 건조하지 않도록 충분히 물을 준다.

6. 6월 - 여름 대비 병충해 방제 및 잡초 관리

주요 작업	방법
• 관수(물 주기) 실시 • 병충해 방제 • 잡초 제거	• 아침·저녁으로 물을 주어 증발을 줄이고 수분을 효과적으로 공급한다. • 고온으로 병충해가 급증하므로 예방적으로 방제한다. • 잡초는 수목의 영양분을 빼앗으므로 꾸준히 제거한다.

7. 7월 - 고온기 수분 공급 및 태풍 대비

주요 작업	방법
• 관수(물 주기) 실시 • 병충해 방제 • 잔디·관목 관리 • 태풍 대비 위험목 점검 및 지주목 설치	• 가뭄 스트레스를 막기 위해 아침·저녁에 충분히 물을 준다. • 태풍 피해 예방으로 약한 나무에 지주목을 설치해 쓰러짐을 방지한다. • 잔디와 관목을 다듬어 전체 품질을 유지한다.

8. 8월 - 장마 후 관리

주요 작업	방법
• 배수로 정리 • 병충해 방제 • 토양 관리	• 장마로 과습(지나친 습기)과 병해의 위험이 높아지므로 배수가 잘되는지 확인하고 필요시 배수 작업을 한다. • 토양이 눌리거나 과습하지 않도록 관리해 뿌리 발달을 돕는다. • 곰팡이성 병해 등 병충해를 예방·방제한다.

9. 9월 - 가을 대비 전정

주요 작업	방법
• 가을에 꽃피는 수목 전정 • 잡초 제거	• 가을에 꽃피는 나무는 전정으로 건강을 유지한다. • 잡초를 제거해 영양 경쟁을 줄인다.

10. 10월 – 가을철 시비 및 낙엽 정리

주요 작업	방법
• 낙엽수 전정 • 토양 시비(비료 주기) • 낙엽 청소	• 겨울을 앞두고 비료를 충분히 공급하여 영양을 저장하도록 한다. • 낙엽은 병해충의 서식처가 되므로 빠르게 치워 주변을 청결하게 유지한다. • 전정과 시비를 통해 겨울철 수목 건강을 지키고 다음 해 성장을 준비한다.

11. 11월 – 월동 준비

주요 작업	방법
• 월동(겨울나기) 준비 • 병충해 방제	• 보온재로 줄기·뿌리를 감싸 얼지 않도록 관리한다. • 미리 병충해를 방제해 봄철 급증을 막는다.

12. 12월 – 월동 완료 및 최종 점검

주요 작업	방법
• 월동 상태 점검 • 낙엽 청소 및 수목 상태 확인 • 단풍나무 전정 • 지주목 점검 및 보수	• 보온재 설치 상태를 확인하고, 낙엽을 치워 병해충 은신처를 제거한다. • 지주목을 점검해 보강하고, 단풍나무 전정을 통해 수액 흐름을 줄여 건강을 유지한다. • 불필요한 가지를 제거해 수목 생리를 조절한다.

SUBJECT 05 조경관리
04 조경시설물관리

KEYWORD 조경시설물, 재료별 관리, 유희시설물, 운동시설, 토목시설, 건축시설, 기타시설

1. 개요

(1) 정의
조경시설물은 조경 공간에 도입된 모든 시설물을 말하며, 이러한 시설물은 시간이 지남에 따라 자연적 노후화와 인위적 손상으로 인해 성능이 저하된다. 이를 막기 위해서는 관리 계획을 체계적으로 수립하고, 주기적으로 점검하여 이상이 발견되면 즉시 수리하거나 교체해야 한다.

(2) 시설물 관리 원칙
① 예상보다 이용자가 많은 경우에는 실제 사용 실태를 파악하고, 시설물을 추가 설치하여야 한다.
② 여름철 그늘이 부족한 곳에는 차광(햇빛 가림)시설을 설치하거나 녹음수(그늘 제공 수목)를 심는다.
③ 노인이나 어린 자녀를 동반한 주부들이 오래 머무를 것으로 예상되는 장소에는 목재 벤치 등 편안한 소재를 사용하되, 그늘 지거나 습한 곳에는 내구성이 높은 콘크리트나 석재를 활용한다.
④ 바닥에 물이 고이는 곳에는 배수시설을 설치한 뒤 지면을 높이고 포장을 보수한다.
⑤ 사용 빈도가 높은 시설물의 접합부는 느슨해지지 않도록 충분히 조이거나 용접하여 견고하게 유지한다.

2. 조경재료별 시설물 관리

(1) 목재
① 특징: 감촉이 좋고 외관이 아름답지만, 철재에 비해 내구성이 약해 금이 가거나 부패하기 쉽다.
② 관리 방법
　㉠ 갈라지거나 벌어진 틈은 조기에 발견해 부분 보수하거나 전면 교체한다.
　㉡ 자주 사용하여 오염된 부분은 정기적으로 도색하고, 도장이 벗겨진 부분은 쉽게 부패하므로 즉시 방부 처리한다.
　㉢ 기초 부분(땅과 닿는 목재)은 습기로 인해 부패하기 쉬우므로 수시로 점검하고, 상태가 나쁘면 교체하거나 콘크리트를 둘러 보수한다.
　㉣ 목재와 기초 콘크리트가 만나는 접합부는 모르타르로 보강한다.
③ 목재 방부제 종류
　㉠ 유상방부제: 타르, 크레오소트유 등
　㉡ 유용성 방부제: 유기은화합제, 클로르페놀류 등
　㉢ 수용성 방부제: CCA, FCAP 등

(2) 철재
　① 특징: 강도가 높지만 녹(부식)이 생기면 미관이 나빠질 뿐 아니라 강도가 떨어져 위험하다.
　② 관리 방법
　　㉠ 도장이 벗겨진 곳은 녹막이칠을 두 번 한 다음 유성 페인트로 마감한다.
　　㉡ 볼트나 너트가 풀렸을 때는 단단히 조이고, 부식·파손이 심하면 용접하거나 교환한다.
　　㉢ 회전부(축)에는 정기적으로 그리스를 주입하고, 베어링의 마멸 여부를 확인해 교체한다.
　　㉣ 심한 충격이나 압력으로 갈라진 오래된 부품은 바로 교체한다.

> **+TIP 녹막이칠**
> 각종 금속, 특히 철에 녹이 생기는 것을 막기 위하여 광명단이나 도료를 칠한다.

(3) 석재
　① 특징: 내구성과 강도가 크지만 무겁고 가공이 어렵다. 같은 종류의 석재라도 부드럽고 단단한 정도가 다르므로 석재의 상태를 정확히 진단하고 관리해야 석재 손상을 방지할 수 있다.
　② 관리 방법
　　㉠ 깨진 부분은 상온(약 7℃ 이상)에서 에폭시계 접착제나 아크릴계 접착제로 붙인다.
　　㉡ 노출된 접착제는 세척제로 닦아내고 표면을 매끄럽게 마무리한다.
　　㉢ 균열 폭이 좁으면 표면 실(Seal)공법으로 수분이나 유해 물질 침투를 차단하고, 폭이 넓으면 고무압식 주입공법을 적용해 보수한다.

(4) 콘크리트
　① 특징: 강도가 강하고 다양한 색채 표현이 가능해 주로 반영구적 시설에 쓰인다.
　② 관리 방법
　　㉠ 기울어지거나 균열이 생기면 즉시 보수해야 한다.
　　㉡ 도장은 3년에 1회 정도 벗겨진 부분을 다시 칠한다.
　　㉢ 파손 부위는 원래 콘크리트 배합비와 동일하게 보수한 뒤, 3주 이상 건조 후 수성 페인트를 칠한다.

(5) 합성수지(FRP; Fiber Reinforced Plastic, 섬유 강화 플라스틱)
　① 특징: FRP 등 신소재 개발로 이용 범위가 늘어나고 있으며 시설물의 몸체, 미끄럼판, 계단, 벽막이, 벤치, 안내판 등에 이용한다.
　② 관리 방법
　　㉠ 합성수지는 강한 힘이나 열 등 외부 영향을 받으면 변형·파손되는데, 떨어지거나 갈라진 부분은 접착제로 붙이고 사포(연마지)로 문질러 표면을 매끄럽게 마무리한다.
　　㉡ 탈색된 부위는 합성수지용 페인트를 칠하고, 금이 가거나 심하게 파손된 부품은 교체한다.
　　㉢ 겨울철 낮은 온도에서는 충격에 약하므로 특히 주의한다.

> **+ TIP** 조경재료별 시설물 관리 대표 문제
>
> **예제** 시설물 관리를 위한 페인트 칠하기의 방법으로 가장 거리가 먼 것은?
> ① 목재의 바탕칠을 할 때는 별도의 작업 없이 불순물을 제거한 후 바로 수성 페인트를 칠한다.
> ② 철재의 바탕칠을 할 때는 별도의 작업 없이 불순물을 제거한 후 바로 수성 페인트를 칠한다.
> ③ 목재의 갈라진 구멍, 홈, 틈은 퍼티로 땜질하며 24시간 후 초벌칠을 한다.
> ④ 콘크리트, 모르타르면의 틈은 석고로 땜질하고 유성 또는 수성 페인트를 칠한다.
>
> **해설**
> 철재 바탕칠의 경우 별도의 작업 없이 불순물을 제거한 후 바로 수성 페인트를 칠하게 되면 바탕면 준비가 제대로 이루어지지 않아 페인트의 내구성과 접착력이 떨어질 수 있다.
>
> 정답 | ②

3. 유희시설물 관리

(1) 개요

① 어린이가 주로 사용하는 시설물이므로 특히 안전관리가 중요하다.

② 균열 또는 부품 파손이 의심되거나 실제로 파손된 시설물은 즉시 사용 금지 조치하고 보수해야 한다.

③ 안전사고 예방을 위해 주 1회 이상 전체 시설물을 점검하고 용접부나 움직임이 많은 부위를 집중 확인하고 보수한다.

(2) 철재 부식 주의

해안가의 염분이나 대기오염이 심한 지역에 설치된 시설물은 철재나 알루미늄에 방청(녹을 막는 처리) 처리를 해야 하며, 가능하면 스테인리스 제품을 사용해 부식을 줄인다.

(3) 바닥 처리

바닥에는 바람에 날리지 않도록 충분히 건조된 입자가 굵은 모래를 깔아야 하며, 놀이터 내에 물이 고이지 않도록 모래면을 평탄하게 고른다.

4. 운동시설물 관리

(1) 흙 포장

점토와 사질토를 2 : 3 비율로 섞어 포장한다. 다른 포장재보다 연약하고 기후에 영향을 많이 받으므로 정기적으로 보수해야 한다.

(2) 앙투카(En-tout-cas) 포장

① 흙을 약 800℃에서 구워 만든 재료로, 주로 테니스 코트에 사용된다.

② 너무 건조하면 붉은 가루가 날려 선수의 호흡기에 해로우므로, 물을 뿌리고 롤러로 단단히 다져야 한다.

▲ 앙투카 포장(테니스 코트)

(3) 아스콘 포장 및 합성수지 포장
  ① 비나 눈에 영향을 덜 받아 전천후(모든 기상조건)로 이용할 수 있는 포장이다.
  ② 빗물이 표면에서 잘 배수되어 운동장 이용이 편리하다.

(4) 인조 잔디
  ① 야구장, 축구장 등에서 사용하며, 경기 전 물을 뿌려 선수들이 다치지 않도록 한다.
  ② 부속시설(휴게소, 화장실, 매점, 조명시설, 급수시설 등)은 겨울철과 같이 사용하지 않는 기간에는 동파 방지에 주의해야 한다.
  ③ 야간 경기가 있는 날에는 조명을 사전 점검한다.

5. 토목 및 건축 시설물 관리

(1) 토목시설물 관리
  ① 원로(보행로) 및 광장 포장
    ㉠ 사람이 많이 지나는 원로는 내구성이 높은 재료로 포장해야 하므로 콘크리트 포장, 강화 보도블록 포장, 자갈 포장, 콘크리트 판석 포장 등을 주로 사용한다.
    ㉡ 차량이 통행하는 광장은 아스콘 또는 콘크리트로 포장한다.
    ㉢ 부드러운 표면은 보행을 편안하게 하지만, 거친 표면은 불편함을 줄 수 있으므로 용도에 맞게 재료를 선택해야 한다.
    ㉣ 색채, 패턴 및 질감을 다양하게 활용해 공간에 특징을 부여할 수 있다.
  ② 배수시설: 배수는 잔디밭이나 포장 공간에서 매우 중요하다.
    ㉠ 배수가 원활하지 않으면 비탈면이나 옹벽이 무너질 우려가 있고 노면이 파손되며, 식물의 뿌리가 질식하거나 구조물이 부패·부식될 수 있으며, 물이 고이면 악취 발생과 해충 서식 문제가 발생할 수 있다.
    ㉡ 대표적인 배수 유형으로는 표면 배수, 지하 배수, 비탈면 배수 등이 있고, 사용 재료로는 콘크리트, 철근콘크리트, 철관, 토관, 돌 등을 활용한다.
  ③ 옹벽(흙막이 시설)
    ㉠ 흙깎기(절토)면과 흙쌓기(성토)면에 설치해 토사 유출과 붕괴를 방지한다.
    ㉡ 콘크리트, 돌, 벽돌, 블록 등을 사용하며, 주기적 점검을 통해 위험요소를 사전에 발견하고 대책을 마련해야 한다.
    ㉢ 붕괴 원인으로는 기초 파괴, 지반 침하, 과도한 토압 등이 있으며, 설계·시공 부실도 위험 요인이다.
  ④ 다리
    ㉠ 사용 재료는 나무, 돌, 콘크리트, 철재 등이며, 다리는 반영구적이므로 주변 경관과 조화를 이루도록 설계하고 시공한다.
    ㉡ 목교는 부패 위험이 크므로 정기적으로 점검하여 안전사고에 대비한다.
    ㉢ 철교는 연 1회 정도 부식 여부를 점검하고, 녹슨 부위는 즉시 보수한다.

(2) 건축시설물 관리

조경 공간에 설치하는 건축물은 건축물로서의 역할과 동시에 경관 요소가 되므로, 다음 사항에 중점을 두어야 한다.

① 항상 깔끔한 외관을 유지하도록 관리하며, 보수 시 주변 경관과 조화를 이루도록 한다.

② 화장실은 항상 청결하게 관리하고, 하수구는 배수가 잘되도록 하며, 모기나 파리 같은 해충이 서식하지 않도록 한다. 특히 겨울철에는 동파(배관이 얼어 터져 파손되는 현상)에 충분히 대비해야 한다.

③ 노후하였거나 파손된 건축물은 즉시 보수하여 건축물 본래의 기능을 유지할 수 있도록 한다.

> **+TIP 토목 및 건축 시설물 관리 대표 문제**
>
> **예제** 다음 중 시설물의 관리를 위한 방법으로 적합하지 못한 것은?
>
> ① 콘크리트 포장의 갈라진 부분은 파손된 재료 및 이물질을 완전히 제거한 후 조치한다.
> ② 배수시설은 정기적인 점검을 실시하고, 배수구의 잡물을 제거한다.
> ③ 벽돌 및 자연석 등의 원로포장의 파손 시 모래를 당초 기본 높이만큼만 깔고 보수한다.
> ④ 유희시설물의 점검은 용접 부분 및 움직임이 많은 부분을 철저히 조사한다.
>
> **해설**
> 벽돌 및 자연석 등의 원로포장의 파손 시 모래를 당초 기본 높이만큼만 깔고 보수하면, 침하·들뜸이 반복되고 배수도 불량해진다. 바닥층 점검·보강과 바탕모래 두께 조절, 경사 복원까지 해야 한다.
>
> 정답 | ③

6. 기타 시설물 관리

(1) 안내시설

① 안내를 목적으로 하는 각종 표지판은 이용자가 잘 볼 수 있는 높이와 위치에 설치한다.

② 정보가 분명하게 보이도록 깨끗하게 관리되어야 하며, 내용이 변경되었거나 오래되어 알아보기 어려워지면 즉시 교체한다.

(2) 휴게시설

① 벤치, 야외 테이블, 퍼걸러, 정자 등의 시설은 주로 야외에 설치하므로 이용자들이 불쾌하지 않도록 청결을 유지하고, 썩거나 녹이 생기는 부분에 대한 점검이 이루어져야 한다.

② 인조목으로 만들어진 의자나 테이블은 파손 여부를 점검하고, 퍼걸러에 올린 등나무와 같은 식물은 이용자에 의하여 훼손되지 않도록 보호 조치를 취하고 가지를 솎아 준다.

(3) 편익시설

① 이용자에게 편익을 제공해 주는 시설로서 휴지통, 음수대, 공중전화, 플랜터(화분), 수목 보호 덮개, 시계탑, 자전거 거치대 등이 있다.

② 음수대는 물이 잘 흐르도록 배수구를 정기적으로 청소하고, 특히 겨울철에는 게이트 밸브를 잠그고 물을 빼 동파를 방지한다.
③ 플랜터(Planter)는 배수 구멍이 막히지 않도록 확인하고, 수목 보호 덮개는 파손 여부와 배수 상태를 점검한다.

(4) 조명시설
① 조경에 이용하는 조명시설에는 정원등, 가로등, 경기장 조명 시설, 분수 조명, 건축물에 비추는 조명 등이 있다.
② 수목 생장 등 주위 환경 변화에 따라 밝기가 달라질 수 있으므로 수시로 점검하여야 하며, 나뭇가지가 전선에 닿을 염려가 있는 곳은 가지치기하여 안전사고를 예방한다.
③ 등기구 표면이 더러워져 조도가 떨어지면 즉시 닦아주고, 부식 방지를 위해 방부 처리한다.
④ 장난으로 인해 파손될 염려가 있으므로 망을 씌워 보호한다.

(5) 경계시설
① 울타리, 담장, 볼라드(차량 통제용 기둥)와 같이 경계 표시를 위한 것과 출입을 위한 문 등이 이에 해당한다.
② 경계를 나타내는 목적 외에 위험 방지와 통행 제한 및 유도를 목적으로 하므로 기능과 외관 모두 고려해야 하며, 시설물의 기초 부분을 주기적으로 점검하여 붕괴에 대비해야 한다.

(6) 환경조형시설
기념탑, 기념비, 조각상, 벽화 등은 주변 경관과 조화를 이루도록 배치하고, 미관에 신경을 써야 하며 파손되지 않도록 주의해야 한다.

(7) 수경시설
① 연못, 분수, 인공 폭포, 벽천, 개울 등은 일정한 주기로 물을 교체하고, 여과기를 설치해 이물질을 걸러낸다.
② 물 위에 떠 있거나 가라앉은 낙엽, 흙, 모래 등 이물질을 수시로 제거하고, 수중 식물과 어류의 상태를 수시로 점검한다.
③ 급·배수구 막힘 및 누수 여부를 점검하고, 겨울철에는 동파 방지를 위해 물을 완전히 빼고 청소한다.

+TIP 벽천

근대 독일 구성식 조경에서 발달한 조경 시설물의 하나로, 실용과 미관을 겸비한 시설이다.

에듀윌이 너를 지지할게

ENERGY

삶의 순간순간이
아름다운 마무리이며
새로운 시작이어야 한다.

– 법정 스님

2026 에듀윌 조경기능사 필기 2주끝장

발 행 일	2025년 9월 18일 초판
편 저 자	구태익
펴 낸 이	양형남
개발책임	목진재
개 발	박형규
I S B N	979-11-360-3936-1
펴 낸 곳	(주)에듀윌
등록번호	제25100-2002-000052호
주 소	08378 서울특별시 구로구 디지털로34길 55 코오롱싸이언스밸리 2차 3층

* 이 책의 무단 인용 · 전재 · 복제를 금합니다.

www.eduwill.net
대표전화 1600-6700

여러분의 작은 소리
에듀윌은 크게 듣겠습니다.

본 교재에 대한 여러분의 목소리를 들려주세요.
공부하시면서 어려웠던 점, 궁금한 점,
칭찬하고 싶은 점, 개선할 점, 어떤 것이라도 좋습니다.
에듀윌은 여러분께서 나누어 주신 의견을
통해 끊임없이 발전하고 있습니다.

에듀윌 도서몰 book.eduwill.net
- 부가학습자료 및 정오표: 에듀윌 도서몰 → 도서자료실
- 교재 문의: 에듀윌 도서몰 → 문의하기 → 교재(내용, 출간) / 주문 및 배송